楕円積分と楕円関数

おとぎの国の歩き方

武部尚志

日本評論社

まえがき

本書では，楕円積分と楕円関数について解説する．楕円関数は「良い例」として複素関数論の教科書に取り上げられていることが多いが，これは単なる例にとどまらず，18 世紀から 19 世紀の数学の推進力となったほど豊かな対象である．有名なオイラー，ルジャンドル，アーベル，ヤコビ，ガウス，リーマン，リューヴィル，ワイエルシュトラスを始めとして多くの数学者が発展に寄与している．

「楕円関数の理論は数学のおとぎの国である．この魅惑的な不思議な世界，最も美しい関係式や概念のひしめき合う世界をひとたび見てしまうと，数学者は永遠にそこに囚われてしまう」(リチャード・ベルマン[1])という言葉に「うんうん，そうだよね」とうなずく数学者は多い．かく言う私もその一人である．

しかも楕円関数，そしてその逆関数である楕円積分は応用上も重要で，物理や数学のいろいろな分野に意外な場面で顔を出す．私も，物理での応用から楕円関数と付き合い始め，ハマってしまった．

この本では，概念の動機付け(「なんでこんなこと考えるの？」)や，自然な論理の展開(「そういうのがあるなら，こういうのも考えたいよね」)が分かるように努めた．そのため歴史的発展にかなり近い順番で論を進める形になり，結果として普通の「楕円関数論」ならば一番最初に来るであろう定義や定理は後の方に来てしまったが，それでも楕円関数論としての内容は損ねていないつもりである．すでに楕円関数をご存知の読者にも「楕円関数論・副読本」として楽しんでいただきたい．

予備知識としては，大学学部初年級の微積分と線形代数，関数論[2]の初歩，一部で位相幾何学の初歩が必要になるが，微積分以外についてはできるだけ解説を加えた．特に位相幾何学が必要になるのは後半になってからで，証明に出てくる技術的な話は読み飛ばしても差し支えないし，大事な話は直観的に分かる図形の性質なので，あまり怖がらないでほしい．

---

1) Richard Bellman, *A Brief Introduction to Theta Functions*, Holt, Rinehart and Winston (1961); Dover reprint (2013)冒頭.

2) 最近は複素関数論，複素解析という名前で呼ばれる方が多いかもしれない．複素数を変数とし複素数を値とする，一変数で微分可能な関数についての理論．

この本の基になったのは，ロシア国立研究大学経済高等学校(National Research University Higher School of Economics)数学学部で2014年，2016年，2018年にそれぞれ半年間行った講義である．そのときの講義ノートを下敷きにして『数学セミナー』誌に2017年4月号から2018年9月号まで連載させていただいた．その際に，第10章の「上半平面と長方形の対応」などの内容を追加した．さらに単行本化に当たっては，加法定理に関する章(第15章と第16章)やテータ関数の無限積展開(第19章)等，連載では紙幅の関係で触れられなかった話題も加筆した．

『数学セミナー』誌連載記事および本書未定稿にコメントをくださった時枝正先生，文献に関して教えていただいた高瀬正仁先生，細かい点で助けていただいた上，未定稿を読んで膨大なコメントをくれた畏友落合啓之氏，連載と単行本化でお世話になった『数学セミナー』編集部の飯野玲氏，そしていろいろな変更の注文に迅速に対応してくださった印刷会社の精興社さんに感謝します．

2019年8月　　**武部尚志**

目次

第0章

イントロ

楕円積分と楕円関数の国の俯瞰図

この章では堅苦しい定義や厳密な論理は脇に置いて，大雑把に楕円関数論の全体像を見てもらおう．大学二，三年生向けの関数論の言葉が多くなるが，雰囲気を分かってもらえれば十分なので，ここだけは説明抜きでご勘弁願いたい．また，本論では取り上げない話題にも触れて，楕円関数論の広がりを紹介する．

◉ とりあえず楕円関数ってなんですか？

と聞かれたら，現代のもっとも手っ取り早い答は，

「$\mathbb{R}$ 上独立な二つの周期を持つ $\mathbb{C}$ 上の有理型関数」

となるだろう．「それだけ？」そう，それだけ．

詳しい話はいずれ説明するとして，ここでは念のため，「$\mathbb{R}$ 上独立な二つの周期」とはどういうことか，だけ説明しておこう．三角関数 $\sin x$ は，$\sin(x+2\pi) = \sin x$ という等式を満たすので，「周期 2π を持つ」と言われる．同じように，関数 $f(z)$ (z は複素数)が，二つの複素数 ω_1, ω_2 に対して

$$f(z+\omega_1) = f(z+\omega_2) = f(z)$$

を満たすときに，「$f(z)$ は周期 ω_1, ω_2 を持つ」と言う．ここで，例えば $\omega_2 = 2\omega_1$ となっていては，$f(z+\omega_2) = f(z)$ は $f(z+\omega_1) = f(z)$ から導かれてしまうので，周期を二つ考える意味がなくつまらない．一般に，ω_2 が ω_1 の有理数倍ならば，このように周期を一つだけ考えれば十分．ω_2 が ω_1 の無理数倍で，f が解析関数[1]ならば，f は定数関数になることが示される．こうならない場合，つまり

1) 定義されている各点の近傍でベキ級数に表される関数．

複素数 ω_1 と ω_2 を平面上のベクトルと考えたときに $\mathbb{R}$ 上独立で平行四辺形を張るとき(図 0.1),「周期 ω_1 と ω_2 は $\mathbb{R}$ 上独立」と言う.

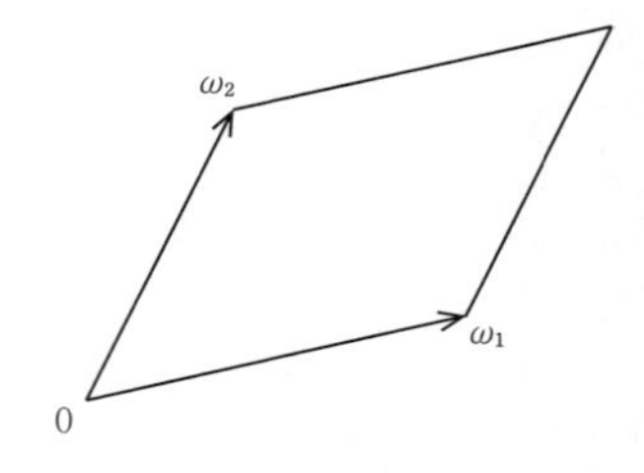

図 0.1　二つの独立な周期

上の楕円関数の定義は簡単すぎて拍子抜けした方もいるかもしれない. 実際,楕円関数は関数論の教科書では単なる例として取り上げられていることが多い.

しかし, 実は話は逆. 19 世紀においては楕円関数は最先端の研究対象で, その研究が現代数学の多くの分野を育て, さまざまな理論(例えば代数幾何)の原型となったのである. 楕円関数が「関数論の例題」となっているのも, 楕円関数の性質をうまく説明できるように関数論が発展したからにほかならない.

ところで, この定義ではどこにも「楕円」が見えない. 次に来るべき質問「そんなものがなぜ『楕円関数』と名乗っているのですか？」に答えるには, 少し歴史を遡る必要がある. 本書のタイトル前半の「楕円積分」が, 楕円関数より先に 18 世紀から研究されていた. これは,

$$\int R(x, \sqrt{\varphi(x)})\, dx$$

という形の積分で, $R(x, s)$ は有理関数(＝ 多項式/多項式), $\varphi(x)$ は三次または四次の多項式である. 詳しくは本文で述べるが, 楕円の弧の長さを表す式がこの形の積分で表されることから「楕円積分」という名前が付いた. ルジャンドル(Legendre, A. M., 1752 年–1833 年)がこの種の積分を詳しく研究して大著を著している.

上では不定積分の形に書いたが, これを定積分にして, 積分の上端を独立変数とする関数と考えよう. $R(x, s)$ としては, 最も基本的な $1/s$ をとる：

$$z(u) = \int_{u_0}^{u} \frac{dx}{\sqrt{\varphi(x)}}.$$

(下端 u_0 は固定しておく.)　この関数の逆関数 $u(z)$ を考えると, 三角関数のようなきれいな関数になり, 複素数平面(複素平面) $\mathbb{C}$ 上で考えると二重周期を持つことをアーベル(Abel, N. H., 1802 年–1829 年), ヤコビ(Jacobi, C. G. J., 1804 年–1851 年), ガウス(Gauss, C. F., 1777 年–1855 年)が発見した. この「良い逆関数」

が，先に述べた「楕円関数」である[2)].

ここで,「$\mathbb{C}$ 上で考えると」と言ってしまったが，よく考えるとこれはそれほど単純ではない．つまり，上の楕円積分の表示を複素関数の線積分(関数論で定義される)に置き換えようとすると問題にぶつかる．複素数のルートは値(符号)が一意に定まらない多価関数だから，$\pm\sqrt{\varphi(x)}$ の符号をどう取ったら良いのかを定めないといけない．あるいは，何らかの方法でこの多価関数を「一価にする」必要がある．具体的には，リーマン面(Riemann surface)という概念を導入するのだが，詳しくは本文で説明することとして，ここでは「値が二つあるなら，定義域を二つに分けてしまおう」という考え方を述べるに留めておこう．平面で考えていた関数の定義域を切ったり貼ったりして曲面を作り，その上で関数を定義し直すことになる.

楕円積分の話に戻る．上の積分 $z(u)$ を定義するためのリーマン面にはさらに無限遠点を付け加えることができる．平面 $\mathbb{C}$ に無限遠点を付け加えて球面(リーマン球面)を考えることは関数論で学ぶが，それと同じ考え方である．できた曲面はトーラス(＝ドーナツの表面)の形になり(図 0.2 参照)，楕円曲線(elliptic curve)と呼ばれる．「曲面の間違いでしょ?」 いや，ごめんなさい，「曲線」です．「複素数体 $\mathbb{C}$ 上 1 次元だから」曲線と呼ばれる[3)]．おまけに，名前が紛らわしいが，これは決して「楕円(ellipse)」ではない!

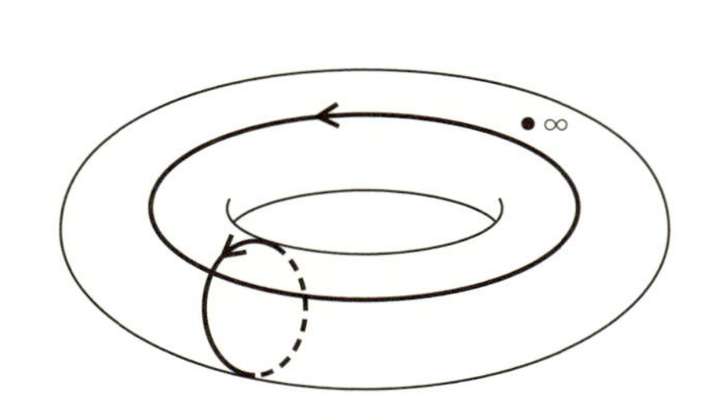

図 0.2　楕円曲線とその上の閉曲線

図 0.2 に描いた二本の閉曲線に沿ってトーラスを切り開くと四角形ができるが，実は図 0.1 の平行四辺形がこの四角形と対応している．正確には,

$$\text{楕円関数}\ u(z)\ \text{の周期} = \int_{\text{楕円曲線上の閉曲線}} \frac{dx}{\sqrt{\varphi(x)}}$$

2) ヤコビにより命名された.「楕円関数」という言葉はルジャンドルの方がヤコビよりも先に使っていたが，ルジャンドルの言う「楕円関数」は現代の語法では「楕円積分」である.
3) 困ったことに,「楕円曲面」という $\mathbb{C}$ 上 2 次元(したがって，実数体 $\mathbb{R}$ 上 4 次元)の図形も別にある.

という関係である．二つの閉曲線のどちらの上で積分するかに応じて，ω_1 と ω_2 が出てくる．この対応を通じて，楕円曲線を切り開いた平行四辺形と図 0.1 の平行四辺形を同一視すれば，楕円関数は「楕円曲線上の有理型関数」と定義することもできる．

◉ 楕円関数はどんな関数ですか？

さて，ひとまず楕円関数の定義は分かったことにしよう．とは言え定義ができたからと言っても，「それは一体どんなものなのか」は性質を知らないと分からない．「どんなものか」を知るには，「よく知っているもの」との類似を調べる，というのが定石の一つだろう．よく知っている関数と言えば，中学以来のお付き合いの多項式，有理関数，高校以来ご存知の三角関数があるが，楕円関数をこれらと比べてみよう．

多項式関数と有理関数はどちらも $\mathbb{C}$ 上で考えるが，関数論ではこれに無限遠点 ∞ を付け加えたリーマン球面上で考えることも多い．関数論のリューヴィルの定理によれば，これらは「リーマン球面上での有理型関数」と言っても良い．この「リーマン球面」を「楕円曲線」に置き換えれば前節最後に述べた楕円関数の定義になる．

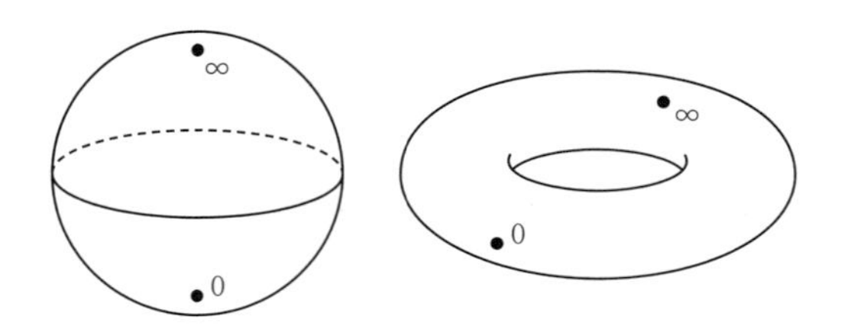

図 0.3　リーマン球面 vs 楕円曲線

その意味で多項式関数を含む有理関数と楕円関数は「住んでいる土地は違うが同じ種族」と言えるだろう．

有理関数 $f(z)$ は，

$$f(z) = C\frac{(z-\alpha_1)\cdots(z-\alpha_N)}{(z-\beta_1)\cdots(z-\beta_M)}$$

のように因数分解されるが，楕円関数の場合は1次関数 $z-c$ の代わりにテータ関数というものを使って，例えば

$$f(z) = C\frac{\theta_{11}(z-\alpha_1)\cdots\theta_{11}(z-\alpha_N)}{\theta_{11}(z-\beta_1)\cdots\theta_{11}(z-\beta_N)}$$

のように因数分解される．

次に三角関数との類似点に移ろう．三角関数の大事な性質はその周期性である．例えば $\sin z, \cos z$ なら 2π が周期になっている：$\sin(z+2\pi) = \sin z$，$\cos(z+2\pi) = \cos z$．つまり三角関数を $\mathbb{C}$ 上で考えると，横に 2π 移動しても元の値に帰ってくる．したがって，三角関数が住んでいるのはこの 2π を周長とする無限に長い円柱の表面だと思っても良い(図 0.4)．

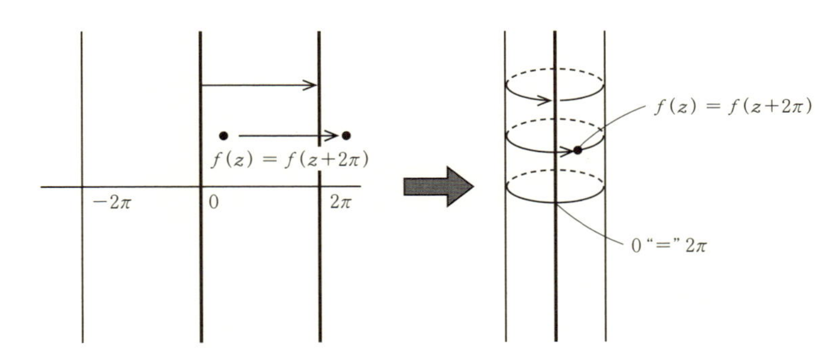

図 0.4　平面→円柱

楕円関数が住んでいる楕円曲線をゴム風船でできていると思って，それを摑んで一か所をグーッと引き伸ばしてみよう．そのうちにプチッと切れるかもしれないが，それでも構わずに伸ばしていけば円柱になる．そしてその上の住人の楕円関数もそれに応じて三角関数になってしまう．もう少し正確に言うと，楕円関数の周期 ω_1, ω_2 の比が $\sqrt{-1}\times\infty$ となる極限で，楕円関数は三角関数になることが知られている．つまり，三角関数と楕円関数はかなり近い親戚であり，類似点が多い．

類似点の一つとして加法定理を見てみよう．sin ならば，

$$\sin(x+y) = \sin x\cos y + \sin y\cos x$$

のように，$x+y$ での値が x,y 各々での三角関数の値の多項式（一般の三角関数の場合は有理関数）で表される．楕円関数にも加法定理があり，例えば sin の兄弟分の sn という楕円関数は，

$$\operatorname{sn}(x+y) = \frac{\operatorname{sn} x \operatorname{cn} y \operatorname{dn} y + \operatorname{sn} y \operatorname{cn} x \operatorname{dn} x}{1-k^2 \operatorname{sn}^2 x \operatorname{sn}^2 y}.$$

という式を満たす（cn, dn も楕円関数で，特に cn は cos の類似物，k は周期に関係するパラメーター）．

また，別の類似点としては，三角関数も楕円関数も似た形の微分方程式[4]を満たすことが挙げられる．sin の微分は cos で $\cos^2 x = 1-\sin^2 x$ だから，$\sin x$ は

$$((\sin x)')^2 = 1-\sin^2 x.$$

という微分方程式を満たす．これに対応して，sn だと，

$$((\operatorname{sn} x)')^2 = (1-\operatorname{sn}^2 x)(1-k^2 \operatorname{sn}^2 x)$$

という微分方程式を満たす．右辺が 4 次式になって，三角関数の場合よりも難しくなっている．また，ワイエルシュトラスの $\wp$ 関数[5]と呼ばれる楕円関数の場合は，右辺が 3 次になって

$$((\wp(z))')^2 = 4(\wp(z))^3 - g_2\wp(z) - g_3$$

という方程式を満たす（g_2, g_3 は周期に関係するパラメーター）．

◉ 楕円関数は役に立ちますか？

以上のようにいろいろな性質を持つ楕円関数だが，その良い性質を反映して，物理や数学のさまざまな場面に登場する．まずは物理での応用から．

振り子

一番有名な応用は振り子の運動の記述だろう．

小学校で習ったと思うが，振り子には「オモリの質量にも振幅にもよらない同じ周期で振れる」という**等時性**という重要な性質がある．これは大学での物理を使えば，振り子の運動方程式

$$ml\frac{d^2}{dt^2}\varphi(t) = -mg\varphi(t)$$

（m はオモリの質量，l は振り子の長さ，$\varphi(t)$ は時刻 t での振れ角，g は重力加速

4）関数とその微分が満たす関係式．

5）$\wp$ は昔のドイツ文字の筆記体で，「ペー」と読む．

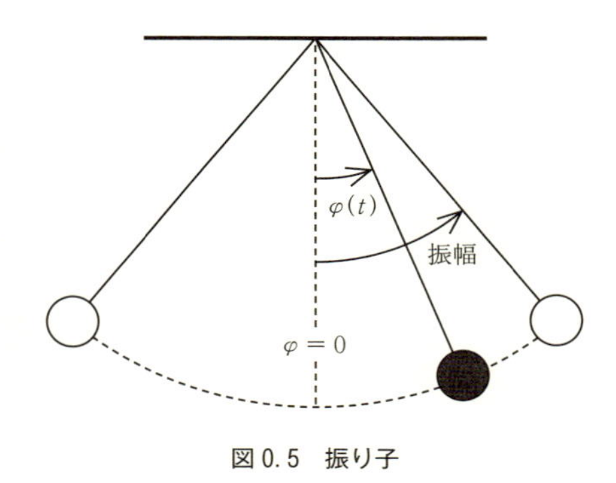

図 0.5　振り子

度）を解いた結果が $\varphi(t) = A\sin(\omega t + \alpha)$（$\omega = \sqrt{\dfrac{g}{l}}$；$A$ と α は任意定数）という形になり，この式の中に質量 m と振幅（$= \varphi(t)$ の最大値）が入ってこないから等時性が成り立つ，と説明できる[6]．

…が，実は この等時性は厳密には**成り立たない**！ “等時性”を正確に述べると「振り子の周期はオモリの質量にはよらず，振幅が小さいときには振幅にもほとんどよらない」，となる．上の運動方程式の導出は本文で説明するが，途中に「振幅が小さいと仮定すれば $\varphi(t)$ はいつも小さいから，$\sin\varphi(t) \approx \varphi(t)$ と近似できる」ということを利用する．この近似のお陰で微分方程式が簡単になり，三角関数で解けるのだが，もし振幅が大きいとこの近似は使えず，微分方程式は

$$ml\frac{d^2\varphi}{dt^2} = -mg\sin\varphi$$

という形になる．これは「非線形微分方程式」と呼ばれる種類の方程式で，単純に三角関数で解くわけにはいかない．その代わりに登場するのが楕円関数や楕円積分である．その楕円関数の周期（ω_1, ω_2）を指定する場面で振り子の振幅を使い，それが振り子の周期を決定するから「振り子の周期は振幅に依存する」ことになる．

縄跳び

ほかに面白い応用としては，縄跳びの縄の形が楕円関数のグラフになる，というものがある．これも本文で詳しく解説する．

6）大学の力学の教科書であればどのような本にも載っている．拙著『数学で物理を』（日本評論社）の第２章でも詳しく解説した．

ソリトン方程式

数理物理の「可積分系」と呼ばれる分野では，厳密に（近似を使わずに）具体的に解を書き表せる物理系を扱うが，そこでは楕円関数が大活躍．有名なところでは，KdV 方程式とか戸田格子方程式といった「ソリトン方程式」と呼ばれる微分方程式が楕円関数で書ける厳密解を持っている[7]．そもそも，数あるソリトン方程式の中で重要な位置を占める「戸田格子方程式」は，戸田盛和が「楕円関数を解に持つような非線形格子」を探して発見した[8]．

可解格子模型

少し毛色の違う応用だが，物理系の良いモデルを作るときに楕円関数を使うことがある．可積分系の一種，統計力学における可解格子模型（結晶格子の数学的モデルの一種）を構成する際に R 行列と呼ばれる行列を用いることがある．ある種の模型ではこれが楕円関数を使って定義される．この楕円関数型 R 行列の中の楕円関数の極限を取って三角関数にすると別の R 行列（三角関数型 R 行列）が得られる．三角関数型 R 行列は 1985 年に発見された「量子群」という代数構造の源となった．楕円関数型 R 行列から得られる代数の方はもっと難しくて，現在も研究が進行中である（実は私は，この方面から楕円関数と知り合った）．

もちろん物理だけではなく，数学の中でも楕円積分・楕円関数はいろいろな応用・関連がある（楕円曲線に関する話は次節にまとめる）．

算術幾何平均

楕円積分の研究の出発点の一つでもあるのが，算術幾何平均．二つの実数 a と b ($a \geqq b > 0$ としておく）の「平均」にはいくつか種類があって，算術平均 $\frac{a+b}{2}$，幾何平均 $\sqrt{ab}$ が特に有名だが，これを繰り返して極限を取ったものは「**算術幾何平均**（arithmetic geometric mean）」と呼ばれる．「繰り返す」というのは，数列 $\{a_n\}_{n=0,1,2,\cdots}$, $\{b_n\}_{n=0,1,2,\cdots}$ を初項 $a_0 = a$, $b_0 = b$ と漸化式

$$a_{n+1} = \frac{a_n + b_n}{2}, \qquad b_{n+1} = \sqrt{a_n b_n}$$

7) 例えば，戸田盛和『波動と非線形問題 30 講』（朝倉書店），『非線形格子とソリトン』（日本評論社）等参照．

8) 戸田盛和「格子ソリトンの発見」（『日本物理学会誌』第 51 巻 3 号，1996）参照．
http://www.jps.or.jp/books/50thkinen/50th_03/004.html

で決める，という意味で，a_n も b_n も同じ値に収束することが証明できる：$\lim_{n\to\infty} a_n = \lim_{n\to\infty} b_n$. この共通の極限として定義された算術幾何平均は実は楕円積分で表される．これについては本文で詳しく説明する．猛烈な具体的数値計算によってこの関係に気づき証明したガウスは，これが「解析学のまったく新しい分野を開くであろう」と予言した．

五次方程式の解の公式

数学史の有名なエピソードとして，アーベルとガロア(Galois, É, 1811 年-1832 年)による「五次以上の方程式は解けないことの証明」がある．今，「解けない」と書いたが，これは語弊がある．正確には,「五次だろうが百次だろうが，未知数一個の複素係数代数方程式には必ず複素数の解はある．しかし，その解を，方程式の係数から加減乗除と根号だけを使って一般的に書き表す公式は，四次以下の方程式にしか存在しない」．(次数が高くても，特別な係数の方程式については解をこうした演算を使うだけで書ける．)

この定理は,「『存在しない』ということが『証明できる』」という一見逆説的な主張が，定理を証明した二人，アーベルとガロアの壮烈な人生とあいまって有名だが，この定理をアーベルが証明した背景に彼の楕円積分に関する研究があった[9]．そして，さらに上記の諸演算(加減乗除，根号)に加えて楕円積分(とテータ関数)を使うことを許すと，五次方程式の解の公式を書くこともできる．

◉ 楕円曲線について少々脱線

楕円曲線の代数的理論については本文では触れないので，関連する話題をここで少しだけ紹介しておく．

「楕円関数ってどんな関数ですか？」の節で紹介した楕円関数の満たす微分方程式を使うと，楕円曲線を代数式で表すことができる．例えば，$\wp$ 関数の微分方程式は，$x = \wp(z)$，$y = \wp'(z)$ とすると，

$$y^2 = 4x^3 - g_2 x - g_3$$

という代数式になるが，この式を満たす複素数 (x, y) の組全体に無限遠点 ∞ ($x = \infty$，$y = \infty$) を一つ付け加えると楕円曲線と「同じもの」になる．

代数幾何ではむしろこちらの方が楕円曲線の定義として採用される．そして，

9) 高木貞治『近世数学史談』(共立出版，または岩波文庫)，高瀬正仁『アーベル(後編) 楕円関数論への道』(現代数学社)などを参照．

この形で定義すれば，「係数」や「点 (x, y)」を複素数で考える必然性はなくなり，x と y は任意の体 k（例えば，有限体 $\mathbb{F}_p = \mathbb{Z}/p\mathbb{Z}$），あるいはもっと一般に環 R に値を持つ場合も考えることができる．こうなると整数論の範囲でもある．

暗号の理論で「楕円曲線暗号」と呼ばれる暗号に使われる楕円曲線や，「フェルマーの最終定理」の証明に活躍した楕円曲線はこの種のものである．

いったん，「(ω_1, ω_2) という複素数の組で張られる平行四辺形の対辺を同一視したトーラス」という楕円曲線の定義に戻ろう．実はこの定義には「重複」がある．別の周期 ω_1', ω_2' によっても同じ楕円曲線ができてしまうことがあるのだ．同じ楕円曲線になるための条件は次のように書ける：整数 a, b, c, d で $ad - bc = \pm 1$ となるものによって

$$\frac{\omega_2'}{\omega_1'} = \frac{a\omega_2 + b\omega_1}{c\omega_2 + d\omega_1}$$

となるとき，(ω_1, ω_2) と (ω_1', ω_2') は同じ楕円曲線を定義する．

また，三次式 $y^2 = 4x^3 - g_2x - g_3$ で楕円曲線を定義した場合も，どのような場合に同じ楕円曲線を表すかを係数 (g_2, g_3) の言葉で書くことができる．$y^2 = 4x^3 - g_2x - g_3$ と $y^2 = 4x^3 - g_2'x - g_3'$ が（複素数体上）同じ楕円曲線を定めるのは，

$$j(g_2, g_3) = \frac{(12g_2)^3}{g_2^3 - 27g_3^2}$$

という関数が同じ値を取るときである：$j(g_2, g_3) = j(g_2', g_3')$．

このような方向に進むと，楕円曲線のモジュライ空間の理論や整数論のモジュラー関数，モジュラー形式の理論を展開することになる．

実はガウスはこの辺まで研究していたが，生きている間は発表しなかった．それどころか，その研究ノートは誰も理解できないまま全集に載せられ，ガウスがノートを書いてから百年近く経ってからやっと「そういうことだったのか！」と理解されることとなった[10]．

10）飯高茂他著『デカルトの精神と代数幾何』（日本評論社）第Ⅱ部，第3章，§2のコラム「ガウスの描いた不思議な図」参照．

◉ 各章のつながり

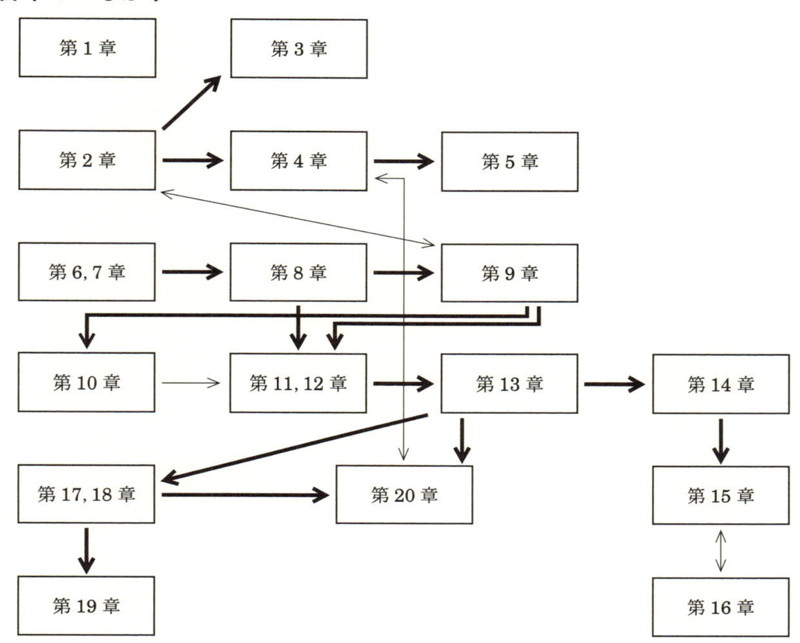

基本的に章番号の順に読むことを想定しているが，飛ばしても後を読むのに差し支えない章もある．上の図で，

- 太い矢印は論理的なつながりが強いことを示す．矢印の指す章では矢印の出ている章の内容を多く使う．
- 細い矢印は内容的な関係・対応があることを示す．

第1章

曲線の弧長

楕円積分への入り口

1.1 楕円の弧長

まずは，どなたも知っている次の事実を再確認しておこう：

半径 a の円の円周の長さは $2\pi a$ である．

もちろん，これは「円周率 π は円周の長さと直径の比」という円周率の定義の言い換え．ただし，「論理的厳密さ」を求め始めると，ここにはいくらでもツッコミどころがあってキリがない．「どんな大きさの円でも直径と円周の長さの比が一定なのはなぜか」(例えば，球面上に住んでいる人にとってはこれは正しくない)，とか，「そもそも『曲線の長さ』って何？」とか…．このような数学的に厳密でスキのない議論をしているといつまで経っても本題に入れないので，そこは「まあまあ」と気持ちを抑えて，とりあえず大学で習う「曲線の長さを求める公式」を使って「円周の長さ $= 2\pi a$」を「確認」してみよう．

「曲線の長さの公式」というのは，大学の微積分の講義の中では扱いが軽いことがあるので，少し詳しく復習しておく．平面上のなめらかな曲線を

$$\gamma\colon [a,b] \ni t \mapsto \gamma(t) = (x(t), y(t)) \in \mathbb{R}^2$$

とパラメーター表示する(ここでは「なめらかな」という言葉を，$x(t), y(t)$ が微分可能で，導関数 $x'(t)$ と $y'(t)$ は連続，という意味で使う)．

この曲線 γ の長さ($\gamma(a)$ から $\gamma(b)$ までの長さ)は，

(1.1)　$\int_a^b \sqrt{\left(\frac{dx}{dt}\right)^2+\left(\frac{dy}{dt}\right)^2}dt$

である．「証明」をするためには曲線の長さの定義まで戻らないといけないので教科書を見ていただくことにして，簡単な「説明」をしておく．t を「時刻」と考え，$\gamma(t)=(x(t),y(t))$ は，時間とともに動く点の，時刻 t における位置を表していると考える．$\gamma(t)$ を時間で微分すれば速度ベクトル $(x'(t),y'(t))$ が得られ，上の積分の被積分関数はこの速度ベクトルの長さ＝速さになっている．ということは，上の公式は「一定の速度で動いている点の移動距離は，速さ(＝単位時間あたりの移動距離)に時間を掛ければ求まる」という当たり前のことを，速度が変化する場合にも当てはまるように積分を使って一般化したものになっている．

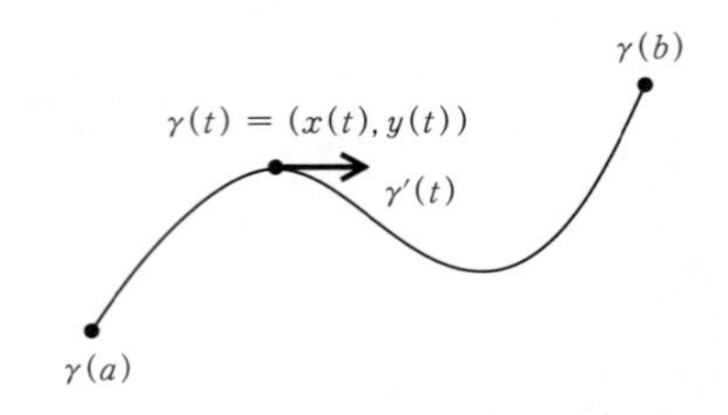

図 1.1　滑らかな曲線

さて，この公式を円周に適用しよう．図 1.2 の円弧(太線部)を

(1.2)　$(x(\varphi),y(\varphi))=(a\cos\varphi, a\sin\varphi)$

とパラメーター表示する $(\varphi\in[0,\theta])$．

この円弧の長さは，

(1.3)　$\int_0^\theta \sqrt{\left(\frac{d}{d\varphi}a\cos\varphi\right)^2+\left(\frac{d}{d\varphi}a\sin\varphi\right)^2}d\varphi=\int_0^\theta\sqrt{a^2\sin^2\varphi+a^2\cos^2\varphi}\,d\varphi=a\theta.$

これ自体よく知られた公式だが，さらに円をグルッと一周するなら $\theta=2\pi$ だか

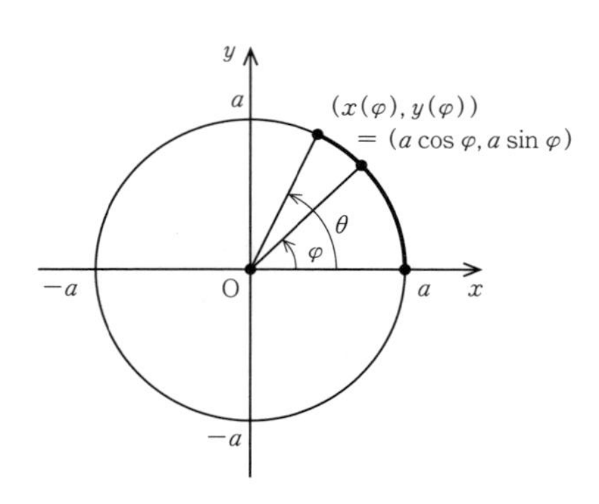

図 1.2　円弧(太線部が $\varphi\in[0,\theta]$)

ら，これを代入して円周の長さ $= 2\pi a$ が確かめられた．めでたしめでたし[1]．

さて，では円の親戚，楕円の弧長はどうなるだろう？　そう言えば，「円周 $=$ 直径 $\times \pi$」の公式は小学校で習うが，楕円の弧長の公式は学校では教えてくれない．教えてもらえないことは自分で計算してみよう．まず，楕円 $\dfrac{x^2}{a^2}+\dfrac{y^2}{b^2}=1$ の弧を次のようにパラメーター表示する（以下 $a > b > 0$ とする）：

(1.4)　$(x(\varphi), y(\varphi)) = (a\sin\varphi, b\cos\varphi)$.

φ は前と同様に $[0,\theta]$ を動くとする（図 1.3 太線部；後の都合上，上で考えた円の場合と違って y 軸上の点を始点としておく）．誤解のないように注意しておくと，φ は楕円上の点と原点を結ぶ線分が座標軸となす角度ではなく，半径 a の補助的な円の上の点と原点を結ぶ線分が y 軸となす角になっている．

弧長は，公式に当てはめれば自動的に計算できる，はずだ．やってみよう．

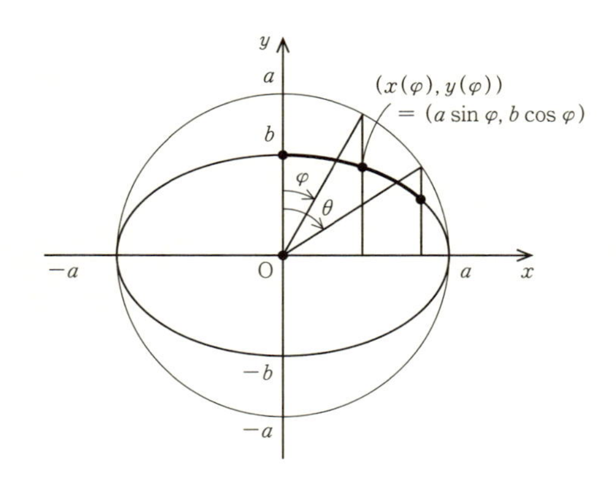

図 1.3　楕円の弧（太線部が $\varphi \in [0,\theta]$）

1)「でも円周率の定義に円周の長さを使い，円周の長さの計算に円周率を使っていては循環論法じゃない？」と気になる人は注意深い．本当に厳密に論理を展開するには，例えば「円周率」は円周とは無関係に三角関数の周期を使って定義し，円を $(a\cos\varphi, a\sin\varphi)$ で定義し，ここで証明した方法で円周の長さ $= 2\pi a$ を証明する．三角関数は図に頼らずにべき級数として定義する．例えば杉浦光夫『解析入門 I』（東京大学出版会）の第Ⅲ章§3などを参照．

$$
\begin{aligned}
\text{図 1.3 の弧の長さ} &= \int_0^\theta \sqrt{\left(\frac{d}{d\varphi}a\sin\varphi\right)^2+\left(\frac{d}{d\varphi}b\cos\varphi\right)^2}\,d\varphi \\
&= \int_0^\theta \sqrt{a^2\cos^2\varphi+b^2\sin^2\varphi}\,d\varphi \\
&= a\int_0^\theta \sqrt{1-\frac{a^2-b^2}{a^2}\sin^2\varphi}\,d\varphi \\
&= a\int_0^\theta \sqrt{1-k^2\sin^2\varphi}\,d\varphi.
\end{aligned}
\tag{1.5}
$$

ここで $k := \sqrt{\dfrac{a^2-b^2}{a^2}}$ とおいた．これは楕円の**離心率**(eccentricity)と呼ばれる．

円弧の長さの計算(1.3)は $k=0$ の場合に相当する．$k\neq 0$ の場合，つまり円ではない場合は，楕円の弧長を表す積分(1.5)は残念ながら初等関数ではないことが知られている[2)]（だから「学校では教えてくれない」!）．そこでこの積分自体に名前をつける．パラメーター k $(0<k<1)$ と θ で定まる

$$
E(k,\theta) := \int_0^\theta \sqrt{1-k^2\sin^2\varphi}\,d\varphi \tag{1.6}
$$

を**第二種不完全楕円積分**(incomplete elliptic integral of the second kind)と呼ぶ．
また $\theta=\dfrac{\pi}{2}$ とした，

$$
E(k) := E\left(k,\frac{\pi}{2}\right) = \int_0^{\frac{\pi}{2}} \sqrt{1-k^2\sin^2\varphi}\,d\varphi \tag{1.7}
$$

は**第二種完全楕円積分**(complete elliptic integral of the second kind)と呼ばれる．
第二種不完全楕円積分と第二種完全楕円積分をまとめて第二種楕円積分と呼ぶ．
パラメーター k はこれらの**モジュラス**(modulus)と呼ばれる．

この記号を使えば，

$$
\begin{aligned}
\text{楕円の弧長 } (0\leqq\varphi\leqq\theta) &= aE\left(\sqrt{\frac{a^2-b^2}{a^2}},\theta\right), \\
\text{楕円の周長} &= 4aE\left(\sqrt{\frac{a^2-b^2}{a^2}}\right)
\end{aligned}
\tag{1.8}
$$

と表される．

ここまでは三角関数を使った(1.4)という楕円のパラメーター表示を使ってきたが，楕円の式 $\dfrac{x^2}{a^2}+\dfrac{y^2}{b^2}=1$ を y について解いて

2) 初等関数とは，加減乗除，根号，指数関数，三角関数とそれらの逆関数を有限回合成して表される関数のこと．次章でもう少し詳しく述べる．

$$(x, y(x)) = \left(x, b\sqrt{1-\frac{x^2}{a^2}}\right)$$

と表示することもできる($x \in [0, a\sin\theta]$；ただし，$0 \leqq \theta \leqq \dfrac{\pi}{2}$ として，第一象限に入る部分だけ考える)．これを使えば

$$\begin{aligned}
弧長 &= aE(k,\theta) \\
&= \int_0^{a\sin\theta} \sqrt{1+\left(\frac{dy}{dx}\right)^2}\,dx \\
&= \int_0^{a\sin\theta} \sqrt{1+\frac{b^2}{a^2}\frac{(x/a)^2}{1-(x/a)^2}}\,dx \\
&= a\int_0^{\sin\theta} \sqrt{\frac{1-k^2z^2}{1-z^2}}\,dz \qquad (z = x/a)
\end{aligned}$$

となり，「三角関数が被積分関数に現れない」という意味で弧長の「代数的表示」が得られる．第二種楕円積分も同様に

$$E(k,\theta) = \int_0^{\sin\theta} \sqrt{\frac{1-k^2z^2}{1-z^2}}\,dz,$$
$$E(k) = \int_0^1 \sqrt{\frac{1-k^2z^2}{1-z^2}}\,dz \tag{1.9}$$

と代数的に表示される((1.6)や(1.7)で $z = \sin\varphi$ という変数変換をしているだけ)．

第二種楕円積分で弧長が求められる曲線はほかにもあるが，それは各自で確かめていただこう．

練習 1.1 三角関数のグラフ $y = b\sin\dfrac{x}{a}$ $(a, b > 0)$ の，原点 $(0,0)$ から $\left(x_0, b\sin\dfrac{x_0}{a}\right)$ $(x_0 > 0)$ までの弧長を，第二種楕円積分を使って表せ．完全楕円積分 $E(k)$ に対応するのはどのような場合か？

練習 1.2 楕円以外の二次曲線(円錐曲線)の弧長はどうなるだろうか？ 答を言ってしまうと，双曲線の場合は第二種楕円積分を使って書け，放物線の場合は初等関数になる．ただし，双曲線についてはやや面倒なので，ここでは簡単に導出できる「複素数に逃げた」表示を示してもらおう．

（i）　双曲線 $\dfrac{x^2}{a^2}-\dfrac{y^2}{b^2}=1$ の場合．パラメーター表示には双曲線関数[3]を使って $(x,y)=(a\cosh t, b\sinh t)$ としよう．この表示で $t=0$ から $t=t_0>0$ までの弧の長さは，（形式的に）第二種楕円積分を使って $-ibE\left(\dfrac{\sqrt{a^2+b^2}}{b}, it_0\right)$ と表されることを示せ（$i=\sqrt{-1}$；オイラーの公式 $e^{it}=\cos t+i\sin t$ によって，三角関数と双曲線関数は $\cosh t=\cos it$，$i\sinh t=\sin it$ のように結びついている）．

（ii）　放物線 $y=ax^2\,(a>0)$ の $(0,0)$ から (x_0, ax_0^2) $(x_0>0)$ までの弧の長さを求めよ．（頑張って不定積分を計算してください．答は初等関数になるが，途中で双曲線関数 sinh やその逆関数 arsinh[4] を使うと表示が多少簡単になる．）

「『第二種』があるなら，当然『第一種』楕円積分があるんじゃないんですか？」という至極真っ当な疑問には，次の節で答えることにしよう．

1.2　レムニスケートとその弧長

前節で二次曲線の弧長が楕円積分や初等関数で書けることを示した（楕円は (1.8)，双曲線と放物線は練習 1.2）．二次曲線は「二次式で書ける」から二次曲線と呼ばれるわけだが，平面幾何学的な特徴づけもある．例えば楕円ならば「二定点 A, B からの距離の和が一定値 l となる点 P の軌跡」，双曲線ならば「二定点 A, B からの距離の差（の絶対値）が一定値 l となる点 P の軌跡」である（図 1.4）．

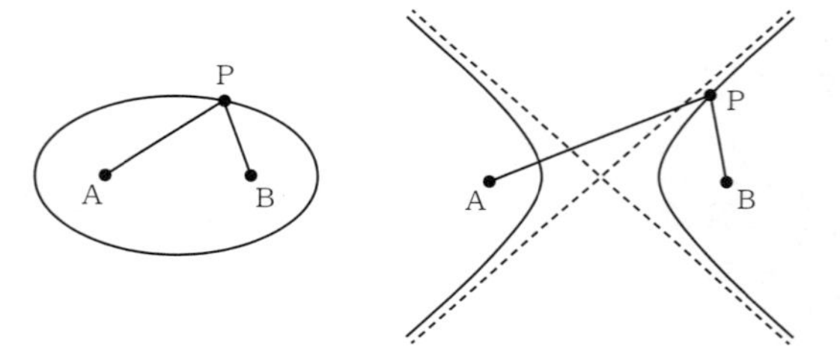

図 1.4　楕円 $(\overline{\mathrm{PA}}+\overline{\mathrm{PB}}=l)$ **と双曲線** $(|\overline{\mathrm{PA}}-\overline{\mathrm{PB}}|=l)$

「だったら，『二定点からの距離の**積**が一定となる点の軌跡』を考えても良いんじゃないの？」と疑問を持ったことはないだろうか？　これを考えてみよう．

まず，二定点を x 軸上の $\mathrm{A}=(-a,0)$，$\mathrm{B}=(a,0)$ とし，点 $\mathrm{P}=(x,y)$ とこれ

3）$\sinh t=\dfrac{e^t-e^{-t}}{2}$，$\cosh t=\dfrac{e^t+e^{-t}}{2}$ をそれぞれ双曲線正弦関数，双曲線余弦関数と呼ぶ．ここで使う基本的な性質は $\cosh^2 t-\sinh^2 t=1$，$\dfrac{d}{dt}\sinh t=\cosh t$，$\dfrac{d}{dt}\cosh t=\sinh t$ で，どれも指数関数の性質からすぐに確かめられる．

4）sin の逆関数は arcsin と書くから，sinh の逆関数も arcsinh と書きたくなるが，逆三角関数の "arc" は「弧」，逆双曲線関数の "ar" は「面積」を表す語の略記で，別物である．とは言っても，arcsinh も目にするので，その辺はおおらかに．

らの点の間の距離の積を計算する．なお，後で出てくる式が簡単になるように，途中から極座標 (r,φ) $(x = r\cos\varphi,\ y = r\sin\varphi)$ を使う：

$$
\begin{aligned}
\mathrm{PA}\cdot\mathrm{PB} &= \sqrt{(x+a)^2+y^2}\sqrt{(x-a)^2+y^2} \\
&= \sqrt{x^2+y^2+2ax+a^2}\sqrt{x^2+y^2-2ax+a^2} \\
&= \sqrt{r^2+2ar\cos\varphi+a^2}\sqrt{r^2-2ar\cos\varphi+a^2} \\
&= \sqrt{(r^2+a^2)^2-4a^2r^2\cos^2\varphi} \\
&= \sqrt{r^4+a^4-2a^2r^2\cos 2\varphi}.
\end{aligned}
\tag{1.10}
$$

したがって，「A, B からの距離の積が l^2 になる点 P」の極座標が満たすべき式は

$$\sqrt{r^4+a^4-2a^2r^2\cos 2\varphi} = l^2,$$

あるいは，ルートを外すために両辺二乗して，

$$r^4+a^4-2a^2r^2\cos 2\varphi = l^4 \tag{1.11}$$

となる．この曲線を一般には**カッシーニの卵形**(Cassini oval)と呼び，特に $l = a$ の場合を**レムニスケート**(lemniscate)と呼ぶ(図 1.5)[5]．

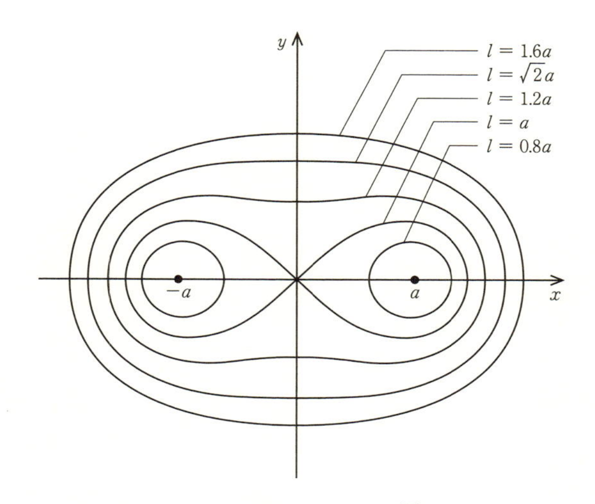

図 1.5 カッシーニの卵形 $(l = 1.6\,a, \sqrt{2}a, 1.2\,a, 0.8\,a)$，
レムニスケート $(l = a)$

5) レムニスケートは，ここに書いた観点ではなく，ある種の物理の問題からヤコブ・ベルヌーイ(Bernoulli, Jacob, 1654 年-1705 年)およびヨハン・ベルヌーイ(Bernoulli, Johann, 1667 年-1748 年)の兄弟によって導入され，幾何学的な性質も調べられた．詳しくは，例えば高瀬正仁『アーベル(後編) 楕円函数論への道』(現代数学社)参照．

詳しい解析は省くが，カッシーニの卵形は l が $\sqrt{2}a$ 以上ならば凸な閉曲線，$a < l < \sqrt{2}a$ ならばくびれのある繭型の閉曲線，$l < a$ ならば二つの凸閉曲線になるが，$l = a$，つまりレムニスケートは原点で交叉を持つ曲線になる．このレムニスケートが本節の主題である．念のため，レムニスケートだけ取り出して，縦横の大きさなどを入れた図も描いておこう(図1.6)．

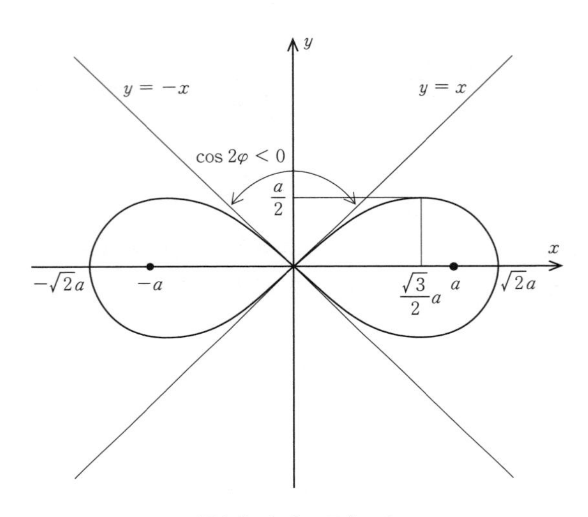

図1.6　レムニスケート

それではまず，レムニスケートの方程式を少しいじってみる．上の(1.11)で $l = a$ を代入した極座標表示は，

(1.12)　$r^4 = 2a^2r^2\cos 2\varphi$，あるいは　$r^2 = 2a^2\cos 2\varphi$

となる．左辺は0以上だから右辺が負になっては困るが，実際，$\cos 2\varphi$ が負になる $\frac{\pi}{4} < \varphi < \frac{3\pi}{4}$ と $\frac{5\pi}{4} < \varphi < \frac{7\pi}{4}$ の部分にはレムニスケート曲線が存在しないのは，図1.6からも分かる．

デカルト座標 (x, y) で(1.12)を書き直すには，$r^2 = x^2+y^2$，$r^2\cos 2\varphi = r^2\cos^2\varphi - r^2\sin^2\varphi = x^2-y^2$ を代入すればよい：

(1.13)　$(x^2+y^2)^2 = 2a^2(x^2-y^2)$.

(もちろん，この式は導出過程(1.10)で極座標を使わずに x, y のまま計算しても求まる．)　式(1.13)は四次式だからレムニスケートは四次曲線で，二次曲線よりはだいぶ「難しい」ことが納得していただけるだろう．

さて，極座標の式(1.12)は，偏角φを決めればrが決まる，という意味で偏角φによってレムニスケートをパラメーター表示している．後で弧の長さを求めるときに便利なように，別のパラメーター表示も導入しておこう．第一象限だけ考えることにすると$\frac{\pi}{4} < \varphi < \frac{\pi}{2}$の部分にレムニスケートはないから，$\varphi$は0から$\frac{\pi}{4}$まで動く．その範囲で$\cos 2\varphi$は1から0まで単調に減少するから，

$$\cos 2\varphi = (\cos\phi)^2 \tag{1.14}$$

となるようなϕが区間$\left[0, \frac{\pi}{2}\right]$の中に一つ決まる．これを使うと，極座標表示(1.12)は，

$$r = \sqrt{2}a\cos\phi \tag{1.15}$$

となる．x座標，y座標もϕで陽に書くことができる．まず，極座標の定義から$r^2 = x^2+y^2$だから，(1.15)の両辺を二乗して

$$x^2+y^2 = 2a^2\cos^2\phi.$$

一方(1.13)の左辺は$(x^2+y^2)^2 = r^4 = 4a^4\cos^4\phi$で，これが(1.13)の右辺と等しいことから，

$$x^2-y^2 = 2a^2\cos^4\phi.$$

x^2とy^2の和と差がϕを使って書けたので，x^2とy^2は，

$$x^2 = a^2\cos^2\phi(1+\cos^2\phi),$$
$$y^2 = a^2\cos^2\phi(1-\cos^2\phi)$$

と求まり，

$$\begin{aligned} x &= \sqrt{2}a\cos\phi\sqrt{1-\frac{1}{2}\sin^2\phi}, \\ y &= a\cos\phi\sin\phi = \frac{a}{2}\sin 2\phi \end{aligned} \tag{1.16}$$

となる．この式から，パラメーターϕは，図1.7にあるような幾何学的意味を持つことが分かるが，あまり単純なものではない．

このパラメーターϕを使って，レムニスケートの弧長を計算しよう[6)]．x, yのϕによる表示(1.16)を使えば，

$$\frac{dx}{d\phi} = \sqrt{2}a\frac{\sin\phi}{\sqrt{1-\frac{1}{2}\sin^2\phi}}\left(-\frac{3}{2}+\sin^2\phi\right),$$

6) 以下，この節の計算はかなり長くなるので適宜省略する．チェックするときにはクジケないように！

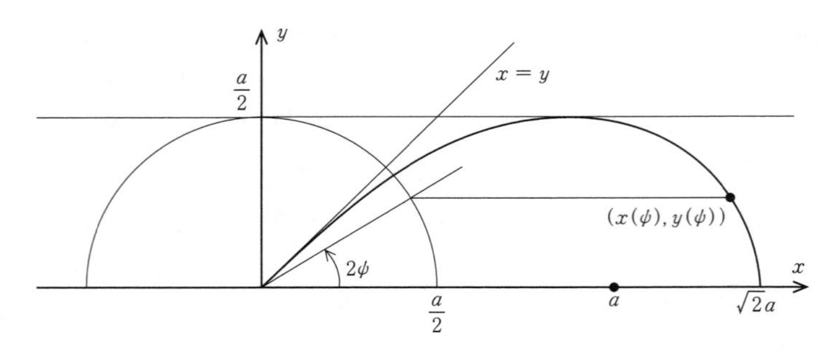

図 1.7　レムニスケートのパラメーター表示

$$\frac{dy}{d\psi} = a(1-2\sin^2\psi).$$

したがって，

$$\left(\frac{dx}{d\psi}\right)^2+\left(\frac{dy}{d\psi}\right)^2 = \frac{a^2}{1-\frac{1}{2}\sin^2\psi}. \tag{1.17}$$

これを弧長の式(1.1)のパラメーター t を ψ にしたものに代入すれば，ψ が 0 から θ まで動くときのレムニスケートの弧の長さは

$$a\int_0^{\theta}\frac{d\psi}{\sqrt{1-\frac{1}{2}\sin^2\psi}}$$

となることが分かる．第一象限に入る部分の長さは $\theta = \frac{\pi}{2}$ とした，

$$a\int_0^{\frac{\pi}{2}}\frac{d\psi}{\sqrt{1-\frac{1}{2}\sin^2\psi}}$$

となるから，レムニスケートの全周はこれを4倍すれば求められる．

一般に，

$$F(k,\theta) := \int_0^{\theta}\frac{d\psi}{\sqrt{1-k^2\sin^2\psi}} \tag{1.18}$$

という形の積分を**第一種不完全楕円積分**(incomplete elliptic integral of the first kind)と呼ぶ．また，$\theta = \frac{\pi}{2}$ とした，

$$K(k) := F\left(k, \frac{\pi}{2}\right) := \int_0^{\frac{\pi}{2}}\frac{d\psi}{\sqrt{1-k^2\sin^2\psi}} \tag{1.19}$$

を**第一種完全楕円積分**(complete elliptic integral of the first kind)と呼ぶ．この二つをまとめて**第一種楕円積分**と呼び，パラメーターkを**モジュラス**(modulus)と呼ぶのは第二種の場合と同様である．

この記号では，レムニスケートの弧長は

$$\begin{aligned} 0 \leqq \psi \leqq \theta \text{ の部分} &= aF\left(\frac{1}{\sqrt{2}}, \theta\right), \\ \text{全周} &= 4aK\left(\frac{1}{\sqrt{2}}\right) \end{aligned} \tag{1.20}$$

となる．

第一種楕円積分についても，第二種楕円積分の(1.9)のように三角関数を含まない代数的な表示を求めておこう．それには，(1.18)の中でψを$z = \sin\psi$と変数変換すればよい．分母のルートの中は$1-k^2z^2$となるが，さらに“$d\psi$”の部分は，

$$\frac{dz}{d\psi} = \cos\psi = \sqrt{1-z^2}$$

だから，

$$d\psi = \frac{dz}{\sqrt{1-z^2}}$$

と書き換えられ，第一種楕円積分は，

$$\begin{aligned} F(k, \theta) &= \int_0^{\sin\theta} \frac{dz}{\sqrt{(1-z^2)(1-k^2z^2)}}, \\ K(k) &= \int_0^1 \frac{dz}{\sqrt{(1-z^2)(1-k^2z^2)}} \end{aligned} \tag{1.21}$$

と表示される．

練習 1.3 変数変換$\eta^2 := 1-y^2$によって積分

$$f(x) = \int_0^x \frac{dy}{\sqrt{1-y^4}},$$

$$L = \int_0^1 \frac{dy}{\sqrt{1-y^4}}$$

を第一種楕円積分$F(k, \varphi)$ ($x = \cos\varphi$) と$K(k)$ ($k \in \mathbb{R}$) を使って表示せよ．

注 1.4 楕円積分の研究の源流はこの練習問題の積分$\displaystyle\int \frac{dy}{\sqrt{1-y^4}}$に遡る．18 世紀にイタリアのファニャーノ(Fagnano, G. C., 1682 年-1766 年)がこの積分に関す

るある公式(楕円関数の加法定理に相当するもの)を発見した．それをベルリン科学アカデミーの会員審査で目にしたオイラー(Euler, L., 1707 年–1783 年)がファニャーノの結果を発展させた[7)].

以上で,「第二種」と「第一種」の楕円積分が登場したが,

- そもそも「第一種」,「第二種」に分けられている「楕円積分」っていうモノは何だ？
- 「第三種」,「第四種」…楕円積分なんてものはあるのか？

という疑問がわくのが自然だろう．その答は次章で明らかになる．(一つ目の問の答はイントロにも書いたが次章で詳しく説明する．)

7) 先に脚注で挙げた高瀬正仁『アーベル(後編)』や，R. Ayoub, Lemniscate and Fagnano's Contributions to Elliptic Integrals, *Archive for History of Exact Sciences* **29** (1984), 131–149 参照.

第2章

楕円積分の分類

道案内板

2.1 楕円積分とは

前章では，楕円の弧長とレムニスケートの弧長がそれぞれ，

$$\int\sqrt{1-k^2\sin^2\varphi}\,d\varphi=\int\sqrt{\frac{1-k^2x^2}{1-x^2}}\,dx,$$

$$\int\frac{d\psi}{\sqrt{1-k^2\sin^2\psi}}=\int\frac{dx}{\sqrt{(1-x^2)(1-k^2x^2)}}$$

という第二種，および第一種楕円積分で表されることを示した．前者はともかく，後者は楕円ではないのになぜ「楕円」積分なのか？　実は，楕円積分という言葉は，現在は次の意味で使われる一般的な用語なのである．

定義 2.1　$R(x,s)$ を二つの変数 x と s の有理関数（s は必ず含むとする），$\varphi(x)$ を x の3次，または4次の多項式で，平方因子を含まないものとする．このとき，

$$\int R(x,\sqrt{\varphi(x)})\,dx \tag{2.1}$$

の形の積分を**楕円積分**（elliptic integral）と呼ぶ．

実際，第一種楕円積分は，$R(x,s)=\dfrac{1}{s}$，$\varphi(x)=(1-x^2)(1-k^2x^2)$ としたものである．また，第二種楕円積分は

$$\int\sqrt{\frac{1-k^2x^2}{1-x^2}}\,dx=\int\frac{1-k^2x^2}{\sqrt{(1-x^2)(1-k^2x^2)}}\,dx$$

という形に書き換えれば，$R(x,s)=\dfrac{1-k^2x^2}{s}$，$\varphi(x)=(1-x^2)(1-k^2x^2)$ として

(2.1)の形になる.

この章では積分の上下端を不定にして，不定積分の形で楕円積分を考える．つまり，完全楕円積分ではなく，不完全楕円積分を扱う．念のため，蛇足ながら「不定積分」と「原始関数」という用語について一言．微分したら関数 $f(x)$ になる関数が $f(x)$ の原始関数で，それが「上端を不定にした積分」

$$F(x) = \int_a^x f(y)dy$$

という意味での不定積分と同じになる，ということが微分積分学の基本定理の結果．というのが大学で積分を教えるときの立場だが，ここではウルサイことは脇に置いて，高校流に「微分の逆が(不定)積分」と思っていて構わない．その立場では，不定積分はこれから見るようにかなり「代数的」な対象になる．

さて，楕円積分の前に，もっと簡単な積分をおさらいしておく．有理関数 $\left(=\dfrac{\text{多項式}}{\text{多項式}}\right) R(x)$ の積分 $\int R(x)dx$ は，有理関数，対数関数 log と逆正接関数 arctan の組合せで書ける．詳しくは微積分の教科書[1]をご覧いただきたいが，おおよそ次のような順番で証明する[2]．まず $R(x)$ を部分分数分解する：

$$(2.2)\quad R(x) = P(x) + \sum_{j=1}^{l_1}\sum_{m=1}^{m_j} \frac{c_{jm}}{(x-a_j)^m} + \sum_{j=l_1+1}^{l_2}\sum_{m=1}^{m_j} \frac{d_{jm}x+e_{jm}}{((x-a_j)^2+b_j^2)^m}.$$

ここで，$P(x)$ は多項式，$a_j, b_j, c_{jm}, d_{jm}, e_{jm}$ は実数，l_1, l_2, m_j は正の整数である．ゴチャゴチャ面倒になったように見えるが，要は各パーツが簡単に積分できるように分解した，というのがアイディア．

多項式 $P(x)$ は

$$\int x^n dx = \frac{x^{n+1}}{n+1} \qquad (n：\text{自然数})$$

という公式によって積分でき，結果は多項式になる．

残りの部分のうちの $m=1$ の項は，基本的な公式[3]

1) 例えば，杉浦光夫『解析入門Ⅰ』(東京大学出版会)第Ⅳ章§6など．
2) 以下，積分定数は省略する．
3)「logの中に絶対値記号が足りない！」と心配される方もおられると思うが，複素数の範囲で積分を考えると不要．実際，$\log(-x) = \log x + \pi i$ なので，logの中を絶対値にするかしないかは，積分定数の差にすぎない．複素関数を扱うようになると，絶対値記号を付ける方がむしろ「間違い」になる．もちろん，実数の範囲で計算する必要がある場合はlogの中の正負は気にしなくてはいけない．ここでの議論では，正直「どっちでも良い」ので，“|·|” は略す．

$$\int \frac{dx}{x-a} = \log(x-a),$$

$$\int \frac{dx}{x^2+1} = \arctan x,$$

$$\int \frac{2x\,dx}{x^2+1} = \log(x^2+1)$$

を変数変換して積分する．$m>1$ の項は，部分積分によって漸化式を作って $m=1$ の場合に帰着する．

これで有理関数の積分は分かった（ことにしておこう；実際の計算は大変）．次は，少しだけ複雑にして

$$\int R(x, \sqrt{\varphi(x)})\,dx$$

の形の積分．これは楕円積分の定義(2.1)と同じ形だが，ここではまず $\varphi(x)$ が一次式 $ax+b$ の場合．すると，$y=\sqrt{ax+b}$ という変数変換で，

$$x = \frac{y^2-b}{a}, \qquad dx = \frac{2y\,dy}{a}$$

となるから，上の積分は y の有理関数の積分になる．したがって，結果は $y=\sqrt{\varphi(x)}$ の有理関数，対数関数と arctan の組合せで書ける．

もう少し問題を複雑にして，今度は $\varphi(x)$ を x の二次式 ax^2+bx+c としてみる．この問題はいったん三角関数で変数変換することで，先ほどの有理関数の積分に帰着される．これも証明は教科書を参照していただくことにして，簡単な例を二つ計算しておく．

$$\begin{aligned}
\int \sqrt{1+x^2}\,dx &= \int \sqrt{1+\tan^2\theta}\,\frac{d\theta}{\cos^2\theta} \qquad (x=\tan\theta) \\
&= \int \frac{d\theta}{\cos^3\theta} \\
&= 2\int \frac{(1+t^2)^2}{(1-t^2)^3}\,dt \qquad \left(t=\tan\frac{\theta}{2}\right) \\
&= \cdots \\
&= \frac{1}{2}\left(x\sqrt{1+x^2} + \log(x+\sqrt{1+x^2})\right).
\end{aligned}$$

（一般に三角関数の有理関数の積分は，この二番目の変数変換 $\left(t=\tan\dfrac{\theta}{2}\right)$ で有理関数の積分にできる.）

次の例は，本書のずっと後の方で使うことになる：

$$\int \frac{dx}{\sqrt{1-x^2}} = \int \frac{d\sin\theta}{\cos\theta} \qquad (x = \sin\theta)$$
$$= \int \frac{\cos\theta\, d\theta}{\cos\theta} = \int d\theta = \theta = \arcsin x.$$

これは，公式として憶えている人も多いと思うが，積分の手順の例として詳しくやってみた．

一般に，$\sqrt{ax^2+bx+c}$ という二次無理関数が出てきたら，$x \mapsto x-\dfrac{b}{2a}$ と変換した上で適当に定数倍することで，$\sqrt{y^2+1}$，$\sqrt{1-y^2}$，または $\sqrt{y^2-1}$ の形に直せる．その上で $\sqrt{y^2+1}$ と $\sqrt{1-y^2}$ は上の例のようにそれぞれ $y = \tan\theta$ と $y = \sin\theta$ で，$\sqrt{y^2-1}$ は $y = \dfrac{1}{\cos\theta}$ で変数変換すれば θ の三角関数の有理関数の積分になる．その上で，上記のように $t = \tan\dfrac{\theta}{2}$ という変換で有理関数の積分に帰着させる(二つ目の例では，二段階目の変換は必要なかった)．ほかにも，双曲線関数 $\sinh\theta$ や $\cosh\theta$ を使って変数変換する方法もあるがここでは述べない(最初の例 $\int\sqrt{1+x^2}\,dx$ は，$\sinh\theta$ を使う方が簡単)．

以上をまとめると，$\int R(x, \sqrt{\varphi(x)})\,dx$ という形の積分は，$\varphi(x)$ の次数が2以下ならば，有理関数，対数関数，逆三角関数とべき根の組合せで書けることになる．ここでは，このような関数を「初等関数」と呼ぶことにしよう．

しかし，$\varphi(x)$ が3次以上の多項式の場合には，一般にはこの形の積分は初等関数では表せないことが証明できる[4]．つまり，楕円積分は「新しい」関数を与える．

定義2.1でわざわざ「$\varphi(x)$ は平方因子を含まない」という条件を付けたのは，もし $\varphi(x)$ が例えば $\varphi(x) = (x-a)(x-b)^2$ のように多項式の平方 $(x-b)^2$ を含んでいたら $\sqrt{\varphi(x)} = \sqrt{x-a}\times(x-b)$ となるため，$\int R(x, \sqrt{\varphi(x)})\,dx$ は「1次または2次の無理関数の積分」に帰着されて初等関数になってしまうからである．

なお，$\varphi(x)$ の次数が5以上になるとこれは**超楕円積分**(hyperelliptic integral)と呼ばれ，楕円積分よりもさらに複雑になる(「超楕円」という曲線があるわけではない！)．本書後半で複素数で楕円積分を考えるようになると，楕円積分や超楕円積分の複雑さが，ある種の幾何学的な複雑さの反映だ，と捉えられるようになる(第9章)．

---

4) 例えば一松信『初等関数の数値計算』(教育出版)付録A-5節に詳しい証明がある．

2.2 楕円積分の分類

さて，前章で「第一種」,「第二種」の楕円積分を定義したが，なぜこれらを特別扱いするのだろう？ また,「第 n 種」楕円積分なんてものはあるのだろうか？

実は，これから述べる定理によって，すべての楕円積分は基本的には「第一種」,「第二種」，そして定理の中で述べる「第三種」楕円積分の組合せで書けてしまう．ただし，ここでは話を簡単にするために敢えて「実数関数の話[5]」という流れを曲げて，楕円積分の中身の $R(x,s)$ という有理関数や $\varphi(x)$ という多項式の係数に複素数を許そう．つまり，x^3+i $(i=\sqrt{-1})$ のような式も使うことにする．

係数を広げるとなぜ分類が簡単になるのか，は有理関数の積分の話を見直してみると納得できる．例えば $\int \frac{dx}{1+x^2} = \arctan x$ だが，これを複素係数の有理関数の積分として計算すると，

$$\int \frac{dx}{1+x^2} = \frac{1}{2i}\int\left(\frac{1}{x-i}-\frac{1}{x+i}\right)dx$$
$$= \frac{\log(x-i)-\log(x+i)}{2i} = \frac{1}{2i}\log\frac{x-i}{x+i}$$

となる．このように log さえ使えればすべての有理関数の積分を arctan を使わずに表すことができる(arctan を log を使って上のように表せばよい)．楕円積分でも事情は同じで，実数の関数に話を限ると分類はとんでもなく複雑になって(少なくとも私の)手に負えなくなる．

定理 2.2 (ルジャンドル(Legendre)**-ヤコビ**(Jacobi)**の標準形)** 任意の楕円積分

$$\int R(x,\sqrt{\varphi(x)})dx$$

は，次の関数の一次結合である．

- x の有理関数および二次無理関数の積分(これは初等関数 ＝(有理関数，対数関数，べき根，逆三角関数の組合せ)で書ける)．
- 有理関数に $\sqrt{\varphi(x)}$ を掛けたもの．
- 第一種楕円積分 $\int \frac{dz}{\sqrt{(1-z^2)(1-k^2z^2)}}$.

5) 第5章までは主に実数の範囲で話を進めている．

- 第二種楕円積分 $\int\sqrt{\frac{1-k^2z^2}{1-z^2}}dz=\int\frac{1-k^2z^2}{\sqrt{(1-z^2)(1-k^2z^2)}}dz.$
- 第三種楕円積分 $\int\frac{dz}{(z^2-\alpha^2)\sqrt{(1-z^2)(1-k^2z^2)}}.$

ここで，k は $\varphi(x)$ から決まる定数(前章でも出てきた，楕円積分のモジュラス)で，α は $R(x,s)$ と $\varphi(x)$ から決まる定数.

この定理のステートメントについて，注釈を加えておこう.

- 「初等関数」の説明にある「組合せ」というのは，加減乗除と関数の合成を有限回使ったもの．定理の証明を見ると分かるように，実際に起こりうる合成の形は限られていて，あまり複雑なものは現れない.
- 第一種，第二種，第三種楕円積分の中の変数 z は，一般には x から変数変換によって得られる別の変数である.

さて，これからこの分類定理を証明するのだが，おおまかに二つのパートに分かれる.

（Ⅰ）　$\varphi(x)$ を標準形 $\varphi_k(z)=(1-z^2)(1-k^2z^2)$ に直す.
（Ⅱ）　楕円積分を漸化式で変形して標準形にもっていく.

◉（Ⅰ）　$\varphi(x)$ の標準化

楕円積分の定義によれば，$\varphi(x)$ は重根を持たない3次または4次の多項式である．定理の主張には，次数が3でも $\varphi_k(z)$ のような4次多項式に持っていける，という一見不思議なことが含まれているが，この疑問に答えるのは後にして，初めは $\deg\varphi=4$ と仮定しよう．複素数の範囲で考えているから，$\varphi(x)$ には四つの根[6] $\alpha_0,\cdots,\alpha_3$ があり，$\varphi(x)$ は平方因子を持たないと仮定しているのでこれらは相異なる．したがって，$\varphi(x)$ は

$$\varphi(x)=a(x-\alpha_0)(x-\alpha_1)(x-\alpha_2)(x-\alpha_3)$$

6) 世代によっては「根」という言葉は使わないかもしれないが，方程式 $\varphi(x)=0$ の解，あるいは，同じことだが $\varphi(x)$ が $x-\alpha$ で割り切れるような α をこう呼ぶ.

と因数分解される．これを $\varphi_k(z)$ の形に持って行く．鍵は複素数の一次分数変換(メビウス(Möbius)変換)．一次分数変換は複素関数論をやると必ず習うものだが，定義をするだけなら関数論を習うまで待つ必要はない．これは

$$z \mapsto T(z) := \frac{Az+B}{Cz+D}$$

と変換する写像で，$AD-BC \neq 0$ であれば，複素数全体に無限遠点 ∞ を付け加えた**リーマン**(Riemann)**球面**[7)] $\mathbb{C}\cup\{\infty\} = \mathbb{P}^1(\mathbb{C})$ 上の全単射を与える($AD-BC=0$，つまり $A:B=C:D$ ならば，像は一点になってしまう)．無限遠点 ∞ は，ここでは素朴に「分母が0の分数」と考えていれば問題ない．つまり，$Cz+D=0$ となる場合に $T(z)=\infty$．また，$T(\infty)$ は z が無限大になった極限と考えれば，実関数の場合と同じで $T(\infty) = \lim_{z\to\infty} \frac{Az+B}{Cz+D} = \frac{A}{C}$ となる．

補題 2.3 係数 $A,\cdots,D$ と k をうまく取れば，

$$T(1) = \alpha_0, \qquad T(-1) = \alpha_1, \qquad T(k^{-1}) = \alpha_2, \qquad T(-k^{-1}) = \alpha_3 \tag{2.3}$$

とできる．

この補題は一次分数変換の問題なので，とりあえず認めてもらって本筋を追おう．補題の証明は演習問題(練習 2.4)の形で概略を述べる．

補題 2.3 の $x=T(z)$ という変数変換で楕円積分(2.1)を書き換えてみる．まず被積分関数の中の $\sqrt{\varphi(x)}$ は，$T(z)-\alpha_j$ という形の因子の積の平方根になる．例えば $j=2$ ならばこの因子は

$$\begin{aligned} T(z)-\alpha_2 &= T(z)-T(k^{-1}) \\ &= \frac{Az+B}{Cz+D}-\frac{Ak^{-1}+B}{Ck^{-1}+D} = (\text{定数})\times\frac{z-k^{-1}}{Cz+D} \end{aligned}$$

という形を持つ(証明は以下のようにやると簡単：分母が $Cz+D$ の定数倍になり，分子が z の一次式なのはすぐに分かる．$z=k^{-1}$ を代入すれば $T(z)-\alpha_2$ は0になるから，分子は $z-k^{-1}$ の定数倍)．

$j=0,1,3$ のときも同様に計算して掛けあわせれば，

7) 複素数体 $\mathbb{C}$ 上の射影直線とも言う．記号は私の好みで $\mathbb{P}^1(\mathbb{C})$ を使うが，$\mathbb{CP}^1$, $\widehat{\mathbb{C}}$, $\overline{\mathbb{C}}$ などいろいろある．

$$\begin{aligned}\sqrt{\varphi(x)} &= \sqrt{a\prod_{j=0}^{3}(T(z)-\alpha_j)}\\ &= (\text{定数})\sqrt{\frac{(z-1)(z+1)(z-k^{-1})(z+k^{-1})}{(Cz+D)^4}}\\ &= (\text{定数})\frac{\sqrt{\varphi_k(z)}}{(Cz+D)^2}.\end{aligned}\tag{2.4}$$

したがって，楕円積分の被積分関数は

$$R(x,\sqrt{\varphi(x)}) = R\left(\frac{Az+B}{Cz+D}, (\text{定数})\frac{\sqrt{\varphi_k(z)}}{(Cz+D)^2}\right)$$

となる．複雑になったようだが，肝心なのは「ルートは $\sqrt{\varphi_k(z)}$ の形でしか入っていない」ということ．R は有理関数で，そこに代入されているのも $\sqrt{\varphi_k(z)}$ 以外はすべて分数式だから，結果としてある新しい有理関数 $\widetilde{R}(z,t)$ によって

$$R(x,\sqrt{\varphi(x)}) = \widetilde{R}(z,\sqrt{\varphi_k(z)})$$

と表されることが分かった．楕円積分の中にはもう一つ dx というのが入っているが，これも積分の変数変換の公式により，

$$dx = \frac{dx}{dz}dz = \frac{AD-BC}{(Cz+D)^2}dz$$

となり，dz に z の有理関数が掛かるだけ．以上をまとめると，適当な有理関数 $\widetilde{\widetilde{R}}(z,t)$ が存在して

$$\int R(x,\sqrt{\varphi(x)})dx = \int \widetilde{\widetilde{R}}(z,\sqrt{\varphi_k(z)})dz$$

となっていることが分かる．これで，$\varphi(x)$ を標準的な $\varphi_k(z)$ という多項式に帰着できた．

ここまでは $\varphi(x)$ を4次式と仮定していたが，3次式の場合もほとんど同じである．違うのは

$$\varphi(x) = a(x-\alpha_1)(x-\alpha_2)(x-\alpha_3)$$

と因数分解されること．今度は，$\varphi(x)$ の根が三つしかないが，別個に $\alpha_0=\infty$ として，(2.3)を満たすような k と $T(z)$ を取ろう（T の定義域，値域には ∞ も含まれていることに注意）．この場合は，$T(1)=\infty$ だから，$z=1$ としたときに $T(z)=\dfrac{Az+B}{Cz+D}$ の分母が0になっている．つまり，$Cz+D$ は $z-1$ の定数倍．したがって，今度は(2.4)の代わりに

$$
(2.5)\quad
\begin{aligned}
\sqrt{\varphi(x)} &= \sqrt{a\prod_{j=1}^{3}(T(z)-\alpha_j)}\\
&= (\text{定数})\sqrt{\frac{(z+1)(z-k^{-1})(z+k^{-1})}{(z-1)^3}}\\
&= (\text{定数})\sqrt{\frac{(z-1)(z+1)(z-k^{-1})(z+k^{-1})}{(z-1)^4}}\\
&= (\text{定数})\frac{\sqrt{\varphi_k(z)}}{(z-1)^2}
\end{aligned}
$$

となり，再び欲しい $\sqrt{\varphi_k(z)}$ が現れる．ほかの部分は $\deg\varphi=4$ のときとまったく同じである．

練習 2.4（補題 2.3 の証明）（i） 一次分数変換は四点 $\alpha_0, \alpha_1, \alpha_2, \alpha_3$ の**非調和比** $\lambda := \dfrac{(\alpha_0-\alpha_2)(\alpha_1-\alpha_3)}{(\alpha_0-\alpha_3)(\alpha_1-\alpha_2)}$ を変えない：

$$
(2.6)\quad \frac{(\alpha_0-\alpha_2)(\alpha_1-\alpha_3)}{(\alpha_0-\alpha_3)(\alpha_1-\alpha_2)} = \frac{(T(\alpha_0)-T(\alpha_2))(T(\alpha_1)-T(\alpha_3))}{(T(\alpha_0)-T(\alpha_3))(T(\alpha_1)-T(\alpha_2))}.
$$

この事実を確かめ，さらに(2.3)を満たす T の存在を仮定した上で(2.6)を使って，k を $\alpha_0, \cdots, \alpha_3$ の非調和比 λ で表せ(可能な k は複数ある)．

（ii） 上で求めた k を使えば，(2.3)を満たす $x=T(y)$ は，方程式

$$
\frac{(x-\alpha_2)(\alpha_1-\alpha_3)}{(x-\alpha_3)(\alpha_1-\alpha_2)} = \frac{(y-k^{-1})(-1+k^{-1})}{(y+k^{-1})(-1-k^{-1})}
$$

を x について解いて得られることを示せ．（ヒント：具体的に解いても良いが，その必要はない．まず，この方程式の形から x が y の一次分数変換であることを示す(一次分数変換の逆写像と合成は一次分数変換であることを使う)．$x=\alpha_j$ ($j=2,1,3,0$) を左辺に代入すれば，値が $0, 1, \infty, \lambda$ であることから，対応する y の値が簡単に求まる．） なぜ(i)で決めた k を使う必要があるのかも考えよ．

練習 2.5 $R(x,s)$ を x と s の有理関数とし，$\varphi(x)$ を重根を持たない四次多項式とする．楕円積分 $\int R(x,\sqrt{\varphi(x)})dx$ は，変数 (y,s') についてのある有理関数 $\widetilde{R}(y,s')$ と三次多項式 $\phi(y)$ によって $\int \widetilde{R}(y,\sqrt{\phi(y)})dy$ と書けることを示せ．（ヒント：$\varphi(x)$ のある根を無限遠へ持っていく一次分数変換を使って，$x\mapsto y$ という変数変換を行う．）

◉(II)　楕円積分の標準化

パート(I)で楕円積分の中のルートは $\sqrt{\varphi_k(z)}$ の形で現れると仮定して良いことが分かった．これを使って，楕円積分を標準形に帰着しよう．「これを使って」とは書いたが，実は φ_k の具体形は途中までは必要ない．以下では $\varphi(x)$ が4次多項式である，という事実のみを用いて楕円積分(2.1)を変形していき，最後の段階で $\varphi(x)=\varphi_k(x)$ を使うことにする．

まず，当たり前のことだが，$s=\sqrt{\varphi(x)}$ の二乗は多項式であることに注意しよう：$s^2=\varphi(x)$．ということは，$s^2, s^4, \cdots$ という s の偶数乗は，$\varphi(x), \varphi(x)^2, \cdots$ という x の多項式に，$s, s^3, \cdots$ という s の奇数乗は $s, s\varphi(x), \cdots$ という $s\times$(x の多項式) に置き換えられる．したがって，R を $R(x,s)=\dfrac{P(x,s)}{Q(x,s)}$ という形に x と s の多項式 P, Q の比で表すときに，P, Q は

$$
\begin{aligned}
P(x,s) &= P_0(x)+P_1(x)s,\\
Q(x,s) &= Q_0(x)+Q_1(x)s
\end{aligned}
$$

という s についての一次式だと仮定しても良い．さらに，

$$
\begin{aligned}
R(x,\sqrt{\varphi(x)}) &= \frac{P_0(x)+P_1(x)s}{Q_0(x)+Q_1(x)s}\\
&= \frac{(P_0(x)+P_1(x)s)(Q_0(x)-Q_1(x)s)}{(Q_0(x)+Q_1(x)s)(Q_0(x)-Q_1(x)s)}\\
&= \frac{\widetilde{P}_0(x)+\widetilde{P}_1(x)s}{Q_0(x)^2-Q_1(x)^2\varphi(x)}\\
&= R_0(x)+\widetilde{R}_1(x)s = R_0(x)+\frac{R_1(x)}{s}
\end{aligned}
$$

と変形できる．ここで，$\widetilde{P}_0, \widetilde{P}_1$ は多項式，$R_0, \widetilde{R}_1$ は有理関数で，$R_1(x)=\widetilde{R}_1(x)\varphi(x)$ である．

「有理関数 $R(x,s)$」と言っていた段階では，分類など雲をつかむような話に見えたかもしれないが，上の変形によって，実は「x の有理関数 $R_0(x)$」と「$\dfrac{R_1(x)}{s}$」という二種類を考えるだけで良いことが分かった．しかも，有理関数 $R_0(x)$ の積分の方はすでに初等関数で書けることが分かっている．本当に相手にしなくてはいけないのは $\dfrac{R_1(x)}{s}$ の積分である．

次に，$R_1(x)$ を部分分数に展開する．実数係数だけを考えている場合は，(2.2)のように分母が二次式のベキになる項が出てくるが，複素係数を許すと一次式の

ベキを分母とする項と多項式だけで十分：

$$R_1(x) = \widetilde{P}(x) + \sum_{j=1}^{l} \sum_{m=1}^{m_j} \frac{c_{jm}}{(x-a_j)^m}. \tag{2.7}$$

前と同様に $\widetilde{P}(x)$ は多項式，a_j, c_{jm} は複素数，l, m_j は正の整数である．したがって，楕円積分 $\int \frac{R_1(x)}{s} dx$ は，次の形の積分の一次結合である．

- $I_n := \int \frac{x^n}{s} dx \ (n = 0, 1, 2, \cdots)$,
- $J_n(\alpha) := \int \frac{dx}{(x-\alpha)^n s} \ (n = 1, 2, \cdots)$.

これらは独立ではなく，ある漸化式を満たす．

まず，I_n の間の漸化式を導こう．簡単な微分の計算で分かる関係式

$$\begin{aligned} \frac{d}{dx} x^n s &= n x^{n-1} s + \frac{x^n}{2s} \frac{d\varphi}{dx} \\ &= \frac{n x^{n-1} \varphi(x)}{s} + \frac{x^n \times (\text{三次式})}{s} \end{aligned}$$

を積分すると，I_n の間の関係式

$$x^n s = \begin{cases} c_{n,n+3} I_{n+3} + \cdots + c_{n,n-1} I_{n-1} & (n \neq 0), \\ c_{0,3} I_3 + \cdots + c_{0,0} I_0 & (n = 0) \end{cases}$$

が求まる（係数 $c_{n,i}$ は $\varphi(x)$ から決まる）．これを帰納的に適用すれば，$I_n \ (n \geqq 3)$ を（多項式）$\times s, I_2, I_1, I_0$ の一次結合で表すことができる．

$J_n(\alpha) \ (n = 1, 2, \cdots)$ の間の漸化式は，関係式

$$\begin{aligned} \frac{d}{dx} \frac{s}{(x-\alpha)^n} &= \frac{-ns}{(x-\alpha)^{n+1}} + \frac{1}{2(x-\alpha)^n s} \frac{d\varphi}{dx} \\ &= \frac{1}{(x-\alpha)^{n+1} s} \left(-n\varphi(x) + \frac{x-\alpha}{2} \frac{d\varphi}{dx} \right) \\ &= \frac{1}{(x-\alpha)^{n+1} s} \sum_{i=0}^{4} d_{n,i} (x-\alpha)^i \end{aligned} \tag{2.8}$$

を積分して得られる．$d_{n,i}$ は $\varphi(x)$ から

$$-n\varphi(x) + \frac{x-\alpha}{2} \frac{d\varphi}{dx} = \sum_{i=0}^{4} d_{n,i} (x-\alpha)^i \tag{2.9}$$

という展開で決まる．このうち $d_{n,0}$ と $d_{n,1}$ の二つは後で次の具体形が必要になる．

(2.10)　$d_{n,0}=-n\varphi(\alpha),\qquad d_{n,1}=\left(\frac{1}{2}-n\right)\varphi'(\alpha).$

$d_{n,0}$ の方は，(2.9)に $x=\alpha$ を代入すれば得られる．$d_{n,1}$ を求めるには(2.9)を x で微分した上で $x=\alpha$ を代入する．関数のテイラー展開の係数を決める方法を思い出していただければ良い．

関係式(2.8)を積分すれば，

(2.11)　$\dfrac{s}{(x-\alpha)^n}=d_{n,0}J_{n+1}(\alpha)+\cdots+d_{n,4}J_{n-3}(\alpha)$

という $J_n(\alpha)$ の間の漸化式が得られる．($J_n(\alpha)$ の (α) は以降しばらく省略する．)

ここからは，α の値に応じて二つの場合がある．もし $\varphi(\alpha)\neq 0$ であれば，(2.10)より $d_{n,0}\neq 0$．したがって，(2.11)により J_{n+1} は $J_n,\cdots,J_{n-3}$ と $\dfrac{s}{(x-\alpha)^n}$ の一次結合で表される．これを帰納的に繰り返して，$J_n\ (n\geqq 2)$ を J_1,J_0,J_{-1},J_{-2} と(有理関数)×s の一次結合で表すことができる．

もし $\varphi(\alpha)=0$ であるとすると，$\varphi(x)$ は平方因子を持たないという仮定があったから，$\varphi'(\alpha)\neq 0$ になる[8)]．したがって，再び(2.10)から，$d_{n,0}=0$，$d_{n,1}\neq 0$ であることが分かる．今度は，漸化式(2.11)は，J_n を $J_{n-1},\cdots,J_{n-3}$ と $\dfrac{s}{(x-\alpha)^n}$ の一次結合で表す式と考えられるから，帰納的に $J_n(n\geqq 1)$ が J_0,J_{-1},J_{-2} と(有理関数)×s の一次結合になる．

ここで，J_0,J_{-1},J_{-2} が出てきたが，定義を見なおしてみれば，これらは

$$J_0=\int\frac{dx}{s},\qquad J_{-1}=\int\frac{x-\alpha}{s}\,dx,\qquad J_{-2}=\int\frac{(x-\alpha)^2}{s}\,dx$$

だから，I_0,I_1,I_2 の一次結合になっている．

まとめると，楕円積分 $\int R(x,\sqrt{\varphi(x)})\,dx$ はどの場合にも，有理関数の積分と(有理関数)×$\sqrt{\varphi(x)}$，そして次の積分の一次結合になる．

$$I_0=\int\frac{dx}{\sqrt{\varphi(x)}},\qquad I_1=\int\frac{x\,dx}{\sqrt{\varphi(x)}},\qquad I_2=\int\frac{x^2\,dx}{\sqrt{\varphi(x)}},$$

$$J_1(\alpha)=\int\frac{dx}{(x-\alpha)\sqrt{\varphi(x)}}.$$

さて，ここからは $\varphi(x)=\varphi_k(x)=(1-x^2)(1-k^2x^2)$ という具体形を使おう．ま

8) $\varphi(\alpha)=\varphi'(\alpha)=0$ ならば，(10)の証明と同様にして展開 $\varphi(x)=\sum_{i=0}^{4}c_i(x-\alpha)^i$ の係数 c_0 と c_1 が0になり，$\varphi(x)$ が $(x-\alpha)^2$ で割り切れることになる．

ず，I_0 は第一種楕円積分そのものである．次に，I_1 は $x=t^2$ と変数変換することで，

$$I_1=\frac{1}{2}\int\frac{dt}{\sqrt{(1-t)(1-kt)}}$$

となり，ルートの中が二次式だから初等関数になる．I_2 は，被積分関数を少しまとめ直して，

$$I_2=\int\frac{\frac{1}{k^2}(1-(1-k^2x^2))}{\sqrt{(1-x^2)(1-k^2x^2)}}dx=\frac{1}{k^2}I_0-\frac{1}{k^2}\int\sqrt{\frac{1-k^2x^2}{1-x^2}}dx$$

と変形することで，第一種楕円積分と第二種楕円積分の一次結合であることが分かる．最後に $J_1(\alpha)$ は，

$$\begin{aligned}J_1(\alpha)&=\int\frac{(x+\alpha)dx}{(x^2-\alpha^2)\sqrt{(1-x^2)(1-k^2x^2)}}\\&=\frac{1}{2}\int\frac{dt}{(t-\alpha^2)\sqrt{(1-t)(1-k^2t)}}+\alpha\int\frac{dx}{(x^2-\alpha^2)\sqrt{(1-x^2)(1-k^2x^2)}}\end{aligned}$$

と変形すれば分かるように，初等関数(二次無理関数の積分)と第三種楕円積分の一次結合になっている．

以上で，分類定理の証明が完結した． □

練習 2.6 楕円積分 $\displaystyle\int\frac{x^4\,dx}{\sqrt{(1-x^2)(1-2x^2)}}$ を標準形(初等関数，第一種/第二種/第三種楕円積分の一次結合)に書き直せ．

上では $\varphi_k(x)=(1-x^2)(1-k^2x^2)$ という 4 次式を使ったが，別の多項式を使っても同様な標準形を作ることができる．例えば，$\varphi(x)=x(1-x)(1-\lambda x)$ として，

$$\int\frac{dx}{\sqrt{x(1-x)(1-\lambda x)}},$$

$$\int\frac{x\,dx}{\sqrt{x(1-x)(1-\lambda x)}},$$

$$\int\frac{dx}{(x-\alpha)\sqrt{x(1-x)(1-\lambda x)}}$$

を標準形とすることもできる(**リーマン**(Riemann)**の標準形**と呼ばれる)．証明はルジャンドル-ヤコビの標準形の場合とまったくパラレルなので，読者の練習問

題としておこう．

さて，これで楕円積分一般がどんなものなのかは分かったことにして，次章ではこれを「使って」みよう．

第3章

楕円積分の応用

旧跡と名所

前章の楕円積分の分類定理(定理 2.2)によって，一般の楕円積分

$$\int R(x,\sqrt{\varphi(x)})\,dx$$

($R(x,s)$ は二つの変数 x と s の有理関数，$\varphi(x)$ は x の 3 次，または 4 次の多項式で，平方因子を含まないもの)の正体は，初等関数と

- 第一種楕円積分 $\displaystyle\int\frac{dz}{\sqrt{(1-z^2)(1-k^2z^2)}}$.
- 第二種楕円積分 $\displaystyle\int\sqrt{\frac{1-k^2z^2}{1-z^2}}\,dz=\int\frac{1-k^2z^2}{\sqrt{(1-z^2)(1-k^2z^2)}}dz$.
- 第三種楕円積分 $\displaystyle\int\frac{dz}{(z^2-a^2)\sqrt{(1-z^2)(1-k^2z^2)}}dz$.

の組合せであることが分かった.

次に，数学や物理の「現場」で楕円積分がどのように現れるかを見てみよう．良い数学的対象は然るべくいろいろな場面に顔を出すものである.

3.1 算術幾何平均と楕円積分

まず，楕円積分・楕円関数の研究の端緒の一つである，**算術幾何平均**．最初のうちは楕円積分がさっぱり出てこないが，しばらく辛抱してお付き合い願おう.

二つの正の実数 a,b の算術平均(相加平均，arithmetic mean)と幾何平均(相乗平均，geometric mean)の間の不等式

(G<A)　$\sqrt{ab}\leqq\dfrac{a+b}{2}$

はよく知られている．

当面 a が b 以上 $(a \geqq b > 0)$ であるとしておく．「平均」は当然 a と b の間にあり，さらに上記の不等式(G<A)があるから，大きさは，

$$b \leqq \sqrt{ab} \leqq \frac{a+b}{2} \leqq a$$

という順になる．

この平均を取る操作を繰り返してみよう：$a_0 := a$，$b_0 := b$ として，実数列 $\{a_n\}_{n=0,1,2,\dots}$ と $\{b_n\}_{n=0,1,2,\dots}$ を漸化式

$$(3.1)\quad a_{n+1} := \frac{a_n+b_n}{2}, \qquad b_{n+1} := \sqrt{a_n b_n}$$

で定義する．すると，上の不等式から

$$b_n \leqq b_{n+1} \leqq a_{n+1} \leqq a_n$$

だから，二つの数列は

$$(3.2)\quad b = b_0 \leqq b_1 \leqq \cdots \leqq b_n \leqq \cdots \leqq a_n \leqq \cdots \leqq a_1 \leqq a_0 = a$$

のように内側に縮まっていく．したがって，数列 $\{a_n\}_{n=0,1,2,\dots}$ と $\{b_n\}_{n=0,1,2,\dots}$ はどちらも有界で(a と b に挟まれている)，単調非増加 ($\{a_n\}$)，あるいは単調非減少 ($\{b_n\}$) である．と言うことは，解析の授業の最初の方で習う実数の性質から，この二つの数列には極限が存在する：

$$\alpha := \lim_{n\to\infty} a_n, \qquad \beta := \lim_{n\to\infty} b_n.$$

実は，これらの極限は一致する：$\alpha = \beta$．証明は簡単で，差 $c_n := a_n - b_n$ が 0 に収束することを示せばよい．不等式 $b_{n-1} \leqq b_n$ と a_n の定義(3.1)を使えば，

$$0 \leqq c_n = a_n - b_n \leqq a_n - b_{n-1} = \frac{a_{n-1}+b_{n-1}}{2} - b_{n-1} = \frac{c_{n-1}}{2}.$$

したがって，

$$(3.3)\quad 0 \leqq c_n \leqq \frac{c_{n-1}}{2} \leqq \cdots \leqq \frac{c_0}{2^n}$$

だから，$c_n \to 0\ (n \to \infty)$ である．a と b の大きさの順が逆でも，$\{a_n\}$ と $\{b_n\}$ が共通の極限に収束する，という結論は同じであるから，以下では a と b の大きさについての条件は付けない．

この共通の極限は a と b の**算術幾何平均**(arithmetic-geometric mean, AGM) と呼ばれる．ここでは $M(a,b)$ で表すことにしよう．

$$(3.4)\quad M(a,b) := \lim_{n\to\infty} a_n = \lim_{n\to\infty} b_n.$$

例 3.1 ガウスは算術幾何平均の例をいくつか計算している[1]．そのうちの二つの例をパソコンで計算してみた(末尾が「…」になっているものは，小数点以下 21 桁で打ち切ってある.)．収束の様子に注目してもらいたい．

$$\begin{aligned}
a &= 1, & b &= 0.2,\\
a_1 &= 0.6, & b_1 &= 0.447213595499957939281\cdots,\\
a_2 &= 0.523606797749978969640\cdots, & b_2 &= 0.518004012822270290536\cdots,\\
a_3 &= 0.520805405286124630088\cdots, & b_3 &= 0.520797870939876244135\cdots,\\
a_4 &= 0.520801638113000437112\cdots, & b_4 &= 0.520801638099375678366\cdots,\\
a_5 &= 0.520801638106188057739\cdots, & b_5 &= 0.520801638106188057739\cdots.
\end{aligned}$$

不等式(3.3)は，$a_n - b_n$ が一ステップごとに半分以下になることを示しているが，この計算例から分かる通り，実はもっとずっと速く収束する．これについてはここでは深入りしない．

ガウスは，上の結果を a_4 と b_3 までは上と同じように 21 桁，a_5, b_4, b_5 は 15 桁求めている(ただし，b_2 の計算結果が 2×10^{-15} 程度異なる．そのため，最終結果である a_5 と b_5 の 15 桁目が 1 だけ正しい値と異なる[2])．

次の例は，後で重要になる(例 3.4 を参照)．

$$\begin{aligned}
a = \sqrt{2} &= 1.414213562373095048801\cdots, & b &= 1,\\
a_1 &= 1.207106781186547524400\cdots, & b_1 &= 1.189207115002721066717\cdots,\\
a_2 &= 1.198156948094634295559\cdots, & b_2 &= 1.198123521493120122606\cdots,\\
a_3 &= 1.198140234793877209082\cdots, & b_3 &= 1.198140234677307205798\cdots,\\
a_4 &= 1.198140234735592207440\cdots, & b_4 &= 1.198140234735592207439\cdots.
\end{aligned}$$

ガウスは小数点以下 21 桁まで正しく求めている．

この計算は今であればパソコンで一瞬でできるが，もちろん 18 世紀にそんなものは存在しないから，ガウスは手で計算した(これでも，算術幾何平均に関するガウスの計算結果の二，三割)．この凄まじい計算を見てガウスに対する印象が変わる人もいるだろう．

1) ガウス全集，第Ⅲ巻，pp. 363-364.
2) このガウスの計算間違いは，本書の未定稿を見た落合啓之氏に指摘された．

さて，一般論に戻って，すぐに分かる算術幾何平均の性質をいくつか挙げておく．

（i） **対称性**：$M(a,b)=M(b,a)$.

（ii） **同次性**：正の実数$\lambda>0$について，$M(\lambda a,\lambda b)=\lambda M(a,b)$.（算術平均と幾何平均の定義式(3.1)の右辺は1次同次式であるから，aとbをλ倍すると，数列$\{a_n\},\{b_n\}$が$\{\lambda a_n\},\{\lambda b_n\}$に変わり，結果として算術幾何平均が$\lambda$倍される.）

（iii） $M(a,a)=a$.

（iv） $M(a,b)=M(a_n,b_n)$ $(n=0,1,2,\cdots)$.（数列の最初の方を捨てても，極限値は同じ.）

同次性から，$M(a,b)=b\,M\left(\dfrac{a}{b},1\right)=a\,M\left(1,\dfrac{b}{a}\right)$. よって，$M(a,b)$の性質を調べるには，$a=1$または$b=1$の場合，つまり$M(1,b)$か$M(a,1)$を調べれば十分であることが分かる．しかも，対称性から$M(a,1)=M(1,a)$だから，$M(1,b)$の性質が分かればよい.

さて，お待たせしました，ここで楕円積分が登場！

定理3.2　$0<k<1$とする．算術幾何平均は第一種完全楕円積分によって次のように表される：

$$M(1,k)=\frac{\pi}{2}\frac{1}{K(k')}. \tag{3.5}$$

ただし，$k':=\sqrt{1-k^2}$（**補モジュラス**(supplementary modulus)と呼ばれる).

念のために，第一種完全楕円積分の定義((1.19)と(1.21))を再掲しておく：

$$\begin{aligned} K(k') &= \int_0^{\pi/2}\frac{d\theta}{\sqrt{1-k'^2\sin^2\theta}} \\ &= \int_0^1\frac{dz}{\sqrt{(1-z^2)(1-k'^2z^2)}}. \end{aligned} \tag{3.6}$$

定理3.2を最初に証明したのはガウスで，ランデン変換(Landen transformation)という操作を用いるやや複雑な証明である．ここでは二十世紀後半に見つかった簡単な証明[3)]を紹介する.

次の補題が証明の要である.

補題 3.3 a と b を正の実数として，$I(a,b)$ を

$$(3.7)\quad I(a,b) := \int_0^{\pi/2} \frac{d\theta}{\sqrt{a^2\cos^2\theta + b^2\sin^2\theta}}$$

で定義すると，

$$(3.8)\quad I(a,b) = \frac{\pi}{2}\frac{1}{M(a,b)}$$

が成り立つ.

補題の証明は後回しにするが，この補題を使えば定理はすぐに導かれる．$a=1$，$b=k$ とおけば，

$$I(1,k) = \frac{\pi}{2}\frac{1}{M(1,k)}$$

であり，一方(3.7)から，

$$\begin{aligned} I(1,k) &= \int_0^{\pi/2} \frac{d\theta}{\sqrt{\cos^2\theta + k^2\sin^2\theta}} \\ &= \int_0^{\pi/2} \frac{d\theta}{\sqrt{1-(1-k^2)\sin^2\theta}} = K(k') \end{aligned}$$

なので，これらを合わせて(3.5)が得られる.

補題の証明は次のようにする．鍵となるのは，

$$(3.9)\quad I(a,b) = I\left(\frac{a+b}{2}, \sqrt{ab}\right)$$

という等式である．これは「a と b を，算術平均と幾何平均に置き換えても $I(a,b)$ の値は変わらない」という意味だから，繰り返して用いれば，

$$I(a,b) = I(a_1,b_1) = \cdots = I(a_n,b_n) = \cdots = I(M(a,b), M(a,b))$$

と自明に収束する(積分の極限が極限の積分になることは証明が必要；一様収束

3) D. J. Newman, A simplified version of the fast algorithms of Brent and Salamin. *Math. Comp.* **44**(1985), no. 169, 207-210. この文献については，『数学セミナー』2016年9月号の竹内慎吾氏の記事「算術幾何平均に関する不変量」に教わった.

の条件を確かめればよいが，簡単なので略）．一般に，

$$I(c,c)=\int_0^{\pi/2}\frac{d\theta}{\sqrt{c^2\cos^2\theta+c^2\sin^2\theta}}$$
$$=\int_0^{\pi/2}\frac{d\theta}{c\sqrt{\cos^2\theta+\sin^2\theta}}=\int_0^{\pi/2}\frac{d\theta}{c}=\frac{\pi}{2c}$$

だから，$c=M(a,b)$ とおいて $I(a,b)=\dfrac{\pi}{2M(a,b)}$ となる．

最後に等式(3.9)の証明を片付けよう．これは積分変数の変換を二回するだけである．

$$I(a,b)=\int_0^{\pi/2}\frac{d\theta}{\sqrt{a^2\cos^2\theta+b^2\sin^2\theta}}$$
$$=\int_0^{\pi/2}\frac{d\theta}{\cos\theta\sqrt{a^2+b^2\tan^2\theta}}$$

だが，ここで，$t=b\tan\theta$ と変換するとルートの中は a^2+t^2 になる．また，

$$\frac{dt}{d\theta}=\frac{b}{\cos^2\theta},\qquad b^2+t^2=\frac{b^2}{\cos^2\theta}$$

なので，

$$\frac{d\theta}{\cos\theta}=\frac{\cos\theta}{b}dt=\frac{dt}{\sqrt{b^2+t^2}}.$$

まとめると，

$$(3.10)\quad I(a,b)=\int_0^{\infty}\frac{dt}{\sqrt{(a^2+t^2)(b^2+t^2)}}.$$

（積分範囲の変更を忘れずに！）　次に，$u=\dfrac{1}{2}\left(t-\dfrac{ab}{t}\right)$（図3.1）と変換する．

$$\frac{du}{dt}=\frac{1}{2}\left(1+\frac{ab}{t^2}\right)=\frac{\sqrt{ab+u^2}}{t},$$
$$(a^2+t^2)(b^2+t^2)=t^2((a+b)^2+4u^2)$$

という式を使えば，被積分関数が偶関数なので，

$$I(a,b)=\int_{-\infty}^{\infty}\frac{du}{\sqrt{((a+b)^2+4u^2)(ab+u^2)}}=2\int_0^{\infty}\frac{du}{\sqrt{((a+b)^2+4u^2)(ab+u^2)}}$$
$$=\int_0^{\infty}\frac{du}{\sqrt{\left(\left(\frac{a+b}{2}\right)^2+u^2\right)((\sqrt{ab})^2+u^2)}}$$

この最後の積分の積分変数 u を t と書き換えて，(3.10)と見比べてみれば，

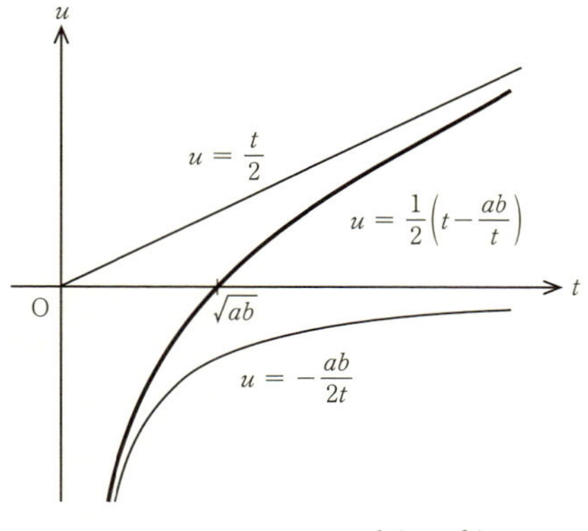

図 3.1　変数変換 $u = \frac{1}{2}\left(t - \frac{ab}{t}\right)$

$$I(a, b) = I\left(\frac{a+b}{2}, \sqrt{ab}\right)$$

が分かる．　□(補題の証明終り)

ここまで，$0 < k < 1$ としてきたが，$k > 1$ としても同じように

$$M(k, 1) = \frac{\pi}{2}\frac{1}{K(k')}, \qquad k' := \sqrt{1-k^2}$$

が成り立つ．この場合は $1-k^2 < 0$ なので k' は実数ではなくなってしまうが，$K(k')$ の定義(3.6)の中に現れるのは $k'^2 \in \mathbb{R}$ だけだから，実数の範囲で閉じた話になっている．

例 3.4　$k = \sqrt{2}$ ($k' = \sqrt{-1}$) とすると，$K(\sqrt{-1}) = \dfrac{\pi}{2M(\sqrt{2}, 1)}$，つまり，

$$\int_0^1 \frac{dx}{\sqrt{1-x^4}} = \frac{\pi}{2M(\sqrt{2}, 1)}$$

である．

実は，ガウスは定理 3.2 を証明する前にこの式を予想した．彼は，例 3.1 で紹介した $M(\sqrt{2}, 1)$ の計算結果と，楕円積分 $\dfrac{\varpi}{2} = \displaystyle\int_0^1 \frac{dx}{\sqrt{1-x^4}}$ の計算(これもすごい；$\dfrac{\varpi}{\pi} = 0.834626841674030\cdots$ を手で計算している[4])から，

4) ガウス全集，第 X 巻 1，p. 169.

$$M(\sqrt{2},1)=\frac{\pi}{\varpi}$$

となることを見てとった．例3.1の二番目の$a=\sqrt{2}$，$b=1$の場合の結果$M(\sqrt{2},1)=1.19814023473559220\cdots$と$\dfrac{\varpi}{\pi}$を掛ければ，ほぼ1になる，ということである．当時22歳のガウスは「1と$\sqrt{2}$の算術幾何平均が$\dfrac{\pi}{\varpi}$に等しいことを11桁まで確認した．もしこれを証明できれば，必ずや解析学に新しい分野が開かれるであろう」と日記(1799年5月30日)に記している[5]．実際，彼はその後定理3.2を証明し，独自の楕円関数論を作り上げたが，死ぬまで公表はしなかった[6]．

このような歴史のある定理3.2は，第一種完全楕円積分と算術幾何平均が本質的に「同じものだ」と言っている．これを使えば，例えば次のように，第一種完全楕円積分の性質を算術幾何平均の性質から簡単に導くことができる．

練習3.5

$$K(k)=\frac{1}{1+k}K\left(\frac{2\sqrt{k}}{1+k}\right)=\frac{2}{1+k'}K\left(\frac{1-k'}{1+k'}\right)$$

を算術幾何平均の性質を使って証明せよ．(ヒント：定理を使って算術幾何平均の等式に直した上で，同次性(算術幾何平均の性質(ii))や$M(a,b)=M(a_n,b_n)$(性質(iv))を使う．)

3.2　単振り子の運動と楕円積分

今度は，一転して物理の問題を考えよう[7]．単振り子の振動を解析する．楕円積分の応用として，もっともよく知られた例である．

単振り子というのは，図3.2のように，糸や棒でオモリをぶら下げただけの振り子である．糸や棒は軽くて重さを無視できるとし，長さlで伸び縮みしないと仮定する．オモリは小さくて点とみなすことができるとすると，この振り子を振らしているのはオモリ(質量m)にかかる下向きの重力mg (gは地球の重力加速

5) ガウス全集，第X巻1，p. 542；河田敬義『ガウスの楕円関数論』(上智大学数学講究録**24**)付録も参照．

6) 高木貞二『近世数学史談』第9章「書かれなかった楕円関数論」参照．

7) この節に出てくる物理はニュートンの運動方程式だけなので，大学の物理の教科書の最初の方に書いてあることだけで足りる．拙著『数学で物理を』(日本評論社)第一章，第二章も参照されたい(宣伝)．どうしても物理を避けたい方は，この節を飛ばしても問題ない(けど，もったいない)．

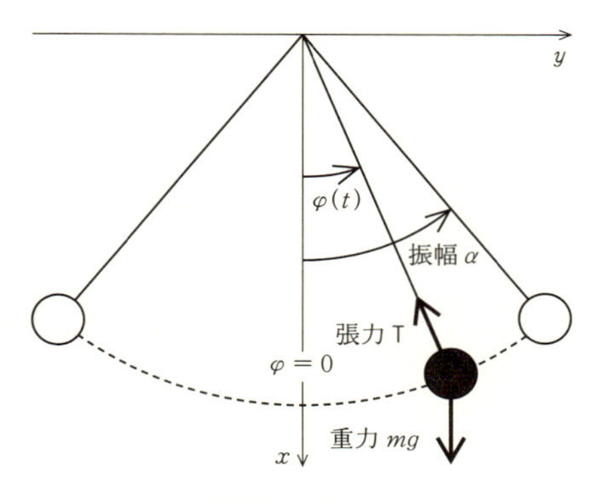

図 3.2 単振り子

度)と，糸または棒が引っ張っている張力 T を合成した力である．

図のように座標軸を取って，オモリの座標を $(x(t), y(t)) = (l\cos\varphi(t), l\sin\varphi(t))$ と表すと，オモリの加速度は，

$$\frac{d^2}{dt^2}\begin{pmatrix} l\cos\varphi(t) \\ l\sin\varphi(t) \end{pmatrix} = \frac{d}{dt}\begin{pmatrix} -l\dot{\varphi}\sin\varphi \\ l\dot{\varphi}\cos\varphi \end{pmatrix} = \begin{pmatrix} -l\ddot{\varphi}\sin\varphi - l\dot{\varphi}^2\cos\varphi \\ l\ddot{\varphi}\cos\varphi - l\dot{\varphi}^2\sin\varphi \end{pmatrix}.$$

(関数 φ の t による微分を $\frac{d\varphi}{dt} = \dot{\varphi}$, $\frac{d^2\varphi}{dt^2} = \ddot{\varphi}$ と表した．) したがって，ニュートンの運動方程式(質量×加速度 = 力)は，

$$(3.11)\quad ml\begin{pmatrix} -\sin\varphi \\ \cos\varphi \end{pmatrix}\ddot{\varphi} - ml\begin{pmatrix} \cos\varphi \\ \sin\varphi \end{pmatrix}\dot{\varphi}^2 = \begin{pmatrix} -\mathrm{T}\cos\varphi + mg \\ -\mathrm{T}\sin\varphi \end{pmatrix}$$

となる．この x 成分に $-\sin\varphi$ を掛け，y 成分に $\cos\varphi$ を掛けて足し合わせると，$ml\ddot{\varphi} = -mg\sin\varphi$，つまり，

$$(3.12)\quad \frac{d^2\varphi}{dt^2} = -\omega^2\sin\varphi, \qquad \omega := \sqrt{\frac{g}{l}}$$

という微分方程式が得られる．これは右辺に未知関数 $\varphi(t)$ の sin という線形(一次)ではない関数が入っている**非線形**微分方程式である．

もし，この振り子があまり大きく振れていないならば，つまり，振れの角度 φ の最大値(= **最大振幅**)が小さければ $\varphi(t)$ はいつでも小さく，その場合は，$\sin\varphi(t)$ を $\varphi(t)$ で近似することができる：$\sin\varphi(t) \approx \varphi(t)$．そうすると，方程式(3.12)は，

$$\frac{d^2\varphi}{dt^2} = -\omega^2\varphi$$

で近似され，φ についての二階**線形**常微分方程式になる．したがって解の全体は線形空間となり，一般解は定数 $c_1, c_2 \in \mathbb{R}$ を使って

$$\text{(3.13)} \quad \varphi(t) = c_1 \cos \omega t + c_2 \sin \omega t$$

と書ける(別の言い方をすれば，解空間の基底として $\cos \omega t$ と $\sin \omega t$ が取れる)．解 $\varphi(t)$ は，三角関数の周期性のお陰で

$$\text{(3.14)} \quad T_0 = \frac{2\pi}{\omega} = 2\pi\sqrt{\frac{l}{g}}$$

という周期を持ち，T_0 はオモリの質量にも振れ幅にもよらないので，**振り子の等時性**が成り立つ．

大学初年級の物理で習う単振り子の運動は，普通この辺までだろう．ここでは，一歩踏み出して「振り子が大きく振れる」場合を考えてみる．近似をせずに方程式(3.12)を解くわけだ．非線形微分方程式は，線形の場合と違って解法の一般論があるわけではないが，この方程式の場合には次のテクニックで解ける．

まず運動方程式に $\dot{\varphi}$ を掛けてから書き直す．

$$\frac{d^2\varphi}{dt^2}\frac{d\varphi}{dt} = -\omega^2 \sin\varphi \frac{d\varphi}{dt},$$

$$\frac{1}{2}\frac{d}{dt}\left(\frac{d\varphi}{dt}\right)^2 = \frac{d}{dt}(\omega^2 \cos\varphi).$$

これを t で積分すると，

$$\text{(3.15)} \quad \frac{1}{2}\left(\frac{d\varphi}{dt}\right)^2 = \omega^2\cos\varphi + (\text{定数})$$

となる．言い換えると，

$$\text{(3.16)} \quad \widetilde{E} := \frac{1}{2}\left(\frac{d\varphi}{dt}\right)^2 - \omega^2\cos\varphi$$

が時間変数 t によらない定数になる：$\dfrac{d\widetilde{E}}{dt} = 0$．実は $\widetilde{E}$ は振り子の持つ力学的エネルギーに比例し，E が t によらない，ということは**力学的エネルギー保存の法則**にほかならない．ここでは物理の詳しい話はしないが，振り子の運動エネルギーは $\dfrac{ml^2}{2}\left(\dfrac{d\varphi}{dt}\right)^2$，座標原点を基準とした位置エネルギーが $-mgl\cos\varphi$ で，これらの和 $= ml^2\widetilde{E}$ が力学的エネルギーである．

振り子が「振れている」のであれば(「何をアタリマエのことを」と言うなかれ！

練習 3.6 で別の状態の話をする)，最大振幅，つまり $\varphi(t)$ の最大値がある．それを図 3.2 のように α としよう．ある時刻 t_0 で $\varphi(t_0)=\alpha$ となり，$\varphi(t)$ のグラフの接線は $t=t_0$ で水平になる，つまり微分が 0 になる：$\dot{\varphi}(t_0)=0$．したがって，$t=t_0$ を(3.16)に代入すれば，右辺第一項は消えて，$\widetilde{E}=-\omega^2\cos\alpha$ であることが分かる．これを(3.15)の(定数)のところに代入すれば，

$$\frac{1}{2}\left(\frac{d\varphi}{dt}\right)^2=\omega^2(\cos\varphi-\cos\alpha)$$
$$=2\omega^2\left(\sin^2\frac{\alpha}{2}-\sin^2\frac{\varphi}{2}\right).$$

よって，

$$\frac{d\varphi}{dt}=2\omega\sqrt{\sin^2\frac{\alpha}{2}-\sin^2\frac{\varphi}{2}} \tag{3.17}$$

となる．

図 3.2 を見れば分かるように $|\varphi|\leqq\alpha<\pi$ だから，$\left|\sin\frac{\varphi}{2}\right|\leqq\sin\frac{\alpha}{2}$ であることに注意しよう(特に，(3.17)の右辺の根号の中身は正になる)．そこで，$k:=\sin\frac{\alpha}{2}$ と置くと，$-1\leqq\frac{1}{k}\sin\frac{\varphi}{2}\leqq 1$ であるから，$\frac{1}{k}\sin\frac{\varphi}{2}=\sin\theta$，つまり，

$$\theta=\theta(\varphi):=\arcsin\left(\frac{1}{k}\sin\frac{\varphi}{2}\right),$$
$$\varphi=\varphi(\theta):=2\arcsin(k\sin\theta)$$

という変数変換をすることができる．この変数 θ を使って，方程式(3.17)を書き直すと，右辺は

$$2\omega\sqrt{k^2-k^2\sin^2\theta}=2k\omega\cos\theta.$$

左辺は，合成関数の微分法 $\frac{d\varphi}{dt}=\frac{d\varphi}{d\theta}\frac{d\theta}{dt}$ で書き直せる($\theta(\varphi(t))$ を θ と略記している)．$\frac{d\varphi}{d\theta}$ を計算するには θ の定義 $k\sin\theta=\sin\frac{\varphi}{2}$ を θ で微分するのが楽：

$$k\frac{d}{d\theta}\sin\theta=\frac{d}{d\theta}\left(\sin\frac{\varphi}{2}\right).$$

両辺を計算すれば，

$$k\cos\theta=\frac{1}{2}\cos\frac{\varphi}{2}\frac{d\varphi}{d\theta}=\frac{1}{2}\sqrt{1-k^2\sin^2\theta}\,\frac{d\varphi}{d\theta}.$$

以上をまとめると，方程式(3.17)は，

$$\frac{2k\cos\theta}{\sqrt{1-k^2\sin^2\theta}}\frac{d\theta}{dt}=2k\omega\cos\theta$$

となる．両辺に共通な $2k\cos\theta$ で割って

$$\frac{1}{\sqrt{1-k^2\sin^2\theta}}\frac{d\theta}{dt}=\omega.$$

これを $t=0$ から t まで積分すると，左辺は積分変数の変換公式により θ による積分に化けて，

$$\int_{\theta(\varphi(0))}^{\theta(\varphi(t))}\frac{d\theta}{\sqrt{1-k^2\sin^2\theta}}=\int_0^t\omega\,dt$$

となる．簡単のため，時間変数 t を適宜ずらして $\varphi(0)=0$ となるようにしよう(つまり，時刻 $t=0$ でオモリが一番下に来るとする)．θ の定義により，$\varphi=0$ のときに $\theta=0$ だから，$\theta(\varphi(0))=0$ になり，

$$\int_0^{\theta(\varphi(t))}\frac{d\theta}{\sqrt{1-k^2\sin^2\theta}}=\omega t. \tag{3.18}$$

これで時刻 t と振れ角 φ の対応が付いた．

さて，思い出そう，本書の主題を．そう，この左辺の積分が我らが楕円積分になっている！　正確に言うと，左辺は第一種不完全楕円積分 $F(k,\theta)$ そのもの．式(3.18)を ω で割って，「振れ角 φ になる時刻 $t(\varphi)$」は

$$t(\varphi)=\frac{1}{\omega}F(k,\theta(\varphi))=\sqrt{\frac{l}{g}}F\left(\sin\frac{\alpha}{2},\theta(\varphi)\right) \tag{3.19}$$

と楕円積分を用いて計算できる．

振り子の周期は，オモリが一番下にある時刻から最大振幅になるまでの時間の四倍になる(一番下から右に振れて，左に振れて一番下に戻るまで)．φ が最大振幅 α になるのは θ が $\frac{\pi}{2}$ になるときだから，

$$\begin{aligned}\text{周期 } T &= 4\times(\theta=0 \text{ から } \theta=\tfrac{\pi}{2} \text{ までの時間}) = 4\sqrt{\frac{l}{g}}F\left(\sin\frac{\alpha}{2},\frac{\pi}{2}\right)\\ &= 4\sqrt{\frac{l}{g}}K\left(\sin\frac{\alpha}{2}\right)\end{aligned} \tag{3.20}$$

と第一種完全楕円積分になる．この中の $K\left(\sin\frac{\alpha}{2}\right)$ という因子は振れ幅 α に依存しているから，振り子の周期は実は振れ幅によって変わる(したがって，厳密な等時性は成り立たない)．

せっかく前節で算術幾何平均の話をしたので，寄り道になるが振り子の周期を

算術幾何平均で表してみよう[8]．上で求めた周期の表式には第一種完全楕円積分 $K\left(\sin\dfrac{\alpha}{2}\right)$ が現れる．算術幾何平均と第一種楕円積分は(3.5)によって結びついていた．ここで，モジュラス k と補モジュラス k' は $k^2+k'^2=1$ という関係があるので，$k'=\sin\dfrac{\alpha}{2}$ とするには $k=\cos\dfrac{\alpha}{2}$ とおけばよい：

$$K\left(\sin\frac{\alpha}{2}\right)=\frac{\pi}{2}\frac{1}{M\left(1,\cos\frac{\alpha}{2}\right)}.$$

周期の式に代入すれば，

$$\text{周期 } T=2\pi\sqrt{\frac{l}{g}}\frac{1}{M\left(1,\cos\frac{\alpha}{2}\right)}.$$

この右辺の最初の部分，$2\pi\sqrt{\dfrac{l}{g}}$ は，「振り子の振れ幅が小さい」とした場合に(3.14)で求めた周期 T_0 になっているから，

$$T=T_0\times\frac{1}{M\left(1,\cos\frac{\alpha}{2}\right)}.$$

振幅 α が 0 に近ければ $\cos\dfrac{\alpha}{2}$ は 1 に近いから，算術幾何平均 $M\left(1,\cos\dfrac{\alpha}{2}\right)$ はほぼ 1 に等しく，これが(近似的な)等時性を表している．α が大きい場合は，小さいと仮定して計算した周期に $\dfrac{1}{M\left(1,\cos\frac{\alpha}{2}\right)}$ という補正がかかる，ということになる．$0<\alpha<\pi$ ならば $0<\cos\dfrac{\alpha}{2}<1$ だから，1 と $\cos\dfrac{\alpha}{2}$ の算術幾何平均は 1 より小さくなり，結果として周期は T_0 より大きくなる．

「補正」と言うと今ひとつ驚きに欠けるが，これを逆に述べると…，「振り子を振らせて周期を計れば算術幾何平均が求まる」!!　詳しくは『数学セミナー』2015 年 2 月号の時枝正先生の連載記事「こどもの眼・おとなの頭」をご覧ください．

閑話休題．今述べたように，振れ幅 α が 0 に近づくときは周期 T は微分方程式を線形近似して求めた $T_0=2\pi\sqrt{\dfrac{l}{g}}$ に収束する．式(3.20)に則して言えば，$K\left(\sin\dfrac{\alpha}{2}\right)$ が $\dfrac{\pi}{2}$ に近づく，ということである．逆に振り子がほとんど倒立するようなところまで振らすと α は π に近づき，$K\left(\sin\dfrac{\alpha}{2}\right)$ は無限大に発散し，振り子の周期は限りなく長くなる．この辺の楕円積分の極限の議論は次章で詳しく説明

8) この話は，『数学セミナー』での連載初回をお読みくださった時枝正先生にご指摘いただいた．

する．

また，式(3.19)で「時間と振れ角の対応」は与えたが，(3.13)のように「振れ角を時間の関数として表す」という形にはなっていない．これも次章で考えることにしよう．いよいよ本書タイトルの後半，「楕円関数」が登場する．

練習 3.6　振り子を勢いをつけて振れば，「倒立」の状態を通り越して回転することになる(この振り子を作るときには，糸ではなく棒を使う方がよい)．この場合は，「振れ」角 φ は単調増加(または減少)関数になり，「周期」T はオモリが一回転する時間である．つまり，$\varphi(t_1)=\varphi_1$ ならば $\varphi(t_1+T)=\varphi_1+2\pi$（または $\varphi_1-2\pi$）となる．

この周期 T を，$\widetilde{E}$（あるいは，同じことだが，振り子のエネルギー $E=ml^2\widetilde{E}$）と楕円積分を使って表せ．（ヒント：振り子が「振れている」場合と違い，関数 $\varphi(t)$ には最大値がなく，$\dot{\varphi}(t_0)=0$ となる t_0 はない．しかし，上の議論で $\widetilde{E}$ を $-\omega^2\cos\alpha$ に置き換える必要はなく，$\widetilde{E}$ のまま計算すればよい．楕円積分のモジュラスとしては，$k_0:=\sqrt{\dfrac{2\omega^2}{\omega^2+\widetilde{E}}}$ を使う．上で使った $k=\sin\dfrac{\alpha}{2}$ はこの k_0 の逆数になっている．）

第4章

ヤコビの楕円関数

天の橋立の股覗き

この章では楕円積分の逆関数を考えることで，楕円関数を導入する．

途中で広義積分の収束について証明を注として付け加えた．楕円積分などは具体的に「知っている」関数で書けているわけではないので，その性質を調べるには一般論で証明されている定理を使うしかない．広義積分や一様収束の話は大学初年級の微積分の最大の難所で，慣れないと「何がなんやら…」となるかもしれないが，「一般論が具体例に使われる」例と思って気楽に眺めていただきたい[1)]．証明の中身が後で必要になることはないが，解析の好きな方は細部をきちんとチェックすると良い練習になるだろう．

4.1 ヤコビの楕円関数

前章では，単振り子の運動が第一種不完全楕円積分 $F(k,\theta)$ を使って

$$(4.1)\quad t(\varphi)=\sqrt{\frac{l}{g}}F\left(\sin\frac{\alpha}{2},\theta(\varphi)\right)=\sqrt{\frac{l}{g}}\int_0^{\theta(\varphi)}\frac{d\theta}{\sqrt{1-k^2\sin^2\theta}}$$

で表されることを示した．ここで，t は時刻，α は最大の振れ角，$k=\sin\dfrac{\alpha}{2}$ で，振り子の振れ角 φ は変数 θ と $\sin\theta=\dfrac{1}{k}\sin\dfrac{\varphi}{2}$ という関係で結ばれている．この表示は，時間 t を振れ角 φ で表していて，周期を計算するには便利だが，「運動を表す」という意味ではやや不自然と言える．

もっと自然な表示は「振れ角 φ = 時間 t の関数」という形だろう．つまり，上の表示の「逆関数を考えろ」ということである．

1) この本の目的の一つは，大学初年級の数学が「現場」で使われる様子をお目にかけることでもある．

そこでいったん振り子の話から離れて，第一種不完全楕円積分の逆関数を一般的に考えよう．以下では楕円積分のモジュラス k は $0 \leqq k < 1$ を満たすとする．また，後の話の都合上，楕円積分は $z = \sin\theta$ で変数変換して，次のように sin を使わない代数的な形で考える方が便利である．

定義 4.1　ヤコビの楕円関数 $\mathrm{sn}(u) = \mathrm{sn}(u, k)$ とは，第一種不完全楕円積分

$$(4.2)\quad u(x) = u(x, k) = \int_0^x \frac{dz}{\sqrt{(1-z^2)(1-k^2z^2)}}$$

を x $(x \in [-1, 1])$ の関数と考えたときの逆関数である：

$$(4.3)\quad \mathrm{sn}(u(x), k) = x, \qquad u(\mathrm{sn}(u, k), k) = u.$$

$u(x)$ の被積分関数 $\dfrac{1}{\sqrt{(1-z^2)(1-k^2z^2)}}$ は z が区間 $(-1, 1)$ にある限り常に正で z の偶関数なので，積分 $u(x)$ は x について連続な単調増加関数でかつ奇関数．さらに，$u(1) = K(k)$（第一種完全楕円積分），$u(-1) = -K(k)$ である（図 4.1 参照）．

したがって $u(x)$ の逆関数 $\mathrm{sn}(u)$ は $-K(k) \leqq u \leqq K(k)$ の範囲で定義された連続で単調増加な奇関数で，

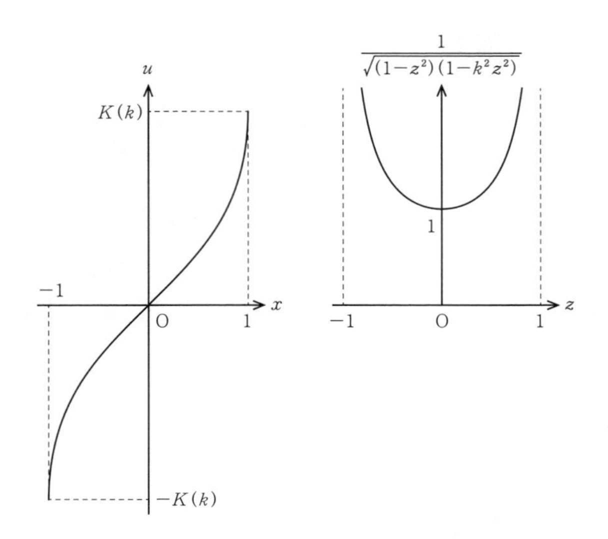

図 4.1　第一種不完全楕円積分 $u(x)$ とその被積分関数 $(k = 0.8)$

$$\text{(4.4)} \quad \mathrm{sn}(0) = 0, \qquad \mathrm{sn}(\pm K(k)) = \pm 1$$

である(図 4.2；これは，もちろん，図 4.1 の左の図を $u = x$ という斜め 45 度の直線に関して反転したものになっている).

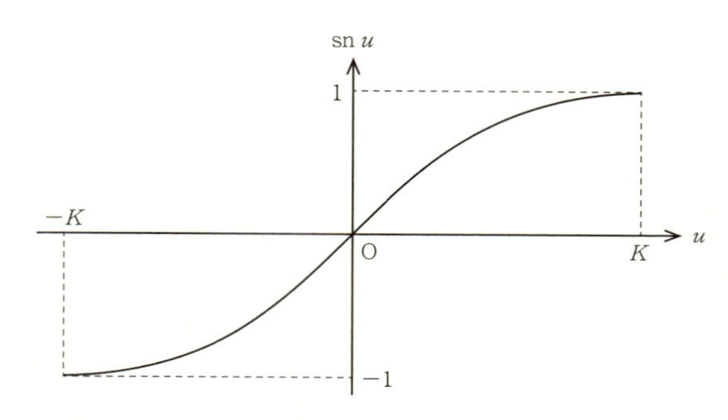

図 4.2 $[-K(k), K(k)]$ **上の関数** $\mathrm{sn}(u)$ $(K = K(k),\ k = 0.8)$

注 4.2(収束に関する注意) 本書で最初に第一種完全楕円積分 $K(k)$ が出てきたのは，レムニスケートの弧長としてだった.「弧長」があるのは「見れば分かる」話なので，敢えて強調しなかったが，この積分

$$K(k) = \int_0^1 \frac{dz}{\sqrt{(1-z^2)(1-k^2z^2)}}$$

の被積分関数 $\dfrac{1}{\sqrt{(1-z^2)(1-k^2z^2)}}$ が積分区間の端 $z = 1$ で発散しているから完全楕円積分は広義積分であり，収束することをチェックしておかないといけないのである. これは広義積分の収束の比較判定法を使って次のようにすれば良い. まず，$K(k)$ の被積分関数を次のように分解する.

$$\text{(4.5)} \quad \frac{1}{\sqrt{(1-z^2)(1-k^2z^2)}} = \frac{1}{\sqrt{(1+z)(1-k^2z^2)}} \times \frac{1}{\sqrt{1-z}}.$$

この右辺で z が 1 に近付いたときに発散するのは $\dfrac{1}{\sqrt{1-z}}$ の部分だけである ($k < 1$ に注意). 残りの部分は，

$$\text{(4.6)} \quad M_k := \frac{1}{\sqrt{1-k^2}}$$

とおけば，z が積分区間 $[0, 1]$ にあるかぎり

$$\frac{1}{\sqrt{(1+z)(1-k^2z^2)}} \leqq M_k$$

と定数で抑えられる．この不等式を式(4.5)に適用すれば，$K(k)$ の被積分関数は

$$\frac{1}{\sqrt{(1-z^2)(1-k^2z^2)}} \leqq \frac{M_k}{\sqrt{1-z}} \tag{4.7}$$

と評価される．

$$\int_0^1 \frac{M_k}{\sqrt{1-z}}dz = -2M_k\sqrt{1-z}\Big|_{z=0}^{z=1} = 2M_k$$

という広義積分は収束しているので，これよりも小さい第一種完全楕円積分 $K(k) = \int_0^1 \frac{dz}{\sqrt{(1-z^2)(1-k^2z^2)}}$ も収束して有限の値を取る．

広義積分の一般論の復習として以上のような証明を紹介したが，$K(k)$ が最初に出てきたときのことを思い出すと，もっと簡単に証明できる：$z = \sin\varphi$ と変数変換すると，$K(k)$ の sin を使った表示(1.19)が得られる．この積分の被積分関数は $\left[0, \frac{\pi}{2}\right]$ で有界だから広義積分ではない．したがって，当然収束している．

第二種完全楕円積分も sin を使わない代数的表示では広義積分になるが，同様に収束が示される．(収束に関する注意は以上．)　□

記号 sn に特別な読み方はなく，「エスエヌ」と読んでおけば良い．この記号は sin の i が抜けたようで，最初はちょっと間抜けに見えるかも知れないが，実際にこの記号が示すように $\mathrm{sn}(u) = \mathrm{sn}(u,k)$ は $\sin u$ の親戚で，$k=0$ にすると sin に等しくなる．

上の定義の中で $k=0$ にしてみると $\mathrm{sn}(u,0)$ は

$$\left(u(x) = \int_0^x \frac{dz}{\sqrt{1-z^2}} = \arcsin x\right) \text{の逆関数} = \sin u$$

となるし(積分 $\int \frac{dz}{\sqrt{1-z^2}}$ は第2章に出てきた)，$K(k)$ は

$$K(0) = \int_0^1 \frac{dz}{\sqrt{1-z^2}} = \arcsin(1) = \frac{\pi}{2}$$

に等しい．つまり，定義 4.1 は $k=0$ の場合は sin を区間 $\left[-\frac{\pi}{2}, \frac{\pi}{2}\right]$ で定義したのと同じことである(図 4.3 参照)．

$u(x) = u(x,k)$ の被積分関数は k について連続(もっと言えば微分可能)であることにも注意しておこう．したがって $\mathrm{sn}(u,k)$ や $K(k)$ は k について連続である．例えば，$\lim_{k\to 0} K(k) = \frac{\pi}{2}$ となる．

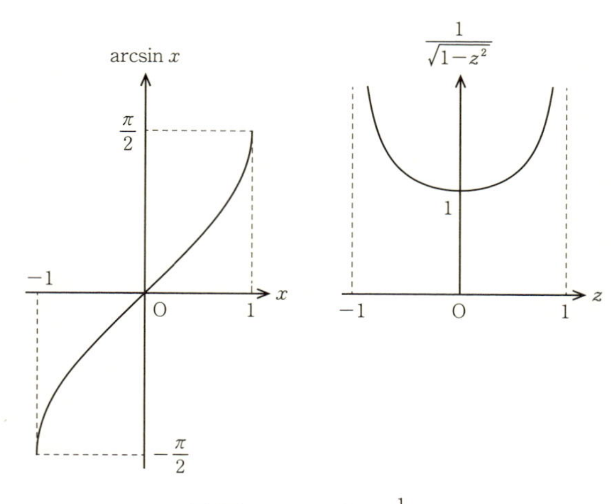

図 4.3 $\arcsin x$ と $\frac{1}{\sqrt{1-z^2}}$

注 4.3（連続性についての注意） $u(x,k)$ の定義(4.2)は $|x|<1$ ならば普通のリーマン積分なので，$u(x,k)$ の k についての連続性を示すのは難しくないが，うるさいことを言うと，「積分の極限 ＝ 極限の積分」つまり，

$$\lim_{k\to k_0}\int_0^x \frac{dz}{\sqrt{(1-z^2)(1-k^2z^2)}} = \int_0^x \frac{dz}{\sqrt{(1-z^2)(1-k_0^2z^2)}}$$

を証明するので若干解析の議論をする必要がある．具体的には，$0<|z|<|x|<1$ ならば，

$$\begin{aligned}
&\left|\frac{1}{\sqrt{(1-z^2)(1-k^2z^2)}} - \frac{1}{\sqrt{(1-z^2)(1-k_0^2z^2)}}\right| \\
&= \frac{|\sqrt{1-k_0^2z^2}-\sqrt{1-k^2z^2}|}{\sqrt{(1-z^2)(1-k^2z^2)(1-k_0^2z^2)}} \\
&= \frac{|k^2-k_0^2||z|^2}{\sqrt{(1-z^2)(1-k^2z^2)(1-k_0^2z^2)}(\sqrt{1-k^2z^2}+\sqrt{1-k_0^2z^2})} \\
&< \frac{|k^2-k_0^2||x|^2}{\sqrt{(1-x^2)(1-k^2x^2)(1-k_0^2x^2)}(\sqrt{1-k^2x^2}+\sqrt{1-k_0^2x^2})}
\end{aligned}$$

という評価から，$k\to k_0$ のときに被積分関数が積分変数 z に関して一様に収束することが言えるので，「被積分関数が一様収束するならば，極限と積分の順序を入れ替えられる」という定理を使うことができる．

もっとも，これは一般論を使う方が見通しは良い．二変数連続関数を一つの変数に関して(広義積分ではない)積分をすれば残りの変数について連続関数になる，という定理で一発．(上の評価式は被積分関数が z と k についての連続関数であることを言っている．)　詳しくは，微積分の教科書で「パラメーター(あるいは径数)に依存する積分」といった項目を見ていただきたい．例えば，杉浦光夫『解析入門 I』(東京大学出版会)ならば第Ⅳ章§14 に書いてある．

完全楕円積分 $K(k)$ の方は，注 4.2 で述べたように広義積分であるから，この連続性の証明はもう少し難しい．

一般に，連続関数 $f(x,t)$ $(x\in[c,d),\ t\in I$；I は $\mathbb{R}$ の区間$)$ が $x\to d$ のときに発散しているとして，x についての広義積分

$$F(t):=\int_c^d f(x,t)dx=\lim_{d'\to d}\int_c^{d'} f(x,t)dx$$

を考える．この広義積分が I に含まれる任意の有界閉区間で一様収束するならば，$F(t)$ は I 上で t について連続である(例えば，杉浦光夫，上掲書，第Ⅳ章§14，定理 14.3)．

これを $K(k)$ に適用する．今の場合は，被積分関数は z と k の連続関数である．また，k が $I=[0,1)$ に含まれる閉区間 $[a,b]$ $(0\leqq a<b<1)$ に属すならば (4.6)で定義した定数 M_k は M_b 以下である：$M_k\leqq M_b$．評価式(4.7)と併せれば，k が $[a,b]$ 内にある限り，$K(k)$ の被積分関数(の絶対値)は $\dfrac{M_b}{\sqrt{1-z}}$ 以下であり，広義積分 $\displaystyle\int_0^1\frac{M_b}{\sqrt{1-z}}dz$ は収束するから，広義積分 $K(k)$ は $[a,b]$ 上で一様収束している(例えば，杉浦光夫，上掲書，第Ⅳ章§14，定理 14.2)．

よって，上で述べた定理の条件を満たしているので，$K(k)$ は k について $[0,1)$ で連続である．

(連続性についての注意は以上．)　□

$u(x)$ と第一種不完全楕円積分 $F(k,\theta)$ は $F(k,\theta)=u(\sin\theta)$ で結びついているので，

$$(4.8)\quad \mathrm{sn}(F(k,\theta),k)=\sin\theta,\qquad F(k,\arcsin(\mathrm{sn}(u,k)))=u$$

ということでもある．$F(k,\theta)$ の θ に関する逆関数 $\mathrm{am}(u)=\mathrm{am}(u,k)$ (ヤコビの**振幅関数**(amplitude))，

$$\mathrm{am}(F(k,\theta),k)=\theta,\qquad F(k,\mathrm{am}(u,k))=u$$

を使うと，関係式(4.8)は

$$\operatorname{sn} u = \sin(\operatorname{am} u), \qquad \operatorname{am} u = \arcsin(\operatorname{sn} u)$$

と同じこと．振幅関数 $\operatorname{am}(u)$ のグラフは図 4.4 のようになっている．（本書では $\operatorname{am}(u)$ はほとんど使わない.）

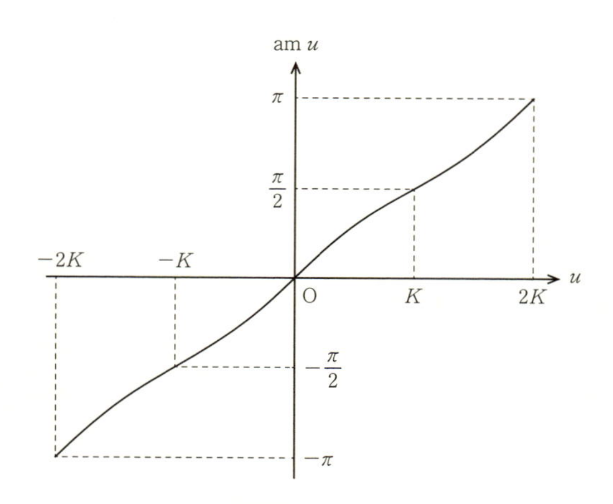

図 4.4　振幅関数 $\operatorname{am}(u)$ $(k=0.8)$

さて，楕円関数 $\operatorname{sn} u$ は一応定義されたが，まだ $[-K(k), K(k)]$ という閉区間上でしか定義されていない．上で述べたように $k=0$ で sn は sin になり，sin は $\mathbb{R}$ 全体で定義されているのだから，sn の定義も $\mathbb{R}$ 全体に拡張されるべきである．

三角関数 sin の重要な性質の一つは(反)周期性：

$$\sin(u+\pi) = -\sin u, \qquad \sin(u+2\pi) = \sin u$$

だった．そこで，sn もそれにならって，

$$\begin{aligned} \operatorname{sn}(u+2K(k), k) &= -\operatorname{sn}(u, k), \\ \operatorname{sn}(u+4K(k), k) &= \operatorname{sn}(u, k). \end{aligned} \tag{4.9}$$

で実数 $\mathbb{R}$ 全体に拡張しよう．これが「正しい」拡張であることは，後ほど加法定理を使って説明し(練習 4.8 (ii))，いずれ楕円積分と楕円関数を複素変数に拡張したときにも別の説明を与える．今は $[-K(k), K(k)]$ 上の sn のグラフ(図 4.2)を図 4.5 のように「自然」に延長したものだ，と納得していただきたい．

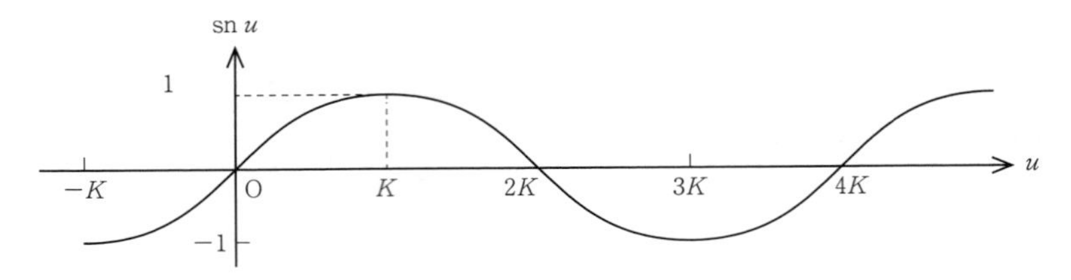

図 4.5　ℝ 上の関数 $\mathrm{sn}(u)$ $(k = 0.8\ ;\ K = K(k))$

4.2　ヤコビの楕円関数の性質

4.2.1 ◉ 三つのヤコビの楕円関数

三角関数 sin には cos という相棒がいた．ヤコビの楕円関数 sn の場合は，cn (cos の親戚)と dn という二人の相棒がいる：$-K(k) \leqq u \leqq K(k)$ では，

$$
(4.10)\quad \begin{aligned} \mathrm{cn}(u) &= \mathrm{cn}(u,k) := \sqrt{1-\mathrm{sn}^2(u,k)} \\ \mathrm{dn}(u) &= \mathrm{dn}(u,k) := \sqrt{1-k^2\mathrm{sn}^2(u,k)} \end{aligned}
$$

と定義する．ただし，根号はこの範囲では $\mathrm{cn}(u) \geqq 0$, $\mathrm{dn}(u) \geqq 0$ となるように取る．特に $\mathrm{cn}(0) = \mathrm{dn}(0) = 1$ である．また，ℝ 全体には sn のように周期性を使って拡張する(図 4.6 参照)．

$$
(4.11)\quad \begin{aligned} \mathrm{cn}(u+2K) &= -\mathrm{cn}(u), \\ \mathrm{cn}(u+4K) &= \mathrm{cn}(u), \end{aligned}
$$

$$
(4.12)\quad \mathrm{dn}(u+2K) = \mathrm{dn}(u).
$$

$(K(k) = K$ と略記した．) これらも**ヤコビの楕円関数**と呼ばれる．

sn は(4.4)のような値を取るから，それに応じて cn と dn は，

$$
(4.13)\quad \begin{aligned} \mathrm{cn}(0) &= 1, \quad \mathrm{cn}(\pm K) = 0, \\ \mathrm{dn}(0) &= 1, \quad \mathrm{dn}(\pm K) = \sqrt{1-k^2} \end{aligned}
$$

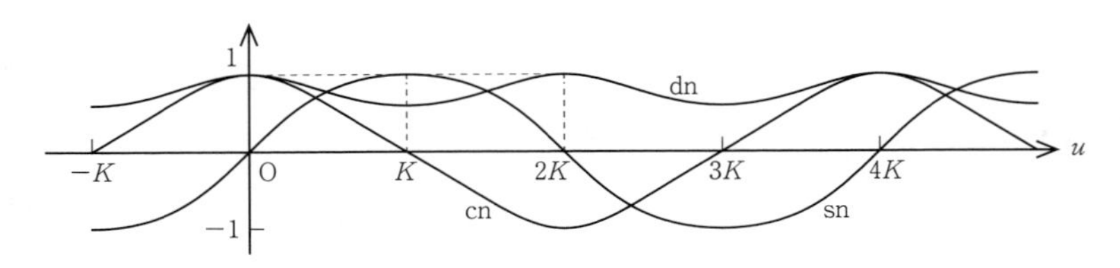

図 4.6　関数 $\mathrm{sn}(u), \mathrm{cn}(u), \mathrm{dn}(u)$ $(k = 0.8)$

という値を取る．また，sn が奇関数だから，(4.10)で定義される cn, dn は偶関数になる．

$k=0$ では，sn は sin になったが，それに応じて $\mathrm{cn}\,u$ は $\cos u$ に，dn は定数関数 1 になることは定義(4.10)から直ちにしたがう．

練習 4.4　モジュラス k が 1 に近付くときの極限は双曲線関数で表される：

$$\mathrm{sn}(u,k)\to\tanh u:=\frac{\sinh u}{\cosh u},\qquad \mathrm{cn}(u,k),\mathrm{dn}(u,k)\to\frac{1}{\cosh u}.$$

これを示せ．（ヒント：式(4.2)で定義した第一種不完全楕円積分 $u(x)$ が，$k\to 1$ という極限で tanh の逆関数 artanh になることを言う[2]．極限が積分の中に入れられることを証明しなくてはいけないが，そこは略しても良い．）

$k=0, 0.5, 0.8, 1$ についての sn, cn, dn のグラフはそれぞれ図 4.7，図 4.8，図 4.9 のようになる．

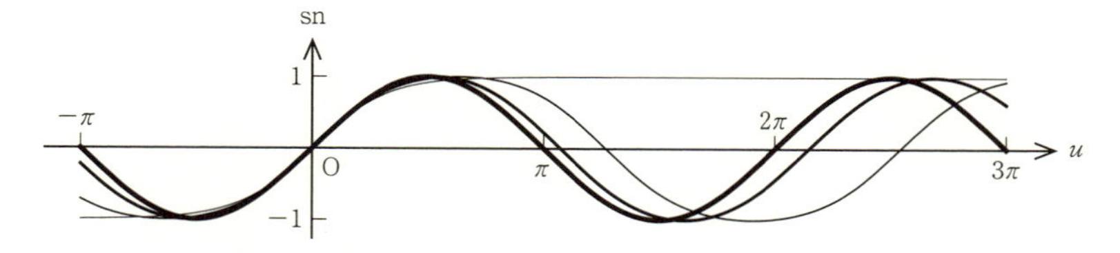

図 4.7　$\mathrm{sn}(u,k)$ **のグラフ；線の太い方から順に** $k=0$ **(つまり** $\sin u$**)，** $k=0.5$，$k=0.8$，$k=1$ **(つまり** $\tanh u$**)**

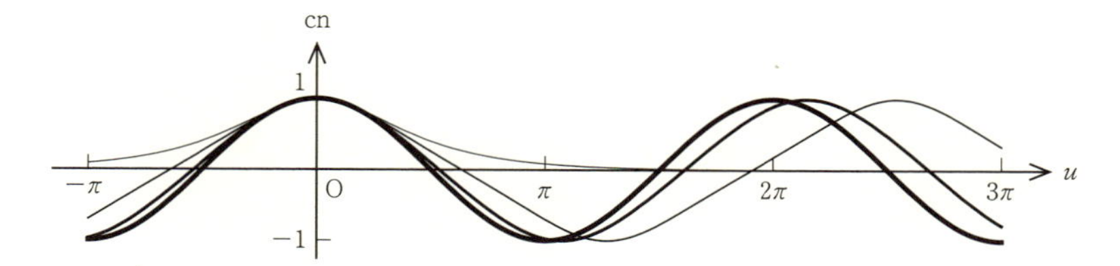

図 4.8　$\mathrm{cn}(u,k)$ **のグラフ；線の太い方から順に** $k=0$ **(つまり** $\cos u$**)，** $k=0.5$，$k=0.8$，$k=1$ **(つまり** $\frac{1}{\cosh u}$**)**

2) artanh と書くと恐ろしげだが，$x=\tanh u=\frac{e^u-e^{-u}}{e^u+e^{-u}}$ という方程式を u について解けば，$u=\mathrm{artanh}\,x=\frac{1}{2}\log\left(\frac{1+x}{1-x}\right)$ であることが分かる．

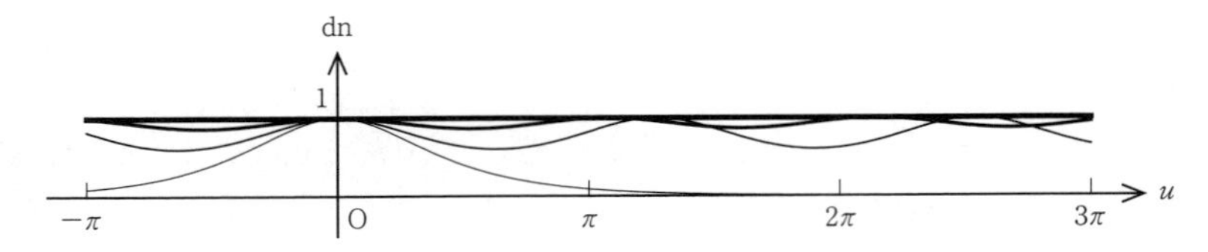

図 4.9　$\mathrm{dn}(u,k)$ のグラフ；線の太い方から順に $k=0$（つまり定数 1），$k=0.5$，$k=0.8$，$k=1$（つまり $\dfrac{1}{\cosh u}$）

注 4.5（$K(k)$ の $k\to 1$ での極限についての注意）　練習 4.4 や図 4.7 によれば，k が 1 に近付くときに sn の周期はだんだん大きくなって無限大に発散する．つまり $\lim\limits_{k\to 1}K(k)=\infty$ である．この式も $\lim\limits_{k\to 1}$ という極限を $K(k)$ の定義の積分の中に入れさえすれば証明できるのだが，相手は広義積分なので少し気を付ける必要がある．この状況に使える一般論の定理を探しても良いが，例えば次のようにすればできる．

まず，$K(k)$ の被積分関数が正であるから，任意の $0<\delta'<1$ について，

$$K(k)>\int_0^{1-\delta'}\frac{dz}{\sqrt{(1-z^2)(1-k^2z^2)}} \tag{4.14}$$

という不等式が成り立つ．この右辺は広義積分ではないから，安心して $k\to 1$ の極限が取れて，右辺の積分は $\displaystyle\int_0^{1-\delta'}\frac{dz}{1-z^2}=\mathrm{artanh}(1-\delta')$ に近付く．$\mathrm{artanh}(1)=\infty$ であることから，$K(k)$ が $k\to 1$ のときにいくらでも大きくなることが言える．

「近付く」,「いくらでも大きくなる」という言葉では安心できず，徹底的に厳密に書きたい人には ε-δ 論法(疲れている人は読み飛ばすことをお勧めします)：どんなに大きな $M>0$ をとってきても，適当な $\delta>0$ をとれば，$1-\delta<k<1$ のときに $K(k)>M$ であることを言う．まず，artanh が増加関数で $\lim\limits_{x\to 1}\mathrm{artanh}\,x=\infty$ なので，δ' が十分小さければ $\mathrm{artanh}(1-\delta')>M+1$ となる．次に，上で述べたように

$$\lim_{k\to 1}\int_0^{1-\delta'}\frac{dz}{\sqrt{(1-z^2)(1-k^2z^2)}}=\mathrm{artanh}(1-\delta')$$

だから，適当な δ を取れば，$1-\delta<k<1$ のときに，

$$\left|\int_0^{1-\delta'}\frac{dz}{\sqrt{(1-z^2)(1-k^2z^2)}}-\mathrm{artanh}(1-\delta')\right|<1$$

となり，$\operatorname{artanh}(1-\delta') > M+1$ と併せて

$$\int_0^{1-\delta'} \frac{dz}{\sqrt{(1-z^2)(1-k^2z^2)}} > M$$

という評価が得られる．不等式(4.14)と併せて $1-\delta < k < 1$ のときに $K(k) > M$.

（$K(k)$ の $k\to 1$ での極限についての注意は以上，ふぅ….） □

この三つ組 sn, cn, dn を一緒に使うと，いろいろな性質をきれいに書くことができる.

4.2.2 ◉ 微分

sn が楕円積分を経由して定義されているので，微分が簡単に分かる．$\mathrm{sn}(u)$ の逆関数は

$$u(x) = \int_0^x \frac{dz}{\sqrt{(1-z^2)(1-k^2z^2)}}$$

だから，逆関数の微分法と微分積分学の基本定理（と言うよりも「積分と微分は逆」ということ）から，

$$\frac{d}{du}\,\mathrm{sn}\,u = \frac{1}{\left.\dfrac{d}{dx}u(x)\right|_{x=\mathrm{sn}\,u}} = \left(\left.\frac{1}{\sqrt{(1-x^2)(1-k^2x^2)}}\right|_{x=\mathrm{sn}\,u}\right)^{-1}$$
$$= \sqrt{1-\mathrm{sn}^2 u}\sqrt{1-k^2\mathrm{sn}^2 u} = \mathrm{cn}\,u\,\mathrm{dn}\,u.$$

これから直ちに，合成関数の微分法を使って

$$\frac{d}{du}\,\mathrm{cn}\,u = \frac{d}{du}\sqrt{1-\mathrm{sn}^2 u} = \frac{-2\,\mathrm{sn}\,u\,\dfrac{d\,\mathrm{sn}\,u}{du}}{2\sqrt{1-\mathrm{sn}^2 u}}$$
$$= -\mathrm{sn}\,u\,\mathrm{dn}\,u,$$

$$\frac{d}{du}\,\mathrm{dn}\,u = \frac{d}{du}\sqrt{1-k^2\mathrm{sn}^2 u} = \frac{-2k^2\mathrm{sn}\,u\,\dfrac{d\,\mathrm{sn}\,u}{du}}{2\sqrt{1-k^2\mathrm{sn}^2 u}}$$
$$= -k^2\mathrm{sn}\,u\,\mathrm{cn}\,u$$

も分かる．（うるさく言うなら，ここでやった計算は $-K(k) < u < K(k)$ で成り立つもので，それ以外の範囲には周期性(4.9)，(4.11)，(4.12)を使って拡張する必要があるが，煩瑣になるので略す．結論は変わらない．）

まとめると，

$$\frac{d\,\mathrm{sn}\,u}{du} = \mathrm{cn}\,u\,\mathrm{dn}\,u,$$

$$\frac{d\,\mathrm{cn}\,u}{du} = -\mathrm{sn}\,u\,\mathrm{dn}\,u, \tag{4.15}$$

$$\frac{d\,\mathrm{dn}\,u}{du} = -k^2\mathrm{sn}\,u\,\mathrm{cn}\,u$$

で，k を0にした場合の

$$\frac{d\sin u}{du} = \cos u, \qquad \frac{d\cos u}{du} = -\sin u$$

とちゃんと辻褄が合っている．

4.2.3 ◉ 加法定理

三角関数の重要な性質の一つに加法定理がある．例えばsinならば，

$$\sin(u+v) = \sin u\cos v + \cos u\sin v \tag{4.16}$$

であった．

三角関数と同様に双曲線関数にも加法定理がある．双曲線関数は指数関数から例えば $\sinh u = \dfrac{e^u - e^{-u}}{2}$，$\cosh u = \dfrac{e^u + e^{-u}}{2}$ と定義するから，簡単に

$$\sinh(u+v) = \sinh u\cosh v + \cosh u\sinh v$$

などが示される．$\tanh u = \dfrac{\sinh u}{\cosh u}$ は，

$$\tanh(u+v) = \frac{\tanh u + \tanh v}{1 + \tanh u\tanh v} \tag{4.17}$$

という加法定理を持つ．

さて，第4.1節で述べたように $k=0$ でsnはsinになり，練習4.4で見たように $k \to 1$ ではtanhになる．したがって，「snもsinやtanhのように加法定理を持つのではないか」と推測できる．そこで，上の二つの加法定理(4.16)と(4.17)の間をつなぐことを考えてみよう．

二つの加法定理は一見かなり形が違うので「間をつなぐ」と言っても難しそうに思えるが，次のように変形してみると「自然な」補間方法が見えてくる[3)]．まず，sinの加法定理をcosが出てこないように

$$\sin(u+v) = \sin u\frac{d\sin v}{dv} + \frac{d\sin u}{du}\sin v$$

3) 以下の議論は戸田盛和『楕円関数入門』(日本評論社)第8章にしたがう．

と書いてみる．この式の右辺の sin を tanh に変えた式を計算してみると，$\dfrac{d\tanh u}{du}=1-\tanh^2 u$ だから，

$$\tanh u\frac{d\tanh v}{dv}+\frac{d\tanh u}{du}\tanh v = (\tanh u+\tanh v)(1-\tanh u\tanh v)$$

となる．これを使うと，tanh の加法定理(4.17)は，

$$\tanh(u+v)=\frac{\tanh u\dfrac{d\tanh v}{dv}+\dfrac{d\tanh u}{du}\tanh v}{1-\tanh^2 u\tanh^2 v}$$

と書き直せる．

以上の結果を見比べると，二つの加法定理(4.16)と(4.17)を補間する次の式が sn の加法定理ではないか，と予想しても良さそうだ：

$$\text{(4.18)}\quad \begin{aligned}\mathrm{sn}(u+v) &= \frac{\mathrm{sn}\,u\dfrac{d\,\mathrm{sn}\,v}{dv}+\dfrac{d\,\mathrm{sn}\,u}{du}\mathrm{sn}\,v}{1-k^2\mathrm{sn}^2 u\,\mathrm{sn}^2 v}\\ &= \frac{\mathrm{sn}\,u\,\mathrm{cn}\,v\,\mathrm{dn}\,v+\mathrm{sn}\,v\,\mathrm{cn}\,u\,\mathrm{dn}\,u}{1-k^2\mathrm{sn}^2 u\,\mathrm{sn}^2 v}.\end{aligned}$$

答えを言ってしまうと，これは正しい公式になっている！[4)]

この加法定理を証明しよう．そのために，(4.18)の中の $u+v$ を定数 c とし，v を $c-u$ に置き換え，(4.18)の右辺を使って

$$\text{(4.19)}\quad F(u):=\frac{\mathrm{sn}\,u\,\mathrm{cn}(c-u)\mathrm{dn}(c-u)+\mathrm{sn}(c-u)\mathrm{cn}\,u\,\mathrm{dn}\,u}{1-k^2\mathrm{sn}^2 u\,\mathrm{sn}^2(c-u)}$$

という関数を定義する．

主張：c を固定すると，$\dfrac{dF}{du}=0$ である．

この主張が証明できれば，$F(u)$ は u に依存しないので $F(0)=F(u)$ となる．$\mathrm{sn}\,0=0$ と $\mathrm{cn}\,0=\mathrm{dn}\,0=1$ を使えば，$F(0)=\mathrm{sn}\,c$ だから，

$$\mathrm{sn}\,c=\frac{\mathrm{sn}\,u\,\mathrm{cn}(c-u)\mathrm{dn}(c-u)+\mathrm{sn}(c-u)\mathrm{cn}\,u\,\mathrm{dn}\,u}{1-k^2\mathrm{sn}^2 u\,\mathrm{sn}^2(c-u)}$$

4) もちろん，分母の k^2 は k や k^3 でも(16)と(17)を補間しているし，ほかの形の補間もありうる．上の形にしてみたのは，答えを知っているから．本当に一から探すなら，いろいろ試行錯誤することになるだろう．

で，$c=u+v$ と元に戻せば，加法定理(4.18)が証明される．

主張 $\dfrac{dF}{du}=0$ の証明は次のようにする．$F(u)$ の定義(4.19)の分子と分母を

$$\begin{aligned} N &:= F(u) \text{ の分子(numerator)} \\ &= \operatorname{sn} u \operatorname{cn}(c-u) \operatorname{dn}(c-u) + \operatorname{sn}(c-u) \operatorname{cn} u \operatorname{dn} u, \\ D &:= F(u) \text{ の分母(denominator)} \\ &= 1-k^2 \operatorname{sn}^2 u \operatorname{sn}^2(c-u) \end{aligned}$$

と書くことにすると，

$$\frac{dF}{du} = \frac{\dfrac{dN}{du}D - N\dfrac{dD}{du}}{D^2}.$$

この右辺の分子が0になることを示せば良い．つまり，

$$\frac{dN}{du}D = N\frac{dD}{du}. \tag{4.20}$$

これは，微分の公式(4.15)を使えば簡単に(ただし，長い計算で)証明できるので読者の皆さんに自分でやっていただこう．

練習 4.6　式(4.20)を証明せよ．

sn の加法定理(4.18)を使えば，定義 4.10 から cn と dn の加法定理：

$$\operatorname{cn}(u+v) = \frac{\operatorname{cn} u \operatorname{cn} v - \operatorname{sn} u \operatorname{sn} v \operatorname{dn} u \operatorname{dn} v}{1-k^2 \operatorname{sn}^2 u \operatorname{sn}^2 v}, \tag{4.21}$$

$$\operatorname{dn}(u+v) = \frac{\operatorname{dn} u \operatorname{dn} v - k^2 \operatorname{sn} u \operatorname{sn} v \operatorname{cn} u \operatorname{cn} v}{1-k^2 \operatorname{sn}^2 u \operatorname{sn}^2 v} \tag{4.22}$$

を導くこともできる．これも単純計算なので，読者にお任せしよう．$k=0$ では(4.21)は cos の加法定理になることも確かめられたい．

練習 4.7　加法定理(4.21)と(4.22)を証明せよ．（ヒント：cn の加法定理の証明では，右辺の分母が $\operatorname{cn}^2 u + \operatorname{sn}^2 u \operatorname{dn}^2 v$ または $\operatorname{cn}^2 v + \operatorname{sn}^2 v \operatorname{dn}^2 u$ と書き直せることを利用すると計算が楽になる．dn の場合は，同じく分母 $= \operatorname{dn}^2 u + k^2 \operatorname{sn}^2 u \operatorname{cn}^2 v = \operatorname{dn}^2 v + k^2 \operatorname{sn}^2 v \operatorname{cn}^2 u$ を使う．）

練習 4.8　(i)　加法定理と(4.4), (4.13)を使って，

$$
\begin{aligned}
\operatorname{sn}(u+K) &= \frac{\operatorname{cn} u}{\operatorname{dn} u}, \\
\operatorname{cn}(u+K) &= -k'\frac{\operatorname{sn} u}{\operatorname{dn} u}, \\
\operatorname{dn}(u+K) &= \frac{k'}{\operatorname{dn} u}
\end{aligned}
\tag{4.23}
$$

を示せ ($K = K(k)$, $k' := \sqrt{1-k^2}$). さらにこれらを使って,

$$
\begin{aligned}
\operatorname{sn}(2K) &= 0, \\
\operatorname{cn}(2K) &= -1, \\
\operatorname{dn}(2K) &= 1
\end{aligned}
\tag{4.24}
$$

を示せ.

(ii) (i)の結果と加法定理を使って, 周期性(4.9), (4.11), (4.12)がこれらと整合的であることを示せ.

練習 4.8 (i)の sn と cn についての結果は, 三角関数の場合 ($k = 0$) の

$$
\sin\left(u+\frac{\pi}{2}\right) = \cos u, \qquad \cos\left(u+\frac{\pi}{2}\right) = -\sin u,
$$

$$
\sin \pi = 0, \qquad \cos \pi = -1
$$

に対応している.

次章ではヤコビの楕円関数を物理の問題に使ってみる. 一つはこの章の最初に述べた振り子の運動の記述, もう一つは縄跳びの縄が sn のグラフを描いているという話である.

第5章

ヤコビの楕円関数の応用

路地裏に遊ぶ

前章では，第一種楕円積分の逆関数としてヤコビの楕円関数 sn を定義し，さらに cn, dn も導入して性質を調べた．これらのヤコビの楕円関数はいろいろな場面に現れるが，ここでは物理への応用を二つ紹介する．

5.1 単振り子の運動

第3章では単振り子の運動方程式

$$(5.1)\quad \frac{d^2\varphi}{dt^2} = -\omega^2 \sin\varphi, \qquad \omega := \sqrt{\frac{g}{l}}$$

を解いてみた．ここで，$\varphi = \varphi(t)$ は時刻 t での振れ角で，l は振り子の長さ，g は重力加速度である．

振り子の最大の振れ角が α となる場合(図5.1)，振れ角が φ となる時刻 $t = t(\varphi)$ は

$$(5.2)\quad \omega t(\varphi) = \int_0^{\frac{1}{k}\sin\frac{\varphi}{2}} \frac{dz}{\sqrt{(1-z^2)(1-k^2z^2)}}$$

と表された $(k = \sin\dfrac{\alpha}{2})$．右辺の積分が第一種不完全楕円積分になっている．第3章ではこれを使って振り子の周期を計算した．

しかし，振り子の運動を記述するという立場では，振れ角を時間の関数として表す方が自然．そのためには，前章で導入した楕円積分の逆関数，ヤコビの楕円関数 sn を使えば良い．(5.2)を sn で表示すると，

$$\operatorname{sn}(\omega t, k) = \frac{1}{k}\sin\frac{\varphi}{2}$$

となる．これから，時刻 t での振れ角が

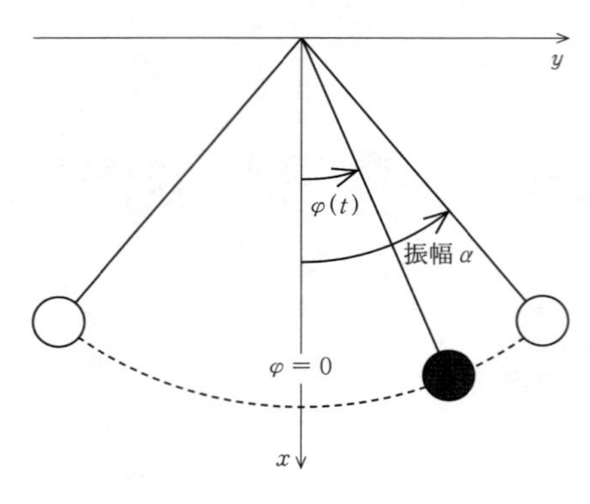

図 5.1　単振り子

(5.3)　$\varphi(t) = 2\arcsin(k\,\mathrm{sn}(\omega t, k))$

であることが分かる．

楕円関数の微分のちょうど良い計算練習なので，(5.3)を運動方程式(5.1)に代入してこれが解になっていることを確認しておこう．まず $\varphi(t)$ の一階微分は，$(\arcsin x)' = \dfrac{1}{\sqrt{1-x^2}}$ と合成関数の微分法を使うと(以下，$\mathrm{sn}(u, k)$ などの k は省略する)，

$$\frac{d}{dt}\varphi(t) = \frac{2}{\sqrt{1-k^2\mathrm{sn}^2(\omega t)}}\frac{d}{dt}k\,\mathrm{sn}(\omega t).$$

右辺の分母はヤコビの楕円関数 dn の定義 $\mathrm{dn}\,u = \sqrt{1-k^2\mathrm{sn}^2 u}$ により $\mathrm{dn}(\omega t)$ に等しく，$(\mathrm{sn}\,u)' = \mathrm{cn}\,u\,\mathrm{dn}\,u$ だから，

(5.4)　$$\frac{d}{dt}\varphi(t) = \frac{2}{\mathrm{dn}(\omega t)}k\omega\,\mathrm{cn}(\omega t)\mathrm{dn}(\omega t) = 2k\omega\,\mathrm{cn}(\omega t).$$

(5.4)をもう一回微分して，$(\mathrm{cn}\,u)' = -\mathrm{sn}\,u\,\mathrm{dn}\,u$ より，

(5.5)　$$\frac{d^2}{dt^2}\varphi(t) = -2k\omega^2\mathrm{sn}(\omega t)\mathrm{dn}(\omega t).$$

一方，(5.3)より $k\,\mathrm{sn}(\omega t) = \sin\dfrac{\varphi}{2}$ であり，

$$\mathrm{dn}(\omega t) = \sqrt{1-k^2\mathrm{sn}^2(\omega t)} = \sqrt{1-\sin^2\frac{\varphi}{2}} = \cos\frac{\varphi}{2}$$

なので，(5.5)から，

$$\frac{d^2}{dt^2}\varphi(t) = -2\omega^2\sin\frac{\varphi}{2}\cos\frac{\varphi}{2} = -\omega^2\sin\varphi$$

となる．これで運動方程式(5.1)が確かめられた．

最大振幅αが小さいときには，$k=\sin\frac{\alpha}{2}$は0に近い．モジュラスkが0に近いときにはsnはsinで近似されることは前章で説明した．また，k自身は$\frac{\alpha}{2}$で近似される[1]．一方，$\arcsin x$はxが小さいとxで近似される[2]．したがって，(5.3)の表示は，

$$\varphi(t)\approx\alpha\sin(\omega t)$$

となり，高校や大学初年級で習う「(振れが微小な場合の)振り子の振れ角の式」が導かれる．

逆に振幅が大きくなると，周期が長くなる．これは，kが大きくなるとsn関数の周期が大きくなることと対応している．前章で述べたように$k\to1$の極限では完全楕円積分$K(k)$が無限大に発散し，それに対応してsnの周期($=4K(k)$)が発散して，snは双曲線関数tanhになる．$k=\sin\frac{\alpha}{2}$が1に近づくということは，$\frac{\alpha}{2}$が$\frac{\pi}{2}=90°$に，つまり，αが$\pi=180°$に近づくことだから，振り子が倒立するくらいに振り上げられていることになる(この場合，錘を糸でぶら下げていると錘が上の方まで行ったときに糸がたるんでしまうので，振り子時計の振り子のように棒で作っておかないといけない)．

極端な場合として，錘を「一番上($\alpha=180°$)」まで上げれば不安定だが倒立のまま静止する．これが「周期が無限大」になった場合，と解釈できる．(この場合は$\varphi(t)$は$\varphi(t)=\pi$という定数関数で，(5.2)，つまり(3.18)を導くときに仮定した$\varphi(0)=0$は使えない．)

さらに振れ角を大きくしようとすれば振り子が回転するようになる．この状態については第3章の練習問題(練習3.6)で考えてもらった．

5.2　なわとびの形

関数snのグラフを図5.2に挙げたが，この形は皆さん子供の頃から見慣れている．実は，なわとびの縄が，若干の妥当な条件の下でこの形の弧(図の0から

1) 高校でも習う極限$\lim_{y\to0}\frac{\sin y}{y}=1$は，$y$が0に近いときに，$\sin y\approx y$と近似されることを示している．あるいは，$\sin y$のテイラー展開が$\sin y=y+$($y^3$以下のオーダーの項)と書けるから，と言ってもよい．

2) 前脚注で述べたように$\sin y\approx y$だから，これに$y=\arcsin x$を入れれば$\arcsin x\approx x$.

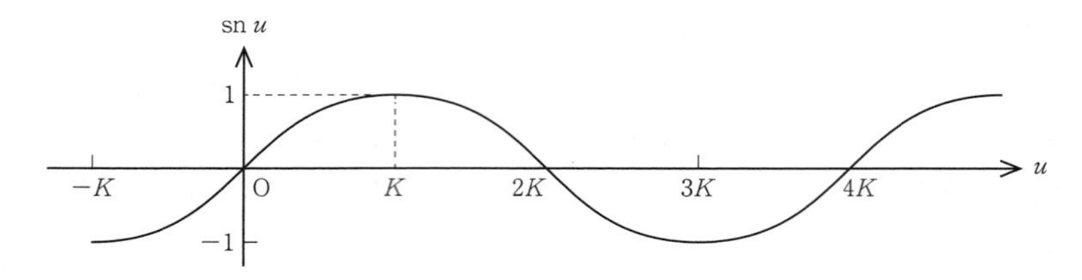

図 5.2　$\mathbb{R}$ 上の関数 $\mathrm{sn}\, u$ $(k = 0.8)$

$2K$ の部分）を描いているのである．これを，縄の満たす運動方程式を解いて示すのがこの節の目標．

5.2.1 ◉ 微分方程式の導出

まず，次の幾何学的仮定を置く：

- 縄の両端は空間内の点 $(0,0,0)$ と $(2a,0,0)$ に固定されている（座標を XYZ とする）．
- 縄はいつも全体が一つの平面に入っていて，その平面は X 軸の周りを角速度 ω で回転している．（大なわとびでは，うまく回すと縄が螺旋状の空間曲線を描くが，そういう場合は考えない．）

後でもう二つ物理的仮定をおくが，以下しばらく上の二つの仮定の下で説明を進める．縄が XZ 平面に入ったときの図を図 5.3 に示しておこう．この曲線の形を求めるのが問題である．

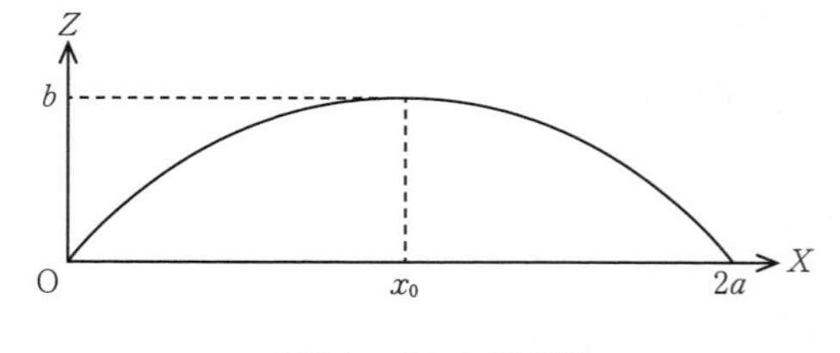

図 5.3　なわとびの形

縄は一つの平面上にあると仮定しているので，縄が描く曲線は関数 $y = y(x)$ のグラフとして表示できる．ただし，この xy 座標は，縄と一緒にグルグル回っている平面上の座標．つまり，x 軸は最初に考えている X 軸と同じだが，y 軸の方はグルグル回っている．さらに xy 平面と直交する方向に z 座標を取ると，図 5.4 のようになっている．

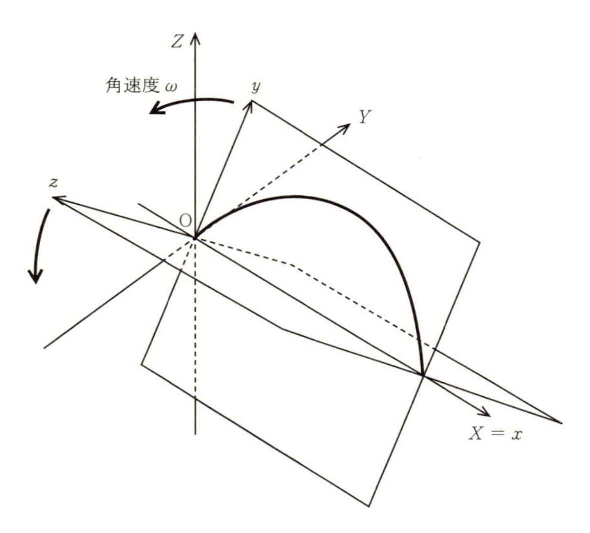

図 5.4　回転する xyz 座標系

XYZ 座標と xyz 座標の間の座標変換を考えると，これは「YZ 平面の座標を角 ωt 回転させている」のだから，

$$X = x,$$
$$Y = y\cos\omega t - z\sin\omega t, \quad (5.6)$$
$$Z = y\sin\omega t + z\cos\omega t$$

と書ける．念のため，YZ 座標と yz 座標の関係を図 5.5 に示し，上の式の出し方を復習しておこう[3)]．

図 5.5 では回転の角度を θ としている．必要なのは $\theta = \omega t$ の場合である．yz 座標系で座標 (y, z) を持つ点 P の YZ 座標系での座標を求めるには，P から y 軸に下ろした垂線の足を Q，z 軸に下ろした垂線の足を R として，Q, R の Y 座標と Z 座標を求めてそれぞれを足し合わせれば良い(位置ベクトルの足し算 $\overrightarrow{\mathrm{OP}} = \overrightarrow{\mathrm{OQ}} + \overrightarrow{\mathrm{OR}}$)．点 Q の Y 座標と Z 座標はそれぞれ $y\cos\theta, y\sin\theta$．点 R の Y 座標と Z 座標は $-z\sin\theta, z\cos\theta$ なので，(5.6)の第二式，第三式が得られる．

3) 座標を回転したときの座標変換の式は学校で習った世代と習わなかった世代があるから，というのは言い訳．本音は，私は「どっちの sin に符号が付くんだっけ」というのをしょっちゅう迷うので，自分でも確認したいから復習します．

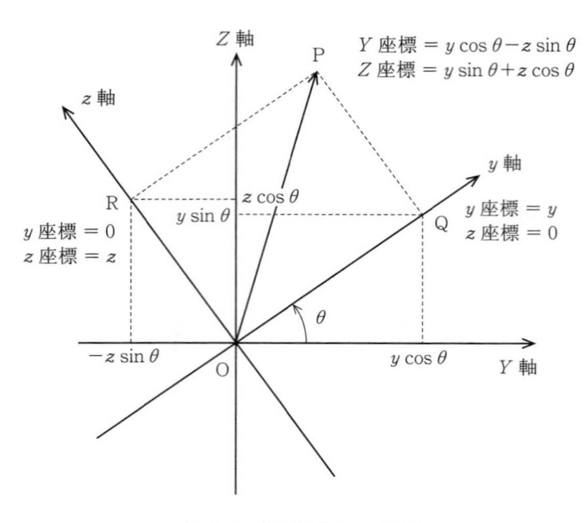

図 5.5　YZ 座標と yz 座標

ここから後の議論で大事なのは，XYZ 座標系で見ると y 座標と z 座標が時間 t に依存して回転している，という点である．

よく知られたニュートンの運動方程式「質量 × 加速度 = 力」が成り立つのは，「慣性系」と呼ばれる座標系で，慣性系に対して加速度運動している(= 一定速度の直線運動をしていない)座標系では修正が必要になる．今考えている場合では，地面に固定した XYZ 座標系を慣性系と考えている[4]．質量 m の質点が時刻 t でこの座標系の $(X(t), Y(t), Z(t))$ にあり，X 成分，Y 成分，Z 成分がそれぞれ F_X, F_Y, F_Z という力を受けているならば，方程式

$$(5.7)\quad m\frac{d^2X}{dt^2} = F_X, \qquad m\frac{d^2Y}{dt^2} = F_Y, \qquad m\frac{d^2Z}{dt^2} = F_Z$$

に従って運動している．これがニュートンの運動方程式，あるいはニュートンの運動の第二法則である．なわとびの縄の場合，縄を細かく区切って考えて，その各部を質点とみなす．その一つ一つについて上のような運動方程式を立てると，隣の部分が引っぱる張力と地球の重力の合わさった力が (F_X, F_Y, F_Z) になる．

しかし，この座標では曲線 $y = y(x)$ の形を解析するのには不便なので，回転

4)　なわとびの運動を考えるだけなら地球の自転公転などの運動の影響は無視できる程度に小さい．地球の運動を考慮しなくてはいけない場合は「地面に固定した座標」も慣性系とは考えられなくなる．

しているxyz座標系で見直してみる．運動方程式(5.7)を(5.6)で座標変換すると，x座標については$x=X$だから，

$$m\frac{d^2x}{dt^2}=F_X$$

が成り立つ．y座標とz座標については少し計算が要る．まず(5.6)を二回微分すると，

$$\begin{aligned}\frac{d^2Y}{dt^2}&=\frac{d^2y}{dt^2}\cos\omega t-2\omega\frac{dy}{dt}\sin\omega t-\omega^2y\cos\omega t\\&\quad-\frac{d^2z}{dt^2}\sin\omega t-2\omega\frac{dz}{dt}\cos\omega t+\omega^2z\sin\omega t,\\\frac{d^2Z}{dt^2}&=\frac{d^2y}{dt^2}\sin\omega t+2\omega\frac{dy}{dt}\cos\omega t-\omega^2y\sin\omega t\\&\quad+\frac{d^2z}{dt^2}\cos\omega t-2\omega\frac{dz}{dt}\sin\omega t-\omega^2z\cos\omega t.\end{aligned}\tag{5.8}$$

かなり大きな式になってしまったが，$\frac{d^2Y}{dt^2}$に$m\cos\omega t$，$\frac{d^2Z}{dt^2}$に$m\sin\omega t$を掛けてから辺々足し合わせ，(5.7)を使うと，多くの項がキャンセルして

$$F_Y\cos\omega t+F_Z\sin\omega t=m\frac{d^2y}{dt^2}-m\omega^2y-2m\omega\frac{dz}{dt}\tag{5.9}$$

となる．同様に，(5.8)の$\frac{d^2Y}{dt^2}$に$-m\sin\omega t$，$\frac{d^2Z}{dt^2}$に$m\cos\omega t$を掛けて足し合わせると，(5.7)によって，

$$-F_Y\sin\omega t+F_Z\cos\omega t=m\frac{d^2z}{dt^2}-m\omega^2z+2m\omega\frac{dy}{dt}\tag{5.10}$$

が得られる．(5.9)と(5.10)の左辺は張力や重力の作用をxyz座標で書いたもので，式(5.9)の左辺をF_y，式(5.10)の左辺をF_zと書くことにする．これで式を少し整理するとxyz座標系で書いた運動方程式

$$m\frac{d^2y}{dt^2}=F_y+m\omega^2y+2m\omega\frac{dz}{dt},\tag{5.11}$$

$$m\frac{d^2z}{dt^2}=F_z+m\omega^2z-2m\omega\frac{dy}{dt}\tag{5.12}$$

が得られる．F_yやF_zは張力や重力の作用をxyz座標で書いたものだが，注目してほしいのは，そのほかに$m\omega^2y+2m\omega\frac{dz}{dt}$, $m\omega^2z-2m\omega\frac{dy}{dt}$という，慣性系である$XYZ$座標では「見えなかった」項が付け加わっている点．これらはF_yやF_zと違って慣性系で対応する力があるわけではないが，もし慣性系しか知らない人

がこの座標系に乗ったら，その人は付け加えられた項に対応して「何か力が働いている」ように感じることになる．このうち，y成分，z成分のペアが$(m\omega^2 y, m\omega^2 z)$である部分が**遠心力**(centrifugal force)と呼ばれ，$\left(2m\omega\frac{dz}{dt}, -2m\omega\frac{dy}{dt}\right)$である部分は**コリオリの力**(Coriolis force)と呼ばれる[5)]．

今は,「なわとびの縄が静止して見えるような座標系」としてxyz座標を選んでいるから，座標の時間微分$\frac{dz}{dt}$や$\frac{dy}{dt}$は0になり，これらに依存するコリオリの力は考えなくてよい．

ここで，さらに物理的な仮定を追加しよう．

- 縄の線密度ρ(＝単位長さ当りの質量)は一定で，縄は伸び縮みせず，長さはl.
- 縄は速く回していて，縄にかかる遠心力に比べて重力は十分に小さくて無視できるとする．

この仮定の下で，x軸の区間$[x, x+\Delta x]$の上にある縄についての運動方程式を考えよう(図5.6)．Δxは非常に小さくて，対応する縄の部分は質点と近似できるとする．z座標はいつでも0だから，考えなくてはいけないのはy座標に関する方程式(5.11)である．

この部分の両端は，xy座標で$(x, y), (x+\Delta x, y+\Delta y)$にあるとする．縄は$y=y(x)$という曲線を描いているから，$y+\Delta y=y(x+\Delta x)$．右辺を$\Delta x$の一次の項

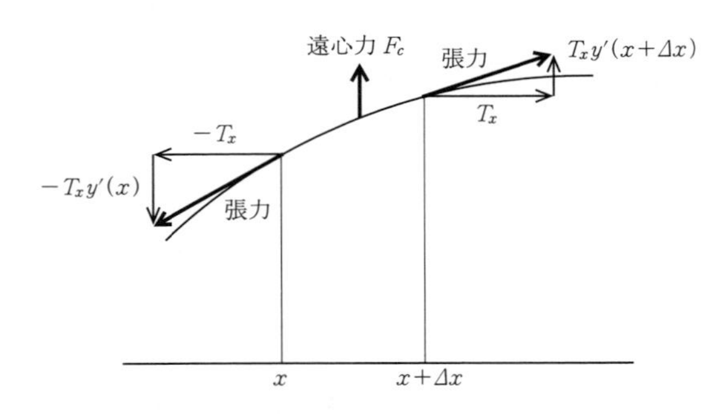

図5.6　縄の微小部分にかかる力

5) 座標系が回転に限らずもっと一般の加速度運動をしていても，その座標系で考えると同じように「見かけの力」が生じる．一般には「慣性力」と呼ばれる．

までテイラー展開して比較すれば，

(5.13) $\Delta y = y'(x)\Delta x + o(\Delta x), \qquad y' = \dfrac{dy}{dx}$

である．ご存知の方も多いと思うが，$o(\Delta x)$ という記号は $\Delta x \to 0$ にしたときに Δx よりも速く 0 に近づく量を表す．正確には，$\lim_{\Delta x \to 0} \dfrac{h(\Delta x)}{\Delta x} = 0$ となるような量 $h(\Delta x)$ を区別せずにまとめて表す記号である．後で極限 $\Delta x \to 0$ を取って微分方程式を導くときには，この $h(\Delta x)$ のような Δx に比べて小さな量にこだわる必要はないので，節操なく何でも $o(\Delta x)$ と書く．

また，対応する縄の部分を線分で近似すれば(十分短い部分ならば，ほぼ直線になっていると考えられる)，その長さは

(5.14) $\sqrt{\Delta x^2 + \Delta y^2} = \sqrt{1+y'^2}\,\Delta x + o(\Delta x).$

この部分の質量 m は，(長さ)×(線密度) なので，

(5.15) $m = \rho\sqrt{1+y'^2}\,\Delta x + o(\Delta x).$

次に，ここにかかっている力を調べよう．簡単なのは上で説明した遠心力．これは y 軸の正の方向に $m\omega^2 y$ の大きさである[6)]．質量の表式(5.15)と合わせて，遠心力 $F_c(x)$ は

(5.16) $F_c(x) = \rho\omega^2 y\sqrt{1+y'^2}\,\Delta x + o(\Delta x).$

次に縄の張力を計算しよう．縄は，左右から縄の接線方向に引っ張られているが，この力を図 5.6 のように x 軸方向と y 軸方向の成分に分解する．我々が選んだ回転する xyz 座標系では縄は静止して見えるのだから，縄の微小部分にかかる x 軸方向の力は右向きと左向きが釣り合っていないといけない．そこで，この x 軸と平行に右に引っ張る張力を T_x とする．左に引っ張る張力は $-T_x$ というわけである．また，作用反作用の法則により，T_x は縄上の位置(つまり，x 座標)によらない．

では，y 軸方向の張力はどうか？ 微小部分の左端，点 $(x, y(x))$ では，張力のベクトルは図 5.6 のように傾き $y'(x)$ の直線の負の方向を向いている．そしてその x 成分が $-T_x$ であるから，y 成分は $-T_x y'(x)$ である．右端，点 $(x+\Delta x, y(x+\Delta x))$ でも同様で，接線の傾き = 微分係数 $y'(x+\Delta x)$ を T_x に掛ければ，張力の y 成分は $T_x y'(x+\Delta x)$ となる．これをテイラー展開して，

$$T_x y'(x+\Delta x) = T_x y'(x) + T_x y''(x)\Delta x + o(\Delta x).$$

6) 本当は，縄の微小部分の右端と左端で y 座標が異なるから，遠心力の大きさも場所によって異なるが，この差も $\Delta x \to 0$ の極限を取る最終結果には影響がない．

左右の張力の y 成分を足し合わせると

(5.17)　$F_y = T_x y''(x)\Delta x + o(\Delta x)$

となる．ここで記号を F_y としたのは，これが(5.11)に出てくる F_y と同じものだから．式(5.11)を出したときの F_y の定義を見て「えーと，この場合の F_Y と F_Z は何かな？」と考えると面倒になるが，そもそもの出所由来を考えると(5.11)の F_y は，質点(ここでは縄の微小部分)に働いている(ホンモノの)力の y 成分．重力を無視している近似の下では F_y は張力の y 方向成分にほかならない．

再々繰り返すようだが，縄はこの座標系では止まって見える．ということは，運動方程式(5.11)の左辺は0，コリオリの力を表す右辺最後の項も0である．したがって，張力の y 成分 F_y と遠心力 F_c を足せば0になる．F_c と F_y の具体的な表示(5.16)と(5.17)から，

$$\rho\omega^2 y\sqrt{1+y'^2}\Delta x + T_x y''\Delta x + o(\Delta x) = 0.$$

Δx で割って $\Delta x \to 0$ の極限を取れば，

(5.18)　$\rho\omega^2 y\sqrt{1+y'^2} + T_x y'' = 0$

という関数 $y = y(x)$ の微分方程式が得られる．

5.2.2 ◉ 微分方程式の解と楕円関数

微分方程式(5.18)を解けば，縄が描く曲線の形が分かるわけだが，この方程式は未知関数 y とその一階微分，二階微分の複雑な組合せで，一見「こんなもの解けるの？」と思うかもしれない．しかし幸い(というか不思議なことに)，次のような工夫で少し簡単になる．まず，$\dfrac{2y'}{\sqrt{1+y'^2}}$ を全体に掛けると，

(5.19)　$\rho\omega^2 (y^2)' + T_x \dfrac{(y'^2)'}{\sqrt{1+y'^2}} = 0$

と変形できる．左辺第一項目の積分は $\rho\omega^2 y^2$．第二項目も $\tilde{y} = y'^2$ と変数変換することにより，

$$\begin{aligned}\int T_x \frac{(y'^2)'}{\sqrt{1+y'^2}}dx &= T_x \int \frac{d\tilde{y}}{\sqrt{1+\tilde{y}}} \\ &= 2T_x\sqrt{1+\tilde{y}} + (\text{積分定数})\end{aligned}$$

と具体的に積分できてしまう(T_x が x 座標によらないことを使っている)．よって，(5.19)の積分は，

$$\rho\omega^2 y^2 + 2T_x\sqrt{1+y'^2} = (\text{定数})$$

という形になる．右辺の定数は，その名の通り x に依らないのだから，x を適当に決めて左辺の値を見れば決まる．式を多少なりとも簡単にするには，$y'(x_0)=0$ となる x_0 を取って $b=y(x_0)$ とする（図 5.3 のようになっているとすれば b は $y(x)$ の最大値）．$x=x_0$ を上式に代入して，定数 $=\rho\omega^2b^2+2T_x$ となる：

$$\rho\omega^2y^2+2T_x\sqrt{1+y'^2}=\rho\omega^2b^2+2T_x.$$

これを y'^2 について解けば，y の一階の微分方程式

$$y'^2=\frac{\rho\omega^2}{T_x}(b^2-y^2)\left(1+\frac{\rho\omega^2}{4T_x}(b^2-y^2)\right) \tag{5.20}$$

が得られる．(5.18)に比べて，二階微分やルートがなくなった点で簡単になったと言えるだろう．

この段階で「あ，楕円関数」，あるいは「楕円積分だ！」と思った方は，その感覚を自慢しても良い[7]．式(5.20)は，「y の微分の二乗が y の四次多項式」，言い換えると「$\dfrac{dy}{dx}$ が y の四次多項式の平方根」ということを表している．細かいところを省いて書けば，

$$\frac{dy}{dx}=\sqrt{y\text{ の四次式}}$$

なので，両辺を右辺で割ってから x で積分すると

$$\int\frac{dy}{\sqrt{y\text{ の四次式}}}=\int dx=x.$$

左辺は y の楕円積分で，右辺は x だから，y を x の関数として書けば，楕円積分の逆関数，つまり楕円関数になる！

この考察の細部をきちんと詰めていこう．記号を簡単にするために，

$$\eta(x):=\frac{y(x)}{b}, \tag{5.21}$$

$$k^2:=\frac{\rho\omega^2b^2/4T_x}{1+\rho\omega^2b^2/4T_x}, \tag{5.22}$$

$$c^2:=\frac{\rho\omega^2}{T_x}\left(1+\frac{\rho\omega^2b^2}{4T_x}\right)=\frac{4k^2}{(1-k^2)^2b^2} \tag{5.23}$$

とすると，微分方程式(5.20)は

7) プロは自慢しちゃダメだよ．

$$b^2\eta'^2 = \frac{\rho\omega^2 b^2}{T_x}(1-\eta^2)\left(1+\frac{\rho\omega^2 b^2}{4T_x}(1-\eta^2)\right)$$
$$= b^2c^2(1-\eta^2)(1-k^2\eta^2)$$

と書き直せる．両辺を b^2 で割って平方根を取れば，

$$\frac{d\eta}{dx} = c\sqrt{(1-\eta^2)(1-k^2\eta^2)} \tag{5.24}$$

つまり，

$$\frac{1}{\sqrt{(1-\eta^2)(1-k^2\eta^2)}}\frac{d\eta}{dx} = c.$$

両辺を x で0から x まで積分すると，左辺は積分の変数変換の公式により η による積分になって，

$$\int_{\eta(0)}^{\eta(x)} \frac{d\eta}{\sqrt{(1-\eta^2)(1-k^2\eta^2)}} = cx$$

が得られる．縄は点 $(x,y)=(0,0)$ を通るとしているので，$y(0)=0$．よって $\eta(0)=0$ で，左辺は第一種不完全楕円積分になっている．この逆関数を取れば，

$$\eta(x) = \mathrm{sn}(cx,k),\ \text{つまり}\quad y(x) = b\,\mathrm{sn}(cx,k).$$

これで「なわとびの縄は楕円関数 sn のグラフを描いている」ことが証明された．

なお，最初に「縄が x 軸と交わるのは $x=0$ と $x=2a$」と仮定したから，$y(2a) = b\,\mathrm{sn}(2ca,k)=0$ とならなくてはいけない．前章で見たように，関数 $\mathrm{sn}(x,k)$ のグラフが x 軸と交わるのは x が $2\times$(第一種完全楕円積分) $=2K(k)$ の整数倍のときだから，図5.3の形になるときには $2ca=2K(k)$．よって $c=\dfrac{K(k)}{a}$ で，

$$y(x) = b\,\mathrm{sn}\left(\frac{K(k)x}{a},k\right). \tag{5.25}$$

これで縄の描く形が分かったわけだが，「どのように」決まっているか見直してみよう．関数(5.25)のグラフを描こうとしたら，三つの定数 a,k,b が分からないといけない．a は縄の端の位置から決まる．b は縄が x 軸から一番離れた点の y 座標．k は(5.22)で定義されているから，b，縄の線密度 ρ，縄を回す角速度 ω と x 方向の張力 T_x で決まる．一方，$c=\dfrac{K(k)}{a}$ という関係と(5.23)から，

$$b = \frac{2k}{k'^2c} = \frac{2ak}{k'^2K(k)} \qquad (k'=\sqrt{1-k^2}) \tag{5.26}$$

も成り立つ．したがって，k と b の二つは，a,ρ,ω,T_x の四つをパラメーターにした連立方程式(5.22)と(5.26)を解いて決まることになる．ここでやや気持ちが悪

いのは，張力 T_x が登場すること．a, ρ, ω は「コントロールできる量」だが，張力は間接的に決まる量である上に「見えない」．幸い，これに代わるパラメーターが最初に設定されている．「縄の長さ l」である．

縄の長さは，$(x, y(x)) = (x, b\,\mathrm{sn}(cx))$ $(x \in [0, 2a])$ という曲線の長さになっている．x 座標をパラメーターと考えれば，この長さは第 1.1 節で説明した次の公式で求められる：

$$l = \int_0^{2a} \sqrt{\left(\frac{dx}{dx}\right)^2 + \left(\frac{dy}{dx}\right)^2}\,dx = \int_0^{2a} \sqrt{1+y'^2}\,dx \tag{5.27}$$

被積分関数のルートの中身を計算してみると，sn の微分の公式と(5.26)から

$$1+y'^2 = 1+b^2c^2\mathrm{cn}^2(cx)\mathrm{dn}^2(cx) = 1+\frac{4k^2}{k'^4}\mathrm{cn}^2(cx)\mathrm{dn}^2(cx).$$

ここで，やや技巧的だが，

$$\mathrm{cn}^2(cx) = 1-\mathrm{sn}^2(cx) = 1-\frac{1}{k^2}(1-\mathrm{dn}^2(cx))$$

と書き直すと，

$$1+y'^2 = 1+\frac{4k^2}{k'^4}\left(-\frac{k'^2}{k^2}+\frac{1}{k^2}\mathrm{dn}^2(cx)\right)\mathrm{dn}^2(cx) = \left(1-\frac{2}{k'^2}\mathrm{dn}^2(cx)\right)^2$$

となる．したがって，(5.27)に代入するとちょうどルートがほどける形になっている．さらに，$k' \leqq \mathrm{dn}(u) \leqq 1$ が任意の $u \in \mathbb{R}$ に対して成り立っていたことも思い出そう．これは，sin の親戚である sn が $-1 \leqq \mathrm{sn}\,u \leqq 1$ を満たし，dn が $\mathrm{dn}\,u = \sqrt{1-k^2\mathrm{sn}^2 u}$ で定義されたことの帰結である(図 5.7)．

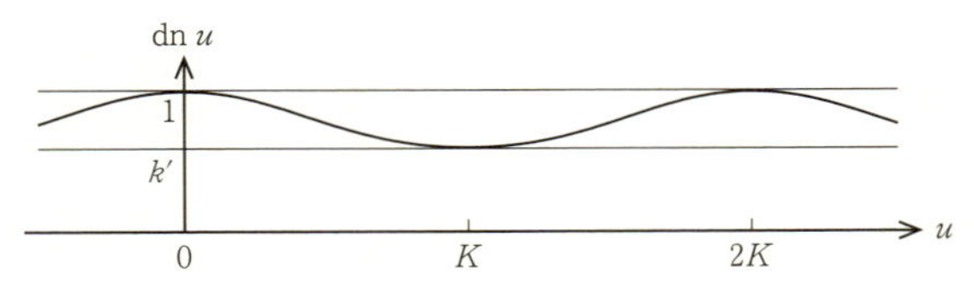

図 5.7 $\mathrm{dn}\,u\ (K = K(k))$

この不等式から $\frac{2}{k'^2}\mathrm{dn}^2(cx) \geqq 2$ なので，(5.27)の平方根を開くときの符号が決まり，$\sqrt{1+y'^2} = \frac{2}{k'^2}\mathrm{dn}^2(cx)-1$ となる．したがって，

$$
\begin{aligned}
l &= \int_0^{2a}\left(\frac{2}{k'^2}\,\mathrm{dn}^2(cx)-1\right)dx \\
&= \frac{2}{k'^2}\int_0^{2a}\mathrm{dn}^2(cx)\,dx-2a \qquad (5.28)\\
&= \frac{2a}{k'^2K(k)}\int_0^{2K(k)}\mathrm{dn}^2u\,du-2a.
\end{aligned}
$$

最後は $u=cx=\dfrac{K(k)\,x}{a}$ と変数変換してある．さて，ここには dn^2 の積分が現れた．この積分は随分難しげだが，実はこの本の最初の方で既に登場している．まず，$\mathrm{dn}\,u$ が $u=K(k)$ を中心に対称であることに注意すると(図 5.7 参照)，

$$
\int_0^{2K(k)}\mathrm{dn}^2u\,du = 2\int_0^{K(k)}\mathrm{dn}^2u\,du.
$$

さらに，$\sin\phi=\mathrm{sn}\,u$，つまり $\phi=\arcsin(\mathrm{sn}\,u)$ という変数変換をすると，

$$
\int_0^{K(k)}\mathrm{dn}^2u\,du = \int_0^{\frac{\pi}{2}}\sqrt{1-k^2\sin^2\phi}\,d\phi \qquad (5.29)
$$

という第二種完全楕円積分 $E(k)$ (第1章参照)になる．この計算はヤコビの楕円関数の計算練習としてうってつけなので，確かめていただこう．

練習 5.1　式(5.29)を示せ．

以上をまとめると，(5.28)は，

$$
l=\frac{4aE(k)}{(1-k^2)K(k)}-2a,\quad \text{つまり，}\quad \frac{l}{4a}+\frac{1}{2}=\frac{E(k)}{(1-k^2)K(k)}. \qquad (5.30)
$$

これは既知のパラメーター l, a と楕円関数のモジュラス k の間の関係式になっている．

いろいろ計算したが，これで曲線(5.25)の中のパラメーターの決め方が原理的には分かった：

（1）　まず，縄の長さ l と端点の位置 $x=2a$ から，(5.30)という方程式を解いて k が決まる[8]．

（2）　次に，(5.26)から b が決まる．

8) (5.30)の右辺は楕円積分が入った複雑な関数なので，具体的に解が書けるわけではない．

最初に問題を解いていたときには，k は縄の線密度 ρ，角速度 ω と張力 T_x を使って(5.22)で定義したが，実は上のように k も b も a と l だけから決まるので，ρ や ω を変えても描く曲線は変わらない[9]．(5.22)は，こうした量から張力を決める式と考えられる．

5.2.3 ◉ 変分法による方程式の導出と解

前節でなわとびの形は求まったが，この機会にポテンシャルを利用して**変分法**で解く方法も紹介する．

ここで言うポテンシャルとは力[10]のポテンシャルエネルギー，つまり点 (x, y, z) で

$$
\begin{aligned}
(\text{力}) &= -\mathrm{grad}\, V(x, y, z) \\
&= \left(-\frac{\partial V(x, y, z)}{\partial x}, -\frac{\partial V(x, y, z)}{\partial y}, -\frac{\partial V(x, y, z)}{\partial z}\right)
\end{aligned}
$$

を満たすような関数 $V(x, y, z)$ のこと．今考えている場合では，遠心力の x 成分と z 成分は 0 だから，y 座標だけ考えて，$V(y) = -\dfrac{(\text{質量})}{2}\omega^2 y^2$ という y の関数が質点に対するポテンシャルになる．前節と同様に縄の各微小部分にこれを適用し，その上で縄全体にわたって足し合わせたものが縄全体のポテンシャルである．

縄の微小部分，x 座標 x の点から $x+\Delta x$ (Δx は微小な正の数)までの部分の質量は(5.15)にあるように $\rho\sqrt{1+y'^2}\Delta x$ となり，この部分のポテンシャルは $-\dfrac{\rho\omega^2}{2}y^2\sqrt{1+y'^2}\Delta x$ である($o(\Delta x)$ の項は無視している)．これを縄の全体にわたって(つまり $x=0$ から $x=2a$ まで)足しあわせて，Δx を小さくして近似を良くした極限を考えれば，縄全体のポテンシャルが

$$
(5.31)\quad U[y] = -\frac{\rho\omega^2}{2}\int_0^{2a} y^2\sqrt{1+y'^2}\,dx
$$

という積分で表される．

$U[y]$ は，曲線 $y = y(x)$ に対して数値が決まるので「関数 $y(x)$ に対する関数」という意味で**汎関数**と呼ばれることもある．そして大事なのは，この汎関数の値を最小にするような関数 $y(x)$ が縄の描く曲線になる，という事実である(詳しい力学的説明は省くが[11]，大雑把に言って「ポテンシャルエネルギーが最小になる

9)「遠心力が重力に比べて十分大きい」という仮定をしていることはお忘れなく．

10) 正確には「保存力」と呼ばれる種類の力．詳しくは，例えば拙著『数学で物理を』(日本評論社)第 3 章をご覧いただきたい．

11) 戸田盛和『楕円関数入門』(日本評論社)第 4 章参照．

のが釣り合いの条件」ということ)．このような「汎関数の極値」を求めることを**変分法**と呼ぶ．

式(5.31)で決まる U を小さくするには被積分関数を大きくすればよいのだから，$y(x)$ をドンドン大きくすればよいように見えるが，それは無理．縄の両端は固定され($y(0)=y(2a)=0$)，長さ l は決まっているので，$y(x)$ をいくらでも大きくするわけにはいかない．つまり，問題は次の条件付き変分問題である．

条件「$y(0)=y(2a)=0$ かつグラフの長さ $\int_0^{2a}\sqrt{1+y'^2}\,dx=l$ が一定」の下で，$\int_0^{2a}y(x)^2\sqrt{1+y'^2}\,dx$ を最大にする関数 $y(x)$ を求めよ．

このような「条件付き極値問題」は大学の微積分の授業の中でも出てきたと思う．もちろん，「汎関数を最大にする関数を探す」のではなく，例えば「二変数関数 $f(x,y)=x+y$ を，条件 $g(x,y)=\sqrt{x^2+y^2}-l=0$ の下で最大または最小にするような (x,y) を探す」といった問題である．そのときに**ラグランジュ**(Lagrange)**の未定乗数法**という方法が出てきたのを憶えておられるだろうか．もし条件 $g(x,y)=0$ がなければ，「$\mathrm{grad}\,f=\left(\dfrac{\partial f}{\partial x},\dfrac{\partial f}{\partial y}\right)=(0,0)$ となる点 (x,y)」が極値を与える点の候補だが，条件 $g(x,y)=0$ がある場合は，「ある λ があって，$\mathrm{grad}\,f(x,y)-\lambda\,\mathrm{grad}\,g(x,y)=(0,0)$ となり，さらに条件 $g(x,y)=0$ を満たす点 (x,y)」が極値を与える点の候補となる．これがラグランジュの未定乗数法．この条件は $\mathscr{L}(x,y,\lambda):=f(x,y)-\lambda g(x,y)$ という三変数関数を導入すると，

$$\mathrm{grad}\,\mathscr{L}=\left(\frac{\partial\mathscr{L}}{\partial x},\frac{\partial\mathscr{L}}{\partial y},\frac{\partial\mathscr{L}}{\partial\lambda}\right)=(0,0,0) \tag{5.32}$$

という条件にまとめられる．

汎関数の極値を与える関数を探す場合にも，独立変数は「点 (x,y)」→「関数 $y(x)$」，極値をとるものは「関数 $f(x,y)$」→「汎関数 $\int_0^{2a}y^2\sqrt{1+y'^2}\,dx$」，「条件 $g(x,y)=0$」→「条件 $\int_0^{2a}\sqrt{1+y'^2}\,dx-l=0$」と読み替えれば，ラグランジュの未定乗数法はそのまま使える[12)]．上の $\mathscr{L}$ に相当する汎関数は，

12) ここは「有限次元での方法(普通のラグランジュの未定乗数法)が無限次元の場合(条件付き変分問題)でも適用できる」というかなりアヤシイ論法になっている．もっと論理的に説明するには以下の“$\delta y(x)$”という微小な関数を，“$\varepsilon_1\delta y_1(x)+\varepsilon_2\delta y_2(x)$”という二つの微小な関数の微小な係数による線形結合とし，δy_1 と δy_2 を固定して ε_1 と ε_2 という二変数に対する「普通の」条件付き極値問題に書き直して議論する．詳しくは寺澤寛一『自然科学者のための数学概論』増訂版(岩波書店)第9章§9.11を参照．

$$
(5.33)\quad \begin{aligned}\mathscr{L}[y,\lambda] &:= \int_0^{2a} y^2\sqrt{1+y'^2}\,dx - \lambda\left(\int_0^{2a}\sqrt{1+y'^2}\,dx - l\right)\\ &= \int_0^{2a} L[y,y',\lambda]\,dx + \lambda l\end{aligned}
$$

である．ただし，$L[y,y',\lambda] := (y^2-\lambda)\sqrt{1+y'^2}$.

求めたいのは，(5.32)の汎関数バージョン，つまり

$$
(5.34)\quad \left(\left.\frac{\delta\mathscr{L}}{\delta y}\right|_{y=y_0},\ \left.\frac{\partial\mathscr{L}}{\partial\lambda}\right|_{y=y_0}\right) = (0,0)
$$

と $y_0(0)=y_0(2a)=0$ を満たす関数 $y_0(x)$ である．ここで，「汎関数バージョン」と言って $\frac{\delta\mathscr{L}}{\delta y}$ という"偏微分もどき"をいきなり導入してしまったが，これはいったいなんだろう？

(偏)微分の意味を遡って考えてみよう．「普通の」微分可能な関数 $\mathscr{L}(x,y)$ の偏微分とは，独立変数 (x,y) を微少ベクトル $(\Delta x,\Delta y)$ だけずらしたときの関数 $\mathscr{L}$ の変化を

$$
\begin{aligned}&\mathscr{L}(x+\Delta x,y+\Delta y)-\mathscr{L}(x,y)\\ &\quad = \frac{\partial\mathscr{L}}{\partial x}(x,y)\Delta x + \frac{\partial\mathscr{L}}{\partial y}(x,y)\Delta y + o(|(\Delta x,\Delta y)|)\end{aligned}
$$

と近似するときの $\Delta x,\Delta y$ の係数である($|(\Delta x,\Delta y)|=\sqrt{\Delta x^2+\Delta y^2}$ は微小ベクトル $(\Delta x,\Delta y)$ の長さ)．また，$\frac{\partial\mathscr{L}}{\partial x}=\frac{\partial\mathscr{L}}{\partial y}=0$ とは，関数 $\mathscr{L}$ の変化 $\Delta\mathscr{L}=\mathscr{L}(x+\Delta x,y+\Delta y)-\mathscr{L}(x,y)$ が $o(|(\Delta x,\Delta y)|)$ という微少量になること，ということになる．

汎関数 $\mathscr{L}[y,\lambda]$ の場合には「微小なずらし $(\Delta x,\Delta y)$」を「微小な関数 $\delta y(x)$ を $y(x)$ に加えること」と考える．微小変化 δy に対する $\mathscr{L}$ の変化(変分)は，

$$
\begin{aligned}\delta\mathscr{L} &:= \mathscr{L}[y+\delta y,\lambda]-\mathscr{L}[y,\lambda]\\ &= \int_0^{2a}(L[y+\delta y,y'+\delta y',\lambda]-L[y,y',\lambda])\,dx\\ &= \int_0^{2a}\left(\frac{\partial L}{\partial y}\delta y+\frac{\partial L}{\partial y'}\delta y'+o(|(\delta y,\delta y')|)\right)dx\\ &= \int_0^{2a}\left(\frac{\partial L}{\partial y}\delta y-\frac{d}{dx}\frac{\partial L}{\partial y'}\delta y+o(|(\delta y,\delta y')|)\right)dx\\ &= \int_0^{2a}\left(\frac{\partial L}{\partial y}-\frac{d}{dx}\frac{\partial L}{\partial y'}\right)\delta y\,dx+o(|(\delta y,\delta y')|)\end{aligned}
$$

となる．三行目から四行目へ移るところで $\delta y'$ が δy になって x についての微分が現れているのは，この項を部分積分しているから．

しかし，部分積分なら $\left.\frac{\partial L}{\partial y'}\delta y\right|_{x=0}^{x=2a}$ という「境界項」が出てくるはずだが，現れ

ていない．これは計算違い？　そうではなく，$y(0)=y(2a)=0$ という条件のお陰である．$y(0)=y(2a)=0$ という条件を満たすような関数のみを考えているので，$y+\delta y$ とずらした関数もこの条件を満たさなくてはいけない：$y(0)+\delta y(0)=y(2a)+\delta y(2a)=0$．したがって $\delta y(0)=\delta y(2a)=0$ なので，境界項

$$\frac{\partial L}{\partial y'}\delta y\bigg|_{x=0}^{x=2a}=\frac{\partial L}{\partial y'}\bigg|_{x=2a}\delta y(2a)-\frac{\partial L}{\partial y'}\bigg|_{x=0}\delta y(0)$$

は0になる．

条件(5.34)に戻ろう．第一成分 $\dfrac{\delta\mathscr{L}}{\delta y}=0$ は，「$\delta\mathscr{L}$ が δy に対して微小量になる」という意味である．したがって，上の $\delta\mathscr{L}$ の変形の最後の形から，積分

$$\int_0^{2a}\left(\frac{\partial L}{\partial y}-\frac{d}{dx}\frac{\partial L}{\partial y'}\right)\delta y\,dx$$

は0になる．これが任意の微小な関数 $\delta y(x)$ に対して成り立たなくてはいけないから，被積分関数の中の δy の前の括弧の部分が0でなくてはならない．これは**オイラー-ラグランジュ方程式**(Euler-Lagrange equation)

$$\frac{\partial L}{\partial y}-\frac{d}{dx}\frac{\partial L}{\partial y'}=0 \tag{5.35}$$

が成り立つ，ということである．

具体的に $L[y,y',\lambda]:=(y^2-\lambda)\sqrt{1+y'^2}$ を入れてオイラー-ラグランジュ方程式を計算しよう．

$$\frac{\partial L}{\partial y}=2y\sqrt{1+y'^2},$$

$$\frac{d}{dx}\frac{\partial L}{\partial y'}=\frac{d}{dx}\left(\frac{(y^2-\lambda)y'}{\sqrt{1+y'^2}}\right)=2y\frac{y'^2}{\sqrt{1+y'^2}}+\frac{y''(y^2-\lambda)}{(1+y'^2)^{3/2}}$$

なので，(5.35)に $\sqrt{1+y'^2}$ を掛けたものは，

$$2y-(y^2-\lambda)\frac{y''}{1+y'^2}=0,$$

つまり，

$$\frac{y''}{1+y'^2}=\frac{2y}{y^2-\lambda} \tag{5.36}$$

という y の二階の微分方程式となる．この両辺は簡単に積分できて，

$$\frac{1}{2}\log(1+y'^2)=\log(\lambda-y^2)+(\text{定数})$$

となる(微分して確認してほしい)[13]．log を外せば，

$$(5.37)\quad 1+y'^2 = C(\lambda-y^2)^2$$

である($C = \exp(\text{定数})$)．これで，一階の微分方程式になった．方程式(5.20)と同様に，「y の微分の二乗が y の四次多項式」という形だから，前節と同様に解は sn 関数で表されるはずだが，念のため大事なところは押さえておこう．

前節にならって，方程式(5.37)を満たす $y(x)$ で，図 5.3 のような形の解を探す．つまり一点 $x = x_0$ で $y(x)$ が最大値 b を取るとする．$y'(x_0) = 0$ を(5.37)に代入して $C = (\lambda-b^2)^{-2}$ である．これを使って(5.37)を書きなおせば，

$$\left(\frac{dy}{dx}\right)^2 = \left(\frac{\lambda-y^2}{\lambda-b^2}\right)^2-1$$

$$= \frac{(b^2-y^2)(2\lambda-b^2-y^2)}{(\lambda-b^2)^2}.$$

したがって，$\eta(x) := \dfrac{y(x)}{b}$ という関数は，

$$(5.38)\quad \frac{d\eta}{dx} = c\sqrt{(1-\eta^2)(1-k^2\eta^2)}$$

という方程式を満たす．ここで，

$$(5.39)\quad c^2 = \frac{2\lambda-b^2}{(\lambda-b^2)^2}, \qquad k^2 = \frac{b^2}{2\lambda-b^2}$$

と置いた．微分方程式(5.38)は，前節で導いた $\eta(x)$ の方程式(5.24)そのものである．

定数 b と c を決定する作業もほぼ同じ．楕円関数 sn のグラフと x 軸の交点の位置から c が $c = \dfrac{K(k)}{a}$ と決まる．定数 b を条件「縄の長さ $= l$」から決めるのも同じだが，前節ではここで(5.23)，つまり $c^2 = \dfrac{4k^2}{(1-k^2)^2 b^2}$ を使っている．これは(5.39)から簡単に導かるれので，確認していただきたい．

さて，実数の関数としての楕円積分，楕円関数についての話はこれにてひとまずおしまい．今度は複素数の範囲に楕円積分や楕円関数を拡張する．そのために次章からしばらくは，話の舞台となるリーマン面と楕円曲線の準備をしよう．

13) 今，図 5.3 のように縄が上に凸の形をしている場合を考えて $y > 0$，$y'' < 0$ とした．この場合，(5.36)から $y^2-\lambda = 2y\dfrac{1+y'^2}{y''} < 0$ となるので，log の中は正になる．

第6章

代数関数のリーマン面入門(I)

帰って来ても戻っていない

前章までは実数の範囲での楕円積分と楕円関数の話をしていたが，ここから話は複素数の世界へと展開する．数学では実数の世界の中では見えていなかったことが，複素数へと視野を広げることで簡単になったり明確に分かってくることがよくある．例えば，第2.2節での楕円積分の分類は，実数の範囲では複雑なので複素係数を許して分類した．また，楕円関数もその正体は複素数の世界で明らかになる．

実は，複素係数の楕円積分や楕円関数が「住んでいる」のは単なる複素数の「平面」ではなく，「リーマン面」という「複素数でできた曲面」だと考える方が自然なので，まずリーマン面について後で必要になる一般的事項を二章かけて説明し，次に「複素」楕円積分が住んでいるリーマン面を作り（第8章），第9章から複素楕円積分を考えることにしよう．

なお，ここからはどうしても複素関数論を基礎にして話をせざるをえない．アールフォルス『複素解析』(現代数学社)，高橋礼司『複素解析』(東京大学出版会)，神保道夫『複素関数入門』(岩波書店)などの定番教科書[1]の基礎的部分にあることは説明抜きで使ってしまうことが多いので，ご了解いただきたい．

6.1 何が困るか

さて，複素数の範囲で楕円積分 $\int R(x, \sqrt{\varphi(x)})\,dx$ を考えるのが目標ではあるが，それには一つ大きな問題がある．その問題とは「平方根の**多価性**」．実数の範囲

1) 本書を読むにはとりあえずは必要ない高度な話まで入っているが，吉田洋一『函数論』(岩波書店)，小平邦彦『複素解析』(岩波書店)，竹内端三『函数論』(岩波書店)もあげたい．アールフォルス，高橋，吉田，竹内の本は楕円関数論にまとまったページを割いている．

では「ルートの中は0以上，平方根も0以上の実数．それ以外は考えない」と割り切っていたが，複素数の世界ではどんな複素数にも平方根がある．-1の平方根は$\pm i$だし，iの平方根は$\pm\left(\dfrac{1+i}{\sqrt{2}}\right)$．任意の複素数$z$に対して$\sqrt{z}$は必ず存在する．それは良いことなのだが，良すぎて困ったことが起きる．「プラスとマイナスのどっちを使うのか？」

本来の平方根$\sqrt{z}$の定義は「二乗してzになる数」だが，そうすると$z \neq 0$ならば二つの複素数が該当する．wが$w^2 = z$を満たせば，当然$(-w)^2 = z$となるからである．zが正の実数ならば，二つの候補のうちから正の実数となるwを$\sqrt{z}$であると定義すれば良かったが，複素数の範囲では「自然な」選び方はない．

もう少し問題を掘り下げるために，zを極形式で$z = re^{i\theta} = r(\cos\theta + i\sin\theta)$と表して考えよう($r = |z|$，$\theta = \arg z$；図6.1)．

このとき，正の実数$r > 0$の平方根は自然に決まる．それを使って$\sqrt{z} = \sqrt{r}\,e^{i\theta/2}$とすれば，複素数$z$の平方根を一意的に定義できる…，か？ いい線いっているが，ダメ．なぜなら，この極表示で使っている偏角$\theta = \arg z$が**一意には決まらない**からである．偏角は，0の周りを一周ぐるっと回って同じ複素数に戻ってくると2πだけずれ，何回も回れば$2\pi\mathbb{Z} = \{2\pi n \mid n \in \mathbb{Z}\}$の不定性が生じる：

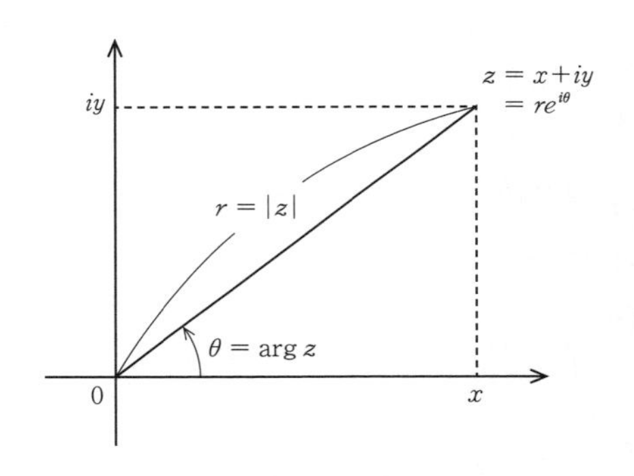

図6.1　複素数の極形式表示

$$z = re^{i\theta} = re^{i(\theta\pm 2\pi)} = re^{i(\theta\pm 4\pi)} = \cdots = re^{i(\theta+2n\pi)}.$$

それに応じて，上のように$\sqrt{z}$を作っても，

$$\sqrt{z} = \sqrt{r}\,e^{i(\theta+2n\pi)/2} = \sqrt{r}\,e^{i\theta/2+in\pi} = (-1)^n\sqrt{r}\,e^{i\theta/2}$$

となり，符号$(-1)^n$を決めるすべはない．

このように$\sqrt{z}$は値が一つに決まらないので**多価関数**と呼ばれる(これに対して一つのzに一つの値が定まる「普通の」関数は**一価関数**と呼ばれる)．

6.2　ではどうするか？

このルートの符号の問題を解決するにはどうしたら良いだろうか？ 大まかに言って，二つの方法がある．

（1）　偏角の値の動く範囲を制限する．

（2）　定義域を二つに分けてしまう．

第一の方法は簡単で，「一つに決まらないなら一つに決めてしまえ」．偏角の範囲を，例えば $-\pi < \arg z \leqq \pi$ に制限すれば一意に定まるから，$\sqrt{z}$ も一価関数として定義される．この方法で十分なことも多いのだが，マズイこともある．図6.2のように，点 z を原点の周りに一周させてやると，実軸の負の部分を横切る際に偏角がいきなり π から $-\pi$ に変わってしまう．つまり，偏角が(そして $\sqrt{z}$ が)不連続関数になってしまう．微積分を展開する上で，連続(だけではなく微分可能)であってほしい $\sqrt{z}$ のような基本的な関数が不連続なのは困る．しかも，上で偏角の範囲を制限するときに「例えば」と言ったことからも分かるように，偏角の範囲の制限の仕方には任意性がある．$-\pi < \arg z \leqq \pi$ の代わりに $0 \leqq \arg z < 2\pi$ とすることも多いし，$-\dfrac{7\pi}{3} < \arg z \leqq -\dfrac{\pi}{3}$ としても構わない．とすると，$\sqrt{z}$ が不連続になる場所がこの決め方に応じて変わってしまうことになる．後の話になるが，我々は積分 $\int R(z, \sqrt{\varphi(z)})dz$ をいろいろな曲線を積分路として考えたいので，平方根にこのような不連続性があり，しかもそれが「勝手に動く」のは非常にマズイ．

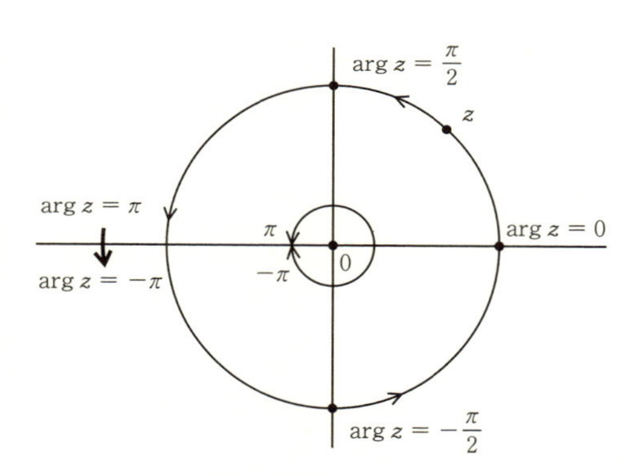

図 6.2　偏角が不連続になる

そこで，扱いは複雑になるが第二の方法が有効になってくる．これはリーマン(Riemann, G. F. B., 1826 年–1866 年)のアイディアで[2)]，最初の方法とは逆に，「平方根が二つあるなら，もとの z の方を二つに分けてしまえ」という立場．もう少

2)　リーマン全集，第 I 論文，Grundlagen für die allgemeine Theorie der Functionen einer veränderlichen complexen Grösse(1851 年，ゲッチンゲン大学学位論文)や第 VI 論文，Theorie der Abel'schen Functionen(初出，*Journal für die reine und angewandte Mathematik*, **54** (1857), pp. 101–155)を参照．(この文献については高瀬正仁先生にご教示いただいた．)

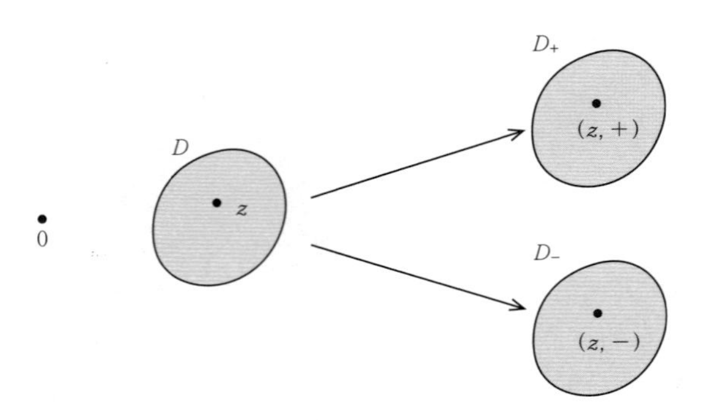

図6.3　領域Dの分裂

し正確に言うと，一つの複素数$z\ (\neq 0)$の背後に二つの「点」$(z, +)$と$(z, -)$がある，と考えるのである．これに対応して，0を含まない“小さな”領域$D \subset \mathbb{C}$は二つの領域D_+とD_-に分裂する．

「小さい」と言ったのは，Dに含まれる複素数$z = re^{i\theta}$の偏角θを，zに対して連続な一価関数として決められるような領域，という意味．例えば0を含まない円板$\left\{z \middle| |z-1| < \frac{1}{2}\right\}$上では，$-\frac{\pi}{6} < \arg z < \frac{\pi}{6}$と制限すれば(図6.4)，$\arg z$をこの領域上の連続な一価関数として決められる[3]．扇形$\{z | \theta_0 < \arg z < \theta_1\}$ $(0 < \theta_1 - \theta_0 < 2\pi)$も，あまり「小さく」ないが，大丈夫．逆に円環領域$\{z | r_1 < |z| < r_2\}$では，前節で述べたのと同じ問題が生じて偏角が連続な一価関数にならないので，除外する．

この仮定の下で，D上で「決めた」偏角$\arg z$を利用して，$z = re^{i\theta}$ $(r = |z|, \theta = \arg z)$に対して

$$\sqrt{(z, +)} = +\sqrt{r}e^{i\theta/2}, \quad \sqrt{(z, -)} = -\sqrt{r}e^{i\theta/2} \tag{6.1}$$

で$(z, \pm)$の平方根を定義する．右辺は「zの二つの平方根」だが，それぞれを別の点の平方根である，と考えるわけである．

ただし，$z = 0$だけは別扱い．もともと$w^2 = 0$となるwは0以外にないから，$\sqrt{0} = 0$は一意に決まり，0を分裂させる必要はない．

これで，関数$\sqrt{z}$を「0を含まない小さな領域」と0に対しては決めたことになるが，この関数をすべての複素数に対して「うまく」拡張するにはどうしたら良

3)「決まる」ではなくて「決められる」と言ったのは，とにかくそういう方法があれば良い，ということ．この例では$\frac{11\pi}{6} < \arg z < \frac{13\pi}{6}$という決め方でも構わない．

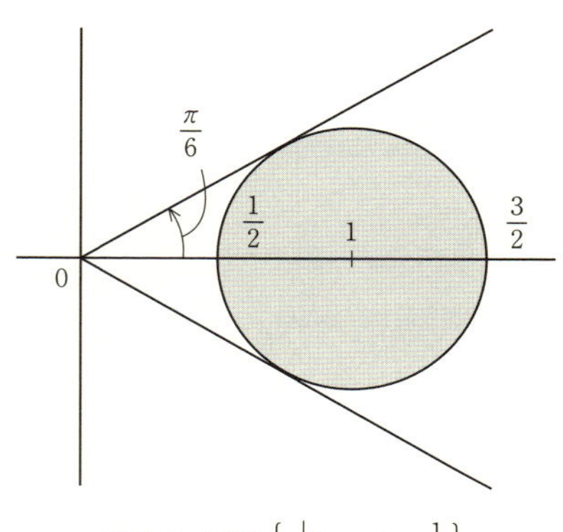

図 6.4　円板 $\left\{z \middle| |z-1| < \frac{1}{2}\right\}$

いのだろうか？

答：二枚の複素平面（＝ $\mathbb{C}$ の二つのコピー；**シート**と呼ぶことにしよう）を次のように貼り合わせる（図 6.5）.

（1）　二つの $\mathbb{C}$（区別するため，$\mathbb{C}_+$ と $\mathbb{C}_-$ とする）の実軸の負の側 $(-\infty, 0)$ を切り開く.

（2）　$\mathbb{C}_+$ の切り口の上側（上半平面側）を $\mathbb{C}_-$ の切り口の下側（下半平面側）と同一視し，$\mathbb{C}_+$ の切り口の下側を $\mathbb{C}_-$ の切り口の上側と同一視する.

（3）　$\mathbb{C}_\pm$ の 0 は同一視して一つの点とする.

図 6.5 では，実軸の負の側で二つのシートが交差して共通部分ができているように見えるが，これは三次元に「押し込めた」ために見かけ上交差しているだけで，二つのシートの共通部分は原点 0 だけである．分かりにくいところだが，次節で別の作り方をして，0 でない z には必ず二つの異なる点が対応することを示すので，そのときに納得してほしい.

$\mathbb{C}_\pm$ のどちらでも偏角 θ は同じ範囲 $(-\pi, \pi]$ を動くとして，定義式（6.1）で平方根を定義する．したがって，$z = re^{i\theta}$ の平方根 $\sqrt{z}$ は $\mathbb{C}_+$ 上では $\sqrt{r}e^{i\theta/2}$，$\mathbb{C}_-$ 上では $-\sqrt{r}e^{i\theta/2}$ になる.

「偏角を制限する」やり方では $\sqrt{z}$ が連続にならなかったが，今度はどうなるか，初めは $\mathbb{C}_+$ にいる $z = re^{i\theta}$ $(r > 0)$ という点の偏角 θ を $[0, 2\pi]$ の範囲で動かして，

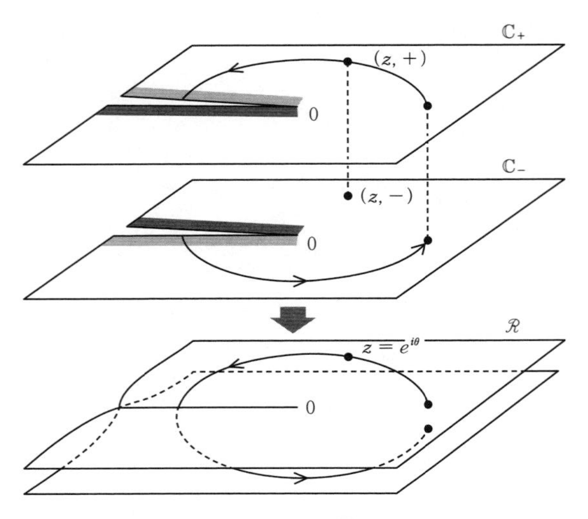

図6.5　二枚の $\mathbb{C}$ を貼り合わせて $\sqrt{z}$ のリーマン面 $\mathscr{R}$ を作る

点 z の動きと $\sqrt{z}$ の変化を追ってみよう．

（i）　出発点では $\sqrt{z} = \sqrt{r}e^{i0/2} = \sqrt{r}$.

（ii）　$0 \leqq \theta \leqq \pi$：z は上のシート $\mathbb{C}_+$ を動く（つまり，$(z, +)$）．$\sqrt{z} = \sqrt{r}e^{i\theta/2}$.

（iii）　$\pi < \theta \leqq 2\pi$：θ が π を越えると z はもう一方のシートに乗り換えて $\mathbb{C}_-$ を動く（つまり，$(z, -)$ になる）．偏角は $(-\pi, \pi]$ にあるものを使うと決めているから，$\arg z = \theta - 2\pi$．よって(6.1)から，

$$\sqrt{z} = \sqrt{(z, -)} = -\sqrt{r}e^{i(\theta-2\pi)/2} = \sqrt{r}e^{i\theta/2}.$$

このように，$\sqrt{z}$ は $re^{i\theta/2}$ という表示のままで，r と θ の，したがって z の連続関数になっている．

（iv）　$\theta = 2\pi$ になっても z は $\mathbb{C}_-$ に残っていて，$\mathbb{C}_+$ の出発点に帰っていない！そのときの $\sqrt{z}$ は $\sqrt{r}e^{i(2\pi)/2} = -\sqrt{r}$.

さらにこのまま偏角 θ を増やして 2π から 4π まで動かすと，$z = re^{i\theta}$ はもう一回原点の周りを回り，$\theta = 3\pi$ で $\mathbb{C}_-$ から $\mathbb{C}_+$ に乗り換えて，$\theta = 4\pi$ のときに $\mathbb{C}_+$ の出発点に帰ってくる．$\sqrt{z}$ は，上と同じプロセスを経てもう一回符号が変わるから $\sqrt{z} = \sqrt{r}$ となり，今度は $\sqrt{z}$ の値も無事にもとに戻る．

つまり，このように定義することで，$\sqrt{z}$ が不連続になることも，多価関数にな

ることも回避できるのである．

まとめると，関数 $\sqrt{z}$ は図 6.5 のようにして作った

$$\mathcal{R} := (\mathbb{C}_+ \setminus \{0\}) \cup \{0\} \cup (\mathbb{C}_- \setminus \{0\})$$

という舞台の上で定義するのが良い，ということになる（$\setminus$ は差集合を表す）．この $\mathcal{R}$ を $\sqrt{z}$ **のリーマン面**(Riemann surface)と呼ぶ．また，0 はリーマン面が「枝分かれ」している点なので，**分岐点**(branch point)と呼ばれる．

6.3 上手な作り方

前節で $\sqrt{z}$ のリーマン面を，「切って貼り合わせる」という手作り感いっぱいで少々数学的でない表現で構成した(厳密に言い直すことも難しくはないが，さらに面倒になる)．次に，もっと組織的な(ただし，形は見え難くなる)方法を紹介する．

前節の構成では，$z\ (\neq 0)$ を $(z, \pm)$ という二つの点に分裂させた．このとき "$\pm$" を付けたが，これは $\sqrt{z}$ の二つの値をそれぞれに対応させるときに点を区別するためだった．ならば，やや冗長だが始めから $\sqrt{z}$ の値をくっつけて $(z, w = \pm\sqrt{r}e^{i\theta/2})$ という複素数のペアを $\mathcal{R}$ の点だと考えても良いはずだ．つまり，

$$(6.2)\quad \mathcal{R} := \{(z, w) \mid w^2 - z = 0\} \subset \mathbb{C}^2.$$

これで前節の $\mathcal{R}$ と同じものができていることは，二枚のシート $\mathbb{C}_\pm$ が $\mathcal{R}$ に次のように埋め込まれていることから分かる：$-\pi < \theta \leqq \pi$ として，

$$\mathbb{C}_+ \ni z = re^{i\theta} \mapsto (z, +\sqrt{r}e^{i\theta/2}) \in \mathcal{R},$$
$$\mathbb{C}_- \ni z = re^{i\theta} \mapsto (z, -\sqrt{r}e^{i\theta/2}) \in \mathcal{R}.$$

これで実際に図 6.5 の $\mathcal{R}$ と同じように貼り合わさっていることを確かめよう．$\mathbb{C}_+$ の切り口の上側と $\mathbb{C}_-$ の切り口の下側が貼り合わさることは，次のように確かめられる：

（i） $\mathbb{C}_+$ 内の点 $z_+ = re^{i\theta_+}$ が上半平面側から実軸の負の側に近付くならば，偏角 θ_+ は増加しながら π に近付き，z_+ は $re^{i\pi} = -r$ に近付く．$e^{i\theta_+/2}$ は $e^{i\pi/2} = i$ に近付くから，$(z_+, +\sqrt{r}e^{i\theta_+/2})$ は $(-r, i\sqrt{r})$ に近付く．

（ii） 一方，$\mathbb{C}_-$ 内の点 $z_- = re^{i\theta_-}$ が下半平面側から実軸の負の側に近付くならば，偏角 θ_- は減少しながら $-\pi$ に近付き，z_- は $re^{-i\pi} = -r$ に近付く．$e^{i\theta_-/2}$ は $e^{-i\pi/2} = -i$ に近付くから，$(z_-, -\sqrt{r}e^{i\theta_-/2})$ は $(-r, -(-i)\sqrt{r}) = (-r, i\sqrt{r})$ に近

付く.

結局，負の実数 $-r$ に $\mathbb{C}_+$ 内で上から近付いても，$\mathbb{C}_-$ 内で下から近付いても(6.2)の $\mathcal{R}$ の同じ点 $(-r, i\sqrt{r})$ に近付くことになり，貼り合わさっていることになる[4]．$\mathbb{C}_+$ の切り口の下側と $\mathbb{C}_-$ の切り口の上側が貼り合わさることも同様にして示される.

(6.2)の構成法は，前節の切り貼りによる方法に比べて $\mathcal{R}$ の具体的な「形」は見えにくくなるが，次のような良い性質を持つ：

- 実軸の負の側を特別扱いせず，一つの $z\ (\neq 0)$ に二点が自然に対応する.
- 0には $(0,0)$ という一点が対応する.
- 各点の近傍で座標が定まる．結果として $\mathcal{R}$ は**一次元複素多様体**になる.

「多様体」という言葉に馴染みのない読者もいると思うので，少し説明をしよう．大雑把に言えば，多様体とは小さい場所に限れば(「局所的には」と言う)座標が定まっている図形で，そこで関数の微積分などを考えられるようなものである[5].

多様体の一般論は使わないので定義は述べない[6]が,「局所座標」の考え方だけは重要なので詳しく説明しておこう．欲しいのは「微積分ができる舞台」．そこでまず複素関数 $f(z)$ の微分の定義を復習する：

$$f'(z) = \lim_{h \to 0} \frac{f(z+h) - f(z)}{h}.$$

これと似たようなものを $\mathcal{R}$ 上で考えたい．そのためには,「z という座標」があって，それに「小さい数 h を足し算」できて，しかも「$h \to 0$ という極限」が取れれば良い．$\mathcal{R}$ 上の点Pでこういう操作ができるためには，Pの近くが複素平面 $\mathbb{C}$ の一部と同じ構造を持っていれば十分(「極限を考えるには小さい h についてだけ考えればよい」ことに対応して「Pの近く」だけ考えればよい)．数学的に言うな

4) このあたりの議論が「同じことの繰り返しでクドい」と思われたら，それは前節の議論が完璧に把握できている証拠．実際，目標は「$\sqrt{z}$ を一価関数にしたい」ということであって，$\mathcal{R}$ 上でそれが実現されていることを繰り返し確かめている.

5) ご存知の方は「微積分が考えられるのは可微分多様体だろ！」とツッコミを入れられるかもしれないが，ここで考えるのは複素多様体だけだから,「可微分」は略す.

6) 定番の教科書，松本幸夫『多様体の基礎』(東京大学出版会)，松島与三『多様体入門』(裳華房)，I. M. シンガー，J. A. ソープ『トポロジーと幾何学入門』(培風館)などを参照されたい.

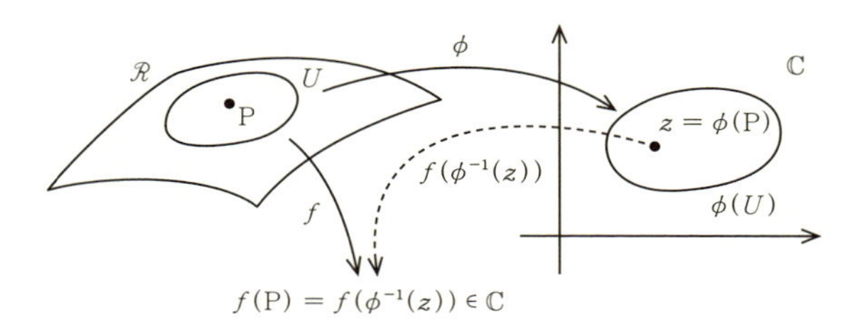

図 6.6　局所座標

らば，P を含む開集合 U と，そこから $\mathbb{C}$ への写像 $\phi: U \to \mathbb{C}$ があって，U と $\mathbb{C}$ の部分集合 $\phi(U)$ が ϕ を介して同一視できればよい(図 6.6).

ただし，極限が U で考えても $\phi(U)$ で考えても同じでなくてはいけないから，

- $\phi: U \to \phi(U)$ は全単射(一対一対応),
- ϕ もその逆写像 $\phi^{-1}: \phi(U) \to U$ も連続

という要請を置こう．位相空間論で**同相写像**(homeomorphism)と呼ばれるものである．この (U, ϕ) の組を P の近傍での**局所座標系**(local coordinate system)と呼び，U をその座標近傍と呼ぶ．座標系が $\mathcal{R}$ 全体ではなく，「各点 P の近傍 U」だけで定義されていれば十分，というのがポイント．

これを使えば,「関数 f が P で正則(あるいは，微分可能)」ということは，P の近傍での局所座標 (U, ϕ) を使って「$\phi(U) \subset \mathbb{C}$ 上の関数 $f(\phi^{-1}(z))$ が $\phi(\mathrm{P})$ で正則(微分可能)」と定義できる(図 6.6 参照).

ここで，局所座標系について重要な要請を置く．局所座標近傍は開集合だから，重なりが出ることもあるだろう．例えば二つの局所座標系 (U_0, ϕ_0) と (U_1, ϕ_1) が重なって，$U_0 \cap U_1 \neq \emptyset$ となっているとしよう(図 6.7)．このとき，関数が (U_0, ϕ_0) で見たら正則だが，(U_1, ϕ_1) で見たら正則にならないとしたら非常に困る．$f(\phi_0^{-1}(z_0))$ が z_0 の正則関数ならば，$f(\phi_1^{-1}(z_1))$ も z_1 の正則関数であってほしい．ここで，z_0 と z_1 はどちらも $U_0 \cap U_1$ 上の座標なので，$z_1 \mapsto \phi_1^{-1}(z_1) \mapsto z_0(z_1) = \phi_0(\phi_1^{-1}(z_1))$ と $U_0 \cap U_1$ の点を経由することで，z_0 は z_1 の関数になっていることに注意しよう(逆にたどれば z_1 は z_0 の関数になる)．したがって，

$$f(\phi_1^{-1}(z_1)) = f(\phi_0^{-1}(z_0(z_1))).$$

つまり，$f(\phi_1^{-1}(z_1))$ は，$f(\phi_0^{-1}(z_0))$ という関数と $z_0(z_1)$ という関数の合成関

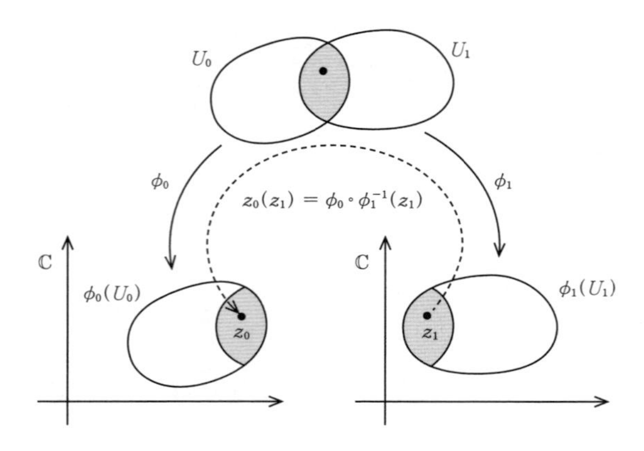

図 6.7　多様体上の座標変換

数である．$f(\phi_0^{-1}(z_0))$ が正則であるならば，$f(\phi_1^{-1}(z_1))$ は自動的に z_1 の正則関数になってほしい．そこで $z_0(z_1) = \phi_0(\phi_1^{-1}(z_1))$ は z_1 の正則関数であるべし，という要請を置く．二つの正則関数の合成関数は正則になるので，これで $f(\phi_1^{-1}(z_1))$ も正則になる．

この「局所座標系に重なりがあるとき，それらの間の座標変換は正則である」というのが複素多様体の定義の要である[7]．

例 6.1　関数論を習うと必ず出てくるのは，リーマン球面 $\mathbb{P}^1(\mathbb{C}) = \mathbb{C} \cup \{\infty\}$．これは，「$\mathbb{C}$ に無限遠点 ∞ を付け加えたもの」だが，∞ の近くで関数を調べるときには，$\mathbb{C}$ 上の座標 z に対して，$w = \dfrac{1}{z}$ という座標を使う，$w = 0$ が ∞ に対応する，と習っているはず．これがまさに上で述べた座標変換であり，$\mathbb{P}^1(\mathbb{C})$ は一次元複素多様体になっている．

もとの $\mathbb{C}$ を U_0，$\mathbb{C}$ から 0 を抜いて代わりに ∞ を付け加えたものを U_∞ とする：$U_\infty := (\mathbb{C} \setminus \{0\}) \cup \{\infty\}$．座標近傍 U_0 では z を座標として使い，座標近傍 U_∞ 上では w を座標として使う(図 6.8)．そして，$U_0 \cap U_\infty = \mathbb{C} \setminus \{0\}$ では，z と w の間には $z = \dfrac{1}{w}$，$w = \dfrac{1}{z}$ という関係があり，互いに正則関数になっている($U_0 \cap U_\infty$ には $z = 0$ や $w = 0$ は含まれないことに注意)．

7) 正式な定義では，ほかに「ハウスドルフ空間」とか「局所座標系が十分たくさんある」といった条件も置くが，以後の話で表立っては使わない．また，ここまでで "$\mathbb{C}$" としてきたところを "$\mathbb{C}^N$" に置き換え，z を $(z_1, \cdots, z_N)$ と多変数にすれば，N 次元複素多様体になる．上で述べたのは一次元複素多様体である．

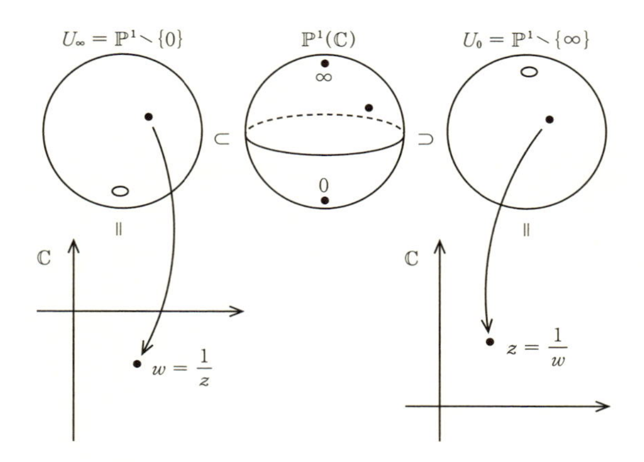

図 6.8　リーマン球面 $\mathbb{P}^1(\mathbb{C})$

さて，言葉を用意したところで，$\sqrt{z}$ のリーマン面の話に戻ろう．式(6.2)で定義した集合が一次元複素多様体になることは，次の定理が保証している．

定理 6.2　複素係数の二変数多項式[8] $F(z,w)$ が，$\mathbb{C}^2$ の領域 U 上では，$\left(F, \dfrac{\partial F}{\partial z}, \dfrac{\partial F}{\partial w}\right) \neq (0,0,0)$ を満たすとする．
このとき，$\{(z,w) \mid F(z,w)=0\} \cap U$ は一次元複素多様体となる．

この定理の一番肝心な部分は，「正則な座標変換ができる」というところで，それは次の補題を使って示される．

補題 6.3（陰関数定理）　$F(z_0, w_0) = 0$ かつ $\dfrac{\partial F}{\partial w}(z_0, w_0) \neq 0$ となる点 $(z_0, w_0) \in U$ を取る．このとき，

- $r, \rho > 0$ を十分小さくすれば，射影

$$(6.3)\quad \left\{ (z,w) \,\middle|\, \begin{array}{l} |z-z_0| < r,\ |w-w_0| < \rho, \\ F(z,w) = 0 \end{array} \right\} \ni (z,w) \mapsto z \in \{z \mid |z-z_0| < r\}$$

8) 多項式でなくても (z,w) の正則関数であれば定理は成り立つが，本章では多項式の場合しか使わない．第 11 章などでは $F(z,w) = w - f(z)$（$f(z)$ は z の正則関数）となるような場合にもこの補題を使う．証明はここで述べるものと変わらない．

は全単射.

● その逆写像 $z \mapsto (z, \varphi(z))$ の成分 $\varphi(z)$ は正則.

補題6.3の証明は後回し．これを使えば，定理6.2は次のように証明できる．例えば，$F(z_0, w_0) = 0$ かつ $\dfrac{\partial F}{\partial w}(z_0, w_0) \neq 0$ と仮定しよう．このときは，補題6.3から，$\mathbb{C}$ における z_0 のある近傍と $\mathcal{R} = \{F(z, w) = 0\}$ における (z_0, w_0) のある近傍に一対一の対応が付けられる．この対応を経由して，z を (z_0, w_0) の近傍での $\mathcal{R}$ の座標として採用できる(図6.9).

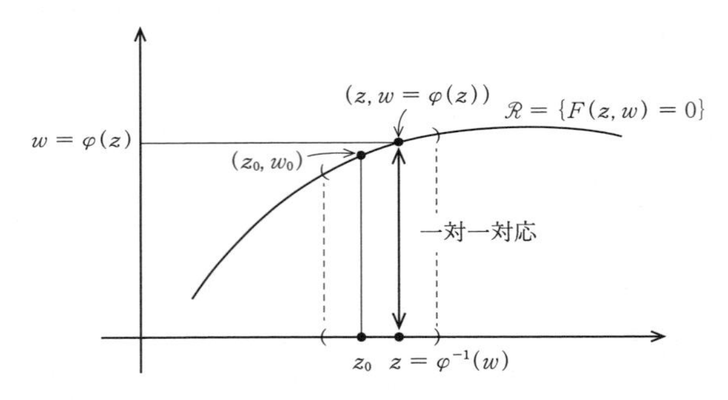

図6.9　$\mathcal{R} = \{F(z, w) = 0\}$ の座標 z.（z, w は複素数なので，本当の図を描こうとすると四次元になってしまう．ここでは，模式的に実数のように描いている.）

$\dfrac{\partial F}{\partial z}(z_0, w_0) \neq 0$ となるような (z_0, w_0) の近傍では，w を $\mathcal{R}$ の座標として使おう．もし，$\dfrac{\partial F}{\partial w}(z_0, w_0) \neq 0$ でもあり，$\dfrac{\partial F}{\partial z}(z_0, w_0) \neq 0$ でもあるならば，z と w のどちらも座標として使えることになる．このとき，補題6.3は，$z \mapsto w(z) := (F(z, w) = 0$ となる $w)$，および $w \mapsto z(w) := (F(z, w) = 0$ となる $z)$ という二つの関数がどちらも正則関数であることを保証している．つまり，二つの座標 z と w は正則関数による座標変換 $z \mapsto w(z)$ および $w \mapsto z(w)$ で結びついている．

細部[9]を端折ってはいるが，以上で $\mathcal{R} = \{(z, w) \mid F(z, w) = 0\}$ に一次元複素多様体としての構造を定義したことになる． □

代数幾何学の用語ではこれは「**非特異代数曲線**」とも呼ばれる．理由は，

9) 特に複素多様体の定義の中の，省略した条件の証明.

- 「非特異」: $\mathcal{R}=\{(z,w)\,|\,F(z,w)=0\}$ 上に特異点，つまり $\dfrac{\partial F}{\partial w}=\dfrac{\partial F}{\partial z}=0$ となる点(補題 6.3 が適用できない点)がない.
- 「代数」: F が多項式.
- 「曲線」: 複素数体 $\mathbb{C}$ について一次元(座標が一変数).

例 6.4　$\sqrt{z}$ のリーマン面の場合，つまり $F(z,w)=w^2-z$, $\mathcal{R}=\{(z,w)\,|\,w^2=z\}$ の場合は，

$$\frac{\partial F}{\partial w}=2w, \qquad \frac{\partial F}{\partial z}=-1$$

だから定理の条件を満たしている．また，その証明中に述べたことから，

- $(z,w)=(0,0)$ 以外では z は座標になる.
- w はどこでも座標として使える.

このようにリーマン面を定義すれば，$\sqrt{z}$ は $\mathcal{R}$ 上の $(z,w)\mapsto w$ という写像だ，と解釈できる．この定義の良いところは，$\sqrt{z}$ が $\mathcal{R}$ **全体で自然に**定義され，しかも座標の正則関数になっている，という点である．特に，実関数 $\sqrt{x}$ ($x\in\mathbb{R}$, $x\geqq 0$) は $x=0$ で微分不可能であったが，我々の $\sqrt{z}\colon\mathcal{R}\to\mathbb{C}$ は原点 $(0,0)$ でも正則になっている(原点での座標は w で，$\sqrt{z}=w$ は当然 w の正則関数).

この章の締めくくりとして，陰関数定理の証明を片付けておこう.

陰関数定理の証明　学部一年生か二年生の実変数の微積分で同じような定理に出会った方もいるかもしれない.「だったら，そっちの定理から上の定理は自明」…，ではない．まず，複素数の場合を実数の話に帰着するには実部と虚部を別々に考えなくてはならず，そのため「微分が 0 にならない」という条件が「ヤコビ行列式が 0 にならない」といった条件になる．さらに，実数の陰関数定理は「実関数の意味での微分可能性」までしか保証してくれないから，$\varphi(z)$ の正則性は別に示す必要がある．こうした足りない部分は関数論のコーシー-リーマンの方程式を使って証明することになる.

ここでは，実関数の陰関数定理を使わず，関数論の「偏角の原理」とその一般化を使う証明を紹介する.

$f(w) := F(z_0, w)$ と置くと，仮定より $f(w_0) = 0$, $f'(w_0) \neq 0$ である．したがって，w_0 は f の一位の零点で，十分小さな ρ を取れば $\{w \mid |w-w_0| \leqq \rho\}$ に存在する f の零点は w_0 だけである．そこで，f に偏角の原理[10]を適用すれば，

$$(6.4)\quad \frac{1}{2\pi i}\int_{|w-w_0|=\rho} \frac{f'(w)}{f(w)}\,dw = (|w-w_0| < \rho \text{ の中の } f \text{ の零点の個数}) = 1.$$

今度は z を動かしながら零点の個数を勘定しよう．$F(z_0, w) = f(w)$ は円周 $\{w \mid |w-w_0| = \rho\}$ 上では0にならない．$F(z, w)$ は連続だから，z が z_0 に近ければ(ある小さい r で $|z-z_0| < r$ と表される範囲では)同じ円周上でやはり $F(z, w) \neq 0$ となる．そこで，各 z について $F(z, w)$ を w の正則関数と見て偏角の原理を適用すると，

$$\frac{1}{2\pi i}\int_{|w-w_0|=\rho} \frac{\dfrac{\partial F}{\partial w}(z, w)}{F(z, w)}\,dw = \begin{pmatrix} |w-w_0| < \rho \text{ の範囲で} \\ F(z, w) = 0 \text{ となる } w \text{ の個数} \end{pmatrix}.$$

この式で表される数を $N(z)$ としよう．これは右辺の表示からもちろん非負整数だけれど，左辺のように表されるため，z の連続関数でもある(被積分関数は z の連続関数)．ということは，「整数値を取る連続関数」になり，z_0 の近くでは定数である．(6.4)から $N(z_0) = 1$ なので，結果として恒等的に $N(z) = 1$，つまり「各 z に対し $F(z, w) = 0$ となる w は一つだけある」ことになる．これは(6.3)の写像が一対一対応であることを意味している．この写像の逆写像を

$$z \mapsto (z, \varphi(z))$$

とする．つまり $F(z, \varphi(z)) = 0$ である．

ここで次の「一般化された偏角の原理」(の特別な場合)が必要になる：

---

10) 偏角の原理：正則関数 $g(w)$ をその N 位の零点 w_0 の周りでのテイラー展開して $g(w) = c_N(w-w_0)^N + \cdots$ とすると，$\dfrac{g'}{g} = \dfrac{N}{w-w_0} +$(正則関数)となる．つまり，$\dfrac{g'}{g}$ の留数は，その点での g の零点の位数に等しい．領域 D とその境界(領域 D の境界は区分的に滑らかな単純閉曲線とする；単純閉曲線については第8章の脚注1 (p. 118)を参照)で g が正則とすると，D 内の留数をコーシーの積分定理で拾えば $\dfrac{1}{2\pi i}\displaystyle\int_{D\text{の境界}} \dfrac{g'}{g}dw =$ (領域 D 内の g の零点の数(位数込み))となる．(g は領域 D の境界上で0にならないと仮定する．)

上の議論は N が負の場合，つまり w_0 が $g(w)$ の $|N|$ 位の極の場合もまったく同じように適用できる．したがって有理型関数についての偏角の原理は，$\dfrac{1}{2\pi i}\displaystyle\int_{D\text{の境界}} \dfrac{g'}{g}dw =$ (領域 D 内の位数込みでの g の零点の数)−(領域 D 内の位数込みでの g の極の数)となる．この形の偏角の原理は後々使うことになる．

- $g(w)$ と $\psi(w)$ は $\{w \,||\, w-w_0| \leqq \rho\}$ の近傍で正則.
- $\{w \,||\, w-w_0| \leqq \rho\}$ 上の $g(w)$ の零点は一位の零点 $w=w_1$ ($|w_1-w_0|<\rho$) 一つだけ.

という仮定のもとで,

$$\frac{1}{2\pi i}\int_{|w-w_0|=\rho}\frac{g'(w)}{g(w)}\psi(w)dw=\psi(w_1). \tag{6.5}$$

証明は前ページの脚注 10 と同様で，留数を計算するだけ．$\psi(w)$ が恒等的に 1 の場合が本来の偏角の原理である.

この公式を $g(w)=F(z,w)$ と $\psi(w)=w$ に適用する．式(6.5)の右辺は $g(w)=F(z,w)$ の零点の位置 $\varphi(z)$ になるから

$$\varphi(z)=\frac{1}{2\pi i}\int_{|w-w_0|=\rho}\frac{\dfrac{\partial F}{\partial w}(z,w)}{F(z,w)}w\,dw.$$

被積分関数は z の正則関数だから，この積分表示から $\varphi(z)$ も正則であることが分かる. □

次章ではもう少し複雑な関数 $\sqrt{1-z^2}$ のリーマン面を考えて，その上の積分を考える．複素楕円積分の雛形となるものである.

第7章

代数関数のリーマン面入門(II)

世界は丸い

前章から，楕円積分や楕円関数を複素数で考えるための舞台設営を始めた．楕円積分 $\int R(z, \sqrt{\varphi})dz$ の中の平方根の多価性の問題を解決するためにリーマン面を導入するのだが，前章ではリーマン面の考え方を説明するために $\sqrt{z}$ のリーマン面を二種類の構成法(二枚の $\mathbb{C}$ の切り貼りと，陰関数定理による方法)で作った．この章では主に $\sqrt{1-z^2}$ のリーマン面を考察する．

7.1 $\sqrt{1-z^2}$ のリーマン面

前章の $\sqrt{z}$ を少しだけ複雑にして $f(z) := \sqrt{1-z^2} = \sqrt{(1-z)(1+z)}$ という関数のリーマン面を考えよう．

$\sqrt{z}$ のときは，原点 = 根号の中身が0になる点の周りを一周すると問題が起きた(値がもとに戻らず符号が付く!)．今回もまず根号の中身が0になる $z = \pm 1$ の周りを回ってみる．例えば $z = 1 + re^{i\theta}$ (r は正の定数) という点を考えると，この z は θ が0から 2π まで変わる間に1を中心にして半径 r の円上を一周する．この点での $f(z)$ の値は

$$f(z) = \sqrt{re^{i\theta}(2+re^{i\theta})} = \sqrt{r}\, e^{i\theta/2} \sqrt{2+re^{i\theta}}.$$

この表示の最後の根号の中身 $2+re^{i\theta}$ は r が小さければ2の付近からあまり動かず，その平方根は局所的には連続な一価関数と考えられる(平方根だから符号を選ぶ必要はある)．しかし，その前についている $e^{i\theta/2}$ という部分は $\sqrt{z}$ のときと同じ問題を引き起こし，1の周りを一周するたびに符号が付いて，そのままでは連続な一価関数にならない．-1 の周りを回るときも同じように符号が付く(図7.1)．つまり今回は「周りを回ると符号が変わる点(分岐点)」が二つあり，$f(z)$ は z が

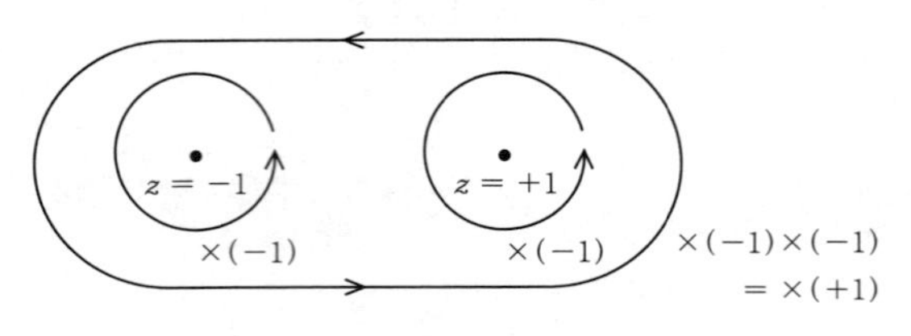

図7.1　$\sqrt{1-z^2}$ の符号の変化

- $+1$ か -1 の周りを小さく一周すれば符号が変わる.
- $+1$ と -1 両方の周りを回ると符号は変わらない.

この状況を考慮して $f(z)=\sqrt{1-z^2}$ のリーマン面を作るには，二枚の $\mathbb{C}$ に $[-1,+1]$ に沿って切れ目を入れ，そこを貼り合わせれば良いことが分かる(図7.2).

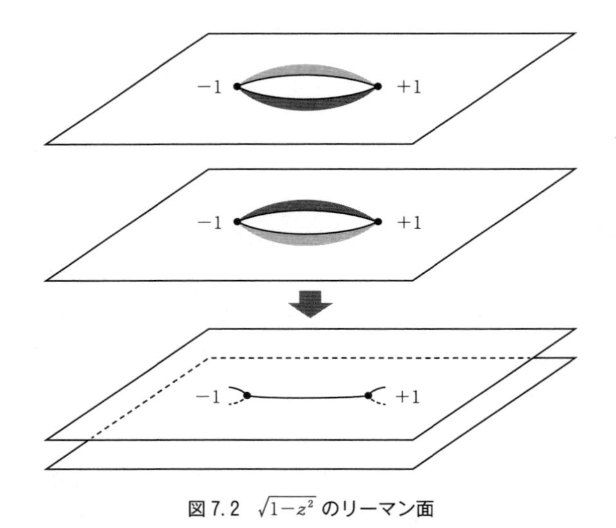

図7.2　$\sqrt{1-z^2}$ のリーマン面

つまり，$\mathbb{C}$ から ± 1 を抜いた $\mathbb{C}\setminus\{\pm 1\}$ を二枚使って

$$\mathcal{R}=(\mathbb{C}\setminus\{\pm 1\})_+\cup\{-1,+1\}\cup(\mathbb{C}\setminus\{\pm 1\})_-$$

ということである．これは前章で $\sqrt{z}$ のリーマン面を最初に作ったときのやり方.

前章で考えたもう一つのリーマン面の構成法を適用するならば，次のようにな

る．関数 $f(z)$ は $z^2+f(z)^2-1=0$ という方程式を満たすから，

$$(7.1)\quad \mathcal{R}=\{(z,w)\,|\,F(z,w):=z^2+w^2-1=0\}$$

としてみる．

$$\frac{\partial F}{\partial w}=2w,\qquad \frac{\partial F}{\partial z}=2z,$$

だから，陰関数定理（補題 6.3）により次のことが分かる：

- z は $w_0\neq 0$（つまり $z_0\neq\pm 1$）であるような点 (z_0,w_0) の周りで座標として使える．
- 除外された $(\pm 1,0)$ の周りでは w を座標として使うことができる．

これらの座標を導入することで，(7.1)で定義した $\mathcal{R}$ は一次元複素多様体としての構造を持ちリーマン面となる．

そして，$\mathcal{R}$ の上で $f(z)=\sqrt{1-z^2}$ を

$$f:\mathcal{R}\ni(z,w)\mapsto w$$

という射影により定義し直せば，**一価**正則関数になる．

では，こうして構成した $\mathcal{R}$ はどんな形をしているだろうか？「今更何を聞いているんだ，図 7.2 で絵に描いたではないか」と思われるかもしれないが，実はこの図を見たままに受け取ると嘘になる．この図では区間 $[-1,+1]$ で二枚のシートが交わっている．しかし，本当は**交わりなどない**！ だって，各 $z\in[-1,+1]$ に対して，符号を変えた二点 $(z,w)=(z,\pm\sqrt{1-z^2})$ があるのだから，「重なった」部分も本当は各シート別々に考えなくてはいけないのだ．前回の $\sqrt{z}$ のリーマン面のときと同じである．

視覚的にもう少し正確に表現するためには，二枚のシートの向きを変えて貼り合わせれば良い．図 7.2 では，「同じ二枚の平面」を切り貼りする，ということを表したいために，$\mathbb{C}$ を同じ向きに並べて貼り合わせた．この二枚のうち，下のシートを「裏返し」てから貼り合わせると図 7.3 のようになる．

この図から分かるように，$\mathcal{R}$ の形は円柱．位相幾何学の用語で「$\mathcal{R}$ は円柱と同相である」と言っても良い．

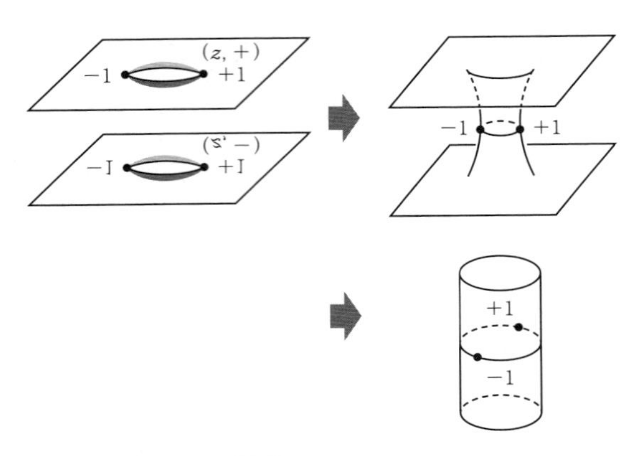

図 7.3　$\sqrt{1-z^2}$ のリーマン面の再構成

7.2　リーマン面上での積分

7.2.1 ◉ リーマン面上の積分の定義

少し寄り道が長くなっているが，本来の目標を確認しておこう．我々は楕円積分，例えば $\int \frac{dz}{\sqrt{(1-z^2)(1-k^2z^2)}}$ を複素変数で考えたいのであった．

複素変数関数 $f(z)$ の $\mathbb{C}$ 内の滑らかな曲線 γ 上での積分は，パラメーター表示 γ: $[a, b] \ni t \mapsto z(t) \in \mathbb{C}$ を使って

$$\int_\gamma f(z)dz := \int_a^b f(z(t))\frac{dz}{dt}(t)dt$$

と表された．γ のパラメータ表示が変わっても，向きが変わらなければ同じ値を与えることは，積分の変数の変換公式の帰結．これから，複素変数の変換公式

$$\int_{g(\gamma)} f(z)dz = \int_\gamma f(g(\tilde{z}))g'(\tilde{z})d\tilde{z}$$

が導かれる（$g(\tilde{z})$ は γ の近傍で定義された正則関数；実数の積分の変数変換と同じで，“$dz = \frac{dz}{d\tilde{z}}d\tilde{z}$” $(z = g(\tilde{z}))$）．ここまでは関数論の授業で必ず習うと思う．

この変数変換の公式を鑑みると，「積分されるもの」は関数 $f(z)$ というよりも，それに dz というおまけをくっつけた“$f(z)dz$”というもので，それが変数変換によって

$$f(z)dz \mapsto f(g(\tilde{z}))g'(\tilde{z})d\tilde{z}$$

と変換されるのだ，と考えるのが自然．この $f(z)\,dz$ を **1 形式**(正式には**正則 1 次微分形式**)と呼ぶ．

楕円積分をこのような複素積分として考えたいのだが，その前にこのプロトタイプとして $\displaystyle\int \frac{dz}{\sqrt{1-z^2}}$ を複素変数で考えてみよう．

もちろん，関数 $\sqrt{1-z^2}$ の値を一つに決めておかないことには被積分関数が決まらないから，1 形式 $\omega = \dfrac{dz}{\sqrt{1-z^2}}$ は関数 $\sqrt{1-z^2}$ のリーマン面 $\mathcal{R}$ 上に住んでいると考える．リーマン面にはちゃんと複素変数の座標が入っていて，局所的には $\mathbb{C}$ の部分集合と同じ．したがって，座標を決めて上で復習した複素積分と同じ式で積分すれば良い．

「いや，そうは言っても座標は一つに決められないという話ではなかった？」その通り．多様体上では，ある場所では座標 z を使い，別の場所では $\tilde{z}$ を使う必要があるかもしれない．そこに上で「1 形式」を導入した意味がある．リーマン面上の 1 形式は，上の座標変換の規則に従うもの，つまり，座標 z で $f(z)dz$ と表されるならば，座標 $\tilde{z}$ では $f(z)\dfrac{dz}{d\tilde{z}}d\tilde{z}$ と表されるもの，と定義する．これは積分の座標変換の公式そのものだから，同じ 1 形式を別の座標で表示して積分しても同じ値が得られる．したがってリーマン面上の 1 形式の積分が一意に定まることになる．

一般論はこれくらいにして，積分 $\displaystyle\int \frac{dz}{\sqrt{1-z^2}}$ に戻ろう．1 形式 $\omega = \dfrac{dz}{\sqrt{1-z^2}}$ は，$z \neq \pm 1$ ならば dz の係数が z の正則関数なので正則 1 形式だが，$z = \pm 1$ では分母が 0 になっているから定義されない，というのは実数の場合．リーマン面上で考えると事情が変わってくる．前節で述べた通り，リーマン面 $\mathcal{R}$ 上の $(z, w) = (\pm 1, 0)$ という点の近傍では z を $\mathcal{R}$ の座標として使うことはできない．その代わりに w を座標にすれば良い．では w を使って $\omega = g(w)dw$ と表示してみよう．ここが 1 形式の座標変換則の出番．z と w のどちらも座標として使える範囲では，$w = \sqrt{1-z^2}$ という座標変換の公式があるから，1 形式の座標変換則より

$$\omega = \frac{1}{\sqrt{1-z^2}}dz = \frac{1}{w}\frac{dz}{dw}dw.$$

$z = \sqrt{1-w^2}$ だから $\dfrac{dz}{dw} = \dfrac{-w}{\sqrt{1-w^2}}$ をここに代入すれば良い．あるいは，関係式 $z^2+w^2-1=0$ を微分した

$$2z\frac{dz}{dw}+2w=0,\ つまり,\ \frac{1}{w}\frac{dz}{dw}=-\frac{1}{z}$$

を使っても良い．結果は，

$$\omega=-\frac{dw}{z}=-\frac{dw}{\sqrt{1-w^2}}.$$

この表示の分母は $(z,w)=(\pm1,0)$ という点の近傍で0にならず，dw の係数である $-\frac{1}{z}$ や $-\frac{1}{\sqrt{1-w^2}}$ は点 $(z,w)=(\pm1,0)$ の近傍で正則関数である．したがって，$\omega=\frac{dz}{w}=-\frac{dw}{z}$ は $\mathcal{R}$ 全体の上で正則な1形式であることが分かった．

7.2.2 ◉ 位相幾何学つまみ食い(ホモロジー群)

さて，リーマン面の世界から平面 $\mathbb{C}$ にいったん戻ろう．$f(z)\,dz$ を $\mathbb{C}$ 全体で正則な1形式とし，これを積分して

$$(7.2)\quad F(z):=\int_{z_0}^{z}f(z')dz'$$

とする．z_0 は固定して，積分の値を上端 z の関数と見るわけである．複素線積分は，本来は点 z_0 と z の間の積分路を指定したときに定義されるが，コーシーの積分定理のお陰でどういう経路で積分しても同じ値になることが保証されている：図7.4の経路 C, C' の始点と終点が一致していれば，値は同じ．

$$\int_C f(z)dz=\int_{C'}f(z')dz'.$$

そのため経路を明示していない表示(7.2)でも一価関数を定義することができる．

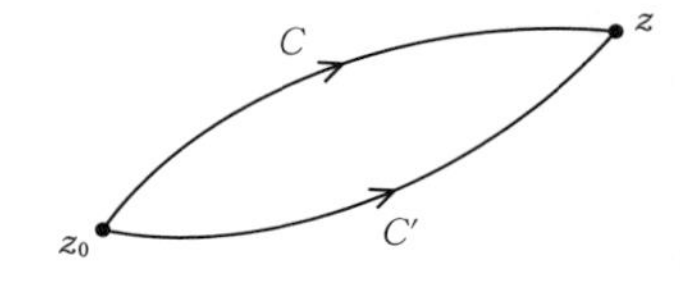

図7.4　平面上での積分

では，リーマン面 $\mathcal{R}$ 全体で正則な $\omega=\frac{dz}{\sqrt{1-z^2}}$ という1形式の積分はどうだろう？　この場合，$\mathcal{R}$ と平面の「形」の違いが効いてきて，$\int_C\omega$ は**積分路 C に応じて変わる**ことがある．

例えば，$\mathcal{R}$ 上の二点 P, Q を結ぶ C_0 (図7.5)と C_1 (図7.6)の二つの経路を考えよう．それぞれの図の左が z 平面($\mathcal{R}$ を作るときに貼り合わせるシート)，右が図7.3でお見せした円柱のバージョンである．

曲線 C_1 を図7.7のような曲線 C_1' まで連続的に変形していくときには，コーシ

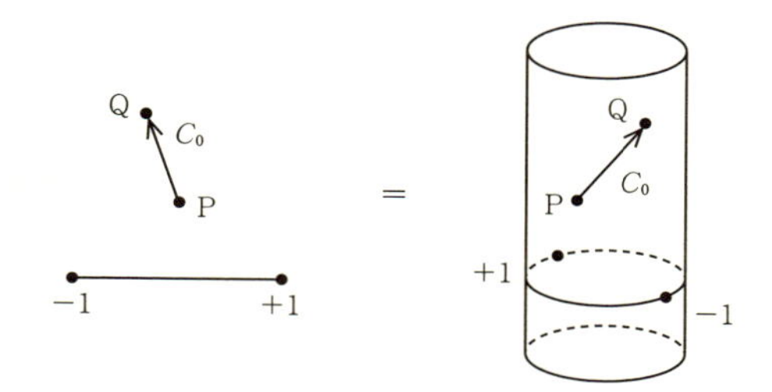

図 7.5 $\mathscr{R}$ 上の積分路 C_0

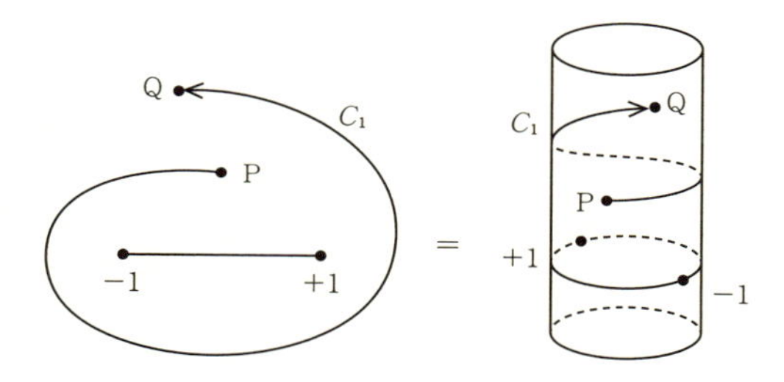

図 7.6 $\mathscr{R}$ 上の積分路 C_1

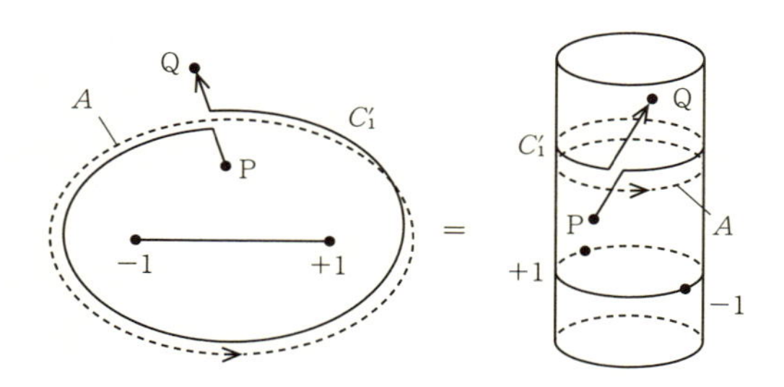

図 7.7 C_1 を C_1' に変形する

ーの積分定理を適用できるので，積分の値は変わらない：

$$\int_{C_1}\omega=\int_{C_1'}\omega.$$

経路 C_1' の最初の部分と最後の部分をつないだものは曲線 C_0 と同じだから，C_1' 上の積分と C_0 上の積分は，途中のループ A の上の積分だけ差が出てくる：

$$\int_{C_1}\omega-\int_{C_0}\omega=\int_{C_1'}\omega-\int_{C_0}\omega=\int_{A}\omega.$$

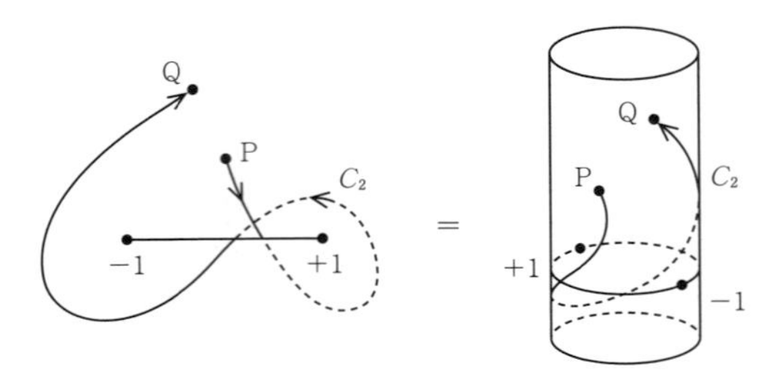

図 7.8　$\mathscr{R}$ 上の積分路 C_2

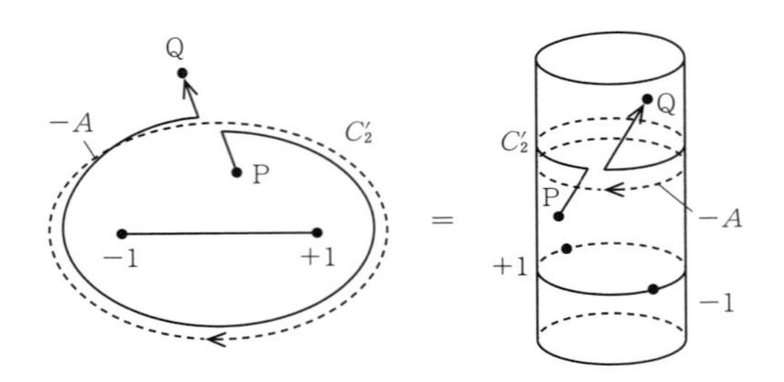

図 7.9　C_2 を C_2' に変形する

もう少し複雑な，図 7.8 の C_2 のような経路だとどうだろう．ここで，左側で破線で描いてある部分は二枚のシートの下側に回りこんでいる部分．右側の円柱の図と比べてほしい．

曲線 C_2 を変形すると，図 7.9 のようになり，今度は積分の差は A を逆周りに回って積分したもの($-A$ 上の積分，と言うことにしよう)．積分路の向きが逆なので値は A 上の積分の -1 倍になる：

$$\int_{C_2}\omega-\int_{C_0}\omega=\int_{C_2'}\omega-\int_{C_0}\omega=\int_{-A}\omega=-\int_{A}\omega.$$

では，一般の場合はどうなるだろう．それを述べるには，位相幾何学の言葉を使うのが便利なので，少しだけ**ホモロジー群**の説明をする．今後大事になるのは定義の後で述べる例なので，定義の細部に気を取られる必要はない．詳しくは参考書[1)] を参照されたい．

$\mathscr{R}$ 内の閉曲線 $C_1, \cdots, C_N$ と整数 $n_1, \cdots, n_N$ を何でもいいから持ってきて，

1)　例えば田村一郎『トポロジー』(岩波書店)，I. M. シンガー，J. A. ソープ『トポロジーと幾何学入門』(培風館)．あるいは，関数論の教科書の該当箇所でもよい(例えば高橋礼司『複素解析』(東京大学出版会)の第3章や小平邦彦『複素解析』(岩波書店)の第4章)．

(7.3) $C = n_1 C_1 + \cdots + n_N C_N$

という式を作る．曲線の「整数倍」とか「和」の意味はとりあえず置いておく．この形の「式」を1次元サイクル，あるいは1サイクル，1輪体と呼び，その加法を「自然に」定義する(係数を足し合わせるだけ)．また「一点から動かない曲線」(自明な閉曲線)は加法の零元とする．つまり，そういう曲線は和から落としても，逆にいくら付け加えても変わらないとする．こうしてできる加法群を Z_1 と書くことにする．

この加法群 Z_1 に同値関係 $\sim$ を，

- 二つの閉曲線 C と C' が連続的に変形して移り合うとき[2]は同値：$C \sim C'$,
- 閉曲線 C の始点 = 終点と閉曲線 C' の始点 = 終点が一致するときには，C と C' をつないで一つの曲線 $C \cdot C'$ を作ることができるが，それは $C+C'$ に同値：$C \cdot C' \sim C+C'$,
- 閉曲線 C を逆向きにしたものは $-C = (-1)C$ と同値,

と定義する(図 7.10 参照)．

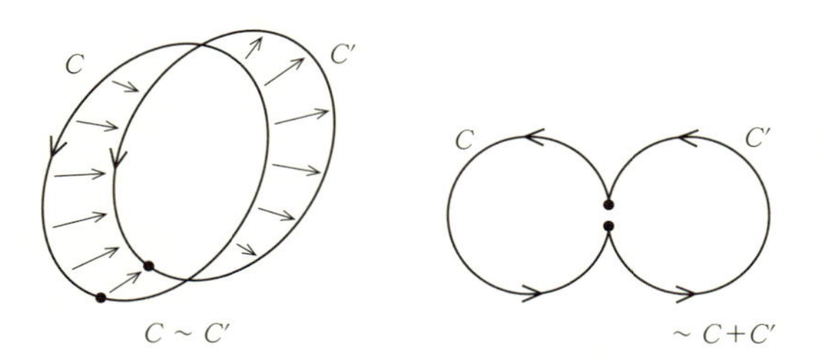

図 7.10 1次のホモロジー群の同値関係

リーマン面 $\mathcal{R}$ の**1次のホモロジー群** $H_1(\mathcal{R}, \mathbb{Z})$ は，「Z_1 を同値関係 $\sim$ で割った加法群」と定義される．

例 7.1 平面 $\mathbb{C}$ 上の閉曲線はいつでも連続的に一点に縮めてしまえるので，すべての1サイクルは零元と同値：$H_1(\mathbb{C}, \mathbb{Z}) = 0$.

2) 要は，コーシーの積分定理を使って積分路を変更する操作が適用できるような二つの曲線，ということ．

例 7.2　前節で作った$\sqrt{1-z^2}$のリーマン面$\mathcal{R}$のホモロジー群は図7.7で出てきた閉曲線Aの同値類で生成される：

$$H_1(\mathcal{R},\mathbb{Z}) = \mathbb{Z}[A] = \{n[A] \mid n \in \mathbb{Z}\}.$$

円柱面上の閉曲線は連続変形によって閉曲線Aをグルグル回るようなものになるから，「円柱の周りを何周したか」という整数で分類されるわけである．

1サイクル(7.3)の上の正則1形式αの積分を

$$\int_C \alpha = n_1\int_{C_1}\alpha + \cdots + n_N\int_{C_N}\alpha$$

で定義する．$C \sim C'$となる二つのサイクルCとC'上でαを積分すると同じ値になることは同値関係の定義とコーシーの積分定理から確かめられる．つまり，「ホモロジー群の元$[C]$(Cを含む同値類)に対して積分$\int_{[C]}\alpha$が定義された」と言える．このようにホモロジーという概念は積分と相性が良い．

7.2.3 ◉ 1形式の周期

$\omega = \dfrac{dz}{\sqrt{1-z^2}}$の積分の話に戻ろう．ホモロジー群の言葉を使えば，第7.2.1節にあげた積分路C_0, C_1, C_2の例は次のように述べられる．C_1にC_0を逆向きにしたものをつなげた閉曲線C_1-C_0はホモロジー群$H_1(\mathcal{R},\mathbb{Z})$の中で$A$に同値：$[C_1-C_0] = [A]$．同様に$[C_2-C_0] = -[A]$だから，

$$\int_{C_1}\omega - \int_{C_0}\omega = \int_A \omega, \qquad \int_{C_2}\omega - \int_{C_0}\omega = -\int_A \omega.$$

点Pから点Qに向かう一般の曲線Cに対しても，C_0を逆向きにつないだ閉曲線$C-C_0$を考えれば，$H_1(\mathcal{R},\mathbb{Z}) = \mathbb{Z}[A]$であることから(例7.2)，ある整数$n$があって$[C-C_0] = n[A]$である．したがって，

$$\int_C \omega - \int_{C_0}\omega = n\int_A \omega.$$

つまり，始点Pと終点Qだけ決めたのでは，“積分$\int_{\mathrm{P}}^{\mathrm{Q}}\omega$”の値には$\int_A \omega$の整数倍の不定性がある．この$\int_A \omega$のことを1形式$\omega$の$A$上の**周期**と呼ぶ．

ではこの周期を具体的に計算してみよう．まず，Aをスリット$[-1,1]$に沿うところまで縮めてしまう(図7.11)．

もちろんこれによって積分の値は変わらない：$\int_A \omega = \int_{A_0}\dfrac{dx}{\sqrt{1-x^2}}$．ここで思い出してほしいのは，$\pm 1$の周りを一周すると平方根$\sqrt{1-x^2}$にはマイナスが付くこと．したがって，図7.11でスリット$[-1,1]$を-1から1に行く積分路の上で

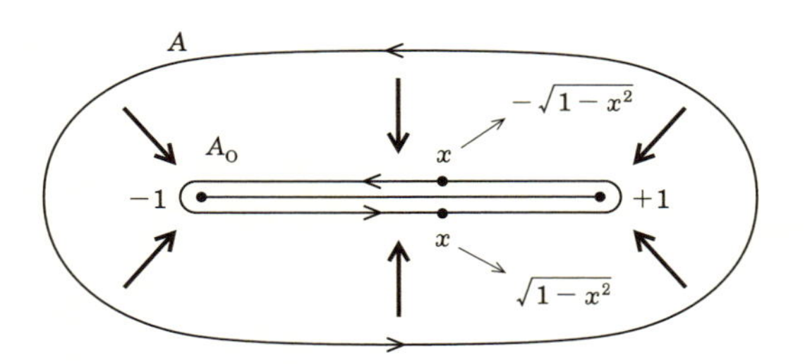

図 7.11 A をスリットまで縮める

正の平方根を取ると，1 から −1 へ行く積分路では負の平方根を取ることになり，

$$\int_{A_0}\omega=\int_{-1}^{1}\frac{dx}{\sqrt{1-x^2}}+\int_{1}^{-1}\frac{dx}{-\sqrt{1-x^2}}$$
$$=\arcsin x\big|_{x=-1}^{x=1}-\arcsin x\big|_{x=1}^{x=-1}$$
$$=\left(\frac{\pi}{2}-\left(-\frac{\pi}{2}\right)\right)-\left(\left(-\frac{\pi}{2}\right)-\frac{\pi}{2}\right)=2\pi.$$

つまり，ω の A 上の周期は 2π である．

「ん？『周期が 2π』って，あれかな？」と思った方は鋭い．これまで計算したことを次のように言い直してみよう．積分の始点 P は 0 にしておく．積分

$$u(z)=\int_0^z\omega$$

を考える(わざと積分路を特定していない)．点 z が $x\in\mathcal{R}$ から動き始めて平面上を動き回った末に x に戻ってきたとする．このときに，積分の値は周期 2π の整数倍だけずれる：$u(x)\rightsquigarrow u(x)+2\pi n,\ n\in\mathbb{Z}$.

したがって，雑な言い方だが，$u(x)$ の“逆関数” $x(u)$ の値は u が 2π の整数倍ずれても変わらない：

$$x(u+2\pi n)=x(u),\qquad n\in\mathbb{Z}.$$

事実，

$$u(x)=\int_0^x\frac{dx}{\sqrt{1-x^2}}=\arcsin x,\qquad x(u)=\sin u$$

で，ご存知の通り $\sin u$ は周期 2π を持つ周期関数である．つまり，円柱の位相幾何学的性質から「$\sin u$ が周期関数である」ということを導いたことになる！

次章は，いよいよ複素楕円積分の話．楕円積分が住んでいるリーマン面「楕円曲線」を導入する．

第**8**章

楕円曲線

限りある世界

ここまで二章にわたって，$\sqrt{z}$ や $\sqrt{1-z^2}$ のリーマン面について見てきた．また，楕円積分の雛形として $\int \frac{dz}{\sqrt{1-z^2}}$ という形の積分も調べた．そろそろ本題の楕円積分の話に戻ろう．楕円積分は，二変数の有理関数 $R(z,s)$ と，重根を持たない三次または四次の多項式 $\varphi(z)$ によって，$\int R(z,\sqrt{\varphi(z)})dz$ という形に書けるものだった．これを複素変数で考えるためには，$\sqrt{\varphi(z)}$ が一価関数として定義できるリーマン面を考えなくてはならない．さらに，楕円積分になると今までとは違って無限遠まで積分路を延ばすことができるので，リーマン面に無限遠点を付け加えて「楕円曲線」という一次元複素多様体を導入することになる．

8.1　$\sqrt{\varphi(z)}$ のリーマン面

$\varphi(z)$ を重根を持たない三次または四次の多項式とする．関数 $\sqrt{\varphi(z)}$ のリーマン面 $\mathcal{R}$ の構成は，$\varphi(z)$ が1次式や2次式の $\sqrt{z}$ や $\sqrt{1-z^2}$ の場合と基本的には同じである．

● $\varphi(z)$ が三次式の場合

(8.1)　$\varphi(z) = a(z-\alpha_1)(z-\alpha_2)(z-\alpha_3)$

と因数分解しよう．$\varphi(z)$ は重根を持たない三次多項式，という仮定から $a \neq 0$ で，$\alpha_1, \alpha_2, \alpha_3$ は互いに相異なる．

$\sqrt{z}$ は点 z が0の周りを回ると符号が変わり，この点がリーマン面の分岐点となった．$\sqrt{1-z^2}$ の場合は同じ理由で ± 1 が分岐点となった．今回の $\sqrt{\varphi(z)}$ についても事情は同じ．$\varphi(z)=0$ となるのは $z=\alpha_i$ $(i=1,2,3)$ のときで，この三点が分岐点になる．z がこれら三点のうちの一点の周りを一周すると $\sqrt{\varphi(z)}$ には -1 が掛かる．二点を内部に含むような単純閉曲線[1]上をグルッと一周して出発点に戻ってくれば，符号の変化は起きず $\sqrt{\varphi(z)}$ の値はもとに戻る．三点すべてを内側に含む単純閉曲線を一周する場合は符号が変わる．

関数 $\sqrt{\varphi(z)}$ の点 α_i の周りでのこのような振る舞いを考慮して，平面 $\mathbb{C}$ から $\varphi(z)=0$ となる三点を抜いたシート $\mathbb{C}\setminus\{\alpha_1,\alpha_2,\alpha_3\}$ を二枚貼り合わせ，さらに三点 $\{\alpha_1,\alpha_2,\alpha_3\}$ を合わせれば，$\sqrt{\varphi(z)}$ のリーマン面 $\mathcal{R}$ になる．

(8.2)　$\mathcal{R}=(\mathbb{C}\setminus\{\alpha_1,\alpha_2,\alpha_3\})_+\cup\{\alpha_1,\alpha_2,\alpha_3\}\cup(\mathbb{C}\setminus\{\alpha_1,\alpha_2,\alpha_3\})_-.$

$\sqrt{z}$ や $\sqrt{1-z^2}$ のリーマン面の構成の経験を活かして考えると，二枚のシートは図 8.1 のように，一本の無限に長い切れ目を α_1 と無限遠の間に入れ($\sqrt{z}$ のときと同様)，もう一本の切れ目を α_2 と α_3 の間に入れて($\sqrt{1-z^2}$ のときはこうした)貼り合わせれば良い．この $\mathcal{R}$ で $\sqrt{\varphi(z)}$ が一価に定義できることは，上で述べた符号の変化を注意深く追って納得していただきたい．

この作り方は三つの点 $\alpha_1,\alpha_2,\alpha_3$ を同等に扱っていないように見えるが，実は「切れ目」とか「貼り合わせ」，あるいは「自己交叉」は図の上の見かけだけのも

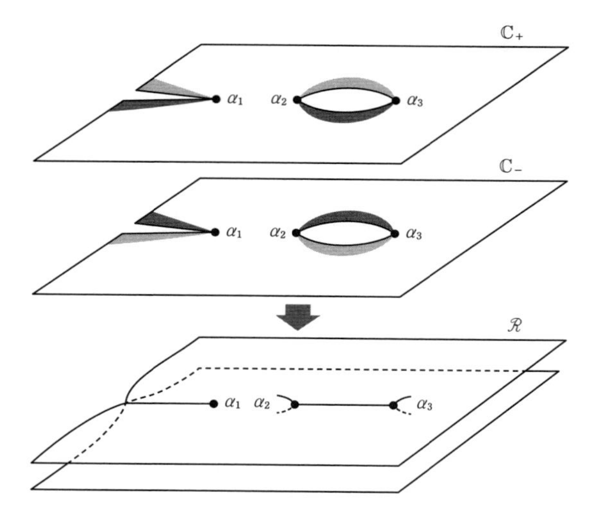

図 8.1　$\deg\varphi=3$ の場合の $\sqrt{\varphi(z)}$ のリーマン面

1) 自分と交わらないような閉曲線を単純閉曲線，またはジョルダン(Jordan)閉曲線と呼ぶ．このような曲線が平面を「内部」と「外部」の二つに分けること(ジョルダンの閉曲線定理)は，図を描くと当たり前に見えるかもしれないが，厳密な証明はかなり大変．

のであることは $\sqrt{z}$ や $\sqrt{1-z^2}$ のときと同じで，α_i 達に区別はない．これは，$\mathcal{R}$ が陰関数定理を使って

(8.3)　$\mathcal{R} = \{(z, w) \mid w^2 = \varphi(z)\}$

という形でも構成できることから自然に分かる．

● <u>$\varphi(z)$ が四次式の場合</u>

三次式の場合と同様に，

(8.4)　$\varphi(z) = a(z-\alpha_0)(z-\alpha_1)(z-\alpha_2)(z-\alpha_3)$

と因数分解しておく（$a \neq 0$ で，四つの複素数 $\alpha_0, \alpha_1, \alpha_2, \alpha_3$ は相異なる）．上と同様に，$\sqrt{\varphi(z)}$ のリーマン面 $\mathcal{R}$ は，二枚のシート（＝平面から分岐点四つを抜いたもの）$\mathbb{C} \smallsetminus \{\alpha_0, \alpha_1, \alpha_2, \alpha_3\}$ を貼り合わせて，分岐点の集合 $\{\alpha_0, \alpha_1, \alpha_2, \alpha_3\}$ を付け加えればできる：

(8.5)　$\mathcal{R} = (\mathbb{C} \smallsetminus \{\alpha_0, \cdots, \alpha_3\})_+ \cup \{\alpha_0, \cdots, \alpha_3\} \cup (\mathbb{C} \smallsetminus \{\alpha_0, \cdots, \alpha_3\})_-.$

貼り合わせの際は，$\varphi(z)$ の四つの根を二個ずつの二組（例えば $\{\alpha_0, \alpha_1\}$ と $\{\alpha_2, \alpha_3\}$）に分けて，それぞれの組の二点の間に切れ目を入れる．今回はどちらも有限の長さの切れ目になる（図 8.2 参照）．

(8.6)　$\mathcal{R} = \{(z, w) \mid w^2 = \varphi(z)\}$

となることも以前の例と同様である．

第 6 章の $\sqrt{z}$ や第 7 章の $\sqrt{1-z^2}$ のリーマン面の場合と同様に，次を示すことができる．

命題 8.1　$\deg \varphi = 3$ と $\deg \varphi = 4$ のどちらの場合も，

（i）　$\mathcal{R} = \{(z, w) \mid w^2 = \varphi(z)\}$ は非特異代数曲線になる．（つまり，$F(z, w) = w^2 - \varphi(z)$ としたとき，$\left(F, \dfrac{\partial F}{\partial z}, \dfrac{\partial F}{\partial w}\right) \neq (0, 0, 0)$.）

（ii）　$\sqrt{\varphi(z)} = w$ は $\mathcal{R}$ 上の正則関数．

（iii）　1 次微分形式 $\omega = \dfrac{dz}{\sqrt{\varphi(z)}} = \dfrac{dz}{w}$ は $\mathcal{R}$ 上で正則．

練習 8.2　上の命題を確かめよ．（ヒント：(i) は $\varphi(z)$ に重根がないことから従う．(ii) と (iii) については，分岐点以外の点の近傍では z，分岐点 α_i の近傍では w が座標となることを示して，これらの座標を使う．）

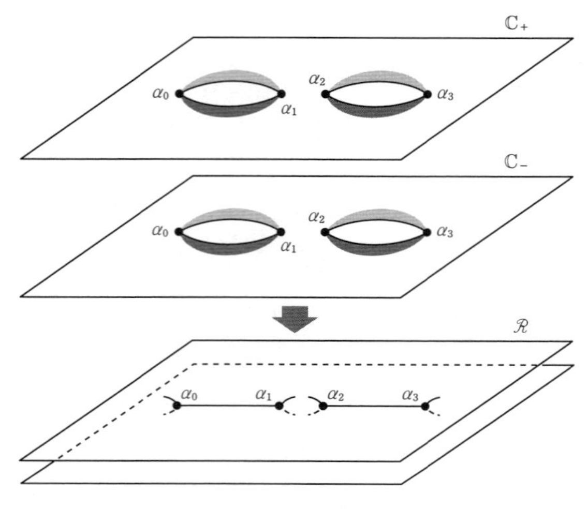

図 8.2　$\deg\varphi=4$ の場合の $\sqrt{\varphi(z)}$ のリーマン面

8.2　無限遠点と楕円曲線

ここまでの話は，$\sqrt{z}$ と $\sqrt{1-z^2}$ の場合に比べて切れ目が増えただけで本質的には何ら変わるところはない．しかし，楕円積分を考えようとすると，今作ったリーマン面を少し拡張する必要が出てくる．

その理由は，$\varphi(z)$ の次数が 2 より大きくなると，例えば積分 $\displaystyle\int_{z_0}^{\infty}\frac{dz}{\sqrt{\varphi(z)}}$ が収束するようになること(積分の始点 z_0 は任意，積分路は例えば z_0 から無限遠に向かう直線を取る[2])．そのため，楕円積分は“∞”を $\mathcal{R}$ に付け加えたものの上で考える方が自然である．これは $\mathbb{C}$ に無限遠点を付け加えてリーマン球面 $\mathbb{P}^1(\mathbb{C})$ (射影直線とも呼ばれる；以下，$\mathbb{P}^1$ と略記する)を作るのとある意味で同じ作業．

今考えているリーマン面は(8.3), (8.6)の形で $\mathbb{C}^2$ に含まれている．これに無限遠点 $(z,w)=(\infty,\infty)$ を付け加えたい．そこで，「入れ物」$\mathbb{C}^2$ にうまく無限遠点を付け加えて，それが $\mathcal{R}$ の無限遠点になるようにしよう．これからその方法を二つ紹介する．最初の方法は射影平面と呼ばれる $\mathbb{C}^2$ の拡張を使う．これは代数幾

2) 実数関数の微積分で習ったと思うが，半無限区間上の広義積分 $\displaystyle\int_1^{\infty}\frac{dx}{x^{\sigma}}$ は $\sigma>1$ ならば収束する．$\left|\dfrac{1}{\sqrt{\varphi(z)}}\right|$ は，$|z|\to\infty$ のときに $\dfrac{1}{|z|^{\deg\varphi/2}}$ と同程度の速さで減少するので，$\deg\varphi>2$ ならば上記の積分は収束する．

何学で標準的な方法だが，$\deg\varphi = 4$ のときは問題が生じてしまう．そこで次に φ の次数に依らずにうまくいく方法を紹介する．

8.2.1 ◉ 射影平面への $\mathscr{R}$ の埋め込み

念のため，$\mathbb{C}$ に無限遠点を付け加える手順を確認しておこう．もちろん，集合としては $\mathbb{P}^1 = \mathbb{C} \cup \{\infty\}$ ということにすぎないが，大事なのは第6章で多様体の話をしたときに述べたように，無限遠点の周りで自然な座標が入ること．もとの平面 $\mathbb{C}$ の座標を z とすると，無限遠点 $z = \infty$ の周りでは，$w = \dfrac{1}{z}$ という座標を用いるのだった．

例えば，$z = \dfrac{x_1}{x_0}$ という分数は，無限遠点を中心とする座標では上下をひっくり返した $w = \dfrac{x_0}{x_1}$ になる．z の分母 x_0 が 0 でなければ x_0 で割ってしまって z が出てくるが，$x_0 = 0$ の場合は $z = \dfrac{x_1}{x_0}$ は複素数としての意味を持たず，$w = \dfrac{x_0}{x_1}$ の方は 0 になる．また，当たり前すぎて復習するのも申し訳ないが，分子と分母に同じ数 $\lambda\,(\neq 0)$ を掛けても約分すれば同じ数になる：$z = \dfrac{x_1}{x_0} = \dfrac{\lambda x_1}{\lambda x_0}$，$w = \dfrac{x_0}{x_1} = \dfrac{\lambda x_0}{\lambda x_1}$.

この見方を推し進めると，$\mathbb{P}^1$ は，複素数のペア$(\neq (0,0))$の全体 $\mathbb{C}^2 \setminus \{(0,0)\}$ を次で定義される同値関係で割った商集合として定義される：

$$(x_0, x_1) \sim (y_0, y_1) \text{ とは，} (\lambda x_0, \lambda x_1) = (y_0, y_1) \text{ となる } \lambda\,(\neq 0) \text{があること．}$$

以下では，(x_0, x_1) の含まれる同値類を $[x_0 : x_1]$ と表すことにする．この元は二つの複素数で定められるが，同値関係のお陰で実質的には一つの複素数 $z = \dfrac{x_1}{x_0}$ で指定される．（ただし $x_0 \neq 0$ のとき；$x_0 = 0$ のときは z の代わりに $w = \dfrac{x_0}{x_1}$ で指定される．） もともとの $\mathbb{P}^1 = \mathbb{C} \cup \{\infty\}$ という分解は，

$$(8.7)\quad \mathbb{C} \ni z \leftrightarrow [1 : z] \in \mathbb{P}^1, \qquad \infty \leftrightarrow [0 : 1] \in \mathbb{P}^1$$

という対応で解釈できる．リーマン球面 ＝ 射影直線 $\mathbb{P}^1$ の作り方の復習は，とりあえずここまで.

この射影直線の二次元版を考えよう：複素数の三つ組で $(0,0,0)$ ではないものの全体 $\mathbb{C}^3 \setminus \{(0,0,0)\}$ を次の同値関係で割った商集合を**射影平面** $\mathbb{P}^2(\mathbb{C})$（以下，$\mathbb{P}^2$ とのみ記す）と定義する：

$(x_0, x_1, x_2) \sim (y_0, y_1, y_2)$ とは，$(\lambda x_0, \lambda x_1, \lambda x_2) = (y_0, y_1, y_2)$ となる $\lambda\,(\neq 0)$ があること．

射影直線の場合と同様に (x_0, x_1, x_2) の含まれる同値類は $[x_0 : x_1 : x_2]$ で表す．$\mathbb{P}^1$ には $\mathbb{C}$ が(8.7)のように含まれていた．同様に $\mathbb{P}^2$ の場合は，

$$(8.8)\quad U_0 := \{[x_0 : x_1 : x_2] \mid x_0 \neq 0\} \subset \mathbb{P}^2$$

という部分が $\mathbb{C}^2$ と次の対応によって同一視される：

$$(8.9)\quad \begin{aligned} &\mathbb{C}^2 \ni (z, w) && \mapsto [1 : z : w] \in U_0, \\ &U_0 \ni [x_0 : x_1 : x_2] && \mapsto \left(\frac{x_1}{x_0}, \frac{x_2}{x_0}\right) \in \mathbb{C}^2. \end{aligned}$$

U_0 に含まれない $[0 : x_1 : x_2]$ の形の点は，(8.9)の z と w が無限大になってしまって $\mathbb{C}^2$ では「見えない」．この部分は無限遠直線と呼ばれる[3)]．

さて，リーマン面 $\mathcal{R}$ は $\mathbb{C}^2$ の部分集合だから，上の同一視を通じて $U_0 \subset \mathbb{P}^2$ の部分集合と考えられる．$z = \dfrac{x_1}{x_0}$，$w = \dfrac{x_2}{x_0}$ を $\mathcal{R}$ を定義する方程式 $w^2 = \varphi(z)$ に代入して，$x_0 \neq 0$ かつ

$$(8.10)\quad \left(\frac{x_2}{x_0}\right)^2 = \varphi\left(\frac{x_1}{x_0}\right)$$

を満たす $[x_0 : x_1 : x_2]$ 全体を $\mathcal{R}$ と考えるわけである．このように $\mathcal{R}$ を $\mathbb{P}^2$ の部分集合とみなした上で，無限遠直線 $x_0 = 0$ まで $\mathcal{R}$ を延ばすことによって $\mathcal{R}$ に無限遠点を付け加えよう．これは，φ の次数によって事情が異なってくる．

● $\varphi(z)$ が三次式の場合

射影平面での方程式(8.10)を $\deg\varphi = 3$ の場合に(8.1)という表示を使って具体的に書くと，

$$\left(\frac{x_2}{x_0}\right)^2 = a\left(\frac{x_1}{x_0} - \alpha_1\right)\left(\frac{x_1}{x_0} - \alpha_2\right)\left(\frac{x_1}{x_0} - \alpha_3\right),$$

あるいは x_0^3 を掛けて分母を払えば

$$(8.11)\quad x_0 x_2^2 = a(x_1 - \alpha_1 x_0)(x_1 - \alpha_2 x_0)(x_1 - \alpha_3 x_0)$$

となる．$\mathcal{R}$ を $\mathbb{P}^2$ 全体に拡張するには，この方程式を $x_0 = 0$ まで含めて考えてしまうのが自然だろう：

3)「直線」と呼ばれるのは，$[x_1 : x_2]$ の組を射影直線 $\mathbb{P}^1$ の点と見なせるから．

(8.12) $\overline{\mathcal{R}} := \{[x_0 : x_1 : x_2] |$ 方程式(8.11)$\} \subset \mathbb{P}^2$.

$\overline{\mathcal{R}}$ には $\mathcal{R}$ が

$$\mathcal{R} \ni (z, w) \leftrightarrow [1 : z : w] \in \overline{\mathcal{R}}$$

という形で含まれる．では，$\mathcal{R}$ に含まれない $\overline{\mathcal{R}}$ の点はどのような点だろうか？上で述べたように，このような点は $[0 : x_1 : x_2]$ の形を持つので，この形で(8.11)を満たす点を探してみる．$x_0 = 0$ を(8.11)に代入すれば，$0 = ax_1^3$. $a \neq 0$ なので $x_1 = 0$. つまり，$[0 : 0 : x_2]$ の形の点が $\mathcal{R}$ に入らない $\overline{\mathcal{R}}$ の点ということになる．ただし，もともとの $\mathbb{P}^2$ の定義から $[0 : 0 : 0]$ という三つ組は除外されるので，$x_2 \neq 0$. $\mathbb{P}^2$ を定義する同値関係によって，$[0 : 0 : x_2]$ $(x_2 \neq 0)$ という点はすべて $[0 : 0 : 1]$ に同値である．したがって，$\mathcal{R}$ に含まれない $\overline{\mathcal{R}}$ の点の集合 $\overline{\mathcal{R}} \setminus \mathcal{R}$ は一点 $[0 : 0 : 1]$ だけからなる．この点を $\mathcal{R}$ の無限遠点と呼び，$\infty = [0 : 0 : 1]$ で表す．つまり，$\overline{\mathcal{R}} = \mathcal{R} \cup \{\infty\}$ である．

無限遠点 ∞ では $x_0 = 0$ だから，その近傍では $\left(z = \dfrac{x_1}{x_0}, w = \dfrac{x_2}{x_0}\right)$ は $\mathbb{P}^2$ の座標として使えないが，x_0 で割る代わりに x_2 で割って $(\xi, \eta) := \left(\dfrac{x_0}{x_2}, \dfrac{x_1}{x_2}\right)$ を座標として使えば良い．方程式(8.11)を x_2^3 で割って (ξ, η) で書き換えると，

(8.13) $\xi = a(\eta - \alpha_1 \xi)(\eta - \alpha_2 \xi)(\eta - \alpha_3 \xi)$

となる．これが ∞ の近傍で $\overline{\mathcal{R}}$ を表す方程式である．

練習 8.3 方程式(8.13)が無限遠点 $(\xi, \eta) = (0, 0)$ の近傍で非特異代数曲線を定義していることを示せ．（ヒント：陰関数定理が使える条件を確かめれば良い．(8.13)の方程式を $G(\xi, \eta) = 0$ の形に書き直して，$\left(G, \dfrac{\partial G}{\partial \xi}, \dfrac{\partial G}{\partial \eta}\right) \neq (0, 0, 0)$ を示す．）

これで，特異点のない一次元複素多様体 $\overline{\mathcal{R}}$ としてリーマン面 $\mathcal{R}$ を $\mathbb{P}^2$ 内で拡張できた．

● $\varphi(z)$ が四次式の場合

$\varphi(z)$ が四次式で(8.4)と因数分解されているとして，$\mathbb{P}^2$ 内でリーマン面 $\mathcal{R} = \{(z, w) | w^2 = \varphi(z)\}$ に無限遠点を付け加えてみよう．$\mathbb{P}^2$ の中での $\mathcal{R}$ の方程式は，(8.10)に x_0^4 を掛けて分母を払えば得られる：

(8.14)　$x_0^2 x_2^2 = a(x_1 - \alpha_0 x_0)\cdots(x_1 - \alpha_3 x_0).$

この方程式を定義方程式として $\mathcal{R}$ を $\mathbb{P}^2$ の中で拡張すると，$\deg \varphi = 3$ のときと同じ計算によって方程式(8.14)を満たす点全体は $\mathcal{R} \cup \{\infty = [0:0:1]\}$ である．

同じ計算なんだから何の問題もない，かと言うと，さにあらず．これでは無限遠点 $\infty = [0:0:1]$ が特異点になってしまう！

練習 8.4　これを確かめよ．（ヒント：練習 8.3 と同じ計算をする．(8.13)に対応する式は $\xi^2 = a(\eta - \alpha_0 \xi)\cdots(\eta - \alpha_3 \xi)$ である．）

特異点では「良い座標」が取れないから，微積分に支障が生じる．これは困った．

8.2.2 ◉ もう一つの方法

実は，無限遠点をうまく付け加えると $\deg \varphi = 4$ の場合の $\mathcal{R}$ も特異点のない一次元複素多様体へ拡張できる．それには，$\mathbb{P}^2$ の中に $\mathbb{C}^2$ を埋め込むのではなく，別の方法で $\mathbb{C}^2$ に無限遠点を付け加えなくてはいけない．

二つの $\mathbb{C}^2$ (W, W' と表す)を用意し，このうち W を「もともとの」$\mathbb{C}^2 = \{(z, w) | z, w \in \mathbb{C}\}$ と考える．W' の方は座標 (ξ, η) を持つとする：$W' = \{(\xi, \eta) | \xi, \eta \in \mathbb{C}\}$．これは，$\mathbb{P}^2$ を作ったときの $\{[x_0 : x_1 : x_2] | x_2 \neq 0\}$ のように，「無限遠を担う」役割を果たす．

$\mathbb{P}^2$ の場合には (z, w) と (ξ, η) の間に $\xi = \dfrac{1}{w}\left(= \dfrac{x_0}{x_2}\right)$，$\eta = \dfrac{z}{w}\left(= \dfrac{x_1}{x_2}\right)$ という関係式が成り立ったが，今度は別の関係式で W と W' を貼り合わせる：

(8.15)　$\xi = \dfrac{1}{z},\ \eta = \dfrac{w}{z^2}$，つまり，$z = \dfrac{1}{\xi},\ w = \dfrac{\eta}{\xi^2}$

が成り立つときに W の点 (z, w) と W' の点 (ξ, η) を同一視する(図 8.3)．

$w = \eta = 0$ として z 座標と ξ 座標だけに着目すると，$\xi = 0$ を $z = \infty$ と見なして $\mathbb{C} = \{z | z \in \mathbb{C}\}$ に付け加えただけなので，これらはリーマン球面 $\mathbb{P}^1$ の座標になっている．この $\mathbb{P}^1$ に付加構造として w や η で表される $\mathbb{C}$ を乗せたものが $W \cup W'$ である[4]．

4) 代数幾何学で $\mathbb{P}^1$ 上の直線束 $\mathcal{O}(2)$ と呼ばれるものである．

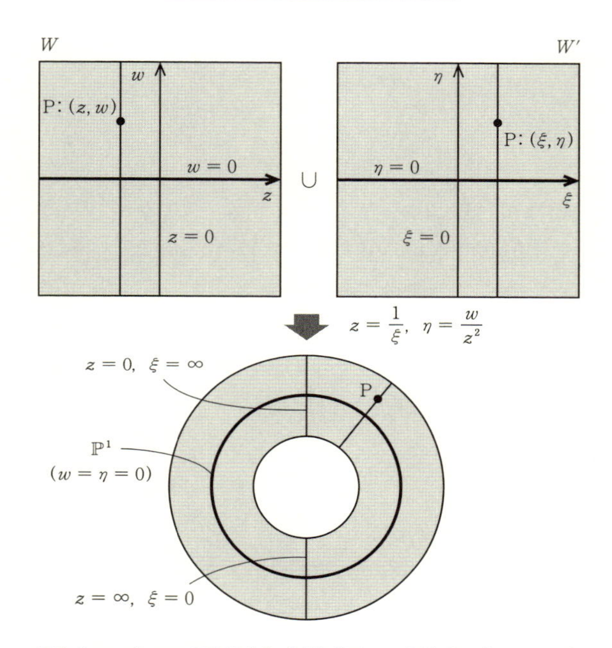

図 8.3 W と W' の貼り合わせ(模式図;$\mathbb{C}$ を線分で表している)

● $\varphi(z)$ が四次式の場合

今度は，最初に $\deg\varphi = 4$ の場合を考えよう．前と同じく，$\varphi(z)$ は(8.4)のように因数分解し，$\mathcal{R}$ は $W = \{(z,w) | z,w \in \mathbb{C}\}$ の部分集合と考える．$z \neq 0$, $(z,w) \in \mathcal{R}$ とすると，点 (z,w) は W' にも属しているから，W' の座標 (ξ,η) でも表されるはずである．方程式 $w^2 = \varphi(z)$ を，関係式(8.15)を使って (ξ,η) で書き直すと，

$$\left(\frac{\eta}{\xi^2}\right)^2 = a\left(\frac{1}{\xi}-\alpha_0\right)\left(\frac{1}{\xi}-\alpha_1\right)\left(\frac{1}{\xi}-\alpha_2\right)\left(\frac{1}{\xi}-\alpha_3\right).$$

分母を払えば

$$\eta^2 = a(1-\alpha_0\xi)(1-\alpha_1\xi)(1-\alpha_2\xi)(1-\alpha_3\xi) \tag{8.16}$$

となる．これは「左辺はある変数の二乗，右辺は別の変数の四次式(α_i の中に 0 となるものがあれば三次式)」なので，その意味で $w^2 = \varphi(z)$ と同じ形をしている．したがって，第 8.1 節の結果がそのまま使えて，この方程式で指定される W' の中の部分集合

$$\mathcal{R}' := \{(\xi,\eta) \in W' | \eta^2 = a(1-\alpha_0\xi)(1-\alpha_1\xi)(1-\alpha_2\xi)(1-\alpha_3\xi)\}$$

は非特異代数曲線であることが分かる．そこで$\mathcal{R}$と$\mathcal{R}'$を合わせて

(8.17)　$\overline{\mathcal{R}} := \mathcal{R} \cup \mathcal{R}' \subset W \cup W'$

と定義しよう．

$\overline{\mathcal{R}}$の中で$\mathcal{R}$に新たに付け加わった部分$\overline{\mathcal{R}} \setminus \mathcal{R}$，つまり$\mathcal{R}'$の中で$\mathcal{R}$に含まれない点の集合$\mathcal{R}' \setminus \mathcal{R}$は何だろうか．$W'$の中で$W$に入らない部分は$W' \setminus W = \{(\xi = 0, \eta) \mid \eta \in \mathbb{C}\}$．$z$座標については「無限遠点$z = \infty$ $(\xi = 0)$」が付け加わっている．$\xi = 0$に対応するηを方程式(8.16)で計算すると，$\eta^2 = a$となり，

$$\mathcal{R}' \setminus \mathcal{R} = \{(\xi, \eta) = (0, \pm\sqrt{a})\} \subset W' \setminus W.$$

つまり，$(0, \pm\sqrt{a})$という二点が$\mathcal{R}$に付け加わったことが分かる．これらの「無限遠点」を$\infty_{\pm}$と表せば，

$$\overline{\mathcal{R}} = \mathcal{R} \cup \{\infty_{+}, \infty_{-}\}$$

ということである．

また，$\mathcal{R}$も$\mathcal{R}'$も特異点を持たず一次元複素多様体なので，$\overline{\mathcal{R}}$も自然に一次元複素多様体となることはすぐに確かめられる．

● $\varphi(z)$が三次式の場合

$\deg \varphi = 3$の場合もほぼ同様．$\varphi(z)$を(8.1)のように因数分解し，$\mathcal{R}$の方程式を$z \neq 0$の仮定の下でW'の座標(ξ, η)で書き直す．結果は

(8.18)　$\eta^2 = a\xi(1-\alpha_1\xi)(1-\alpha_2\xi)(1-\alpha_3\xi).$

これは再びη^2がξの四次式(α_iの中に0となるものがあれば三次式)に等しい，という式なので，W'の中の部分集合

$$\mathcal{R}' := \{(\xi, \eta) \in W' \mid \eta^2 = a\xi(1-\alpha_1\xi)(1-\alpha_2\xi)(1-\alpha_3\xi)\}$$

は非特異代数曲線になり，

(8.19)　$\overline{\mathcal{R}} := \mathcal{R} \cup \mathcal{R}' \subset W \cup W'$

は一次元複素多様体になる．

$\deg \varphi = 4$の場合と違うのは，$\mathcal{R}'$の中で$\mathcal{R}$に含まれない点の集合$\mathcal{R}' \setminus \mathcal{R}$が一点になることである．実際，方程式(8.18)に$\xi = 0$ $(z = \infty)$を代入すると$\eta^2 = 0$となり，

$$\mathcal{R}' \setminus \mathcal{R} = \{(\xi, \eta) = (0, 0)\} \subset W' \setminus W.$$

つまり，$(\xi, \eta) = (0, 0)$だけが$\mathcal{R}$の「無限遠点」∞になる：

$$\overline{\mathcal{R}} = \mathcal{R} \cup \{\infty\}.$$

実は，ここで作った $\overline{\mathcal{R}}$ は第 8.2.1 節で作ったものと同じであることを示すことができる．難しくはないが，やや長い計算になるのでここでは省略する[5]．

さて，こうして作った一次元複素多様体には名前が付いている．

定義 8.5 リーマン面 $\mathcal{R} = \{(z,w) | w^2 = \varphi(z)\}$ ($\deg\varphi = 3$ または 4)に無限遠点を付け加えた $\overline{\mathcal{R}}$ ((8.12), (8.17))を**楕円曲線**と呼ぶ．

注 8.6 「面」なのに「曲線」と呼ばれるのは，「局所座標として複素数を一つだけ使う」からである．代数幾何学では「複素数体 $\mathbb{C}$」を別の体 K (例えば有限体 $F_p = \mathbb{Z}/p\mathbb{Z}$)に置き換えて同じように「体 K 上の楕円曲線」を定義する．

注 8.7 $\varphi(z)$ の次数が 5 以上の場合の $\sqrt{\varphi(z)}$ のリーマン面からも無限遠点を一つ($\deg\varphi$ が奇数のとき)または二つ($\deg\varphi$ が偶数のとき)付け加えた一次元複素多様体を作ることができる．これらは超楕円曲線と呼ばれる．

8.3 楕円曲線の形

この節では，楕円曲線 $\overline{\mathcal{R}}$ の「形」を考えよう．まず $\deg\varphi = 4$ の場合を調べ，次に $\deg\varphi = 3$ の場合に作ったものも同じ形をしていることを説明する．

第 8.1 節では，$\mathcal{R}$ を作るときに $\mathcal{R} = \{(z,w) | w^2 = \varphi(z))\}$ という構成のほかに，二枚のシートを貼り合わせる方法も用いた．前節の $\deg\varphi = 4$ の場合に出てきた $\mathcal{R}'$ をこの方法で作ってみる．まず，話を簡単にするため，とりあえずすべての α_i $(i = 0, \cdots, 3)$ が 0 でないとする．$\beta_i := \alpha_i^{-1}$ と書くと，

$$(8.20)\quad \begin{aligned} \mathcal{R}' &= (\eta = \sqrt{a(1-\alpha_0\xi)\cdots(1-\alpha_3\xi)} \text{ のリーマン面}) \\ &= (\mathbb{C} \setminus \{\beta_0, \cdots, \beta_3\})_+ \cup \{\beta_0, \cdots, \beta_3\} \cup (\mathbb{C} \setminus \{\beta_0, \cdots, \beta_3\})_-. \end{aligned}$$

これを(8.5)と比べると，(8.5)のシート $(\mathbb{C} \setminus \{\alpha_0, \cdots, \alpha_3\})_\pm$ は，(8.20)のシート $(\mathbb{C} \setminus \{\beta_0, \cdots, \beta_3\})_\pm$ と(8.15)の関係式 $\xi \leftrightarrow z = \dfrac{1}{\xi}$ で結びつき，各々のシートの無限遠点は $\xi = 0 \leftrightarrow z = \infty$，$\xi = \infty \leftrightarrow z = 0$ と対応している．さらに，(8.5)や(8.20)

5) 梅村浩『楕円関数論』(東京大学出版会)の付録 J 参照．

で別途付け加えている分岐点も $\beta_i \leftrightarrow \alpha_i = \dfrac{1}{\beta_i}$ と一対一に対応する．

$(\mathbb{C}\setminus\{\alpha_0,\cdots,\alpha_3\})_\pm$ を貼り合わせて $\mathcal{R}$，$(\mathbb{C}\setminus\{\beta_0,\cdots,\beta_3\})_\pm$ を貼り合わせて $\mathcal{R}'$ を作り，さらに $\mathcal{R}$ と $\mathcal{R}'$ を貼り合わせて $\overline{\mathcal{R}}$ を作ったわけだが，この貼り合わせの順番を変えてみよう．まず $\mathcal{R}$ と $\mathcal{R}'$ の上のシートだけ，つまり $(\mathbb{C}\setminus\{\alpha_0,\cdots,\alpha_3\})_+$ と $(\mathbb{C}\setminus\{\beta_0,\cdots,\beta_3\})_+$ を貼り合わせてできるものは，今述べた対応を考慮すると，$\mathbb{C}$ から分岐点を抜いて無限遠点を付け加えたもの，つまりリーマン球面 $\mathbb{C}\cup\{\infty\}=\mathbb{P}^1$ から四点を抜いたもの $(\mathbb{P}^1\setminus\{\alpha_0,\cdots,\alpha_3\})_+$ になることが分かる．$(\mathbb{C}\setminus\{\alpha_0,\cdots,\alpha_3\})_-$ と $(\mathbb{C}\setminus\{\beta_0,\cdots,\beta_3\})_-$ を貼り合わせれば，同様に $(\mathbb{P}^1\setminus\{\alpha_0,\cdots,\alpha_3\})_-$ ができる．これらの穴あきリーマン球面二つに切れ目を入れて貼り合わせると $\overline{\mathcal{R}}$ になる．

まとめると，楕円曲線 $\overline{\mathcal{R}}$ は図 8.4 のように二つのリーマン球面のそれぞれに二本の切れ目を入れて貼り合わせて作られる(図では $(\mathbb{P}^1\setminus\{\alpha_0,\cdots,\alpha_3\})_\pm$ に $\{\alpha_0,\cdots,\alpha_3\}$ を付け加えたものを $\mathbb{P}^1_\pm$ と表している)．したがって，形はトーラス(ドーナツの表面)と同じであることが分かる．

$$\overline{\mathcal{R}} = (\mathbb{P}^1\setminus\{\alpha_0,\cdots,\alpha_3\})_+ \cup \{\alpha_0,\cdots,\alpha_3\} \cup (\mathbb{P}^1\setminus\{\alpha_0,\cdots,\alpha_3\})_-.$$

$\varphi(z)$ が三次式の場合もほぼ同じ．再び $\alpha_i \neq 0$ $(i=1,2,3)$ と仮定して $\beta_i := \alpha_i^{-1}$ とすると，

$$(8.21)\quad \begin{aligned} \mathcal{R}' &= (\eta = \sqrt{a\xi(1-\alpha_1\xi)\cdots(1-\alpha_3\xi)}\ \text{のリーマン面}) \\ &= (\mathbb{C}\setminus\{0,\beta_1,\beta_2,\beta_3\})_+ \cup \{0,\beta_1,\beta_2,\beta_3\} \cup (\mathbb{C}\setminus\{0,\beta_1,\beta_2,\beta_3\})_- \end{aligned}$$

となる．$\mathcal{R}'$ の分岐点は $0,\beta_1,\beta_2,\beta_3$ の四つで，第 8.1 節での処方箋に従えば，各シートの 0 と β_1，β_2 と β_3 の間に切れ目を入れて貼り合わせて $\mathcal{R}'$ を作る．一方，$\mathcal{R}$ の構成では ∞ と α_1，α_2 と α_3 の間に切れ目を入れたが，これらがちょうど $\mathcal{R}'$ を作るときの切れ目に一致している．結局，$\alpha_0=\infty$ と考えれば $\deg\varphi=4$ の場合と何ら違いはない．この場合も楕円曲線 $\overline{\mathcal{R}}$ はトーラスになる(図 8.4 で，$\infty_\pm$ を消して，α_0 を ∞ にする)．

ここまでは $\alpha_i\neq 0$ としていたが，ある α_i が 0(どれでも同じなので，例えば $\alpha_3=0$)としても話はそれほど変わらない．このときは，(8.20)や(8.21)の中の α_3 が 0 になり，その後の式から β_3 を消してしまえば終わり．$\mathcal{R}'$ の方が $\eta^2=$ (ξ の三次式) と三次式で定義され，上と同じように $\mathcal{R}$ と $\mathcal{R}'$ の切れ目を二つずつ同一視できる．

以上から，$\deg\varphi$ が 3 でも 4 でも，楕円曲線はトーラスと同じ形(位相幾何学の言葉で同相)であることが分かった．ここで述べた「無限遠点を付け加える操作」

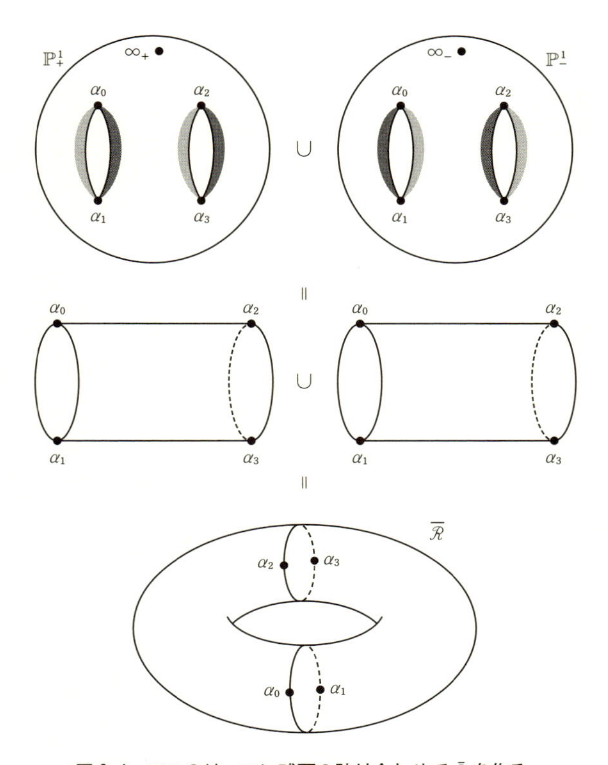

図 8.4　二つのリーマン球面の貼り合わせで $\overline{\mathcal{R}}$ を作る.

は，しばしば**コンパクト化**(compactification)と呼ばれる．事実，出来上がった楕円曲線はトーラスと同じ形(同相)で，これがコンパクト6)であることは，$\mathbb{R}^3$ の中の有界閉集合として表されることから分かる．

第 2.2 節で楕円積分の分類をするときに，楕円積分の被積分関数に入っている $\sqrt{\varphi(z)}$ は，$\sqrt{(1-z^2)(1-k^2z^2)}$ や $\sqrt{z(1-z)(1-\lambda z)}$ に帰着できることを述べた．楕円曲線についても同様のことが言える．補題 2.3 で述べたように，$\mathbb{P}^1$ 上の任意の相異なる四点 $\alpha_0, \alpha_1, \alpha_2, \alpha_3$ に対して，

$$
\begin{aligned}
T(1) &= \alpha_0, & T(-1) &= \alpha_1, \\
T(k^{-1}) &= \alpha_2, & T(-k^{-1}) &= \alpha_3
\end{aligned}
\tag{8.22}
$$

6) 位相空間論の言葉で，任意の開被覆から有限個の開集合を選んで全体を覆うことができること．$\mathbb{R}^N$ の部分集合については，有界閉集合であることと同じ．

となる一次分数変換 $T(z)=\dfrac{Az+B}{Cz+D}$ が存在する．一次分数変換はリーマン球面の正則な全単射を与えるので，この T によって，図 8.4 の $\alpha_0,\cdots,\alpha_3$ を $\pm 1, \pm k^{-1}$ に写せば，任意の楕円曲線が

$$w^2=(1-z^2)(1-k^2z^2)$$

をコンパクト化した楕円曲線に写される(ルジャンドル-ヤコビの標準形)．また，別の一次分数変換によって

$$w^2=z(1-z)(1-\lambda z)$$

のコンパクト化に写すこともできる(リーマンの標準形)．

このように，楕円曲線は一つのパラメーター(k あるいは λ)で分類される．この分類については深い理論があるのだが，本書では触れない．

練習 8.8　上の説明で省略した細部を補って任意の楕円曲線が標準形に帰着されることを示せ．

これで準備は整った．次章は複素楕円積分の出番．ここで構成した楕円曲線の上での積分として考える．

第9章

複素楕円積分

道案内板を見直す

前章では，楕円積分 $\int R(x, \sqrt{\varphi(x)})dx$ を複素数の範囲で考える舞台である楕円曲線を作った．これは $\sqrt{\varphi(z)}$ のリーマン面に無限遠点を付け加えたもので，曲面としてはトーラスと同じであった．この章では楕円積分をこの楕円曲線上で定義する．引き続き，$\varphi(z)$ は重根を持たない三次または四次の多項式である．

9.1 複素第一種楕円積分

まずは第一種楕円積分 $\int \frac{dz}{\sqrt{\varphi(z)}}$ から考えよう．本来の第一種楕円積分は，第2.2節で定義したように，$\varphi(z) = (1-z^2)(1-k^2z^2)$ の場合だが，後で述べる理由(注9.9参照)により，本書では $\varphi(z)$ が他の多項式の場合もこの形の積分を「第一種楕円積分」と呼ぶことにする．積分記号の中の一次微分形式を

$$\omega_1 := \frac{dz}{\sqrt{\varphi(z)}} = \frac{dz}{w}$$

と名付けておく．第8.1節で説明したように，ω_1 はリーマン面 $\mathcal{R} = \overline{\mathcal{R}} \smallsetminus \{\infty_\pm\}$ ($\deg \varphi = 4$ の場合)あるいは $\mathcal{R} = \overline{\mathcal{R}} \smallsetminus \{\infty\}$ ($\deg \varphi = 3$ の場合)の上では正則である(命題8.1(iii))．では，$\mathcal{R}$ を楕円曲線 $\overline{\mathcal{R}}$ へとコンパクト化するときに付け加えた無限遠点 $\infty_\pm$ あるいは ∞ の近傍ではどうなっているだろう？

まず φ が四次式の場合を調べよう．例によって $\varphi(z)$ を $\varphi(z) = a(z-\alpha_0)(z-\alpha_1)(z-\alpha_2)(z-\alpha_3)$ と因数分解しておく．第8.2節で分かったのは，この場合には $\overline{\mathcal{R}}$ の無限遠点は $\infty_\pm = (\xi = 0,\ \eta = \pm\sqrt{a})$ の二つあって，それぞれの近傍では

- 局所座標は ξ.
- $\overline{\mathcal{R}}$ を定義する方程式は

$$\eta^2 = a(1-\alpha_0\xi)(1-\alpha_1\xi)(1-\alpha_2\xi)(1-\alpha_3\xi)$$

と表される.

ということだった．そこで，(z, w) の代わりに (ξ, η) で ω_1 を表示しよう．二つの座標の間の座標変換則は $\xi = \dfrac{1}{z}$，$\eta = \dfrac{w}{z^2}$．したがって，$d\xi = -\dfrac{dz}{z^2}$ だから

$$(9.1)\quad \omega_1 = \frac{dz}{w} = -\frac{d\xi}{\eta}$$

となる．分母の

$$\eta(\xi) = \sqrt{a(1-\alpha_0\xi)(1-\alpha_1\xi)(1-\alpha_2\xi)(1-\alpha_3\xi)}$$

は $\infty_\pm$，つまり $\xi = 0$ の近傍では ξ の正則関数で，しかも $\eta(\xi) \neq 0$ である．したがって，ω_1 の表示(9.1)の中の $d\xi$ の係数は ξ の正則関数であり，ω_1 は $\infty_\pm$ でも正則微分形式になることが示された.

結論として，ω_1 は $\overline{\mathcal{R}}$ の全体で正則であることが分かる．さらに，$\omega_1 = \dfrac{dz}{w} = -\dfrac{d\xi}{\eta}$ という表示の係数($\infty_\pm$ 以外では $\dfrac{1}{w}$，$\infty_\pm$ では $-\dfrac{1}{\eta}$)は0にならないから，$\overline{\mathcal{R}}$ 全体で $\omega_1 \neq 0$ であることも示される(この事実は後々必要になる).

以上は $\deg\varphi = 4$ としていたが，$\deg\varphi = 3$ の場合も同様なのでそちらは読者各自に考えてもらおう.

練習 9.1　$\deg\varphi = 3$ の場合にも，ω_1 は $\overline{\mathcal{R}}$ 全体で正則で，0にならないことを示せ．(ヒント：今度は，∞ が分岐点となるので，局所座標としては ξ ではなくて η を使う．(9.1)の最右辺を(8.18)(右辺を $\phi(\xi)$ とおく)を使って(正則関数)$\times d\eta$ の形に書き直す.)

さて，いよいよ複素数版の楕円積分の出番．積分路の始点として任意の点 $\mathrm{P}_0 \in \overline{\mathcal{R}}$ を一つ決めて固定する．$\overline{\mathcal{R}}$ 上の点 P と P_0 を結ぶ経路 C を一つ取れば ω_1 を積分して

$$(9.2)\quad F(\mathrm{P}) := \int_{\mathrm{P}_0 \to \mathrm{P}} \omega_1 = \int_{C:\mathrm{P}_0 \text{ から } \mathrm{P} \text{ への曲線}} \omega_1$$

という「P の関数」ができる．括弧を付けたのは，もちろんこの「定義」のままでは $F(\mathrm{P})$ は P だけではなく C の取り方にも依存しているから.

しかし，もし P がある固定点，例えば P_1 の近くをウロウロするだけならば，P_0 から P までの積分路 C を「P_0 から P_1 までの曲線 C_{01}」と「P_1 から P までの曲線

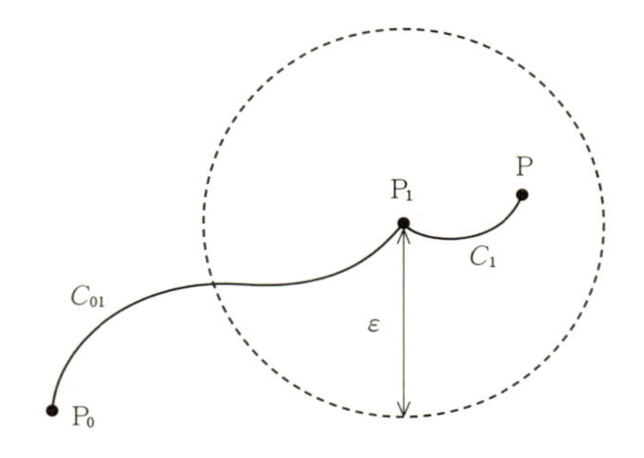

図 9.1　P_0 と P を P_1 経由で結ぶ．P と P_1 を結ぶ曲線が円内にある限り，積分の値は曲線によらず P の位置だけで決まる．

C_1」をつないだものとし(図 9.1)，C_{01} の方は一つに決めてしまえば，積分路のうちで動くのは C_1 の部分だけ．P_1 の近くでは z という局所座標を使っているとしよう(w でも ξ でも何でも良い)．P の動く範囲を P_1 の近傍 $\{|z(P)-z(P_1)|<\varepsilon\}$ (ε は小さい正の数)に制限するならば，C_1 という積分路もその近傍の中だけを動くように取れる．しかも，C_1 の部分をこの近傍の中でどのように変更しても，ω_1 は正則だから，コーシーの積分定理により積分(9.2)の値は変わらない．その意味で関数 $F(P)$ は「局所的には(つまり，P が大きく移動しない範囲で)」一価関数として定義される．しかも，正則な微分形式を積分しているから，できる関数は正則関数になる．

これで，積分(9.2)が局所的には関数を定義することが分かったが，「大域的には」，つまり P を大きく移動させたらどうだろうか？　それを知るには $\overline{\mathcal{R}}$ 上に大域的にどれくらい違う経路が存在するのか調べる必要がある．これは，楕円曲線 = トーラスの位相幾何学(トポロジー)を調べる，ということでもある．

位相幾何学では，次の事実はよく知られている．

(9.3)　$H_1(\overline{\mathcal{R}},\mathbb{Z})=\mathbb{Z}[A]\oplus\mathbb{Z}[B]$

これは，「$\overline{\mathcal{R}}$ 上のどんな閉曲線 C も，それが表す一次ホモロジー群 $H_1(\overline{\mathcal{R}},\mathbb{Z})$ の元は，C に対して一意的に定まる整数 $m,n\in\mathbb{Z}$ によって

(9.4)　$[C]=m[A]+n[B]$

と書ける」ということである．ここで出てきた A,B は図 9.2 にあるような閉曲線[1)]で，よく A **サイクル**，B **サイクル**と呼ばれる．

式(9.4)は「トーラス上にどんな閉曲線を描いても，A を何回か回り，B を何回か回るような曲線にホモロジー群の中で同値になる」ことを意味しているが，次のようにすると証明できる．

図 9.3 のようにトーラス上に閉曲線 C があるとする．このトーラスを A サイクルと B サイクルに沿って切り開くと，長方形ができてその上に切り刻まれた曲

1) 必ずしもこの図にある閉曲線を使う必要はないが，閉曲線なら何でも良いわけではない．

線 C の断片が乗っていることになる．この長方形を平面上に縦横に並べていくと，もともとつながっていた曲線 C が平面上に再現されてくる．

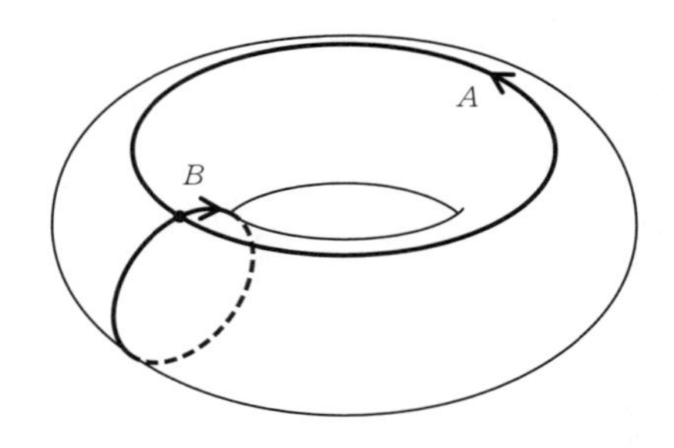

図 9.2　楕円曲線上の A サイクルと B サイクル

図 9.3 では，横二列，縦三列並べて C 一周分が再現されているから，「平面地図」上の曲線 C を連続的に動かして，水平に長方形の辺二つ分，垂直に辺三つ分移動する折れ線にできる．この「地図」上の曲線の変形が自然にトーラス上のもとの曲線の変形に対応していることはすぐに分かる(トーラス全体を一度に見ようとすると分かり難いかもしれないが，小さな部分を取り出してそこをちょっと動かす，次にそこにつながっている隣の部分をちょっと動かす，と考えると良い)．

水平に長方形の辺を移動するのは，もとに戻ってみれば A サイクルに沿って一周すること，垂直に移動するのは B サイクルを一周することに対応しているか

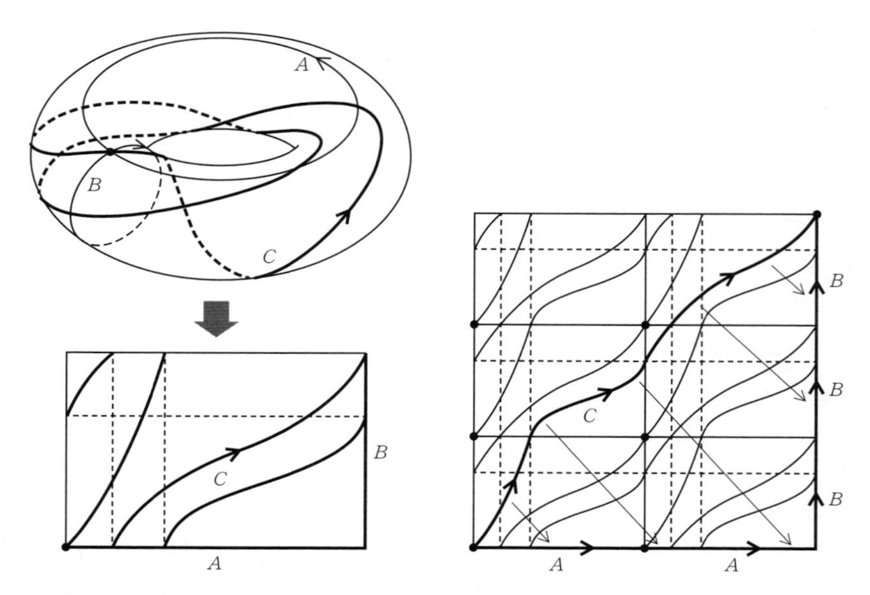

図 9.3　楕円曲線を切り開き(左)，閉曲線 C を A サイクルと B サイクルの和に変形する(右)．

ら，以上で図 9.3 の閉曲線 C が A サイクルを二周，B サイクルを三周する閉曲線に変形された．したがって，ホモロジー群 $H_1(\overline{\mathcal{R}}, \mathbb{Z})$ の中では

$$[C] = 2[A]+3[B]$$

である．一般の閉曲線についても同じで，これが(9.3)の証明の概略である．

さて，C と C' が $\overline{\mathcal{R}}$ 上で P_0 と P を結ぶ曲線ならば，C' で行って C で帰る，という閉曲線のホモロジー類 $[C'-C]$ は，(9.3)からある二つの整数 $m, n \in \mathbb{Z}$ によって $[C'-C] = m[A]+n[B]$ と表される．したがって，ω_1 の C 上の積分と C' 上の積分には

$$(9.5) \quad \int_{C'} \omega_1 - \int_C \omega_1 = m\int_A \omega_1 + n\int_B \omega_1$$

という関係がある．この右辺に出てきた積分 $\int_A \omega_1, \int_B \omega_1$ をそれぞれ ω_1 の A **周期**，B **周期**と呼ぶことにしよう．

以上で分かったのは，「楕円積分(9.2)で定義された関数 $F(\mathrm{P})$ は，局所的には一価正則関数だが楕円曲線 $\overline{\mathcal{R}}$ 全体で考えると残念ながら(実は，ウマイことに)多価関数になってしまう．しかし，その多価性はデタラメなものではなく，ω_1 の A 周期と B 周期という二つの数で(9.5)のように統制されている」ということである．まとめると，次のようになる．

定理 9.2　複素第一種楕円積分(9.2)は楕円曲線上の多価正則関数 $F(\mathrm{P})$ を与える．多価性は ω_1 の A 周期と B 周期の整数係数一次結合で与えられる．

ここで，A 周期と B 周期を，$\varphi(z) = (1-z^2)(1-k^2z^2)$ の場合の

$$\omega_1 = \frac{dz}{\sqrt{(1-z^2)(1-k^2z^2)}}$$

について具体的に計算してみよう．簡単のため $k \in \mathbb{R}$, $0 < k < 1$ とする(これは第 1 章から第 3 章で実数の範囲で第一種楕円積分を考えたときの状況である)．

積分経路などを具体的に調べるには，楕円曲線 $\overline{\mathcal{R}}$ の作り方を再度見直す必要がある．第 8.3 節で述べたように，楕円曲線は二つの射影直線 $\mathbb{P}^1$ にそれぞれ二本ずつの切れ目を入れて貼り合わせて作られる．その切れ目は，多項式 $\varphi(z)$ の根 $\pm 1, \pm k^{-1}$ を結ぶように入れる(図 9.4 参照)．A サイクル，B サイクルはこの図にあるように取れば良い(A サイクルは，A_+ と A_- をつなげたもの)．

命題 9.3　この場合の ω_1 の周期は

(9.6)　$\displaystyle\int_A \omega_1 = 4K(k), \qquad \int_B \omega_1 = 2iK'(k)$

となる．ここで，

(9.7)　$\displaystyle K(k) = \int_0^1 \frac{dx}{\sqrt{(1-x^2)(1-k^2x^2)}}$

は第一種完全楕円積分で，$K'(k)$ は

(9.8)　$K'(k) := K(k'), \qquad k' := \sqrt{1-k^2}$

と定義する（k' はモジュラス k の補モジュラス）．

証明　A 周期：図 9.4 のように A サイクルを取ると，A サイクル上の積分は，-1 から 1 までの積分（図 9.4 の A_+）と 1 から -1 までの積分（図 9.4 の A_-）に直すことができる：

$$\int_A \omega_1 = \int_{-1}^1 \frac{dx}{+\sqrt{(1-x^2)(1-k^2x^2)}} + \int_1^{-1} \frac{dx}{-\sqrt{(1-x^2)(1-k^2x^2)}}.$$

積分路を実数直線上に取っているから，右辺の積分はどちらも高校以来お馴染み

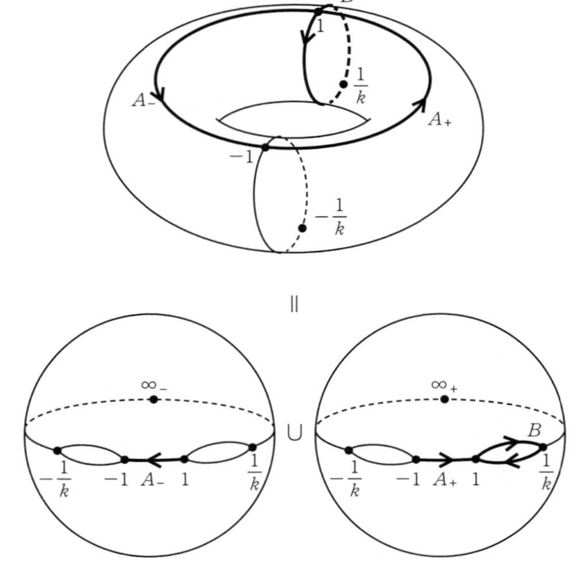

図 9.4　$\varphi(z) = (1-z^2)(1-k^2z^2)$ の場合の楕円曲線

の実数の積分である．ただし，右辺第一項の積分路から第二項の積分路に移るときにリーマン面の分岐点 ± 1 の周りをグルッと回っているから，被積分関数の分母に現れるルートの符号が逆になっていることに注意しよう．

第二項の積分の上端と下端をひっくり返したり，被積分関数が偶関数であることを使って区間 $[-1,1]$ 上での積分を区間 $[0,1]$ 上の積分の二倍に書き直す，といった常套手段でまとめていくと，結局

$$\int_A \omega_1 = 4\int_0^1 \frac{dx}{\sqrt{(1-x^2)(1-k^2x^2)}} = 4\,K(k)$$

となる．これで(9.6)の第一式が示された．

<u>B 周期</u>：こちらも考え方はほぼ同様である．積分路が折り返すところでルートの符号が変わることに気をつけながら変形すると，

$$\begin{aligned}\int_B \omega_1 &= \int_1^{1/k} \frac{dx}{+\sqrt{(1-x^2)(1-k^2x^2)}} + \int_{1/k}^1 \frac{dx}{-\sqrt{(1-x^2)(1-k^2x^2)}} \\ &= 2\int_1^{1/k} \frac{dx}{\sqrt{(1-x^2)(1-k^2x^2)}}.\end{aligned} \tag{9.9}$$

最後の積分の中身をよく見ると，積分変数 x は $1 \leqq x \leqq \dfrac{1}{k}$ の範囲を動くから，ルートの中身 $(1-x^2)(1-k^2x^2)$ が 0 以下になっている．つまり，被積分関数は純虚数の値を取る．$\sqrt{-1}$ をくくり出すと，

$$\int_1^{1/k} \frac{dx}{\sqrt{(1-x^2)(1-k^2x^2)}} = i\int_1^{1/k} \frac{dx}{\sqrt{(x^2-1)(1-k^2x^2)}}.$$

さらに，積分変数を x から $t = \dfrac{1}{k'}\sqrt{1-\dfrac{1}{x^2}}$，つまり $x^2 = \dfrac{1}{1-k'^2t^2}$ で定義される t に変換する．これにより被積分関数のルートの中は

$$(x^2-1)(1-k^2x^2) = \frac{k'^4t^2(1-t^2)}{(1-k'^2t^2)^2}$$

になる．また，$x = \dfrac{1}{\sqrt{1-k'^2t^2}}$ だから，

$$dx = \frac{k'^2t}{(1-k'^2t^2)^{3/2}}dt.$$

さらに，x が 1 から $\dfrac{1}{k}$ まで動くと，t は 0 から 1 まで単調に増加する．これらを使って(9.9)を書き直すと，

$$\begin{aligned}\int_B \omega_1 &= 2i\int_0^1 \frac{dt}{\sqrt{(1-t^2)(1-k'^2t^2)}} \\ &= 2i\,K(k') = 2i\,K'(k).\end{aligned}$$

これで，(9.6)の第二式が得られた． □

注 9.4　証明中では煩瑣になるので言わなかったが，注意深い人はいくつか気になる点を見つけたかもしれない．

上の計算に出てくる積分は，どれも積分区間の端で被積分関数が発散する広義積分である．この広義積分の収束については，第4.1節で少し詳しく述べた．

また，(9.9)を変形するときに「$\sqrt{-1}$ をくくり出す」という操作を行ったが，これがなぜ $-\sqrt{-1}$ ではないのか，は微妙な問題である．A 周期の計算では，A_+ (-1 から $+1$ へ向かう方)での積分を行うときに被積分関数のルートが正であるとした．このことを考慮しつつ，

$$\sqrt{(1-x^2)(1-k^2x^2)} = \sqrt{(1-x)(1+x)(1-k^2x^2)}$$

の中の $\sqrt{1-x}$ の偏角の変化を第6章や第7章でやったように丁寧に追っていけば，$\sqrt{(1-x^2)(1-k^2x^2)}$ を $\left[1, \dfrac{1}{k}\right]$ で考えるときに，上のような形に $\sqrt{-1}$ をくくり出せば良いことが分かる． □

一般の複素数のモジュラス $k \in \mathbb{C}$ に対しても結果は同じであるが，詳細は省く(上の結果を k の解析関数として解析接続する)．

第7.2節で $\displaystyle\int \frac{dz}{\sqrt{1-z^2}}$ という積分を計算したら，$\dfrac{dz}{\sqrt{1-z^2}}$ の周期 $= 2\pi = \sin u$ の周期となった．これと同じことが楕円積分の計算にも言える．上で証明したことの一つは

$$\frac{dz}{\sqrt{(1-z^2)(1-k^2z^2)}} \text{ の } A \text{ 周期} = 4\,K(k)$$

だが，これは第4章で第一種不完全楕円積分の逆関数として導入した $\mathrm{sn}(u)$ の周期となっている．では，B 周期 $2i\,K'(k)$ は $\mathrm{sn}(u)$ に対してどんな役割を持っているのだろう？　実は，これは $\mathrm{sn}(u)$ のもう一つの周期になっている．つまり，$\mathrm{sn}(u)$ は二つの周期を持つ二重周期関数である！　…という話は，もう少し先．乞うご期待．

9.2　複素第二種楕円積分

今度は，第二種楕円積分

$$\int\sqrt{\frac{1-k^2z^2}{1-z^2}}\,dz=\int\frac{1-k^2z^2}{\sqrt{\varphi(z)}}\,dz$$

を複素数の範囲で考えてみよう．$\varphi(z)$ は前と同じ $(1-z^2)(1-k^2z^2)$ である．この積分を考える舞台，リーマン面 $\mathcal{R}=\{(z,w)\,|\,w^2=\varphi(z)\}$ や，そのコンパクト化である楕円曲線 $\overline{\mathcal{R}}$ は前と同じ．違うのは，積分する一次微分形式である．第二種楕円積分なので，対応する微分形式を ω_2 と表すことにする：

$$\omega_2:=\sqrt{\frac{1-k^2z^2}{1-z^2}}\,dz=\frac{1-k^2z^2}{\sqrt{\varphi(z)}}\,dz=\frac{1-k^2z^2}{w}\,dz$$

これが $\mathcal{R}$ 上で正則なことは ω_1 の場合と同様に証明できる．

練習 9.5 ω_2 が $\mathcal{R}$ 上で正則なことを確かめよ．（ヒント：分岐点 $\pm1,\pm\dfrac{1}{k}$ 以外の点の近傍では z，分岐点の近傍では w が座標となるから，それぞれの場合に（z の関数）$\times dz$，（w の関数）$\times dw$ という形に表して，係数の関数が正則であることを確かめる.）

それでは，$\mathcal{R}$ に含まれない $\{\infty_\pm\}$ ではどうなっているだろうか？

$\infty_\pm$ での局所座標は $\xi=\dfrac{1}{z}$ を使うので，これによって ω_2 を表示する．$dz=d(\xi^{-1})=-\dfrac{d\xi}{\xi^2}$ だから，

$$\begin{aligned}\omega_2&=\frac{1-k^2/\xi^2}{\eta/\xi^2}\,d(\xi^{-1})=\frac{\xi^2-k^2}{\eta}\cdot\left(-\frac{d\xi}{\xi^2}\right)\\&=\frac{1}{\xi^2}\frac{k^2-\xi^2}{\eta}\,d\xi\\&=\frac{1}{\xi^2}\frac{k^2-\xi^2}{\pm k(1+O(\xi^2))}d\xi\\&=\left(\frac{\pm k}{\xi^2}+(\xi=0\text{ で正則な関数})\right)d\xi.\end{aligned}\tag{9.10}$$

二行目から三行目に移るときには，$\eta=\pm k(1+O(\xi^2))$ を使っている．これは無限遠での方程式(8.16)のルートをとれば得られる．(8.16)は今の場合は $\eta^2=k^2(1-\xi)(1+\xi)(1-k^{-1}\xi)(1+k^{-1}\xi)=k^2(1-(1+k^{-2})\xi^2+k^{-2}\xi^4)$ となるからである．ルートを開いたときの符号は，8.2.2 節での $\infty_\pm$ の定義から，∞_+ で $+$，∞_- で $-$ になる．また，$1+O(\xi^2)$ が出てくるところは，例えば $(1-(1+k^{-2})\xi^2+k^{-2}\xi^4)$ のルートを一般二項定理

$$(1+t)^{1/2} = 1 + \sum_{n=1}^{\infty} \frac{\frac{1}{2}\left(\frac{1}{2}-1\right)\cdots\left(\frac{1}{2}-n+1\right)}{n!} t^n$$

で計算すれば分かる(t のところに $-(1+k^{-2})\xi^2+k^{-2}\xi^4$ という部分が入る).

式(9.10)という表示は，微分形式 ω_2 が $\xi=0$，つまり $\infty_\pm$ で二位の極を持つことを示している．また，この表示には $\dfrac{1}{\xi}d\xi$ という項がないので，$\infty_\pm$ での留数は 0 である：$\mathrm{Res}_{\infty_\pm}\omega_2 = 0$.

そこで，(9.2)と同様に，ω_2 を積分して

$$(9.11)\quad G(\mathrm{P}) := \int_{\mathrm{P}_0\to\mathrm{P}} \omega_2 = \int_{C:\,\mathrm{P}_0\text{から}\mathrm{P}\text{への曲線}} \omega_2$$

という「関数」を考えてみよう(P_0 は任意の点)．これも(9.2)の $F(\mathrm{P})$ と同様に，定義が C という曲線の選び方に依存している．

$F(\mathrm{P})$ のときにそうだったように，この $G(\mathrm{P})$ も「局所的には」C の選び方によらないことを言いたい．実際，無限遠点 $\infty_\pm$ 以外では $F(\mathrm{P})$ の場合と同じように経路を二つ(P_0 から P_1，P_1 から P)に分けて，P_1 につながる短い部分だけ動かして考えれば P_1 の近傍で一価関数になることが言える．

ω_2 の特異点 $\infty_\pm$ の近傍では事情が少々異なる．一般には微分形式に特異点(今の場合は二位の極)があるとコーシーの積分定理が使えないから，その特異点を越えて積分路を動かすと値が変わる．したがって，特異点の近傍では(9.11)のような積分が P の多価関数になる可能性がある(実際，これからすぐにそういう例にお目にかかる)．

しかし，ω_2 の場合は幸いにして特異点での留数が 0 である．積分路 C が特異点の右側を通る場合(図 9.5 の $C_{右}$)と左側を通る場合(図 9.5 の $C_{左}$)の積分の値の差は，特異点の周りを一周する経路(図 9.5 の C_0)での ω_2 の積分 $=$ (ω_2 の $\infty_\pm$ での留数)$\times 2\pi i = 0$．したがって，(9.11)の積分の値は無限遠点の近傍でも経路 C によらず，$G(\mathrm{P})$ は局所的には P の一価関数として決まる．

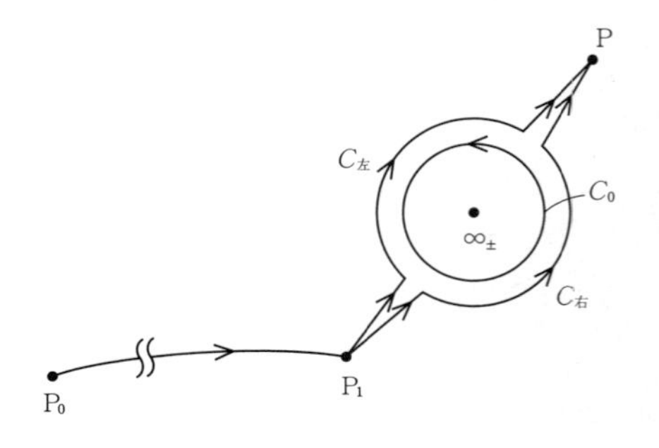

図 9.5　$\infty_\pm$ の右を通るか，左を通るか．

ω_2 は $\infty_\pm$ 以外では正則だから，$G(\mathrm{P})$

が無限遠点を除いて正則関数になることは $F(\mathrm{P})$ の場合と同じである．また，ω_2 が(9.10)のような展開を持つことから，$\infty_\pm$ の近傍では積分は

$$G(\mathrm{P}) = \mp\frac{k}{\xi}+(\xi=0\ \text{で正則な関数})$$

という形を持つ．つまり $G(\mathrm{P})$ は $\infty_\pm$ で一位の極を持つ．

大域的な多価性は $F(\mathrm{P})$ の場合と同様に $\overline{\mathcal{R}}$ のホモロジーの問題になる．C と C' を P_0 から P までの曲線とすると，$H_1(\overline{\mathcal{R}},\mathbb{Z})$ の中で $[C'-C]=m[A]+n[B]$ となる整数 $m,n\in\mathbb{Z}$ が存在し，

$$\int_{C'}\omega_2 = \int_C\omega_2+m\int_A\omega_2+n\int_B\omega_2$$

となる．ω_1 の場合と同様に $\int_A\omega_2$ を ω_2 の A **周期**，$\int_B\omega_2$ を B **周期**と呼ぶことにする．

結局，第二種楕円積分については，次のことが分かった．

定理 9.6　複素第二種楕円積分(9.11)は楕円曲線上の多価有理型関数 $G(\mathrm{P})$ を与える(つまり，特異点としては極しか現れない)．$G(\mathrm{P})$ の極は $\infty_\pm$ にあり，一位で留数は $\mp k$．多価性は ω_2 の A 周期と B 周期の整数係数一次結合で与えられる．

練習 9.7　$0<k<1$ として

(i)　ω_2 の A 周期が第二種完全楕円積分 $E(k)=\int_0^1\sqrt{\dfrac{1-k^2z^2}{1-z^2}}\,dz$ を使って $4E(k)$ と表されることを示せ．

(ii)　ω_2 の B 周期を第一種，および第二種完全楕円積分を使って表せ(やや難)．

(iii)　$d\left(\dfrac{zw}{1-k^2z^2}\right)=\dfrac{k^2z^4-2z^2+1}{1-k^2z^2}\omega_1$ を示せ．(ヒント：$w^2=\varphi(z)$ という関係式を使って dw を計算する．)

(iv)　第一種完全楕円積分 $K(k)$ と第二種完全楕円積分 $E(k)$ は次の微分方程式を満たすことを示せ．

$$\frac{dE}{dk}=\frac{E}{k}-\frac{K}{k},\qquad \frac{dK}{dk}=\frac{E}{kk'^2}-\frac{K}{k}.$$

(ヒント：第一式を示すには，ω_2 を k について微分してから $[0,1]$ 上で積分する．第二式は，$\dfrac{\partial}{\partial k}\omega_1-\dfrac{1}{kk'^2}\omega_2+\dfrac{1}{k}\omega_1$ の A 周期を計算すれば得られる．(iii)で示したことと，d(一価関数) という形の微分形式を閉曲線上で積分すれば 0 になることを使う．)

9.3 複素第三種楕円積分

最後に第三種楕円積分を考えるが，ここでは簡単に触れるだけにする．これは，

$$\int \frac{dz}{(z^2-a^2)\sqrt{\varphi(z)}}$$

という形をしたものだった($\varphi(z)=(1-z^2)(1-k^2z^2)$，$a$ はパラメーター；第2.2節参照)．積分されている微分形式

$$\omega_3 := \frac{dz}{(z^2-a^2)\sqrt{\varphi(z)}} = \frac{dz}{(z^2-a^2)w}$$

を第一種，第二種のときと同じように調べると，これは楕円曲線 $\overline{\mathcal{R}}$ 上で無限遠点 $\infty_\pm$ も含めて正則だが，四点

$$(z,w)=(\pm a, \pm\sqrt{\varphi(a)})$$

では**一位の極**を持つことが分かる(z と w の符号 $\pm$ の四種類の組合せすべてが可能なので，四点になる)．

練習 9.8　(i)　これらの事実(正則性や極の位置と位数)を確認せよ．
(ii)　極での留数を求めよ．

例えば，$z=a$ に一位の極を持つ $\mathbb{C}$ 上の一次微分形式 $\dfrac{dz}{z-a}$ を積分すると $\log(z-a)$(+ 定数) となり，$z=a$ の近傍で無限多価関数になる．これと同じように，第三種楕円積分で定義される関数

$$H(\mathrm{P}) := \int_{\mathrm{P}_0\to\mathrm{P}} \omega_3$$

は極 $(z,w)=(\pm a, \pm\sqrt{\varphi(a)})$ を除いて局所的には正則だが，極の周りで無限多価になり，さらに第一種や第二種の楕円積分と同様に大域的に A 周期，B 周期によっても多価関数になる，というかなり複雑な関数になるので，深入りはやめておこう．

注 9.9　リーマン面上の有理型[2)]一次微分形式 ω は**アーベル微分**(Abelian differential)と呼ばれる．さらに

2) 孤立特異点以外では正則，特異点を持つ場合には除去可能特異点もしくは極のみで真性特異点を持たないこと．

- 至るところで正則ならば**第一種**,
- 極はあるが，どの極でも留数が 0 ならば**第二種**,
- それ以外の場合(つまり，留数が 0 にならない極がある場合)**第三種**

と分類される．したがって ω_1 は第一種アーベル微分，ω_2 は第二種，ω_3 は第三種，と楕円積分の呼び名と整合的になっている[3]．

ただし，この定義には若干のバリエーションがあり，

- 「第二種」は二位以上の極を一つだけ持つもの，
- 「第三種」と言ったら一位の極だけ持つもの，

という条件が付いていることがあるので，文献を読む際には注意が必要である．

次章では，第一種複素楕円積分が自然に現れる例として，「上半平面を長方形にする関数」の話をしよう．

3) おそらく話は逆で，楕円積分の第一種，第二種，第三種という分類名からアーベル微分の第一種，第二種，第三種という名前ができたのではないか．

第10章

上半平面と長方形の対応

鏡の国を通り抜け

前章では，楕円積分 $\int R(x,\sqrt{\varphi(x)})\,dx$ を楕円曲線上で考え，第一種不完全楕円積分は楕円曲線上で多価正則関数を定義し，第二種不完全楕円積分は多価有理型関数，第三種不完全楕円積分は複雑な多価関数になることを見た．この章では，このうちの第一種不完全楕円積分が自然に現れる問題を考える．楕円積分は第10.2節の最初の方から現れているが，「私が楕円積分だ！」と正体を明かすのは最後の方になる．どれが楕円積分なのか予想しながら読むのも面白いだろう．

10.1　リーマンの写像定理

平面内の領域にはどれくらいの種類があるだろう．ここで領域と呼んでいるのは，連結[1]開集合のことである．

「種類」を区別する基準は「同相」かどうか．二つの領域 D_1 と D_2 が同相，とは，全単射 $f\colon D_1 \to D_2$ があり，f もその逆写像 $f^{-1}\colon D_2 \to D_1$ も連続ということで，位相幾何学的な性質が同じということになる．

例えば図10.1にあるような二つの領域は位相幾何学的な性質が違うので，同相にはならない：左は，その中のどんな閉曲線も領域内で連続的に一点にまで縮めることができるが，右は領域に開いた「穴」に引っかかって一点まで縮められない閉曲線がある．

左のように内部の閉曲線を一点に縮めてしまえる領域を**単連結領域**，そうでない領域を多重連結領域と呼ぶ．ここでは単連結領域の分類だけを考えよう．一言

1) 共通部分を持たない二つの空でない開集合の合併に分割できない(要は「つながっている」)こと．ここでは，「任意の二点がその中の曲線でつなげる」という「弧状連結」という性質で定義しても良い．

で単連結な領域と言っても，平面全体，半平面，多角形や円板，さらにはフラクタル図形のような複雑なものまで千差万別．分類のとっかかりも見えない．

ところが，驚くべきことに次のような簡明な分類ができてしまう．

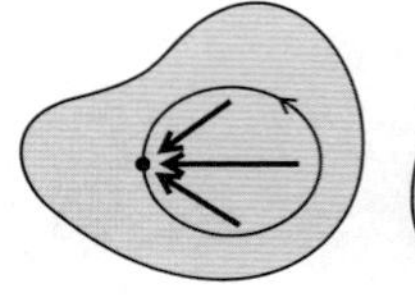
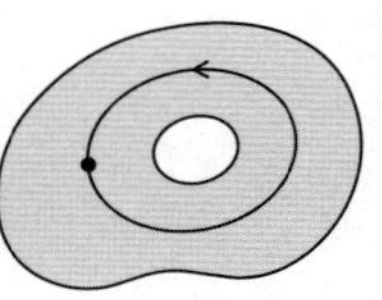

図10.1　単連結な領域と，多重連結な領域

定理10.1（リーマンの写像定理(Riemann mapping theorem)[2]）　D_1 と D_2 を $\mathbb{C}$ 内の二つの単連結領域とし，どちらも $\mathbb{C}$ 全体ではないとする．このとき，D_1 上の正則関数 f で，D_1 から D_2 への全単射になるものが存在し，f^{-1} も正則になる[3]．

$\mathbb{C}$ 全体でなければどんな単連結領域も正則関数という非常に性質の良い連続写像で結び付けられる，という点が著しい．$\mathbb{C}$ 全体と，例えば円板が同相であることはすぐ分かるから，「同相」で分類すると平面内の単連結領域は一種類，さらに「同相写像として正則関数が使えるか」という条件で分類すると「$\mathbb{C}$ 全体かそれ以外」という二種類になる，というのがリーマンの写像定理の言っていることである．

後で必要になるので，領域の境界同士の対応に関する次の定理も挙げておこう．

定理10.2（カラテオドリ(Carathéodory)の定理）　リーマンの写像定理と同じ仮定の下で，D_1 と D_2 の境界がどちらも単純閉曲線(自分自身と交点を持たない閉曲線)であるとする．このとき，定理10.1の f は，D_1 の閉包から D_2 の閉包の間の同相写像に拡張される(したがって，境界同士の同相写像も与える)．

いくつか簡単な例を挙げてみる．

2) リーマンがゲッチンゲン大学での学位論文（リーマン全集，第一論文：Grundlagen für eine allgemeine Theorie der Functionen einer veränderlichen complexen Grösse (1851年)）で発表した．ただし彼が考えたのは，領域の境界に関して少し条件を付けたもので，証明には論理的に不完全なところがあった．

3) 普通は D_2 を単位円板 $\Delta = \{w \mid |w| < 1\} \subset \mathbb{C}$ にしたものをリーマンの写像定理と呼ぶ．どちらの表現でも同値である．

例 10.3　上半平面 $\mathbb{H}$ から単位円 Δ への正則全単射 $\varphi_1: z \mapsto \dfrac{z-i}{z+i}$．逆写像は $\varphi_1^{-1}(w) = i\dfrac{1+w}{1-w}$．

練習 10.4　上の φ_1 と φ_1^{-1} が実際に $\mathbb{H}$ と Δ の間の全単射を与えることを確かめよ．（ヒント：φ_1 については，$|z-i|$ と $|z+i|$ を比べ，この幾何学的意味を考える．φ_1^{-1} については，φ_1^{-1} の虚部を $|w|$ を使って表示する．）

例 10.5　上半平面 $\mathbb{H}$ から角領域 $\{w|0 < \arg w < \alpha\}$: $\varphi_2(z) = z^{\alpha/\pi}$．上半平面の複素数 z を極形式を使って表せば $z = re^{i\theta}$ $(r > 0,\ 0 < \theta < \pi)$ で，角領域に属する複素数 w は $w = \rho e^{i\phi}$ $(\rho > 0,\ 0 < \phi < \alpha)$ と表されることから直ちに従う．これは簡単すぎる例だが，後で使うので念のため．

10.2　上半平面と長方形の対応

与えられた二つの単連結領域の間の正則全単射があることはリーマンの写像定理によって保証されたが，それを具体的に構成するのは別の話．リーマンの写像定理の証明は写像を作ることにはほとんど役に立たず，場合に応じて領域の特徴を活かして考える必要がある．

この節では，「上半平面から長方形」への正則全単射を具体的に作ることにしよう．

10.2.1 ◉ 鏡像の原理

作りたいのは上半平面から長方形への正則関数だが，この関数の定義域も値域も直線あるいはその一部という「真っ直ぐな」境界を持っている．このような場合，その境界を越えて正則関数を拡張する標準的な手法があるので，まずそれを準備しよう．

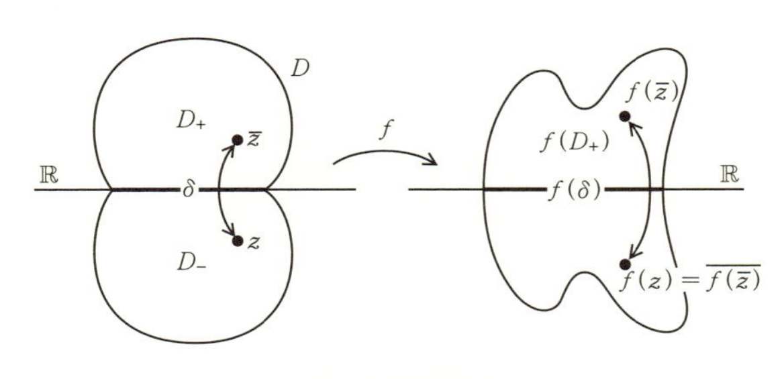

図 10.2　鏡像の原理

領域 D が図 10.2 左側のように実数直線 $\mathbb{R}$ に関して対称になっているとする（$z \in D \Longleftrightarrow \bar{z} \in D$；$\bar{z}$ は z の複素共役）．D と上半平面の共通部分を D_+，下半平面との共通部分を D_-，$\mathbb{R}$

との共通部分を δ とする：$D = D_+ \cup \delta \cup D_-$. また，$D_+$ 上の正則関数 f は δ まで連続に拡張されて $f(\delta) \subset \mathbb{R}$ となっているとする.

無闇と仮定が多いようだが，目標としている上半平面から長方形への正則全単射の場合には，カラテオドリの定理の結果としてこういう状況が生じている.

この状況では，f の定義域を $D_+ \cup \delta$ から，下半平面の D_- まで自然に拡張することができる. 正確には，

$$(10.1)\quad f(z) := \begin{cases} \text{もとの } f(z) & (z \in D_+ \cup \delta \text{ のとき}), \\ \overline{f(\overline{z})} & (z \in D_- \text{ のとき}) \end{cases}$$

と定義すれば(図 10.2 右側)，f は D 上で正則な関数になる. これを**鏡像の原理**(reflection principle)と呼ぶ.

式(10.1)で定義した関数が D_- 上で正則になることは簡単に確かめられる. 実際，$z_0 \in D_+$ の近傍では f はテイラー展開されて，

$$f(z) = a_0 + a_1(z - z_0) + \cdots + a_n(z - z_0)^n + \cdots$$

となるが，定義(10.1)によれば，$\overline{z_0} \in D_-$ の近傍でも

$$\overline{f(\overline{z})} = \overline{a_0} + \overline{a_1}(z - \overline{z_0}) + \cdots + \overline{a_n}(z - \overline{z_0})^n + \cdots$$

とテイラー展開で表されるから，ここでも正則である.

問題は領域のつなぎ目 δ での正則性. 式(10.1)で定義した f は $D_\pm$ で正則だからそこで連続. さらに δ でも連続であることは，$f(\delta) \subset \mathbb{R}$ という仮定と定義(10.1)から従う. しかし，δ で正則(あるいは微分可能)だろうか？ 例えば，実関数 $|x|$ は $x > 0$ でも $x < 0$ でも微分可能で，$x = 0$ を含めて $\mathbb{R}$ 全体で連続につながっているが，もちろん $x = 0$ では微分可能ではない. f についてこのようなことが起こっていないと言えるか？

言える. これは正則関数の不思議なほど良い性質の一つだが[4)]，二つの正則関数を連続につなげたら自動的に正則につながってしまうことが次のように証明できる.

定理 10.6 (パンルベ(Painlevé)の定理)　領域 D と $\mathbb{R}$ の共通部分が空ではないとして，交わった部分を δ とする：$\delta := D \cap \mathbb{R}$. D 上で定義された連続関数 f が δ

4) ほかの「良い性質」としては，「一回微分できれば何回でも微分できて，テイラー展開も可能」とか，「一部で一致すれば全体でも一致する」という一致の定理といった，実数の関数ではありえない性質を挙げたい.

以外で正則ならば，D 全体で(つまり δ 上も含めて)正則である．

この定理はもっと一般的な状況(δ が長さ有限の一般の曲線の場合)に成立するが[5]，鏡像の原理の証明のためには，上に挙げた一番簡単なバージョンで十分．式(10.1)で定義された関数が $D=D_+\cup\delta\cup D_-$ 上で正則になることは，この定理10.6の直接の帰結である．

残るは定理10.6の証明[6]．δ の各点 x で正則であることを言うには，x の近傍だけ見ればよいので，x の近くを拡大しよう(図10.3)．x の周囲に図のような長方形 C を描いて，この内部で正則なことを言う．

f は連続であることは仮定されているから，C 上でも連続．したがって C 上での

$$\tilde{f}(z) := \frac{1}{2\pi i}\int_C \frac{f(\zeta)}{\zeta - z}d\zeta \tag{10.2}$$

という積分を考えることができる．ただし，z は C の内部を動くとする．被積分関数は z の正則関数であるから，$\tilde{f}(z)$ も正則関数であることが分かる[7]．

実は，以下で示すように，この $\tilde{f}(z)$ は C の内部で $f(z)$ と等しい．$\tilde{f}$ は C の内部で正則なのだから，f は C の内部，つまり x の近傍で正則．x は δ の任意の

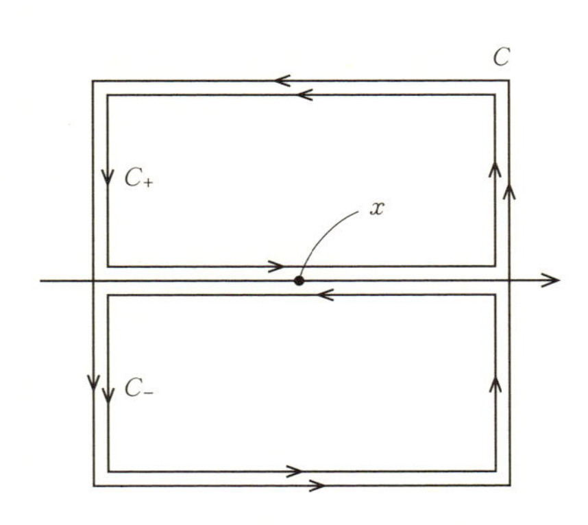

図10.3　パンルベの定理の証明

5) 例えば吉田洋一『函数論』(岩波書店)の§89参照．
6) 小平邦彦『複素解析』(岩波書店)§5.3や，高橋礼司『複素解析』(東京大学出版会)付録Ⅲも参照．「パンルベの定理」と陽には言っていないが，同じことを証明して使っている．
7) 関数論の教科書で，「コーシーの積分公式」のあたりを見ると，この種の議論をよく使っている．我々も陰関数定理(補題6.3)の証明(第6章の章末)で同様の技法を使った．

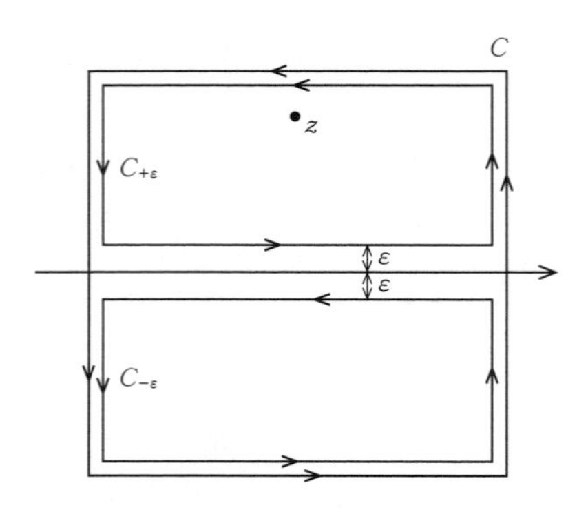

図 10.4　積分路を実軸に近づける

点だったので，これで f が D 全体で正則であることが示されたことになる．

まず，C の内部の点 z が上半平面にあるとして，$\tilde{f}(z) = f(z)$ を示そう．C を境界とする長方形を実軸で二つに切り，上半平面に含まれる部分の境界を C_+，下半平面に含まれる部分を C_- とする．これらに図 10.3 のように向きを付ければ，

$$(10.3)\quad \tilde{f}(z) = \frac{1}{2\pi i}\int_{C_+}\frac{f(\zeta)}{\zeta - z}d\zeta + \frac{1}{2\pi i}\int_{C_-}\frac{f(\zeta)}{\zeta - z}d\zeta.$$

(δ の部分は上下で逆向きになっているので，積分が打ち消し合う.)

ここからはちょっと微妙な議論になる．長方形 $C_{\pm\varepsilon}$ は図 10.4 のように $C_\pm$ の実軸上の部分を ε だけ実軸から離したものとして定義する．

$f(z)$ は D_+ と実軸で連続だから，$\dfrac{f(\zeta)}{\zeta - z}$ は ζ の関数としてこの範囲で連続関数．したがって，$\varepsilon \to 0$ という極限を取ると，

$$(10.4)\quad \lim_{\varepsilon\to 0}\frac{1}{2\pi i}\int_{C_{+\varepsilon}}\frac{f(\zeta)}{\zeta - z}d\zeta = \frac{1}{2\pi i}\int_{C_+}\frac{f(\zeta)}{\zeta - z}d\zeta$$

となる(一様収束極限と積分の順序交換などを使うが，詳細は略)．今，z は上半平面上にあるとしていたから，ε が十分小さければ z は $C_{+\varepsilon}$ の内部にある．そのとき，コーシーの積分公式から

$$f(z) = \frac{1}{2\pi i}\int_{C_{+\varepsilon}}\frac{f(\zeta)}{\zeta - z}d\zeta$$

なので，(10.4)の両辺は $f(z)$ に等しい．

一方，z は C_- や $C_{-\varepsilon}$ の外部にあるから，同様の議論をすれば，

$$(10.5)\quad \frac{1}{2\pi i}\int_{C_-}\frac{f(\zeta)}{\zeta - z}d\zeta = \lim_{\varepsilon\to 0}\frac{1}{2\pi i}\int_{C_{-\varepsilon}}\frac{f(\zeta)}{\zeta - z}d\zeta = 0.$$

以上を(10.3)に代入して z が上半平面にある場合に $\tilde{f}(z) = f(z)$ が分かる．

注 10.7　ここで，「何をまわりくどいことをしてるんだ．コーシーの積分公式を使うなら，$C_{+\varepsilon}$ なんか使わずに，直接 C_{+} に適用すればよいではないか」と思う方もいると思う．たしかに結論はそうなのだが，実軸から積分路を遠ざけたのには理由がある．初めて関数論の教科書を読む人はあまり気にしないことが多いと思うが，コーシーの積分定理やコーシーの積分公式の前提条件には，これらを適用できる関数 $f(z)$ は「閉曲線 C を<u>含む領域</u>で」正則である，と仮定されている．つまり，<u>積分路の外側まで含めた開集合</u>で正則でなくてはならない．パンルベの定理の条件では，f は実軸から離れた部分では正則だが，実軸上では連続性しか仮定されていない．実軸上で正則になることは定理の帰結として示そう，というのだから，普通のコーシーの積分公式をそのまま適用するわけにはいかない．そのために，上記のような「実軸から積分路を外す」というトリックを使った[8)]．

□

C の内部の点 z が下半平面にある場合もまったく同様で $\tilde{f}(z) = f(z)$ が言える．

残るは上半平面にも下半平面にも含まれていない部分，つまり実軸上で $\tilde{f}(z)$ が $f(z)$ と一致することの証明．これは上半平面(あるいは下半平面)で $\tilde{f}(z) = f(z)$ であることと，この二つの関数の連続性から直ちに分かる．もう少し詳しく説明するならば，まず実軸上の点 x を上半平面内の点列 $\{z_n\}$ $(\operatorname{Im} z_n > 0)$ の極限として表す：$\lim_{n\to\infty} z_n = x$．($z_n$ は何でもよいが，例えば $z_n = x + \frac{i}{n}$ とすれば条件を満たす．）　z_n は上半平面に含まれるので，既に $\tilde{f}(z_n) = f(z_n)$ を示してある．極限を取れば f と $\tilde{f}$ の連続性(f の連続性は最初から仮定されている；$\tilde{f}$ は正則だから連続)から $\tilde{f}(z) = f(x)$ が従う．

これでパンルベの定理が証明され，鏡像の原理の証明が完結した．　□

鏡像の原理は，証明はともかく，言っていることは明快．その名の通り「実軸に関してパタンと折り返した部分にまで正則関数 $f(z)$ の定義域を広げるには，

8)　一般には「長さのある単純閉曲線で囲まれた領域 D で正則で，D の閉包で連続な関数」に対してコーシーの積分定理や積分公式を証明することができるが，証明は非常に面倒．吉田洋一『函数論』(岩波書店)§71 を参照．

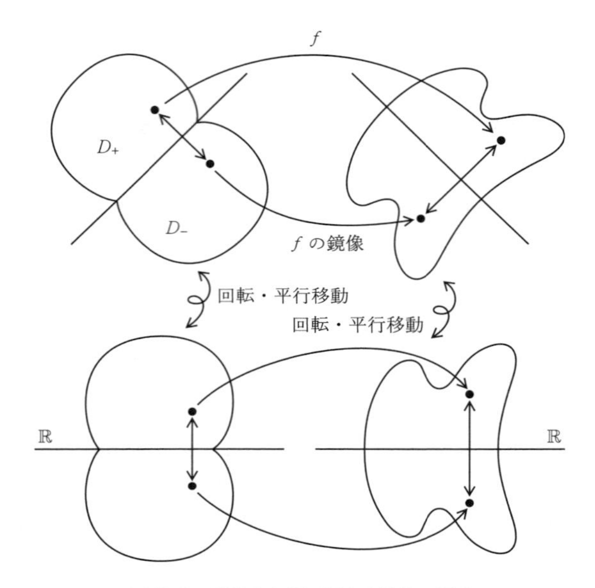

図 10.5　任意の直線に関する鏡像の原理

値の方も実軸に関して折り返せば良い」ということ．さらに，$e^{i\theta}$ ($\theta \in \mathbb{R}$) という数を掛ける（角度 θ の回転），$z_0 \in \mathbb{C}$ を足す（平行移動），という操作を組み合わせると，図 10.5 のように一般の直線についても「パタンと折り返す」という操作で定義域を拡張できる．定理の条件や正確なステートメントを書き下すことは読者の練習問題としておこう．以下では「折り返す」という操作さえ分かっていれば十分である．

10. 2. 2 ◉ 上半平面から長方形への正則写像

いよいよ上半平面 $\mathbb{H} = \{z \mid \operatorname{Im} z > 0\}$ と長方形 D（境界を含まない）の間の正則全単射 $F\colon \mathbb{H} \to D$ を具体的に構成しよう．存在はリーマンの写像定理が保証している．その「具体形は分かっていないが存在することは分かっている」F に対して

（Ⅰ）　まず鏡像の原理を使って F の定義域を広げる．
（Ⅱ）　F の局所的な性質を調べて微分方程式を導く．
（Ⅲ）　微分方程式を解くことで具体形を求める．

という方針を取る．

（I）　鏡像の原理による F の拡張

リーマンの写像定理とカラテオドリの定理を合わせると，上半平面 $\mathbb{H}$ から長方形 D への正則な全単射 F は次のような写像であることが導かれる．

- F は上半平面 $\mathbb{H}$ と実軸 $\mathbb{R}$ と無限遠点 ∞ を合わせた集合 $\overline{\mathbb{H}}$（リーマン球面 $\mathbb{P}^1(\mathbb{C})$ の部分集合と考える）から，境界を含んだ長方形 $\overline{D} = D \cup \partial D$（$\partial D$ は D の境界）への同相写像に拡張される[9]．
  以下この拡張された写像も F と書く．
- F を $\mathbb{H}$ の境界 $\partial\mathbb{H} = \mathbb{R} \cup \{\infty\}$（リーマン球面 $\mathbb{P}^1(\mathbb{C})$ の部分集合として，円周とみなす）に制限すると，$\partial\mathbb{H}$ と ∂D の間の同相写像を与える．

具体的に計算するために，実数 $\alpha_0, \alpha_1, \alpha_2, \alpha_3$ が長方形の四つの頂点 $\mathrm{A}_0, \mathrm{A}_1, \mathrm{A}_2, \mathrm{A}_3$ $(\mathrm{A}_j \in \mathbb{C})$ に対応しているとしよう（図 10.6）：$F(\alpha_j) = \mathrm{A}_j$．

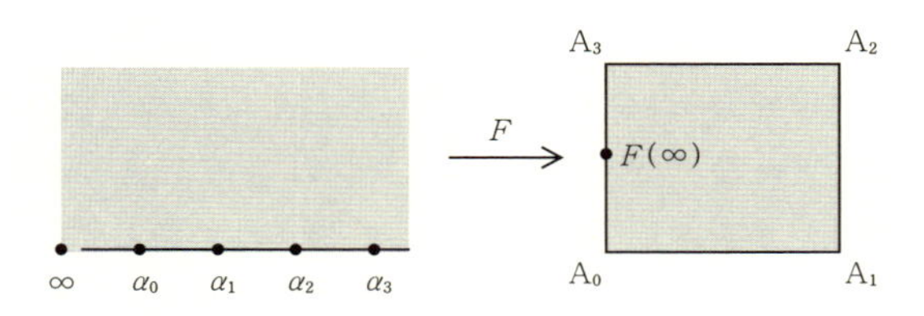

図 10.6　上半平面から長方形への正則全単射

無限遠点 ∞ の像は，辺 $\mathrm{A}_3\mathrm{A}_0$ の一点である．

この設定で鏡像の原理を使ってみる．例えば，$\mathbb{H}$ の境界の一部である開区間 (α_0, α_1) の行き先は D の辺の一つ $\mathrm{A}_0\mathrm{A}_1$ なので，鏡像の原理によって F をこれらの線分に関してパタンと折り返して拡張することができる（図 10.7）．拡張され

9）カラテオドリの定理はそのままでは境界が $\mathbb{R}$ 全体になるような場合を含んでいないが，例 10.3 で考えた単位円板から上半平面への写像 φ_1 と F を合成して，単位円板から長方形への写像を作り，それにカラテオドリの定理を適用してから，φ_1 の逆写像を合成してもとに戻せば良い．

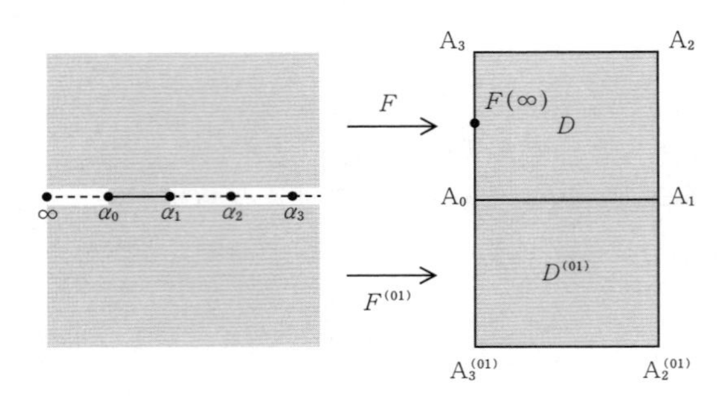

図 10.7　(α_0, α_1) と A_0A_1 に関して鏡像の原理を適用する

た写像を $F^{(01)}$ と表そう：

(10.6)　$F^{(01)}: \mathbb{H} \cup (\alpha_0, \alpha_1) \cup \mathbb{H}_- \to D \cup (A_0 A_1) \cup D^{(01)}.$

($\mathbb{H}_- := \{z | \operatorname{Im} z < 0\}$ は下半平面.)　ただし，上半平面の境界 $\partial\mathbb{H} = \mathbb{R} \cup \{\infty\}$ の $[\alpha_0, \alpha_1]$ 以外の部分 $\partial\mathbb{H} \setminus [\alpha_0, \alpha_1]$ の F による像は，線分 A_0A_1 と同じ直線に乗っていないから，鏡像の原理が適用できない．そのため $\partial\mathbb{H} \setminus (\alpha_0, \alpha_1)$ は $F^{(01)}$ の定義域に含まれない．

だがしかし，$F^{(01)}$ の下半平面 $\mathbb{H}_-$ への制限を $\partial\mathbb{H}$ に拡張することはできる(ややこしくてゴメンナサイ)．つまり，図 10.7 で $\mathbb{H}$ と D のことは忘れて，新しくできた対応 $F^{(01)}|_{\mathbb{H}_-}: \mathbb{H}_- \to D^{(01)}$ だけを見る．これはもともとの $F: \mathbb{H} \to D$ をパタンと折り返しただけだから，境界へも自然に拡張されている．

そこで，次にこの下半平面上の $F^{(01)}|_{\mathbb{H}_-}$ に鏡像の原理を適用する．ただし，同じ辺 (α_0, α_1) と A_0A_1 を使って折り返してももとに戻るだけで面白くない．今度の「鏡」はさっきとは別の辺，例えば (α_1, α_2) と，これに $F^{(01)}$ で対応する $D^{(01)}$ の辺 $A_1A_2^{(01)}$ とする(図 10.8 参照)．これらに関して $F^{(01)}$ を折り返すと図 10.8 にあるような新しい正則な全単射

(10.7)　$F^{(01)(12)}: \mathbb{H}_- \cup (\alpha_1, \alpha_2) \cup \mathbb{H} \to D^{(01)} \cup (A_1 A_2^{(01)}) \cup D^{(01)(12)}$

が得られる．

さて，$F \to F^{(01)} \to F^{(01)(12)}$ と二回鏡をくぐったから定義域は上半平面 $\mathbb{H}$ に戻ってきている．しかし，図 10.8 を見ると分かるように，関数の値の方は二回パタパタと折り返したため，もとには戻っていない．つまり，上半平面上の同じ点 $z \in \mathbb{H}$ に対して F と $F^{(01)(12)}$ は異なる値を取る．「グルッと一周してきて同じ値に戻らないときは，リーマン面を考える」というのが第6章で学んだことだった

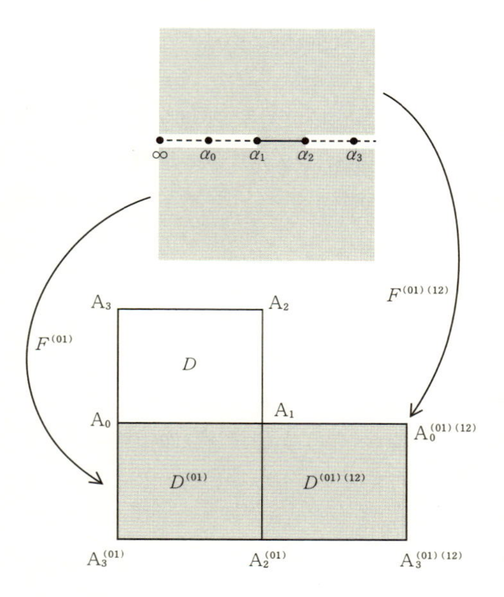

図 10.8 (α_1, α_2) と $A_1A_2^{(01)}$ に関して鏡像の原理を適用する

から，この場合もリーマン面を考えるべきだが，それは後回し．今は，この F と $F^{(01)(12)}$ に細工をして一価関数をひねり出してみよう．

再度図 10.8 を見直すと，二回鏡像を取ったため，値域の長方形は 180° 回転した上で平行移動して，

(10.8) $F^{(01)(12)}(z) = -F(z) + (\text{定数}).$

となっている．この式を微分すると

$$(F^{(01)(12)})'(z) = -F'(z).$$

さらに log を取ると，

$$\log(F^{(01)(12)})'(z) = \log F'(z) + \pi i + 2\pi i n$$

(n は整数)となる($2\pi i n$ の部分は log の多価性による)．$\pi i + 2\pi i n$ という余計な項が出たが，もう一度微分すると，

(10.9) $(\log(F^{(01)(12)})')'(z) = (\log F')'(z)$

と定数の差が消えて，同じ z に対して同じ値が出る．この議論は鏡像の原理を長方形のどの辺に対して何度使っても適用できて，結果として

(10.10) $\Phi(z) := (\log F'(z))'$

は α_j $(j=0,1,2,3)$ 以外の複素数全体 $\mathbb{C}\setminus\{\alpha_0,\cdots,\alpha_3\}$ に一価正則関数として拡張される．

鏡像の原理を適用する際に，辺 $\mathrm{A}_3\mathrm{A}_0$ には無限遠点 ∞ の像 $F(\infty)$ が乗っていることには注意しておこう．議論はほかの辺の場合とまったく同じだが，リーマン球面 $\mathbb{P}^1(\mathbb{C})$ の無限遠点では座標 $\zeta=\dfrac{1}{z}$ を使って正則性を議論することだけは忘れずに．

（II）　$F(z)$（あるいは $\Phi(z)$）の局所的性質

今度は $z=\alpha_j$ $(j=0,\cdots,3)$ の周りでの $F(z)$ の性質を調べる．F の像は $F(\alpha_j)=\mathrm{A}_j$ の近くでは例 10.5 で考えた角領域(角度 $\alpha=\dfrac{\pi}{2}$)になっているから，その例で述べた写像($\dfrac{\alpha}{\pi}$ 乗 $=\dfrac{1}{2}$ 乗)の逆写像(2 乗)を作用させれば，局所的には半平面へ写る．つまり，写像

$$g_j\colon \mathbb{H}\ni z\mapsto (F(z)-\mathrm{A}_j)^2$$

は，α_j の近傍と上半平面の共通部分を，0 の近傍をある直線で半分に分けた片側に写す(図 10.9)．

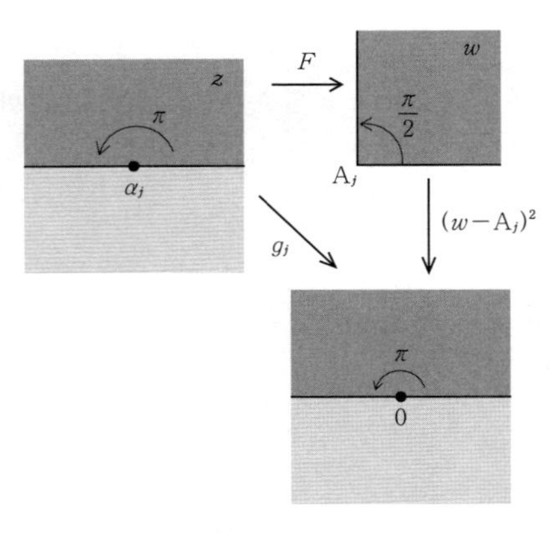

図 10.9　F の局所的な様子(右の二つの図は，長方形と A_j の位置関係に応じて回転させる必要がある．例えば，図 10.6 の場合は $j=0$ のときに上図のようになるが，他の j については適宜回転させる．この回転があってもなくても以下の議論は同じ．)

境界が直線の一部になったから，再び鏡像の原理を使うことができて，g_j は下半平面まで拡張され(図 10.9 の薄いアミの部分)，α_j の近傍から 0 の近傍への正則全単射になる．

$g_j(\alpha_j) = 0$ だから，g_j は

$$g_j(z) = c_1^{(j)}(z-\alpha_j)+c_2^{(j)}(z-\alpha_j)^2+\cdots$$

とテイラー展開される．仮に係数の最初の N 個，$c_1^{(j)}, \cdots, c_N^{(j)}$ が 0 になり，$c_{N+1}^{(j)} \neq 0$ だとしよう．$g_j(z) = c_{N+1}^{(j)}(z-\alpha_j)^{N+1}+\cdots = (z-\alpha_j)^{N+1}h(z)$，$h(z) = c_{N+1}^{(j)}+c_{N+2}^{(j)}(z-\alpha_j)+\cdots$ と書ける．$h(z)$ は $z = \alpha_j$ の近傍で正則であり，$h(\alpha) \neq 0$．よって正則な $(N+1)$ 乗根 $k(z) := h(z)^{1/(N+1)}$ がある(第 6.2 節では平方根について議論したが，$(N+1)$ 乗根でも同じ)．$\widetilde{F}(z, w) = w-(z-\alpha_j)k(z)$ に対して $\dfrac{\partial \widetilde{F}}{\partial z}(\alpha_j, 0) \neq 0$ なので陰関数定理(補題 6.3)が適用できて(第 6.3 節の $F(z, w)$ は二変数多項式だったが，同じ証明で $\widetilde{F}(z, w)$ についても OK)，$w = 0$ の近傍で正則な全単射 $z(w)$ が存在して $w = (z(w)-\alpha_j)k(z(w))$，つまり，$g_j(z(w)) = w^{N+1}$ である．これは w^{N+1} が全単射になることを示しているが，そのためには $N = 0$ でなくてはならない．したがって，$c_1^{(j)} \neq 0$ である[10]．

以上から，$g_j(z)$ は $(z-\alpha_j)h_j(z)$，$h_j(z) = c_1^{(j)}+c_2^{(j)}(z-\alpha_j)+\cdots$ という積に分解できて，$h_j(\alpha_j) \neq 0$ である．つまり，

$$(F(z)-\mathrm{A}_j)^2 = (z-\alpha_j)h_j(z)$$

なので，両辺のルートを取って

$$F(z) = \mathrm{A}_j+\sqrt{z-\alpha_j}\,\tilde{h}_j(z), \qquad \tilde{h}_j(z) := \sqrt{h_j(z)} \tag{10.11}$$

となる($\sqrt{z-\alpha_j}$ の符号は，上の式がもとの F を再現するように取る．また，$h_j(\alpha_j) \neq 0$ なので，z が α_j の近傍にあれば，$\sqrt{h_j(z)}$ のルートの符号は一意に決められる；第 6.2 節参照)．この(10.11)という表示を(10.10)に代入して $\Phi(z)$ の $z = \alpha_j$ の近傍での表示を求めると，少々面倒だが

$$\begin{aligned}\Phi(z) &= -\frac{1}{2(z-\alpha_j)}+\frac{\dfrac{3}{2}\tilde{h}'_j(z)+(z-\alpha_j)\tilde{h}''_j(z)}{\dfrac{1}{2}\tilde{h}_j(z)+(z-\alpha_j)\tilde{h}'_j(z)} \\ &= -\frac{1}{2(z-\alpha_j)}+(z = \alpha_j \text{ の近傍での正則関数})\end{aligned} \tag{10.12}$$

となっている(一行目右辺の二項目の分母は $z = \alpha_j$ で 0 にならないことに注意)．

10) 偏角の原理を使って証明することもできる(ルーシェ(Rouché)の定理)．例えば高橋礼司『複素解析』(東京大学出版会)第 4 章§5 参照．

最後の $\dfrac{1}{z-\alpha_j}$ の係数に $-\dfrac{1}{2}$ が出てきたのは，長方形の角が直角 $=\dfrac{\pi}{2}$ であることの反映．「そりゃ，そういう状況で計算してきたのだから当然でしょ」と思う方も，次の計算をご覧いただきたい．例 10.5 での写像関数 $\varphi_2(z)$ を $F(z)$ の代わりに(10.10)に代入してやれば，$\varphi_2'(z)=\dfrac{\alpha}{\pi}z^{(\alpha-\pi)/\pi}$ だから，

$$(\log\varphi_2'(z))'=\frac{\alpha-\pi}{\pi}\frac{1}{z}.$$

角度 α が直角ならば，この式の $\dfrac{1}{z}$ の係数は $-\dfrac{1}{2}$ である．これが(10.12)の最後の表示の $-\dfrac{1}{2}$ に対応する．$F(z)$ の表示(10.11)は，「$(z-\alpha_j)^{1/2}$ という $\varphi_2(z)=z^{\alpha/\pi}$ $(\alpha=\dfrac{\pi}{2})$ に対応する部分に，写像の局所的な性質に大きな影響のない $\tilde{h}_j(z)$ $(\tilde{h}_j(\alpha_j)\neq 0)$ という関数を掛けて，さらに平行移動している(“A_j+” の部分)」という意味があり，局所的には一番重要な部分 $(z-\alpha_j)^{1/2}$ から(10.12)の形が導かれている，と考えられる．

式(10.12)の表示が各 α_j $(j=0,\cdots,3)$ に対して成り立つから，$\Phi(z)$ は

$$\Phi(z)=-\frac{1}{2}\sum_{j=0}^{3}\frac{1}{z-\alpha_j}+\psi(z) \tag{10.13}$$

と書ける．もともとの作り方(鏡像の原理)を振り返ると $\Phi(z)$ は $\mathbb{C}$ 上では四点 $\{\alpha_0,\cdots,\alpha_3\}$ 以外では正則であることが分かるから，(10.13)の $\psi(z)$ は $\mathbb{C}$ 上の正則関数である．

実は，$\psi(z)$ は恒等的に 0 になる．$z=\infty$ の近傍での $\Phi(z)$ の様子を調べればこれを示すことができる．F は鏡像の原理によって $z=\infty$ の近傍を一対一正則に $F(\infty)$ の近傍に写す写像に解析接続される．したがって，上の説明と同様にすれば $F(z)$ を $z=\infty$ を中心にして，あるいは，同じことだが $\zeta=\dfrac{1}{z}=0$ を中心としてテイラー展開することができて，

$$F(z)=F(\infty)+c_1^{(\infty)}\zeta+c_2^{(\infty)}\zeta^2+\cdots$$

となる．また，F は ∞ の近傍で「一対一」であることから一次の係数は 0 にならない：$c_1^{(\infty)}\neq 0$．したがって，(10.12)と同様にして

$$\Phi(z)=-2\zeta+\zeta^2\times(\zeta=0\ \text{で正則な関数})$$

となり，$z\to\infty$, $\zeta\to 0$ とすれば $\Phi(z)$ は 0 に近付く．このことと(10.13)から，$\psi(z)$ は $z\to\infty$ で 0 に近付くことが分かる．特に，$\psi(z)$ は $\mathbb{C}$ 全体で有界である．「$\mathbb{C}$ 全体で正則で，かつ有界な関数は定数」という関数論のリューヴィル(Liouville)の定理があるから，$\psi(z)$ は定数であり，しかも $\lim_{z\to\infty}\psi(z)=0$ という条件か

らその定数は0．つまり恒等的に0に等しい．これで，

$$(10.14)\quad \Phi(z)=\frac{d}{dz}\left(\log\frac{dF}{dz}\right)=-\frac{1}{2}\sum_{j=0}^{3}\frac{1}{z-\alpha_j}$$

が示された．これが $F(z)$ が満たす微分方程式である．

（Ⅲ）　F の微分方程式を解く

最後に微分方程式(10.14)を解いて F の具体形を導こう．簡単な積分を二回行うだけである．

まず(10.14)を z について積分すれば，

$$\log\frac{dF}{dz}=-\frac{1}{2}\sum_{j=0}^{3}\log(z-\alpha_j)+c_1.$$

（c_1 は積分定数．）指数関数を使って両辺の log を外せば，$\varphi(z)=(z-\alpha_0)\cdots(z-\alpha_3)$ と置いて

$$\frac{dF}{dz}=\frac{C}{\sqrt{\varphi(z)}},\qquad C=e^{c_1}.$$

これをさらに任意の定点 z_0 から z まで積分すれば

$$(10.15)\quad F(z)=C\int_{z_0}^{z}\frac{dz}{\sqrt{\varphi(z)}}+F(z_0).$$

これが上半平面を長方形に写すリーマンの写像関数．ご覧の通り，**第一種楕円積分**にほかならない！

注 10.8　一般の多角形についても，同様の(楕円積分ではないが)積分の形で上半平面から多角形への正則全単射を与える公式があり，**シュヴァルツ-クリストッフェルの公式**(Schwarz-Christoffel formula)と呼ばれる．上で構成したのはこの公式の特別な場合である．

10.2.3 ◉ 楕円曲線上の楕円積分

前節で F を構成する途中では関数を下半平面に延ばし，次に上半平面に戻し…，という操作を繰り返して多価正則関数を作った．この構成をリーマン面の視点から見直してみよう．

F の正体は第一種楕円積分であることが分かっているから，リーマン面としては楕円曲線を考えれば良いだろう．例えば，第10.2.2節での構成の(I)で，上半

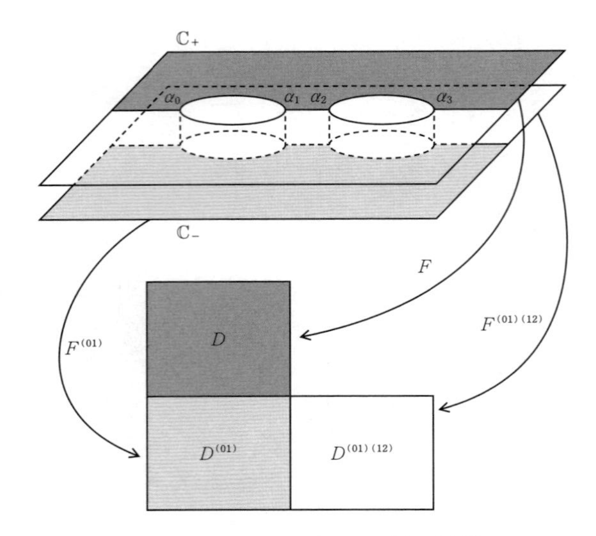

図 10.10　リーマン面上の $F, F^{(01)}, F^{(01)(12)}$

平面上の $F(z)$ を (α_0, α_1) を鏡として下半平面に折り返して $F^{(01)}$ を作り，それを (α_1, α_2) から上半平面に戻して別の関数 $F^{(01)(12)}$ を作った．これは $\sqrt{\varphi(z)}$ のリーマン面の構成(第8章)という立場からすると，上側のシート $\mathbb{C}_+$ の点 z がスリット (α_0, α_1) を通って下のシート $\mathbb{C}_-$ に乗り移り，そのシートの上で二つのスリット (α_0, α_1) と (α_2, α_3) の間を抜けて上半平面へ戻ってくる，という操作に対応する．$F(z)$ は上のシート $\mathbb{C}_+$ の上半平面の上の関数で，$F^{(01)(12)}(z)$ は下のシート $\mathbb{C}_-$ の上半平面の上の関数である(図 10.10)．

さらに鏡像の原理でパタパタと折り返していく作業も，リーマン面上の作業に読み換えられる．上下のシートの各半平面に，

$$\mathbb{H}_{\pm,+} : \mathbb{C}_\pm \text{ の上半平面}, \qquad \mathbb{H}_{\pm,-} : \mathbb{C}_\pm \text{ の下半平面}$$

と名前を付け，図 10.11 のように (α_i, α_{i+1}) $(i = 0, 1, 2, 3\,;\, \alpha_4 = \alpha_0)$ に $A_\pm, B_\pm, C_\pm, D_\pm$ と名前を付けると，楕円曲線は図のように四つの断片に切り分けられる．

一方，正則関数 F で写った先の $\mathbb{H}_{\pm,\pm}$ の像は，図 10.12 のように D をパタパタと折り返した四つの同じ大きさの長方形で，四つ合わせた大きな長方形が楕円曲線全体と正則な全単射で対応付けられている．この大きな長方形の一辺は，A_+ と A_-，あるいは B_+ と B_- という二つの区間を合わせたもの，つまり楕円曲線上の閉曲線に対応する．正則関数 F は第一種楕円積分であるから，長方形の各辺は，

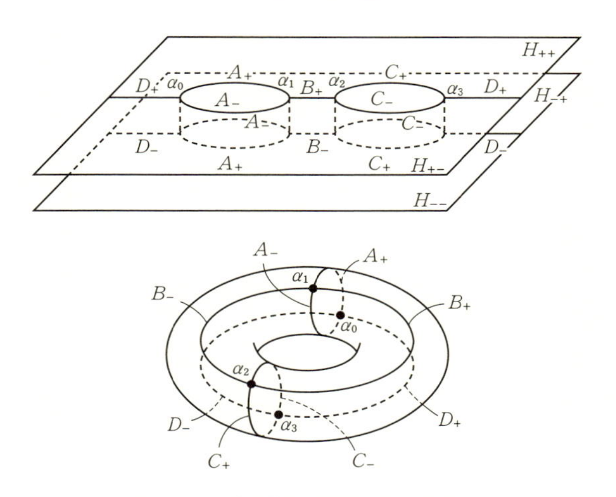

図 10.11　楕円曲線を四つに切り分ける

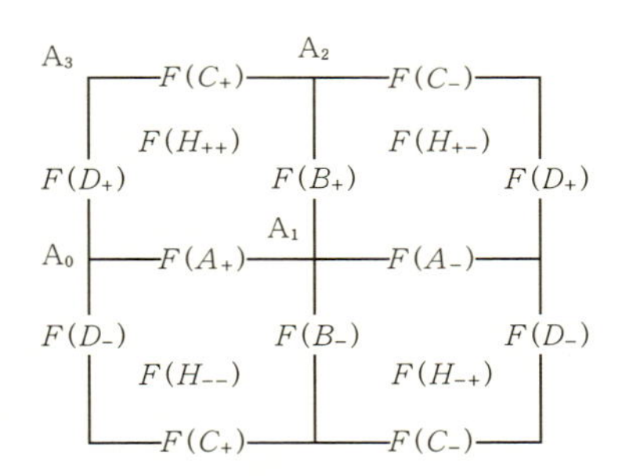

図 10.12　長方形を四つ合わせる

$$\int_{A_+ + A_-} \frac{dz}{\sqrt{\varphi(z)}}, \qquad \int_{B_+ + B_-} \frac{dz}{\sqrt{\varphi(z)}}, \qquad \cdots$$

という第一種アーベル微分の周期になっている．

鏡像の原理を繰り返し使って F を伸ばしていくと，長方形はパタパタと折り返して平行移動したものになる．したがって，拡張した F は楕円曲線と，平行移動した長方形を対応させている．

実は，一般の楕円曲線についても第一種楕円積分によって楕円曲線と $\mathbb{C}$ 内の平行四辺形(第一種アーベル微分の周期を辺とする)との対応が与えられる．次章からこの「アーベル-ヤコビの定理」を説明しよう．

第11章

アーベル-ヤコビの定理(I)

楕円曲線の住人たち

前章では上半平面から長方形への正則全単射が複素係数の第一種楕円積分で表されることを示し，さらにこの写像を楕円曲線に拡張して，楕円曲線と長方形の平行な辺同士を貼り合わせたもの間に正則な全単射を作った．実は，この場合の楕円曲線に限らず，どんな楕円曲線でも第一種楕円積分で定義される関数によって平行四辺形と同一視ができる．これから二章かけてこのことを説明する．

11.1 アーベル-ヤコビの定理

少し詳しく第10.2節の復習をしよう．第10.2節で作った楕円曲線と長方形の正則な対応は，第一種楕円積分

$$(11.1)\quad F(\mathrm{P}) = \int_{\mathrm{P}_0}^{\mathrm{P}} \omega_1, \qquad \omega_1 = \frac{dz}{\sqrt{\varphi(z)}}$$

で定義される楕円曲線上の関数によって与えられた．ただし，この楕円曲線は，四つの実数 $\alpha_0, \cdots, \alpha_3$ を根とする多項式 $\varphi(z) = \prod_{i=0}^{3}(z-\alpha_i)$ から作られるもの(リーマン面 $\{(z,w) \mid w^2 = \varphi(z)\}$ のコンパクト化)で，長方形の方は A 周期と B 周期：

$$(11.2)\quad \Omega_A := \int_A \omega_1, \qquad \Omega_B := \int_B \omega_1$$

を辺とするものだった．

具体的には，上半平面 $\mathbb{H}$ 上で(11.1)で定義した関数を鏡像の原理で楕円曲線上に拡張し Ω_A, Ω_B を辺とする長方形と楕円曲線の間の対応を構成し，さらに繰り返し鏡像の原理を使って長方形を平行移動させたものと楕円曲線を対応させた．

そこで，$\mathbb{C}$ の点と，それを周期の整数倍だけ平行移動した点を同一視して商集

合を作れば，F は楕円曲線からその商集合への対応を与えている．正確に言おう．「周期の整数倍」全体をまとめて $\Gamma := \mathbb{Z}\Omega_A + \mathbb{Z}\Omega_B = \{m\Omega_A + n\Omega_B | m, n \in \mathbb{Z}\}$ と表し，**周期格子**と呼ぶ．$\mathbb{C}$ に同値関係 $\sim$ を

$$a \sim b \overset{\text{定義}}{\Longleftrightarrow} a-b \in \Gamma$$

で導入する[1]．例えば「長方形の平行な辺を同一視する」という操作が，この同値関係による同一視の特別な場合である．複素数 a と同値になる複素数全体(「a を含む同値類」)を $[a]$ と表す：

$$[a] := \{z \in \mathbb{C} | z \sim a\}.$$

$\mathbb{C}$ の $\sim$ による商集合 $\mathbb{C}/\sim$ とは，こういう集まりを全部取ってきたものだった：$\mathbb{C}/\sim := \{[a] | a \in \mathbb{C}\}$．同値関係が加法群 Γ で定義されているので普通はこれを $\mathbb{C}/\Gamma$ と表す．任意の同値類はある一つの決まった長方形(図 11.1 では $0, \Omega_A, \Omega_B, \Omega_A+\Omega_B$ を頂点とする長方形)の元で代表できる．したがって，$\mathbb{C}/\Gamma$ は具体的にはこの長方形の辺を同一視してできたトーラスと考えてよい．つまり，F は楕円曲線とトーラス $\mathbb{C}/\Gamma$ の間の正則な対応を与えている．

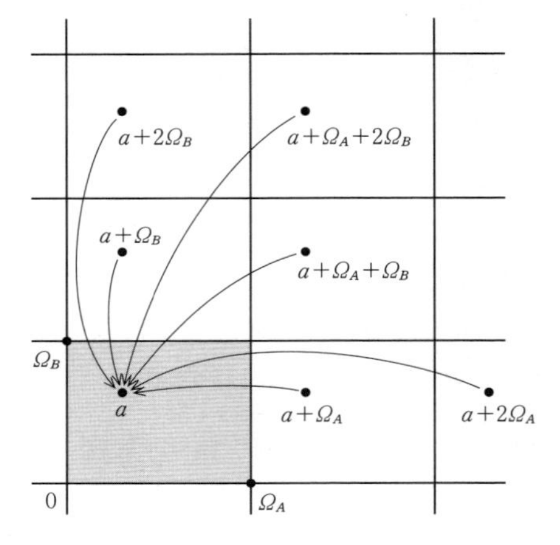

図 11.1　同値類 $[a]$ の元 $a+m\Omega_A+n\Omega_B$ ($m, n \in \mathbb{Z}$) は固定された長方形の元 a で代表される

さて，今度は一般の楕円曲線 $\overline{\mathcal{R}}$ に対して同じような写像を考えてみよう：$\varphi(z)$ は重根を持たない三次または四次多項式として，リーマン面 $\mathcal{R} = \{(z, w) | w^2 = \varphi(z)\}$ をコンパクト化して(無限遠点を付け加えて)楕円曲線 $\overline{\mathcal{R}}$ を作り，その上で(11.1)で定義された F を考える．これが楕円曲線上の多価関数を与え，多価性が Γ に入ることは第 9.1 節で示した．一般には Γ は図 11.2 のような平行

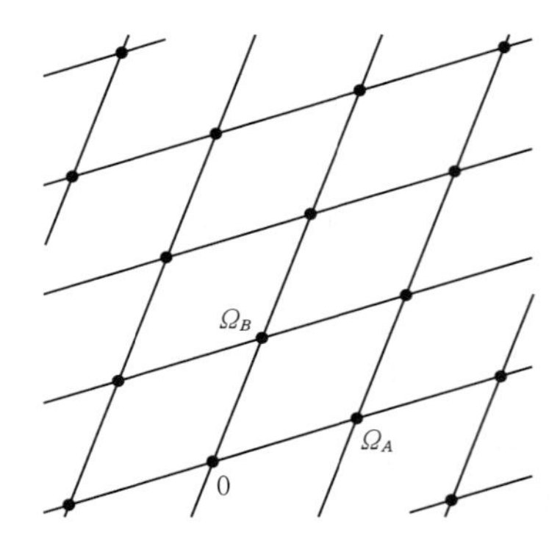

図 11.2　周期格子 Γ (黒点全体の集合)

1) これが同値関係になるのを確かめるのは簡単な練習問題．Γ が加法について群になっていることを使う．

四辺形の格子で，特別な場合($\Omega_A \in \mathbb{R}$, $\Omega_B \in i\mathbb{R}$)に前章のような長方形になる．

一般の場合も $\mathbb{C}/\Gamma$ は(位相幾何学的には)平行四辺形の対辺同士をくっつけてできるトーラスである(図 11.3)．

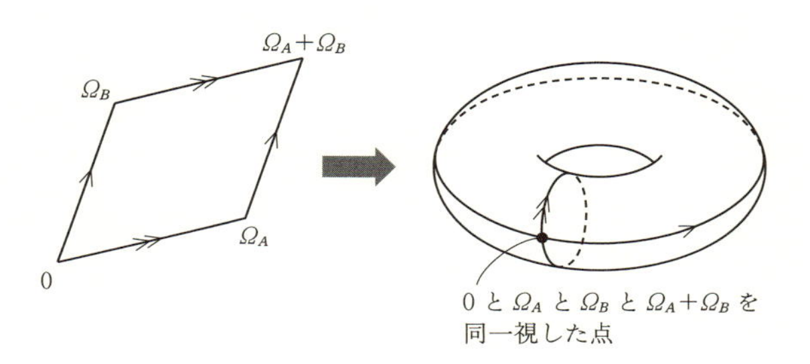

図 11.3　$\mathbb{C}/\Gamma$ をトーラスとみなす

関数 F が楕円曲線からトーラス $\mathbb{C}/\Gamma$ への写像を与えていることは容易に分かる．「多価になった分」Γ を「同一視してしまう」のだから，当たり前といえば当たり前．

実は，F は単に写像を与えているだけではなく，前章の楕円曲線と長方形の間の対応のように，一般の場合でも正則な一対一対応を与えている．言い換えると，F によって楕円曲線 $\overline{\mathcal{R}}$ と $\mathbb{C}/\Gamma$ は「同じもの」とみなせる．これが次のアーベル-ヤコビの定理である．

定理 11.1(アーベル-ヤコビの定理 Abel-Jacobi theorem)　第一種楕円積分 $F(\mathrm{P})$ から**アーベル-ヤコビ写像**(Abel-Jacobi map)

$$(11.3)\quad AJ : \overline{\mathcal{R}} \ni \mathrm{P} \mapsto \left[\int_{\mathrm{P}_0}^{\mathrm{P}} \omega_1\right] \in \mathbb{C}/\Gamma$$

が定義され，

(i)　AJ は全単射である．
(ii)　AJ は正則で，その逆写像も正則である．

したがって，AJ は $\overline{\mathcal{R}}$ と $\mathbb{C}/\Gamma$ の間の複素多様体としての同型写像を与えている．

この定理の(ii)は(i)から簡単に証明できる：AJ が正則なのは $F(\mathrm{P})$ が正則であることの直接の帰結．逆写像が正則であることは，関数論の「正則な全単射の逆関数は正則である」という一般的な定理[2)]から従う．つまり，このパートは一般論から自然に出てきてしまう．問題なのは，全単射性である．これは次章で証明することにして，この章ではそのための準備をしよう．

11.2　楕円曲線上のアーベル微分と有理型関数

アーベル-ヤコビの定理の証明では楕円曲線上の有理型関数やアーベル微分(有理型1次微分形式)のいろいろな性質を使うので，ここでまとめておく．コンパクトなリーマン面についての本[3)]ならば一般のリーマン面についての対応する事項が述べられているが，楕円曲線の場合には証明が具体的かつ簡単になることが多い．

11.2.1 ◉ 第一種アーベル微分

まず，定理11.1の前の説明で，「$\mathbb{C}/\Gamma$ はトーラス」ということを使っているが，実はこれは証明がいる．例えば $\Omega_A = \Omega_B = 0$ だったら $\mathbb{C}/\Gamma = \mathbb{C}$ だし，例えば $\Omega_A = 1$, $\Omega_B = n \in \mathbb{Z}$ だったら $\Gamma = \mathbb{Z}$ で，$\mathbb{C}/\Gamma$ は円柱になってしまう．格子 Γ が平行四辺形状に並んだ点でできていることは，次の補題が保証する．

補題 11.2　Ω_A, Ω_B は0ではなく，$\mathrm{Im}\dfrac{\Omega_B}{\Omega_A} \neq 0.$

$\dfrac{\Omega_B}{\Omega_A}$ の偏角 $=$ (Ω_B の偏角)$-$(Ω_A の偏角) であるから，この補題の後半は0と Ω_A と Ω_B が同じ直線には乗っていない，ということを表している．したがって，$0, \Omega_A, \Omega_B$ と $\Omega_A+\Omega_B$ は図11.3左のように(潰れていない)平行四辺形をなす．

この補題は，次章で出てくる別の定理と同じ手法で証明するという事情があるので，次章で証明する(第12.1.1節，p. 183)．

---

2) $w = f(z)$ が領域 D から D' への全単射を与えているとする．$w_0 = f(z_0)$ として，f の逆写像 $f^{-1}(w)$ が $w = w_0$ の近傍で正則であることを示そう．$F(z, w) := w - f(z)$ とすると，仮定から $F(z_0, w_0) = 0$．また，f が一対一写像であるから，$f'(z_0) \neq 0$ (10.2.2節 $g_j'(\alpha_j) = c_1^{(j)} \neq 0$ の証明(p. 157)参照)．したがって，$\dfrac{\partial F}{\partial z}(z_0, w_0) = f'(z_0) \neq 0$ なので，陰関数定理(補題6.3)が適用できて(第6.3節では二変数多項式に対して証明したが，$w - f(z)$ の場合も同じ)，その後半の主張から，$w \mapsto f^{-1}(w)$ は正則である．

　アールフォルス『複素解析』(現代数学社)第4章§3.3，神保道夫『複素関数入門』(岩波書店)§2.3(d)，高橋礼司『複素解析』(東京大学出版会)第5章§2なども参照．

3) 例えば，小平邦彦『複素解析』(岩波書店)第6章，H. ワイル『リーマン面』(岩波書店)第II章など．田中俊一，伊達悦朗『KdV方程式』(紀伊國屋書店)の第5章には以下で使う程度のことがまとまっていて便利．

次に，恒等的には0でない二つのアーベル微分 $\omega^{(1)}$ と $\omega^{(2)}$ の「比」が有理型関数になり，逆に有理型関数 f をアーベル微分 ω に掛ければアーベル微分 $f\omega$ が得られる，ということに注意しよう．一般にアーベル微分は，リーマン面の各点の近くでは，そこでの局所座標を z とすると，$g(z)dz$ ($g(z)$ は有理型関数)と表される．したがって，$\omega^{(1)} = g^{(1)}(z)dz$, $\omega^{(2)} = g^{(2)}(z)dz$ に対して，$\dfrac{\omega^{(1)}}{\omega^{(2)}} = \dfrac{g^{(1)}(z)}{g^{(2)}(z)}$ は有理型関数．また，有理型関数 f を ω に掛ける操作 $\omega \mapsto f\omega = (f(z)g(z))dz$ も自然に定義され，結果はアーベル微分になる．

ただし，局所座標として z と異なる $\tilde{z}$ を使っても「比」や「有理型関数倍」が同じになることはチェックしなくてはいけない．1次微分形式の定義の中の座標変換の規則を思い出そう(第7.2節参照)：$\omega = g(z)dz = \tilde{g}(\tilde{z})d\tilde{z}$ ならば，$g(z) = \tilde{g}(\tilde{z}(z))\dfrac{d\tilde{z}}{dz}$ (右辺の $\tilde{z}$ は z の関数と見ている)．この規則のお陰で，z の代わりに $\tilde{z}$ を使って計算した場合でも，上の $\omega^{(1)}$ と $\omega^{(2)}$ との比は $\dfrac{g^{(1)}(z)}{g^{(2)}(z)}$ になるし，$f\omega$ を $(f(z)g(z))dz$ と定義しても $(f(z(\tilde{z}))\tilde{g}(\tilde{z}))d\tilde{z}$ と定義しても同じものになる．

練習 11.3　このこと($\omega^{(1)}$ と $\omega^{(2)}$ の比や $f\omega$ の定義が座標変換規則と整合的であること)を確かめよ．

微分 $\omega_1 = \dfrac{dz}{w}$ が第一種アーベル微分，つまり $\overline{\mathcal{R}}$ 上至るところで正則であり，決して0にならない(任意の点の近傍で勝手な局所座標を使って $\omega_1 = f(\tilde{z})\,d\tilde{z}$ と表示すると，$f(\tilde{z}) \neq 0$)，ということは第9.1節で説明した．したがって，$\overline{\mathcal{R}}$ 上の有理型関数とアーベル微分の間には次のような自然な対応がある．

$$
\begin{array}{ccc}
\text{有理型関数} & \longleftrightarrow & \text{アーベル微分} \\
f & \longrightarrow & \omega := f\omega_1 \\
f := \dfrac{\omega}{\omega_1} & \longleftarrow & \omega
\end{array}
\tag{11.4}
$$

さらに ω_1 が0にならないことから，この対応で f の零点と ω の零点，f の極と ω の極は一致している．

次の事実は基本的．

補題 11.4　任意の第一種アーベル微分は ω_1 の定数倍．

証明　これは，上の対応を使えば，「$\overline{\mathcal{R}}$ 上の至るところで正則な関数 f は定数関数」と読み換えられ，$\overline{\mathcal{R}}$ がコンパクトである(トーラスという $\mathbb{R}^3$ の中の有界閉集合として表せる)ことから従う．f という正則関数の絶対値 $|f|$ は実数値連続関数で，「有界閉集合上の実数値関数は必ず最大値を持つ」という解析学の定理によれば，どこかで最大値を取る．点 P_0 で $|f|$ が最大値を取るとすると，当然 $|f(\mathrm{P}_0)|$ は P_0 の任意の近傍 U での $|f|$ の最大値．ということは，「絶対値 $|f(z)|$ が開集合 U の内点で最大値を取る正則関数 $f(z)$ は定数関数」という**最大値の原理**[4)]により，f は U 上で定数．ある開集合上で定数になるならば，正則関数の**一致の定理**により全体で定数である．　□

第一種アーベル微分については以上．

11.2.2 ◉ 第二種・第三種アーベル微分と有理型関数

次に，第二種アーベル微分と第三種アーベル微分について調べる．注 9.9 で述べたように，第二種アーベル微分は極はあるが留数はいつも 0 になる有理型 1 次微分形式，第三種アーベル微分は留数が 0 にならない有理型 1 次微分形式だった．

ここで，留数についての条件が出てきたが，$\overline{\mathcal{R}}$ 全体で定義されたアーベル微分に対しては，次の基本的な定理が成り立つ．

命題 11.5　ω が $\overline{\mathcal{R}}$ 上のアーベル微分ならば，すべての極での留数を足し合わせると 0 になる．

証明は簡単．まず，楕円曲線 $\overline{\mathcal{R}}$ を A サイクルと B サイクルに沿って切り開いて，四角形 S_0 にしておく(図 11.4)．

アーベル微分 ω の点 P での留数は，P の周りを一周する閉曲線 C_{P} 上の積分 $\dfrac{1}{2\pi i}\displaystyle\int_{C_{\mathrm{P}}}\omega$ に等しい．すべての極について留数をこのような積分で表し，コーシーの積分定理を使って積分路を変形していけば，留数の和は図 11.4 の四角形 S_0 の境界 ∂S_0 上での ω の積分 $\times\dfrac{1}{2\pi i}$ になる($\overline{\mathcal{R}}$ を切るときに，切り口が ω の極を通らないようにしておく)：

4) 私が学生だったときはこの名前で習ったんですが，今は「最大絶対値の原理」と言うことも多いようです．すみません，年寄りは慣れているほうの言葉を使わせてもらいます….

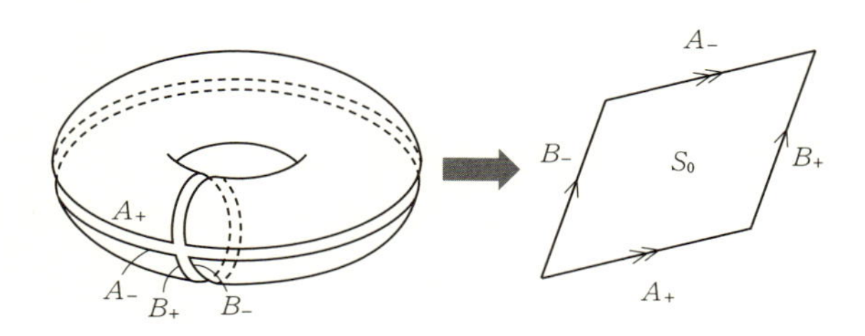

図 11.4　$\overline{\mathcal{R}}$ を切り開く

$$\sum_{\mathrm{P}:\omega\text{の極}} \mathrm{Res}_{\mathrm{P}}\,\omega = \frac{1}{2\pi i}\int_{\partial S_0} \omega.$$

A_+ と A_- は $\overline{\mathcal{R}}$ 上では同じ閉曲線であるから，ω は A_+ の上と A_- の上で一致する．よって A_+ 上での ω の積分と A_- 上での積分は等しい．同様に B_+ と B_- の上での積分も一致しているから，∂S_0 全体での積分は積分路の向きと符号に注意すると

$$\int_{\partial S_0} \omega = \left(\int_{A_+} - \int_{A_-} + \int_{B_+} - \int_{B_-}\right)\omega = 0.$$

したがって，留数の和は 0 になる．□

これを使うと，次のようなことも分かる．

補題 11.6　$\overline{\mathcal{R}}$ 全体で定義された有理型関数 f で，極が一つだけでしかも一位(単純極)になるものは存在しない．

証明　f を(11.4)の対応でアーベル微分 $\omega = f\omega_1$ に対応させると，これは命題 11.5 によって「留数が 0 の一位の極を持つ」ことになる．「点 P は一位の極」というのは，ω が P の近傍で

$$\left(\frac{c_{-1}}{z-z_{\mathrm{P}}} + (\text{正則関数})\right)dz$$

(z は P で $z = z_{\mathrm{P}}$ となる局所座標，$c_{-1} \neq 0$) と展開されることなのに，留数 $= 0$ では，$c_{-1} = 0$ となって矛盾してしまうからこのような f は存在しない．□

補題 11.7　f を $\overline{\mathcal{R}}$ 全体で定義された有理型関数とすると，位数込みの零点の

数(つまり零点の位数の総和)と位数込みの極の数(極の位数の総和)は等しい.

証明　これは，(零点の数(位数込み))−(極の数(位数込み))が $\dfrac{df}{f}$ という有理型微分形式の留数の総和になる，という偏角の原理(第6章の脚注10 (p. 102)参照)と，命題11.5を $\omega = \dfrac{df}{f}$ に適用した結果. □

11.2.3 ◉ 特別な有理型関数とアーベル微分の構成

アーベル微分と有理型関数の対応(11.4)によれば，第二種アーベル微分と第三種アーベル微分は，それぞれ「どの極でも留数が0の有理型関数」と「留数が0ではない極を持つ有理型関数」に対応する．これを念頭に置いて，アーベル-ヤコビの定理の証明で使う次のような有理型関数とアーベル微分を構成しよう.

(I)　楕円曲線 $\overline{\mathcal{R}}$ 上の点Pと整数 N ($N \geqq 2$) を指定したとき，Pに N 位の極を持ち，ほかのところでは正則な有理型関数 $f_{\mathrm{P},N}$，あるいは第二種アーベル微分 $\omega(\mathrm{P},N) = f_{\mathrm{P},N}\omega_1$.

(II)　楕円曲線 $\overline{\mathcal{R}}$ 上の二点P, Qを指定したとき，PとQのみに単純極を持ち，ほかの点では正則な第三種アーベル微分 $\omega_3(\mathrm{P},\mathrm{Q})$ で，次の規格化条件を満たすもの：

- $\mathrm{Res}_{\mathrm{P}}\,\omega_3(\mathrm{P},\mathrm{Q}) = 1$，$\mathrm{Res}_{\mathrm{Q}}\,\omega_3(\mathrm{P},\mathrm{Q}) = -1$.
- $\displaystyle\int_A \omega_3(\mathrm{P},\mathrm{Q}) = 0$.

第二種微分 $\omega(\mathrm{P},N)$ について $N = 1$ の場合がないのは，補題11.6のせい．実際，以下で構成するときに $N = 1$ だとうまくいかないことが後で分かる．また，「第二種微分」と言いながら留数に関する条件を入れていないが，極が一か所にしかないから補題11.6と同じ理由(つまり命題11.5)により留数は自動的に0になっている.

(I)　まず有理型関数 $f_{\mathrm{P},N}$，同じことだが第二種アーベル微分 $\omega(\mathrm{P},N)$ の構成.

注 11.8　第9.2節で第二種楕円積分の中身としても第二種アーベル微分が現れていたが，そのときのアーベル微分は無限遠点に2位の極を持つものだけだった．しかも，$\varphi(z)$ が四次式の場合は無限遠点が二つあるから，上の条件を満たしていない．

楕円曲線 $\overline{\mathcal{R}}$ はリーマン面 $\mathcal{R}=\{(z,w)\,|\,w^2=\varphi(z)\}$ に無限遠点を付け加えたものだが，まず $\mathrm{P}=(z_{\mathrm{P}},w_{\mathrm{P}})$ が無限遠点でなく(つまり z_{P} は有限)，分岐点でもない($w_{\mathrm{P}}\neq 0$，つまり $\varphi(z_{\mathrm{P}})\neq 0$)場合に $f_{\mathrm{P},N}$ を構成してみる．無限遠点でも分岐点でもない点の近傍では方程式 $w^2=\varphi(z)$ の z を局所座標として使うことができた．$f_{\mathrm{P},N}$ はこの座標で $z=z_{\mathrm{P}}$ の近傍で

$$\frac{1}{(z-z_{\mathrm{P}})^N}\times(z=z_{\mathrm{P}}\text{ で }0\text{ にならない正則関数}) \tag{11.5}$$

という形をしているはずだ．ならば，$f_{\mathrm{P},N}$ として $\dfrac{1}{(z-z_{\mathrm{P}})^N}$ そのものを使えないか？ 無理．たしかにこの関数は $\mathrm{P}=(z_{\mathrm{P}},w_{\mathrm{P}})$ で N 位の極を持っているが，P の乗っているシートとは別のシートにある $\mathrm{P}'=(z_{\mathrm{P}},-w_{\mathrm{P}})$ でも N 位の極を持ってしまう．($(z_{\mathrm{P}},w_{\mathrm{P}})\in\mathcal{R}$ ならば $(z_{\mathrm{P}},-w_{\mathrm{P}})\in\mathcal{R}$ でもあり，$w_{\mathrm{P}}\neq 0$ だから $w_{\mathrm{P}}\neq -w_{\mathrm{P}}$ である．)

そこで，$\dfrac{1}{(z-z_{\mathrm{P}})^N}$ の P での極を残しながら P′ の極を消せないか考えてみる．それには $(z_{\mathrm{P}},w_{\mathrm{P}})$ では 0 にならないが，$(z_{\mathrm{P}},-w_{\mathrm{P}})$ では $(z-z_{\mathrm{P}})^N$ のオーダーで 0 になるような関数を掛ければよい．z だけを使っていては P と P′ の二点で同じ振る舞いをする関数しか作れないから，w も使う必要がある．P や P′ の近傍では w は $\sqrt{\varphi(z)}$ と書ける z の関数だが，P では $\sqrt{\varphi(z_{\mathrm{P}})}=w_{\mathrm{P}}$，P′ では $\sqrt{\varphi(z_{\mathrm{P}})}=-w_{\mathrm{P}}$ となるようにルートの符号を決める．この符号の違いを利用しよう．

$w(z)=\sqrt{\varphi(z)}$ を P の近くでテイラー展開すると，

$$\begin{aligned} w(z) &= w_{\mathrm{P}}+w_{\mathrm{P},1}(z-z_{\mathrm{P}})+\cdots \\ &\quad +w_{\mathrm{P},N-1}(z-z_{\mathrm{P}})^{N-1}+(z-z_{\mathrm{P}})\text{ の }N\text{ 次以上の項} \end{aligned} \tag{11.6}$$

という形になる．この最初の N 項の和を $w_{\mathrm{P}}^{(N)}(z)$ とする：

$$w_{\mathrm{P}}^{(N)}(z):=w_{\mathrm{P}}+w_{\mathrm{P},1}(z-z_{\mathrm{P}})+\cdots+w_{\mathrm{P},N-1}(z-z_{\mathrm{P}})^{N-1}. \tag{11.7}$$

P′ の近傍では $w(z)=\sqrt{\varphi(z)}$ はルートの符号が変わるので，

$$w(z)=-w_{\mathrm{P}}^{(N)}(z)+(z-z_{\mathrm{P}})\text{ の }N\text{ 次以上の項}$$

と展開される．したがって P′ の近傍では $w(z)+w_{\mathrm{P}}^{(N)}(z)$ は $(z-z_{\mathrm{P}})^N$ で割り切れる．一方，P では(11.6)から分かるように $w(z_{\mathrm{P}})+w_{\mathrm{P}}^{(N)}(z_{\mathrm{P}})=2w_{\mathrm{P}}\neq 0$.

また，z と w は(分岐点も含めて) $\mathcal{R}$ 上の正則関数であることは第 8.1 節で述べた通り．以上の考察をまとめると，

$$(11.8)\quad f_{\mathrm{P},N}(z) := \frac{w(z)+w_{\mathrm{P}}^{(N)}(z)}{(z-z_{\mathrm{P}})^N}$$

とすればPの近傍では(11.5)という形のローラン展開を持ち，$\mathcal{R}$の他の点では正則な有理型関数が構成できた．めでたしめでたし，…と言うのはまだ早い．欲しいのはPのみに極を持つ楕円曲線$\overline{\mathcal{R}}$上の有理型関数だから，$\mathcal{R}$だけではなく無限遠点でも正則になっていなくてはいけない．

無限遠点での$f_{\mathrm{P},N}$の振る舞いを調べるには，無限遠点の近傍での局所座標で$f_{\mathrm{P},N}$を書き直してみれば良い．$\varphi(z)$が四次式の場合は無限遠点$\infty_\pm$の近傍での座標として$\xi = z^{-1}$を使うことができた(第8.2.2節参照；$\xi=0$が無限遠点)．$f_{\mathrm{P},N}$の定義(11.8)に$z=\xi^{-1}$を代入すると，

$$f_{\mathrm{P},N}(\xi^{-1}) = \frac{w(\xi^{-1})+w_{\mathrm{P}}^{(N)}(\xi^{-1})}{(\xi^{-1}-z_{\mathrm{P}})^N} = \frac{\xi^N\sqrt{\varphi(\xi^{-1})}+\xi^N w_{\mathrm{P}}^{(N)}(\xi^{-1})}{(1-z_{\mathrm{P}}\xi)^N}.$$

分母の$(1-z_{\mathrm{P}}\xi)^N$は$\xi=0$で1になる．分子の第二項目$\xi^N w_{\mathrm{P}}^{(N)}(\xi^{-1})$は，$w_{\mathrm{P}}^{(N)}(z)$が$z$の$N-1$次多項式だから((11.7)参照)，$\xi\to0$で0に収束する．残るのは分子の$\xi^N\sqrt{\varphi(\xi^{-1})}$．$\varphi(z)$は$z$の四次式だから，$\sqrt{\varphi(\xi^{-1})}$は$\xi\to0$のときに$\xi^{-2}$のオーダーで発散している．したがって，$N\geqq2$という仮定の下では，$\xi^N\sqrt{\varphi(\xi^{-1})}$は$\xi\to0$で有限の値を持つ．($N=1$だと$\xi^N$が$\sqrt{\varphi(\xi^{-1})}$の発散を抑えきれず，先に注意した通りこの構成法は破綻する．)

これで，$\varphi(z)$が四次式の場合は(11.8)の$f_{\mathrm{P},N}$が求める関数であることが証明できた．$\varphi(z)$が三次式の場合も考え方は同じなので，練習問題としよう．

練習 11.9　$\varphi(z)$が三次式の場合にも(11.8)の$f_{\mathrm{P},N}$が無限遠点で正則関数になることを示せ．(ヒント：この場合は無限遠点は分岐点になり，そこでの局所座標として$\eta=\dfrac{w}{z^2}$を使う．)

次は，Pが分岐点の場合，つまり$(z_{\mathrm{P}}, w_{\mathrm{P}}) = (\alpha_i, 0)$ ($\varphi(\alpha_i)=0$；$\varphi(z)$が四次式の場合は$i=0,1,2,3$，三次式の場合は$i=1,2,3$)の場合の$f_{\mathrm{P},N}$の構成．

練習 11.10　Pが分岐点$(z_{\mathrm{P}}, w_{\mathrm{P}}=0)$ ($\varphi(z_{\mathrm{P}})=0$)の場合には上の構成はそのままでは使えない．その理由を考えよ．(ヒント：(11.7)における$w_{\mathrm{P}}^{(N)}(z)$の係数を計算してみる．)

分岐点Pの周りでは w を局所座標として使うから，$f_{\mathrm{P},N}$ はPの近傍で $\dfrac{1}{w^N}+\cdots$ のような形をしている．そこで $\dfrac{1}{w^N}$ を $f_{\mathrm{P},N}$ として使いたいところだが，これは $w=0$ となる点で極を持つから，分岐点がすべて同時に極になってしまう．これでは困るので，別の方法を取ろう．

上の練習 11.10 を考えた方は，$\dfrac{dw}{dz}$ がPで無限大になっていることに気が付かれたと思う．これは分岐点では w を z の正則関数として表せないことの現れでもある．そして，これを逆に見ると $\dfrac{dz}{dw}=0$，つまり z は w の関数として(定数)$+w$ の二次以上の項，という形をしている．正確に言うために，Pでの $z=z(w)$ のテイラー展開を求める．関係式 $w^2=\varphi(z)$ を w で微分して $(z,w)=(\alpha_i,0)$ を代入すると，

$$0=\varphi'(\alpha_i)\frac{dz}{dw}(0)$$

となる(φ' は φ を z で微分したもの)．多項式 $\varphi(z)$ は重根を持たないので $\varphi'(\alpha_i)\neq 0$，ということは第 2.2 節(脚注 8 (p. 036))で説明した．したがって，$\dfrac{dz}{dw}(0)=0$ が導かれる．さらに，$w^2=\varphi(z)$ を w で二回微分した上で $(z,w)=(\alpha_i,0)$ を代入し，$\dfrac{dz}{dw}(0)=0$ を使うと

$$\left.\frac{d^2z}{dw^2}\right|_{(z,w)=(\alpha_i,0)}=\frac{2}{\varphi'(\alpha_i)}\quad(\neq 0)$$

が得られる．したがって $z(w)$ のテイラー展開は，

$$z(w)=\alpha_i+\frac{1}{\varphi'(\alpha_i)}w^2+O(w^3) \tag{11.9}$$

となる．この右辺の展開で「w の一次の項は消えていて，二次の項は消えていない」ことを使えば，

$$\frac{1}{z(w)-\alpha_i}$$

という関数は $\mathrm{P}\,(w=0)$ に二位の極を持つことが分かる．それだけではなく，$z\neq\alpha_i$ ならば分母が0にならないからP以外の $\mathcal{R}$ 上の点では正則になっている．これを $f_{\mathrm{P},2}$ とすれば良さそうだ！ 残るは，無限遠点でも正則であることの確認だが，それは分岐点でない場合と同様なので練習問題．N が一般の場合の答えと一緒にチェックしてもらおう：N が偶数の場合は，

$$f_{\mathrm{P},N}=\frac{1}{(z-\alpha_i)^{N/2}}, \tag{11.10}$$

N が3以上の奇数の場合は，

(11.11)　$f_{\mathrm{P},N} = \dfrac{w}{(z-\alpha_i)^{(N+1)/2}}$,

とすれば良い.

練習 11.11　(11.10)と(11.11)が分岐点 $\mathrm{P} = (\alpha_i, 0)$ で N 位の極を持ち，楕円曲線 $\overline{\mathcal{R}}$ の他の点では正則であることを確かめよ.

最後にPが無限遠点の場合．このときは，無限遠点での座標変換の式 $(\xi, \eta) = (z^{-1}, wz^{-2})$ を使って方程式 $w^2 = \varphi(z)$ を書き換え，$\xi = 0$ で N 位の極を持つ有理関数を作れば良い．第8.2.2節で説明した通り，(ξ, η) の満たす方程式は $\eta^2 =$ (ξ の三次式または四次式)という形なので，ここまでの議論の中の (z, w) を (ξ, η) に読み換えて $f_{\mathrm{P},N}$ を作れば良い.

(II)　次は，異なる二点PとQについて，PとQ以外では正則，PとQに一位の極を持ち，

- $\mathrm{Res}_{\mathrm{P}}\omega_3(\mathrm{P},\mathrm{Q}) = 1$,　$\mathrm{Res}_{\mathrm{Q}}\omega_3(\mathrm{P},\mathrm{Q}) = -1$.
- $\displaystyle\int_A \omega_3(\mathrm{P},\mathrm{Q}) = 0$.

という条件を満たす第三種アーベル微分 $\omega_3(\mathrm{P},\mathrm{Q})$ の存在を示す．ここで，A は A サイクルを表す閉曲線で，PとQを通らないものとする.

(注意：第一種アーベル微分の A 周期を考えるときには，閉曲線 A は楕円曲線 $\overline{\mathcal{R}}$ のホモロジー群 $H_1(\overline{\mathcal{R}}, \mathbb{Z})$ の同じ元を与えるならば何でも良かったが，第三種アーベル微分は留数が0ではない極を持つから，$H_1(\overline{\mathcal{R}}, \mathbb{Z})$ の元だけではなく，具体的な閉曲線を指定しないと積分値が定まらない．以下，$\omega_3(\mathrm{P},\mathrm{Q})$ を使う場面で「A サイクル，B サイクル」というときには，A サイクルを表す曲線と B サイクルを表す曲線(どちらも P, Q を通らない)が指定されているものとする.)

実際には，この最後の条件を満たさない(正確には，満たしているかどうか保証されていない)が，留数についての条件を満たすような $\tilde{\omega}_3(\mathrm{P},\mathrm{Q})$ の存在さえ示せば，そこから $\displaystyle\int_A \omega_3(\mathrm{P},\mathrm{Q}) = 0$ を満たす $\omega_3(\mathrm{P},\mathrm{Q})$ の存在が導かれる．それには，

- 任意の $\lambda \in \mathbb{C}$ について，$\tilde{\omega}_3(\mathrm{P},\mathrm{Q}) + \lambda\omega_1$ も $\tilde{\omega}_3(\mathrm{P},\mathrm{Q})$ と同じ条件を満たす.

● 補題 11.2 で述べたように，$\int_A \omega_1 = \Omega_A \neq 0$.

ということに注意する．そこで $\lambda = -\frac{1}{\Omega_A}\int_A \widetilde{\omega}_3(\mathrm{P},\mathrm{Q})$ と定めれば，$\omega_3(\mathrm{P},\mathrm{Q}) := \widetilde{\omega}_3(\mathrm{P},\mathrm{Q}) + \lambda\omega_1$ は，規格化条件 $\int_A \omega_3(\mathrm{P},\mathrm{Q}) = 0$ まで含めて必要な条件すべてを満たしていることが示される．

では $\widetilde{\omega}_3(\mathrm{P},\mathrm{Q})$ を具体的に構成しよう．基本的な考え方は有理型関数 $f_{\mathrm{P},N}$ の構成と同じ(z と w の有理式で探し，P と Q の周りでローラン展開して必要な性質を持っているか確かめる)．一番基本的な場合の答だけ書いて，確認と残りの場合の構成は練習問題とする．

まず，$\varphi(z)$ は四次多項式としておく．

(a)　<u>$\mathrm{P},\mathrm{Q} \neq \infty_\pm$ の場合.</u>

点 P と Q は $\mathrm{P} = (z_\mathrm{P}, w_\mathrm{P} = \sqrt{\varphi(z_\mathrm{P})})$，$\mathrm{Q} = (z_\mathrm{Q}, w_\mathrm{Q} = \sqrt{\varphi(z_\mathrm{Q})})$ と表される($\sqrt{}$ の符号はどちらでも良い)．このときは，

$$\widetilde{\omega}_3(\mathrm{P},\mathrm{Q}) := \frac{1}{2}\left(\frac{w+w_\mathrm{P}}{z-z_\mathrm{P}} - \frac{w+w_\mathrm{Q}}{z-z_\mathrm{Q}}\right)\frac{dz}{w}. \tag{11.12}$$

練習 11.12　(11.12)の $\widetilde{\omega}_3(\mathrm{P},\mathrm{Q})$ が条件($\overline{\mathcal{R}} \setminus \{\mathrm{P},\mathrm{Q}\}$ 上で正則，P と Q に単純極を持ち $\mathrm{Res}_\mathrm{P} = 1$，$\mathrm{Res}_\mathrm{Q} = -1$)を満たすことを確かめよ．

これ以外の場合，つまり，

(b)　<u>$\mathrm{P} = \infty_+$，$\mathrm{Q} \neq \infty_\pm$ の場合,</u>

(c)　<u>$\mathrm{P} = \infty_+$，$\mathrm{Q} = \infty_-$ の場合</u>

は，上の場合のうまい極限を取ると作れるので，読者に探してもらおう[5)]．

練習 11.13　上記の(b)と(c)の場合の $\widetilde{\omega}_3(\mathrm{P},\mathrm{Q})$ を構成せよ．

(ヒント：z_P が ∞ へ発散するときには，$w_\mathrm{P} = \sqrt{\varphi(z_\mathrm{P})}$ は大体 z_P^2 に比例するから，(a)の $\widetilde{\omega}_3(\mathrm{P},\mathrm{Q})$ そのもの の極限は発散している．そこで，適当な $\lambda = \lambda(z_\mathrm{P})$ (z_P

5) 後で使うのは「こういうものが存在すること」だけなので，(11.12)を見て「ほかの場合もありそうだよね」と思える人はそれで十分.

に依存して変わる複素数)を見つけて，$\lim_{z_P\to\infty}(\widetilde{\omega}_3(P,Q)-\lambda\omega_1)$ が極限を持つようにする．極限で得られる微分形式が条件を満たしていることはあらためて確認すること．)

練習 11.14　$\widetilde{\omega}_3(P,Q)$ を $\deg\varphi=3$ の場合に求めよ．(P と Q が ∞ でないときは上と同じだが，片方が ∞ になったときは局所座標の取り方などで注意が必要．この場合は無限遠点は一つしかないから，P と Q の両方が無限遠点であることはありえない；やや難．)

注 11.15　ここで作った有理型関数 $f_{P,N}$ や $\omega_3(P,Q)$ は任意のコンパクトなリーマン面上に存在するが，その証明にはかなり難しい解析学を使う．ただし $w^2=\varphi(z)$ ($\varphi(z)$ は重根を持たない五次以上の多項式)のリーマン面から定義される超楕円曲線の場合ならば，上で述べた楕円曲線の場合とまったく同じようにして具体的に構成できる．

さて，これでアーベル-ヤコビの定理の証明の登場人物の紹介は終わった．次章では彼らの活躍によってアーベル-ヤコビの定理が証明される．

第12章

アーベル-ヤコビの定理(II)

楕円曲線の地図を作ろう

前章では，アーベル-ヤコビの定理の証明の準備として楕円曲線上の特別な性質を持つ有理型関数やアーベル微分が存在することを示した．この章では，これらの有理型関数やアーベル微分によってアーベル-ヤコビの定理が証明される．

$\overline{\mathcal{R}}$ は，$w^2 = \varphi(z)$ ($\varphi(z)$ は三次または四次の多項式で重根を持たない)から作られた楕円曲線で，$\omega_1 := \dfrac{dz}{w}$ をその上の第一種アーベル微分とする．ω_1 の A 周期と B 周期から，周期格子 Γ を

(12.1) $\Gamma := \mathbb{Z}\Omega_A + \mathbb{Z}\Omega_B, \qquad \Omega_A := \int_A \omega_1, \qquad \Omega_B := \int_B \omega_1$

で定義した．また，ω_1 の積分によって

(12.2) $F(\mathrm{P}) = \int_{\mathrm{P}_0}^{\mathrm{P}} \omega_1$

という $\overline{\mathcal{R}}$ 上の多価正則関数を定義する(P_0 は勝手に取った固定点)．

重要だからアーベル-ヤコビの定理をここにも再掲しておこう．

定理 12.1 (アーベル-ヤコビの定理(Abel-Jacobi theorem)[1]) 第一種楕円積分 $F(\mathrm{P})$ から**アーベル-ヤコビ写像**(Abel-Jacobi map)

(12.3) $AJ : \overline{\mathcal{R}} \ni \mathrm{P} \mapsto [F(\mathrm{P})] \in \mathbb{C}/\Gamma$

が定義され，

1) アーベルの論文は全集第Ⅰ巻第Ⅺ論文や第 XXI 論文，ヤコビの論文は全集第Ⅱ巻第 2 論文．どちらも，現在「アーベル-ヤコビの定理」として述べられる定理とは若干表現や内容が異なる．これらの文献については高瀬正仁先生のご教示を参考にした．

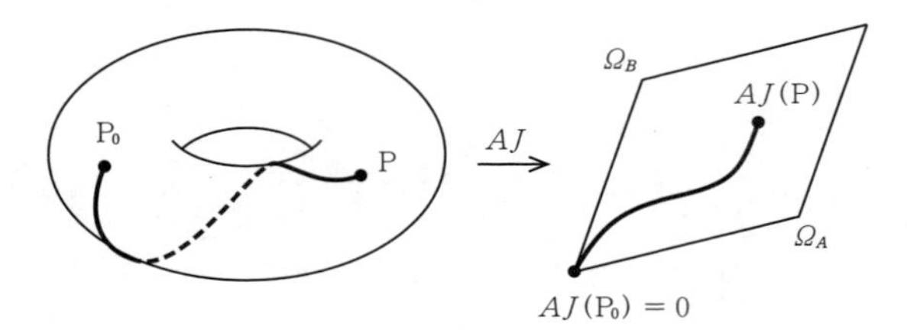

図 12.1　アーベル-ヤコビ写像 $AJ:\overline{\mathcal{R}}\to\mathbb{C}/\Gamma$

（i）　AJ は全単射である．

（ii）　AJ は正則で，その逆写像も正則である．

この定理の(ii)が(i)から導かれることは前章で示した．この章では(i)を，まず全射であること，次に単射であること，の順に示す．

12.1　AJ の全射性(ヤコビの定理)

アーベル-ヤコビ写像の全射性を示すには二種類の方法がある．一つは，素直に(?) $\mathbb{C}/\Gamma$ の各点の「逆像を探す」方法．もう一つは正則関数の位相空間論的な性質を使って証明する方法である．後者の方が証明は短くて済むが，位相空間論の用語を多用するので，その種の議論に馴染みがないと読むのが辛いかもしれない．

12.1.1 ◉ 逆像を探す

点 $[u]\in\mathbb{C}/\Gamma$ の逆像の存在を示そう．方針は，

（I）　$[0]\in\mathbb{C}/\Gamma$ のある近傍 U_0 について，$[u]\in U_0$ ならば $[u]=AJ(\mathrm{P})$ となる $\mathrm{P}\in\overline{\mathcal{R}}$ が存在することを言う．

（II）　任意の $\mathrm{P}'\in\overline{\mathcal{R}}$ と自然数 N に対して適当な $\mathrm{P}\in\overline{\mathcal{R}}$ を取れば $AJ(\mathrm{P})=N\times AJ(\mathrm{P}')$ となることを示す[2]．

2) $AJ(\mathrm{P}')$ のような $\mathbb{C}/\Gamma$ の元の N 倍は次のように定義される：$\mathbb{C}/\Gamma$ の元は $w\in\mathbb{C}$ によって $[w]$ という同値類で表される．この w の N 倍の同値類 $[Nw]$ を $N[w]$ と定義する．これが同値類の代表元の取り方によらないこと，つまり，$[w]=[w']$ ならば $[Nw]=[Nw']$ であることは簡単な練習問題．

この二つを使えば，全射性は次のように示される：任意の$u \in \mathbb{C}$に対して，十分大きな自然数Nを取れば$\frac{1}{N}u$は0に近いので，$\left[\frac{1}{N}u\right]$は$[0]$の近傍$U_0$に入る．したがって(I)で証明したようにある$\mathrm{P}' \in \overline{\mathcal{R}}$によって$\left[\frac{1}{N}u\right] = AJ(\mathrm{P}')$と表される．(II)から，$AJ(\mathrm{P}) = N \times AJ(\mathrm{P}') = N\left[\frac{1}{N}u\right] = [u]$となる$\mathrm{P} \in \overline{\mathcal{R}}$が存在する．これが全射性にほかならない． □

（I） [0]のある近傍がAJの像に含まれること．

第一種楕円積分(12.2)で定義された$F(\mathrm{P})$の像が$0 \in \mathbb{C}$のある近傍を覆っていることを示す．Γによる商集合を取ればAJの像が$[0] \in \mathbb{C}/\Gamma$の近傍を覆っていることになる．

(12.2)の積分の基点P_0の近傍での$\overline{\mathcal{R}}$の局所座標をzとして(P_0の座標は$z = 0$)，関数$F(\mathrm{P})$を$F(z)$と書いておく．示したいのは，uが0の近くにあるときに，

$$u - F(z) = 0$$

という方程式がzについて解を持つこと．もちろん，$u = 0$ならば，$F(0) = 0$だから解はある．また，ω_1は$\overline{\mathcal{R}}$上で決して0にならないから，$\frac{\partial}{\partial z}(u - F(z)) = -\frac{d}{dz}\int_0^z \omega_1 \neq 0$．そこで，$u - F(z)$という二変数$(u, z)$の正則関数に陰関数定理(補題6.3)を適用すれば[3]，「ある0の近傍U_0が存在して，各$u \in U_0$に対して$u - F(z) = 0$となるzがP_0の近傍に存在する」ことが言える．

これが示したいことだった．

（II） 任意のP'と正の整数Nに対して，

$$AJ(\mathrm{P}) = N \times AJ(\mathrm{P}')$$

となる$\mathrm{P} \in \overline{\mathcal{R}}$が存在すること．

言い換えると，$\mathrm{P}' \in \overline{\mathcal{R}}$と正の整数$N$について，

$$N\int_{\mathrm{P}_0}^{\mathrm{P}'} \omega_1 = \int_{\mathrm{P}_0}^{\mathrm{P}} \omega_1 + m\Omega_A + n\Omega_B \tag{12.4}$$

となる$\mathrm{P} \in \overline{\mathcal{R}}$と整数$m, n$が存在することを示す(積分路はここでは重要ではないので明示していない)．$\mathrm{P}' = \mathrm{P}_0$ならば，左辺は0なので，$\mathrm{P} = \mathrm{P}_0$，$m = n = 0$と取れば良いし，$N = 1$ならば$\mathrm{P} = \mathrm{P}'$，$m = n = 0$とすれば良いので，以下では$\mathrm{P}' \neq \mathrm{P}_0$，$N \geqq 2$とする．

3) 第6.3節では二変数多項式に対して証明したが，$u - F(z)$の場合も同じ．

準備として，次のような $\overline{\mathcal{R}}$ 上の有理型関数 f が存在することを言おう：

（i） f の極は P' のみで，位数は N 以下.
（ii） f は P_0 に $N-1$ 位以上の零点を持つ.

前章では「P' で k 位の極を持ち，P' 以外で正則」($k \geqq 2$) という関数 $f_{\mathrm{P}',k}$ を作った．これを組み合わせた次のような関数はすべて条件(i)を満たす：

(12.5)　$f = c_0 + c_2 f_{\mathrm{P}',2} + \cdots + c_N f_{\mathrm{P}',N}$.

この形の関数全体は，$1, f_{\mathrm{P}',2}, \cdots, f_{\mathrm{P}',N}$ を基底とする N 次元の線形空間になる($f_{\mathrm{P}',k}$ はちょうど k 位の極を持つから，$1, f_{\mathrm{P}',2}, \cdots, f_{\mathrm{P}',N}$ は一次独立)．この中から条件(ii)を満たすものを拾いだせば良い．条件(ii)は

(12.6)　$$\frac{d^k f}{dz^k}(\mathrm{P}_0) = 0 \qquad (k = 0, \cdots, N-2)$$

と同値．これに(12.5)を代入すれば，$c_0, c_2, \cdots, c_N$ に対する同次線形方程式になる(係数は $f_{\mathrm{P}',k}$ の P_0 での微分係数)．N 次元線形空間に $N-1$ 個の線形な条件を課すのだから少なくとも 1 次元の解がある．つまり，0 ではない有理型関数 f で(12.5)と(12.6)の両方を満たすものが存在する．これが求めるものである．

ところで，補題 11.7 によれば f の零点の数と極の数は等しい．したがって，条件(i),(ii)を細かく見ると，次の三つの場合があり得る．

（a） P' はちょうど N 位の極，P_0 は $N-1$ 位の零点で P_0 とは異なる一位の零点 P が存在し，ほかには零点はない.
（b） P' はちょうど $N-1$ 位の極で，P_0 は $N-1$ 位の零点．それ以外に零点はない.
（c） P' はちょうど N 位の極，P_0 は N 位の零点でほかに零点はない.

まず，第一の場合を考えよう．偏角の原理(第 6 章の脚注 10 (p. 102)参照)の証明を思い出すと分かる通り，$\omega_f := \dfrac{df}{f}$ という微分形式は f の極と零点に対応して三つの一位の極 $\mathrm{P}', \mathrm{P}_0, \mathrm{P}$ を持ち，留数は $\mathrm{Res}_{\mathrm{P}'}\omega_f = -N$，$\mathrm{Res}_{\mathrm{P}_0}\omega_f = N-1$，$\mathrm{Res}_{\mathrm{P}}\omega_f = 1$.

前章で P と Q のみに単純極を持ち，ほかの点では正則で，規格化条件

(12.7) $\mathrm{Res}_{\mathrm{P}}\omega_3(\mathrm{P},\mathrm{Q})=1,\quad \mathrm{Res}_{\mathrm{Q}}\omega_3(\mathrm{P},\mathrm{Q})=-1,\quad \int_A\omega_3(\mathrm{P},\mathrm{Q})=0$

を満たす第三種アーベル微分 $\omega_3(\mathrm{P},\mathrm{Q})$ を作った．これを使って $\omega_f+N\omega_3(\mathrm{P}',\mathrm{P}_0)-\omega_3(\mathrm{P},\mathrm{P}_0)$ という組合せを作ると一位の極がすべて打ち消されるので，$\overline{\mathcal{R}}$ 全体で正則な第一種アーベル微分になる．補題 11.4 によれば，このようなアーベル微分は ω_1 の定数倍だから，次のような $c\in\mathbb{C}$ が存在する．

(12.8) $\omega_f=-N\omega_3(\mathrm{P}',\mathrm{P}_0)+\omega_3(\mathrm{P},\mathrm{P}_0)+c\omega_1.$

これを A サイクルと B サイクルで積分しよう．規格化条件(12.7)から，A サイクルについての積分は，

(12.9) $\int_A\omega_f=c\int_A\omega_1=c\Omega_A.$

一方，ω_f は定義から $\omega_f=d(\log f)$ とも書ける．これを A サイクルに沿って積分すると，

$$\int_A d(\log f)=\log f(A\text{の終点})-\log f(A\text{の始点})$$

で，閉曲線 A の始点と終点は同じ点だから右辺 $=0$，と思うのは早計．複素関数としての $\log z$ は $\log z=\log|z|+i\arg z$ と定義されていた．実部 $\log|z|$ は問題なく値が一意に決まるが，$\arg z$ は z が原点の周りを回ると 2π の整数倍だけずれてしまう多価関数である．そのため，$\log f(A\text{の終点})$ と $\log f(A\text{の始点})$ の虚部は 2π の整数倍だけずれている可能性がある．したがって，言えるのは「ある整数 m があって $\int_A d(\log f)=2\pi im$ が成り立つ」ということだけ．これと(12.9)から次が分かる：

(12.10) $2\pi im=c\Omega_A.$

(12.8)を B サイクルに沿って積分するには，少し準備がいる．$\omega_3(\mathrm{P},\mathrm{Q})$ の B サイクルについての積分については次の大事な公式がある．

補題 12.2 Q から P に向かう曲線 C が存在して，

$$\int_B\omega_3(\mathrm{P},\mathrm{Q})=\frac{2\pi i}{\Omega_A}\int_C\omega_1.$$

証明は後回しにして，とりあえずこれを使うと，

$$(12.11)\quad \begin{aligned}\int_B \omega_f &= \int_B (-N\omega_3(\mathrm{P}',\mathrm{P}_0)+\omega_3(\mathrm{P},\mathrm{P}_0)+c\omega_1)\\ &= -\frac{2\pi iN}{\Omega_A}\int_{\mathrm{P}_0}^{\mathrm{P}'}\omega_1+\frac{2\pi i}{\Omega_A}\int_{\mathrm{P}_0}^{\mathrm{P}}\omega_1+c\Omega_B.\end{aligned}$$

左辺は，A サイクルのときと同じで，ある整数 n によって $\int_B \omega_f = 2\pi in$ と表される．まとめると，

$$(12.12)\quad 2\pi in = -\frac{2\pi iN}{\Omega_A}\int_{\mathrm{P}_0}^{\mathrm{P}'}\omega_1+\frac{2\pi i}{\Omega_A}\int_{\mathrm{P}_0}^{\mathrm{P}}\omega_1+c\Omega_B.$$

A 周期の式(12.10)に Ω_B を掛けて B 周期の式(12.12)に Ω_A を掛けたものから引き算し，少し整理すると，

$$(12.13)\quad N\int_{\mathrm{P}_0}^{\mathrm{P}'}\omega_1 = \int_{\mathrm{P}_0}^{\mathrm{P}}\omega_1 - n\Omega_A + m\Omega_B.$$

これで，(12.4)が示された．

同様の計算で，f が P' に $N-1$ 位の極を持ち，P_0 に $N-1$ 位の零点を持つ(b)の場合には $\mathrm{P}=\mathrm{P}'$，f が P' に N 位の極を持ち，P_0 に N 位の零点を持つ(c)の場合は $\mathrm{P}=\mathrm{P}_0$ とすれば(12.13)，つまり(12.4)が成り立つことが分かる．

以上で，アーベル-ヤコビ写像 AJ が全射であることが示された．　□

練習 12.3　上で省略してある(b)，(c)の場合の証明を補完せよ．

ここで，後回しにしてあった補題12.2の証明を片付けよう．前章と同様に，楕円曲線 $\overline{\mathcal{R}}$ を A サイクルと B サイクルに沿って切り開いて，四角形 S_0 にする(図12.2)．

この四角形の境界 ∂S_0 に沿って，1次微分形式 $F(z)\omega_3(\mathrm{P},\mathrm{Q})$ を積分してみる

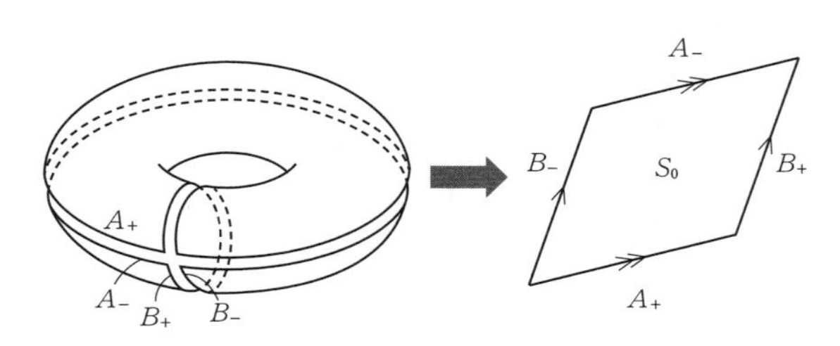

図12.2　$\overline{\mathcal{R}}$ を切り開く

と，留数定理から

$$
\begin{aligned}
&\frac{1}{2\pi i}\int_{\partial S_0} F(z)\omega_3(\mathrm{P},\mathrm{Q}) \\
(12.14)\qquad &= \mathrm{Res}_{\mathrm{P}} F(z)\omega_3(\mathrm{P},\mathrm{Q}) + \mathrm{Res}_{\mathrm{Q}} F(z)\omega_3(\mathrm{P},\mathrm{Q}) \\
&= F(\mathrm{P}) - F(\mathrm{Q}) = \int_{\mathrm{P}_0}^{\mathrm{P}} \omega_1 - \int_{\mathrm{P}_0}^{\mathrm{Q}} \omega_1 = \int_{\mathrm{Q}}^{\mathrm{P}} \omega_1
\end{aligned}
$$

となるのは，命題 11.5 の証明と同じ．ここでは最後の行に移るときに，$\omega_3(\mathrm{P},\mathrm{Q})$ が P で留数 1 の一位の極，Q で留数 -1 の一位の極を持つことを使っている．また最後の行で $F(z)$ の定義(12.2)を使った．

一方で，この積分は図 12.2 の辺 $A_\pm, B_\pm$ に沿った積分の和として表される：

$$
\int_{\partial S_0} F(z)\omega_3(\mathrm{P},\mathrm{Q}) = \left(\int_{A_+} - \int_{A_-} + \int_{B_+} - \int_{B_-}\right) F(z)\omega_3(\mathrm{P},\mathrm{Q}).
$$

A_+ から A_- まで移動するのは，楕円曲線 $\overline{\mathcal{R}}$ 上では B サイクル一周分だけ回っていることに注意しよう．積分路が余分に一周 B サイクルを回るときには $F(z)$ は定数 $\Omega_B = \int_B \omega_1$ だけ値が増える．したがって，

$$
\begin{aligned}
&\int_{A_+} F(z)\omega_3(\mathrm{P},\mathrm{Q}) - \int_{A_-} F(z)\omega_3(\mathrm{P},\mathrm{Q}) \\
&\quad = \int_{A_+} (F(z) - F(z\circlearrowleft_B))\omega_3(\mathrm{P},\mathrm{Q}) \\
&\quad = \int_A (-\Omega_B)\omega_3(\mathrm{P},\mathrm{Q}) = -\Omega_B \left(\int_A \omega_3(\mathrm{P},\mathrm{Q})\right)
\end{aligned}
$$

となる($F(z\circlearrowleft_B)$ は $F(z)$ を定義する積分路に B サイクルを付け加えたことを表すとする)．ω_3 の規格化条件(12.7)から，上の式は 0 になる．

同様に，$B_\pm$ 上の積分の差を調べると，

$$
\int_{B_+} F(z)\omega_3(\mathrm{P},\mathrm{Q}) - \int_{B_-} F(z)\omega_3(\mathrm{P},\mathrm{Q}) = \Omega_A \int_B \omega_3(\mathrm{P},\mathrm{Q})
$$

となる．以上をまとめて(12.14)に代入すると，

$$
2\pi i \int_{\mathrm{Q}}^{\mathrm{P}} \omega_1 = \Omega_A \int_B \omega_3(\mathrm{P},\mathrm{Q})
$$

となり，補題 12.2 が証明された．　□

これと同じ手法で，前章で証明を積み残した次の補題も示すことができる．

補題 11.2　Ω_A, Ω_B は 0 ではなく，$\mathrm{Im}\,\dfrac{\Omega_B}{\Omega_A} \neq 0$.

証明　今度は，図12.2の四角形の境界∂S_0に沿って1次微分形式$F(\mathrm{P})\overline{\omega}_1$を積分してみる．ここで，$\overline{\omega}_1$は$\omega_1$の複素共役．いきなり「微分形式の複素共役」と言われるとびっくりするかもしれないが，$\omega = f(z)dz$という微分形式に対して$\overline{\omega} = \overline{f(z)}\,\overline{dz} = \overline{f(z)}(dx-idy)$のように係数と$dz$のそれぞれの複素共役を取っただけ．あるいは，$\omega$を$\omega = (u_1(x,y)dx+u_2(x,y)dy)+i(v_1(x,y)dx+v_2(x,y)dy)$と実座標$(x,y)$と実数値関数$u_1,\cdots,v_2$を使って表しておいて，$\overline{\omega} = (u_1(x,y)dx+u_2(x,y)dy)-i(v_1(x,y)dx+v_2(x,y)dy)$と定義しても良い．この定義が座標の取り方によらないことは，微分形式の座標変換のルールから簡単に示すことができるので，読者の演習問題としておこう．

積分

$$\int_{\partial S_0} F(z)\overline{\omega}_1 = \left(\int_{A_+} - \int_{A_-} + \int_{B_+} - \int_{B_-}\right) F(z)\overline{\omega}_1 \tag{12.15}$$

の右辺の辺$A_\pm$上の積分の差は，(12.14)の後の計算と同様にして

$$\int_{A_+} F(z)\overline{\omega}_1 - \int_{A_-} F(z)\overline{\omega}_1 = \int_A (-\Omega_B)\overline{\omega}_1 = -\Omega_B\left(\int_A \overline{\omega}_1\right)$$

となる．微分形式の複素共役の定義から，$\int_\gamma \overline{\omega} = \overline{\int_\gamma \omega}$なので，最後の括弧の中は$\overline{\int_A \omega_1} = \overline{\Omega}_A$．したがって，

$$\int_{A_+} F(z)\overline{\omega}_1 - \int_{A_-} F(z)\overline{\omega}_1 = -\Omega_B\overline{\Omega}_A.$$

同様に，$B_\pm$上の積分の差は，

$$\int_{B_+} F(z)\overline{\omega}_1 - \int_{B_-} F(z)\overline{\omega}_1 = \Omega_A\overline{\Omega}_B$$

となる．以上をまとめて(12.15)に代入すると，

$$\int_{\partial S_0} F(z)\overline{\omega}_1 = \Omega_A\overline{\Omega}_B - \overline{\Omega}_A\Omega_B. \tag{12.16}$$

一方，$\omega_1 = \psi(z)(dx+idy)$と表示してグリーンの公式[4)]

$$\int_{\partial D}(u(x,y)dx+v(x,y)dy) = \int_D\left(-\frac{\partial u}{\partial y}+\frac{\partial v}{\partial x}\right)dx\,dy$$

で(12.15)の左辺を計算すると[5)]，

$$\int_{\partial S_0} F(z)\overline{\omega}_1 = -2i\int_{S_0}|\psi(z)|^2\,dx\,dy \tag{12.17}$$

4) 杉浦光夫『解析入門Ⅱ』(東京大学出版会)第Ⅷ章§3，清水勇二『基礎と応用 ベクトル解析』(サイエンス社)3.4節や拙著『数学で物理を』(日本評論社)練習3.6，例6.4等を参照.

5) 微分形式に対して一般化されたストークスの定理(の二次元版)を使って，と言っても良い．微分形式の外微分の計算に通じている方には，そちらを使って計算した方が見やすいだろう．

が得られる(途中の計算は定義通りで簡単だが，長くなるので略；F は ω_1 を積分して定義したので，$\dfrac{\partial F}{\partial x}dx+\dfrac{\partial F}{\partial y}dy=\omega_1$ となることや，正則関数 $\psi(z)$ に対するコーシー-リーマンの方程式を使う).

二通りの計算結果(12.16)と(12.17)を合わせると，

$$\frac{1}{2i}(\overline{\Omega_A}\Omega_B-\Omega_A\overline{\Omega_B})=\int_{S_0}|\psi(z)|^2dx\,dy. \tag{12.18}$$

$\psi(z)$ は0ではない正則関数なので，右辺の積分は0にはならない．したがって，特に Ω_A も Ω_B も0ではない．また，$\Omega_A\overline{\Omega_B}=\overline{\overline{\Omega_A}\Omega_B}$ だから，上の式の左辺は $\mathrm{Im}\,\overline{\Omega_A}\Omega_B=\mathrm{Im}\,|\Omega_A|^2\dfrac{\Omega_B}{\Omega_A}=|\Omega_A|^2\,\mathrm{Im}\dfrac{\Omega_B}{\Omega_A}$．これを(12.18)に代入すれば，$\mathrm{Im}\dfrac{\Omega_B}{\Omega_A}\neq 0$ が分かり，補題11.2が証明された． □

12.1.2 ◉ 位相空間論を活用する方法

ここでは大学(数学専攻)で二年生の後期あたりまでで習う位相空間論を活用した「現代数学的」な証明を紹介する．位相空間論に馴染みのない方はこの証明は飛ばして，次節の単射性の証明に移る方が良いだろう．

まず，コンパクト性についての定理が必要[6]：

- コンパクト空間の連続写像による像はコンパクト．
- ハウスドルフ空間の中のコンパクト集合は閉集合．

アーベル-ヤコビ写像 AJ は正則で，特に連続である．また，$\overline{\mathcal{R}}$ はトーラスであるからコンパクト．さらに $\mathbb{C}/\Gamma$ はハウスドルフ空間である．したがって，上の定理が適用可能で AJ の像 $AJ(\overline{\mathcal{R}})$ は $\mathbb{C}/\Gamma$ の**閉**部分集合であることが分かる．

今度は，関数論の定理[7]：

- 正則な写像は開写像である．つまり，開集合の像は開集合になる．

---

6) アールフォルス『複素解析』(現代数学社)第3章§1.4，§1.5，あるいは，I. M. シンガー，J. A. ソープ『トポロジーと幾何学入門』(培風館)§1.4と§2.1参照．

7) 例えばアールフォルス『複素解析』(現代数学社)第4章§3.3や高橋礼司『複素解析』(東京大学出版会)第5章§2参照．

$\overline{\mathcal{R}}$ 全体は $\overline{\mathcal{R}}$ の中で開集合だから，その像 $AJ(\overline{\mathcal{R}})$ は，この定理により**開**部分集合である．ということは，$AJ(\overline{\mathcal{R}})$ は $\mathbb{C}/\Gamma$ の中で開かつ閉な部分集合である．

最後に位相空間の連結性に関する定理を使う[8]：

- 連結な集合の連続写像による像は連結.
- 連結な位相空間の空ではない開かつ閉な部分集合は，その空間全体.

$\mathbb{C} \to \mathbb{C}/\Gamma$ という自然な連続写像があり，$\mathbb{C}$ は連結だから $\mathbb{C}/\Gamma$ は連結．上で $AJ(\overline{\mathcal{R}})$ は $\mathbb{C}/\Gamma$ の中で開かつ閉であることを示したから，$\mathbb{C}/\Gamma$ 全体に一致する：

$$AJ(\overline{\mathcal{R}}) = \mathbb{C}/\Gamma.$$

以上で，全射性の証明が終わる．□

補題 11.2 はこの系としても証明できる．

補題 11.2 の別証明　これは，上の証明の中で使った $AJ(\overline{\mathcal{R}}) = \mathbb{C}/\Gamma$ がコンパクト，ということの帰結．もしも Ω_A と Ω_B が $\mathbb{R}$ 上線形従属であれば，図 12.3 の右のように，格子 $\Gamma = \mathbb{Z}\Omega_A + \mathbb{Z}\Omega_B$ は $\ell = \mathbb{R}\Omega_A$ または $\ell = \mathbb{R}\Omega_B$ に含まれてしまう．ℓ は直線($\Omega_A \neq 0$ または $\Omega_B \neq 0$ のとき)，または原点のみ($\Omega_A = \Omega_B = 0$ のとき)である．

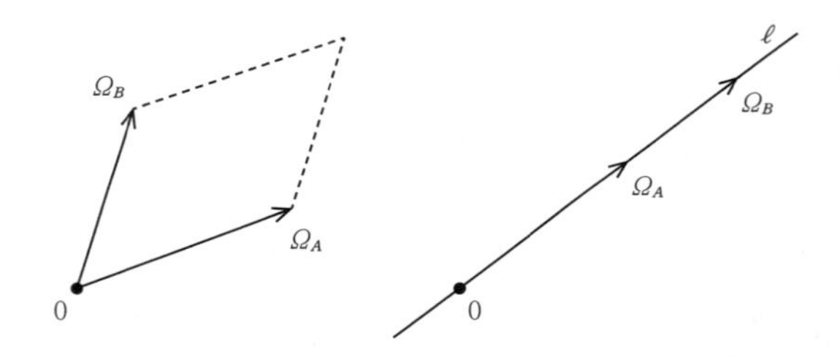

図 12.3　Ω_A と Ω_B が $\mathbb{R}$ 上線形独立(左)；線形従属(右)

ℓ と異なる方向の直線 ℓ' に含まれる二つの複素数 α と β の差は Γ に含まれないから，$\alpha \nsim \beta$．ということは，$\mathbb{C}/\Gamma$ は直線 ℓ' の各点を(同一視せずに別々に)含むことになり，コンパクトではない．これは上で示したことに反するから，Ω_A と Ω_B は線形独立．□

8) アールフォルス『複素解析』(現代数学社)第 3 章 §1.3, §1.5 や I. M. シンガー，J. A. ソープ『トポロジーと幾何学入門』(培風館) §1.5 参照.

12.2 AJの単射性(アーベルの定理)

$P_1 \neq P_2$だが$AJ(P_1) = AJ(P_2)$となる二点P_1とP_2が存在するとしよう．この仮定の下で，$\overline{\mathcal{R}}$上でP_2にだけ極を持ち，その極が一位になる有理型関数を以下で構成する．

しかし，そのようなものは存在しない！ことは，補題11.6で示した．これは，$P_1 \neq P_2$かつ$AJ(P_1) = AJ(P_2)$ということがありえない，ということだから，単射性が導かれる．

その「存在しないはずの」有理型関数$f(z)$は，

$$f(z) := \exp\left(\int_{Q_0}^{z} \omega_3(P_1, P_0) - \int_{Q_0}^{z} \omega_3(P_2, P_0) - \frac{2\pi i N}{\Omega_A} \int_{Q_0}^{z} \omega_1\right) \tag{12.19}$$

で定義する．記号がいろいろ出てきたが，これらは次のようなものである．

- Q_0はP_0, P_1, P_2とは異なる$\overline{\mathcal{R}}$の点．
- $\omega_3(P, Q)$は第11.2.3節で構成し，全射性の証明でも使った第三種アーベル微分．
- Nは整数(後で決める)．

(12.19)のfが次の性質を持つことを示せば良い．

(Ⅰ) P_2はfの一位の極．それ以外ではfは正則．
(Ⅱ) fは$\overline{\mathcal{R}}$上の一価有理型関数である．

(Ⅰ) fがP_2で一位の極を持ち他で正則なこと．

定義(12.19)の右辺の括弧の中の関数は，積分されている第三種アーベル微分ω_3が特異点を持つP_0, P_1, P_2に特異点を持つ可能性がある．それぞれの近傍でfがどのように振る舞うかを調べよう．

まず，P_2を考える．$\omega_3(P_2, P_0)$はP_2では一位の極を持ち，留数が1なので，局所座標がzだとすると，

$$\omega_3(P_2, P_0) = \left(\frac{1}{z - P_2} + (\text{正則関数})\right) dz$$

という形をしている[9]．これを積分すれば，

$$(12.20)\quad \int_{Q_0}^{z} \omega_3(P_2, P_0) = \log(z-P_2) + (\text{正則関数})$$

となり，z が P_2 に近付くときには右辺第一項の対数関数が積分の振る舞いを決めている．

式(12.19)右辺の括弧内のこの積分以外の項は，すべて P_2 の近傍では正則なアーベル微分の積分だから，P_2 では正則関数．よって，$f(z)$ は P_2 の近傍では

$$\begin{aligned} f(z) &= \exp(-\log(z-P_2) + (\text{正則関数})) \\ &= \frac{1}{z-P_2} \times (0\text{ ではない正則関数}) \end{aligned}$$

となっている．したがって，f は P_2 で一位の極を持つ．

まったく同様にして，f が P_1 に一位の零点を持つことも示すことができる．特に，f は P_1 で正則である．

P_0 では，$\omega_3(P_1, P_0)$ と $\omega_3(P_2, P_0)$ の留数が打ち消し合うので，(12.19)の右辺括弧内は P_0 には特異点を持たない．したがって，ここでも $f(z)$ は正則になる．

(II)　<u>$f(z)$ が一価関数であること</u>．

関数 $f(z)$ が多価になるかもしれないのは定義(12.19)で積分路が決まっていないから．積分されている微分形式はすべて有理型なので，端点を変えずに積分路を連続的に変形しても値は変わらないが(コーシーの積分定理!)，次の三種類の変更は多価性を生じうる：

(i)　微分形式の極の周りを回る路を付け加える．

(ii)　A サイクルを付け加える．

(iii)　B サイクルを付け加える．

(i)　<u>ω_3 の極の周りを回る路を付け加える場合</u>．

式(12.19)右辺括弧内の最初の積分の積分経路に，P_1 の周りを一周する経路が付け加わった場合を考えよう(P_0 の周りを回る経路を付け加える場合や，二番目の積分の経路に P_2 や P_0 を回る経路を追加する場合も同様)．$z\circlearrowleft\!\!P_1$ でこの積分路の追加を表すことにする．付け加えた積分路の上の積分は P_1 での $\omega_3(P_1, P_0)$ の留数

9) ここでは記号を複雑にしないため，「点P」のPで，Pの局所座標も表してしまっている．

を拾うから，

$$\int_{Q_0}^{z \circlearrowleft P_1} \omega_3(P_1, P_0) = \int_{Q_0}^{z} \omega_3(P_1, P_0) + 2\pi i$$

となる．$f(z)$ の定義(12.19)内ではこれが指数関数の中に入っているから，この積分路の変更によって生じる f の変化は $f \mapsto f(z) \times e^{2\pi i}$．つまり $f(z)$ に戻る．

（ii）　<u>A サイクルを付け加える場合</u>．

次に積分経路が A サイクルを一周余計に回った場合を考えよう．$\omega_3(P, Q)$ の規格化条件 $\int_A \omega_3(P, Q) = 0$ から，

$$\int_{Q_0}^{z \circlearrowleft_A} \omega_3(P_i, P_0) = \int_{Q_0}^{z} \omega_3(P_i, P_0).$$

（$i=1$ または 2；$z\circlearrowleft_A$ は積分路に A サイクルを付け加えたことを表すとする．）

一方で，$\displaystyle\int_{Q_0}^{z \circlearrowleft_A} \omega_1 = \int_{Q_0}^{z} \omega_1 + \Omega_A$．したがって，$z$ が A サイクルを回ると

$$f(z) \mapsto f(z) \times \exp\left(-\frac{2\pi i N}{\Omega_A}\Omega_A\right) = f(z)$$

となり，この場合ももとの値に戻る．

（iii）　<u>B サイクルを付け加える場合</u>．

ここでやっと仮定 $AJ(P_1) = AJ(P_2)$ の出番．補題 12.2 を使うと（$z\circlearrowleft_B$ の意味は上と同様），

$$\left(\int_{Q_0}^{z \circlearrowleft_B} \omega_3(P_1, P_0) - \int_{Q_0}^{z \circlearrowleft_B} \omega_3(P_2, P_0)\right) - \left(\int_{Q_0}^{z} \omega_3(P_1, P_0) - \int_{Q_0}^{z} \omega_3(P_2, P_0)\right)$$
$$= \int_B \omega_3(P_1, P_0) - \int_B \omega_3(P_2, P_0)$$
$$= \frac{2\pi i}{\Omega_A}\left(\int_{P_0}^{P_1} \omega_1 - \int_{P_0}^{P_2} \omega_1\right).$$

（最後の P_0 から P_1 または P_2 へ向かう積分路は補題 12.2 で存在が保証された曲線に沿うもの．）

$AJ(P_1) = AJ(P_2)$ という仮定から，

$$\int_{P_0}^{P_1} \omega_1 = \int_{P_0}^{P_2} \omega_1 + M\Omega_A + N\Omega_B$$

となる整数 M, N が存在する．この “N” を，$f(z)$ の定義の中で決めていなかった N として採用する．

以上の準備の下で，z を B サイクルに沿って動かしたときの $f(z)$ の値を計算

すると，

$$
\begin{aligned}
& f(z)\exp\left(\frac{2\pi i}{\Omega_A}(M\Omega_A+N\Omega_B)-\frac{2\pi iN}{\Omega_A}\int_B \omega_1\right) \\
&= f(z)\exp\left(2\pi iM+\frac{2\pi iN\Omega_B}{\Omega_A}-\frac{2\pi iN}{\Omega_A}\Omega_B\right) \\
&= f(z)
\end{aligned}
$$

で，結局もとに戻っている．以上で，$f(z)$ が一価関数として定義されていることが分かった．

これでアーベル–ヤコビの定理の証明は終り．　□

注 12.4　アーベル–ヤコビ写像 AJ は，楕円曲線だけではなく，一般のコンパクトなリーマン面に対して定義され，アーベル–ヤコビの定理も成立するが，AJ の定義域も値域も次元の高い複素多様体になる．ここで述べた証明は，一般のコンパクトなリーマン面に対する証明を楕円曲線の場合に即して書き換えたものである．（普通は「アーベル–ヤコビの定理」と言うと，「コンパクトなリーマン面のアーベル–ヤコビ写像は同型写像である」という一般的な定理を指す.）

次章では，このアーベル–ヤコビの定理を念頭に置いて，複素関数としての楕円関数を定義する．やっと真打ち登場！のように見えるが，主役はずっと舞台上にいた，ということも説明する．

第13章

楕円関数の一般論

定番周遊コース

前章では，アーベル-ヤコビ写像 AJ，つまり第一種楕円積分によって楕円曲線 $\overline{\mathcal{R}}$ と $\mathbb{C}/\Gamma$ ($\Gamma = \mathbb{Z}\Omega_A + \mathbb{Z}\Omega_B$) が同一視できることを示した．この同一視によって，第4章で述べた「楕円関数は楕円積分の逆関数」という定義と，第0章のイントロで述べた「楕円関数は二重周期有理型関数」という定義がつながる．

ここでは，このことを含めて一般的な(関数論の)教科書にあるような楕円関数の定義と性質を我々の立場で説明しよう．

13.1 楕円関数の定義

楕円積分から始めていろいろ巡って観て，やっと「普通の」楕円関数の定義に近づいてきている．だが，これまでの話の流れからは次の定義の方が自然だろう．

定義 13.1 楕円曲線上の有理型関数を**楕円関数**と呼ぶ．

ということは，第11章や第12章に登場した「楕円曲線上の指定された点に極や零点を持つ有理型関数」はすべて楕円関数．定義する前から楕円関数達は活躍していたのだ！ 数学では「こいつ，やたらと出てくる／非常に役に立つ．せっかくだから名前を付けてあげよう」という経緯で命名された対象や概念も多いから，その擬似追体験だと考えていただこう．

さて，上の定義 13.1 をアーベル-ヤコビの定理

(13.1) 楕円曲線 $\cong \mathbb{C}/\Gamma$

と組み合わせてみよう．ここで，Γ は格子 $\mathbb{Z}\Omega_A + \mathbb{Z}\Omega_B$ で，その基底 Ω_A と Ω_B は第

一種アーベル微分 $\omega_1 = \dfrac{dz}{\sqrt{\varphi(z)}}$ の A 周期と B 周期だった．

両辺を同じものだと考えるならば，楕円関数は $\mathbb{C}/\Gamma$ 上の有理型関数である．$\mathbb{C}/\Gamma$ というのは，複素数全体を $u \sim u' \iff u-u' \in \Gamma = \mathbb{Z}\Omega_A+\mathbb{Z}\Omega_B$ という同値関係で類別したものだった．したがって，「$\mathbb{C}/\Gamma$ 上の関数」f は，各同値類 $[u]$ に対して複素数 $f([u])$ を対応させている．つまり，$u+m\Omega_A+n\Omega_B$ $(m, n \in \mathbb{Z})$ という形の複素数の集まりに対して値を定めている．これは，

> 各複素数 u に $f(u)$ という値を定める．ただし $u \sim u'$ ならば(言い換えると $u' = u+m\Omega_A+n\Omega_B$ となる整数 m, n があれば) $f(u) = f(u')$ という条件を満たす．

という複素数全体 $\mathbb{C}$ の上の関数 f を考えているのと同じことである．

そこでいったん楕円曲線 $\overline{\mathcal{R}}$ から離れ，複素数 Ω_A と Ω_B は実数体 $\mathbb{R}$ 上一次独立(つまり，潰れていない平行四辺形を張る)ということだけ仮定し，次のように定義する．

定義 13.2　$\mathbb{C}$ 上の有理型関数 $f(u)$ で，

$$f(u+\Omega_A) = f(u), \qquad f(u+\Omega_B) = f(u)$$

を満たすものを周期 Ω_A と Ω_B を持つ**楕円関数**と呼ぶ．

これが現在の**標準的な**楕円関数の定義である．アーベル-ヤコビの定理による同一視(13.1)で楕円曲線を $\mathbb{C}/\Gamma$ と見なし，さらに $\mathbb{C}/\Gamma$ 上の関数を $\mathbb{C}$ 上の関数と考えることで定義 13.1 と定義 13.2 は繫がっている．つまり，定義 13.1 の意味での楕円関数は，定義 13.2 の意味での楕円関数である．

注 13.3　では，逆に定義 13.2 の意味での楕円関数は定義 13.1 の意味での楕円関数だろうか？　これも正しいのだが，「勝手に $\mathbb{R}$ 上一次独立な複素数 Ω_A, Ω_B を持ってきたときに，それらが A 周期と B 周期になるような楕円曲線 $\overline{\mathcal{R}} =$ $(\{(z, w) \mid w^2 = \varphi(z)\}$のコンパクト化) ($\varphi(z)$ は重根を持たない三次または四次多項式)が存在する」ということを証明しないといけない．

次章で具体的に楕円関数の例を構成し，それがある微分方程式を満たすことを示してこの問題を解決する．

定義 13.2 に沿った楕円関数の例を挙げよう.

例 13.4 まず,「定義 13.1 の意味での楕円関数は定義 13.2 の意味での楕円関数」ということの具体例を見てみよう. $\varphi(z)$ は前と同様に三次または四次の多項式で重根を持たないものとする. このとき, 楕円曲線からリーマン球面 $\mathbb{P}^1$ への射影 pr を次のように定義する.

$$\begin{array}{ccc} \overline{\mathcal{R}} = \overline{\{(z,w) \mid w^2 = \varphi(z)\}} & \xrightarrow{\mathrm{pr}} & \mathbb{P}^1 \\ (z,w) & \longmapsto & z \\ \infty & \longmapsto & \infty. \end{array}$$

つまり, (z,w) という組から z 座標を取り出しているだけである.

少しクドいかもしれないが, これが $\overline{\mathcal{R}}$ 上の有理型関数を定めることを確認しておこう:$\varphi(z)$ の根を α_i とする. $\overline{\mathcal{R}}$ の分岐点 $(z,w)=(\alpha_i,0)$ と無限遠点以外では局所座標として z を使うことができるから, pr (つまり z)が正則なのは当たり前. 分岐点では z ではなく w を局所座標に使わなくてはいけないが, $\mathcal{R}$ 上で z が w の正則関数になることは, 陰関数定理(補題 6.3)の帰結である. 無限遠点($\deg\varphi=3$ の場合は一つ, $\deg\varphi=4$ の場合は二つある)の近傍ではまた別の局所座標($\deg\varphi=3$ の場合は $\eta=wz^{-2}$, $\deg\varphi=4$ の場合は $\xi=z^{-1}$;第 8.2 節参照)を使うが, この場合は無限遠点で極を持つことを示すことができる.

練習 13.5 上で定義した pr は, $\deg\varphi=3$ の場合は ∞ で二位の極, $\deg\varphi=4$ の場合は $\infty_\pm$ の各々で一位の極を持つことを示せ. (ヒント:どちらの場合も, z を ξ^{-1} と表して, これを局所座標を使って書き直す. $\deg\varphi=4$ の場合は簡単. $\deg\varphi=3$ の場合は, η と ξ の満たす関係式を使って $\xi^{-1}=\eta^{-2}\times$(0 にならない正則関数) と表されることを示す.)

したがって, $\pi\colon\mathbb{C}\to\mathbb{C}/\Gamma$ を自然な射影($u\in\mathbb{C}$ を Γ による同値類 $[u]$ に対応させる写像)とすれば, 合成

$$f\colon \mathbb{C} \xrightarrow{\pi} \mathbb{C}/\Gamma \xrightarrow{AJ^{-1}} \overline{\mathcal{R}} \xrightarrow{\mathrm{pr}} \mathbb{P}^1$$

は有理型関数で, $\mathbb{C}$ 上の(定義 13.2 の意味での)楕円関数を与える:$f(u)=\mathrm{pr}\circ AJ^{-1}\circ\pi(u)$.

AJ は楕円積分で定義されているから, このことは,

楕円積分の逆関数は楕円関数を与える！

というアーベルやヤコビなどが発見した事実の我々の立場での定式化である．

例 13.6　$\varphi(z) = 4z^3 - g_2 z - g_3$ ($g_2, g_3 \in \mathbb{C}$；$\varphi(z)$ は重根を持たないとする) の場合に，例 13.4 をさらに具体的に書いてみる．アーベル-ヤコビ写像 AJ，つまり第一種楕円積分の定義では，積分の基点 P_0 を適宜決めることができる．ここでは，これを無限遠点に固定する．

$$AJ(z) := \int_\infty^z \frac{dz}{w} = \int_\infty^z \frac{dz}{\sqrt{4z^3 - g_2 z - g_3}}.$$

このとき，例 13.4 の楕円関数 $\wp(u) := \mathrm{pr} \circ AJ^{-1} \circ \pi(u)$ を**ワイエルシュトラス** (Weierstrass)**の $\wp$ 関数**[1] と呼ぶ．

$AJ(\infty) = 0$ であるから，$\wp(0) = \infty$．したがって $u = 0$ が極になる．練習 13.5 で示してもらったことから，この極は二位である．

次章でこの $\wp$ 関数を別の方法で作ってみる．

例 13.7　$\varphi(z) = (1-z^2)(1-k^2 z^2)$ ($k \in \mathbb{C}$, $k \neq 0, \pm 1$) の場合は，アーベル-ヤコビ写像の基点を 0 に取るのが便利である．

$$AJ(z) := \int_0^z \frac{dz}{w} = \int_0^z \frac{dz}{\sqrt{(1-z^2)(1-k^2 z^2)}}.$$

この場合に例 13.4 で作った楕円関数 $\mathrm{sn}(u) := \mathrm{pr} \circ AJ^{-1} \circ \pi(u)$ が**ヤコビ** (Jacobi) **の** sn **関数**である．

命題 9.3 で $\varphi(z) = (1-z^2)(1-k^2 z^2)$ の場合の第一種アーベル微分 $\omega_1 = \dfrac{dz}{\sqrt{\varphi(z)}}$ の周期を計算し，

$$\Omega_A = 4K(k), \qquad \Omega_B = 2iK'(k)$$

を得ていた．これから $\mathrm{sn}(u)$ の周期が $4K(k)$ と $2iK'(k)$ であることが分かる．

第 4 章では実数の関数としての sn を不完全第一種楕円積分の逆関数として定義したが，これを複素数へ拡張したのが上の sn である．実数で sn を定義したと

1) $\wp$ はドイツ文字の p の昔の筆記体．日本語では「ペー関数」と読んでいるが，英語ではドイツ人も含めて外国人は「ピー・ファンクション」と読むことが多いようだ．文献によってはドイツ文字の活字体 $\mathfrak{p}$ を使っている．

きは「$4K(k)$ が sn の周期となるように sn の定義を実数全体に拡張する」という形で，周期関数としての sn を導入した．そのときは加法定理を使ってこの拡張が正当化できることを述べたが，複素関数としては上記のように説明される．

第 20 章で，sn をさらに別の方法で定義する．

13.2　楕円関数の一般的性質

$\mathbb{C}$ 上で周期 Ω_A と Ω_B を持つ楕円関数 $f(u)$ の性質を調べよう．もちろん楕円関数は「楕円曲線上の有理型関数」のことだから，既に第 11 章にもいくつかの性質を述べている．しかし，ここでは敢えて重複を厭わずに，第 11 章に証明した定理にも「二重周期関数」という定義から出発した証明を付ける．同じ定理にいくつもの証明を与えることは，同じ対象に対する見方を増やす，という意味で重要である．また，「二重周期関数」という定義の方が関数論としては単純明快なので，この定義を使った方が大抵の場合は証明が簡明になる(「楕円曲線上の有理型関数」という定義を使う場合は，無限遠点や分岐点を別扱いにして証明しなくてはいけないことがある)．

まず，簡単だが次の事実は押さえておこう．

補題 13.8　f と g を周期 Ω_A, Ω_B を持つ楕円関数とする．

(i)　$f \pm g, fg$, (g が 0 でなければ) f/g も楕円関数である．したがって，同じ周期を持つ楕円関数全体の集合は(代数で言う)体になる．

(ii)　$f(u)$ の導関数 $f'(u)$ もまた同じ周期を持つ楕円関数である．

つまり，楕円関数全体の集合は**微分体**と呼ばれるものになる．

証明は簡単で，(i)は，例えば $(f \pm g)(u+\Omega_A) = f(u+\Omega_A) \pm g(u+\Omega_A) = f(u) \pm g(u) = (f \pm g)(u)$ のように，周期性を確認すれば良い．連結な領域上の有理型関数が加減乗除について閉じていることも注意．

(ii)は，有理型関数の微分は有理型関数であること，および二重周期の条件 $f(u+\Omega_A) = f(u+\Omega_B) = f(u)$ の微分が $f'(u+\Omega_A) = f'(u+\Omega_B) = f'(u)$ となって，f' も二つの周期を持つことから分かる．

この補題は(i), (ii)ともに,「楕円関数」を定義 13.1 の意味だとしても簡単に証明できる(有理型関数の加減乗除と微分が有理型関数になることから直ちに従う). □

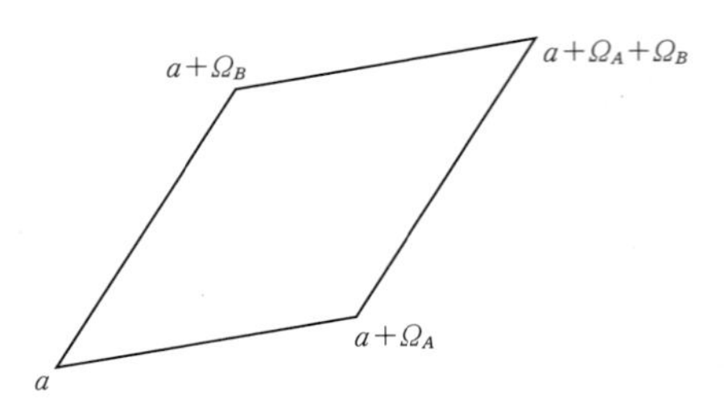

図 13.1　周期平行四辺形

周期 Ω_A と Ω_B で張られる平行四辺形を楕円関数 $f(u)$ の**周期平行四辺形**と呼ぶ(図 13.1).

以下に述べる四つの定理は楕円関数論の基本中の基本で, **リューヴィル**(Liouville)**の定理**と総称される[2)].

次の定理はリューヴィルが彼の理論の基礎としたものだが, 補題 11.4「任意の第一種アーベル微分は $\omega_1 = \dfrac{dz}{\sqrt{\varphi(z)}}$ の定数倍」と同じことを言っている. 実際, 証明の中身はほぼ同じである(補題 11.4 と同様に最大値の原理を使って以下の定理を証明することもできる).

定理 13.9 (リューヴィルの(第一)定理)　楕円関数 $f(u)$ が整関数ならば, つまり $\mathbb{C}$ 全体で正則ならば, 定数関数である.

証明　$f(u)$ が特異点を持たない楕円関数であるとする. また, 図 13.1 で $a=0$ とした $0, \Omega_A, \Omega_A+\Omega_B, \Omega_B$ を頂点とする周期平行四辺形を Π_0 としておく(ここでは, 境界も含めた閉四角形としておく).

勝手な複素数 $u\in\mathbb{C}$ は, うまく周期格子 Γ でずらせば, Π_0 に入るようにできる. つまり, 適当な整数 $m, n\in\mathbb{Z}$ を取れば, $u+m\Omega_A+n\Omega_B\in\Pi_0$. $f(u)$ は二重周期的だから, $f(u)=f(u+m\Omega_A+n\Omega_B)$. したがって, f が $\mathbb{C}$ 上で取り得る値全体の集合は, f が Π_0 の中で取りうる値全体の集合に等しい：$f(\mathbb{C})=f(\Pi_0)$.

一方で, f の絶対値 $|f|$ は平面上の連続関数であり(正則関数は連続だから),

2) *Journal für die reine und angewandte Mathematik*, 第 **88** 巻(1880 年)pp. 277–310 にあるリューヴィルの 1847 年の講義の講義録(C. W. Borchardt 記)にある. 講義から講義録の出版まで三十年以上の間があるので, これが初出かどうかは分からない. 証明は以下で紹介する現代のものとはかなり異なる. また, 定理 13.10 に相当するステートメントは, 一位の極を二つ持つ場合を除いて, 陽には書かれていないように見える.「リューヴィルの第一, 第二, 第三, 第四定理」という名前は竹内端三『楕圓函數論』(岩波書店)にしたがった.

しかも Π_0 は有界閉集合である．大学一年の微積分で習う通り，連続関数は有界閉集合上では必ず最大値と最小値を取り，有界であるから，$|f|$ は Π_0 で有界．上で述べたことと合わせて，f は平面全体でも有界ということになる．

関数論で習うリューヴィルの定理によれば平面全体で有界な正則関数は定数関数に限る[3)]．したがって，f は定数関数である． □

次は，命題 11.5 に対応する．

定理 13.10（リューヴィルの（第二）定理）　一つの周期平行四辺形の内側にある $f(u)$ の極の留数[4)] をすべて足すと 0 になる．ただし，平行四辺形の辺上には極はないものとする．

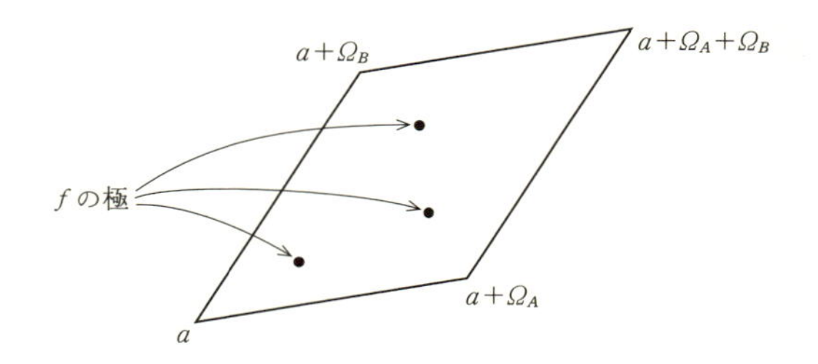

図 13.2　周期平行四辺形内の極

証明　Π を $a, a+\Omega_A, a+\Omega_A+\Omega_B, a+\Omega_B$ を頂点とする周期平行四辺形とし，その境界 $\partial\Pi$ 上には f の極はないとする（図 13.2 参照）．関数論の留数定理から，

$$\int_{\partial\Pi} f(u)du = 2\pi i(\Pi\ \text{の内部の留数の和}).$$

一方で，平行四辺形の周上の積分を辺ごとに分ければ，

3）関数論で必ず出てくるこのリューヴィルの定理は，E. T. Whittaker, G. N. Watson, *A Course of Modern Analysis* §5.63 によると，リューヴィルではなくてコーシーが証明した（*Comptes Rendus*，第 **19** 巻（1844 年），pp. 1377–1378）．リューヴィル自身は定理 13.9 を証明するためには別の方法を使っている．この章の脚注 2（p. 196）の文献を参照．

4）点 P での留数は $\dfrac{1}{2\pi i}\displaystyle\int_{C_P} f(u)du$（$C_P$ は P を中心とする小さな円）という積分だから，「関数 $f(u)$ に対して」というよりも，「一次微分形式 $f(u)du$ に対して」定義されていると考えるべき，という立場もあり，私も普段はその立場を取っているが，ここではウルサイことを言わず，簡単に「関数 $f(u)$ の留数」と言っておく．話が $\mathbb{C}$ 内にとどまって，無限遠点とかリーマン面が出てこないならば，つまり座標を取り替える必要がなければ，これで問題ない．

$$\int_{\partial\Pi} f(u)du = \left(\int_a^{a+\Omega_A} + \int_{a+\Omega_A}^{a+\Omega_A+\Omega_B} + \int_{a+\Omega_A+\Omega_B}^{a+\Omega_B} + \int_{a+\Omega_B}^{a}\right) f(u)du.$$

周期性より，各辺上の積分は対辺の積分に帰着される．

$$\begin{aligned}\int_{a+\Omega_A}^{a+\Omega_A+\Omega_B} f(u)du &= \int_a^{a+\Omega_B} f(u+\Omega_A)\,du \\ &= \int_a^{a+\Omega_B} f(u)du = -\int_{a+\Omega_B}^{a} f(u)du,\end{aligned}$$

$$\begin{aligned}\int_{a+\Omega_A+\Omega_B}^{a+\Omega_B} f(u)du &= \int_{a+\Omega_A}^{a} f(u+\Omega_B)du \\ &= \int_{a+\Omega_A}^{a} f(u)du = -\int_a^{a+\Omega_A} f(u)du.\end{aligned}$$

以上を全部まとめると，

$$2\pi i(\Pi \text{ 内の留数の和}) = \int_{\partial\Pi} f(u)du = 0$$

となり，証明が終わる． □

補題11.6は，次のように言い換えられる．

系 13.11　周期平行四辺形内の極が一つだけで，それが一位であるような楕円関数は存在しない．

証明　もしそのような楕円関数が存在すれば，周期平行四辺形内の留数の和は，唯一の極である一位の極の留数になり，決して0にはならず(0になったら「一位の極」ではなくなる)，定理13.10に反する． □

定義 13.12　楕円関数 $f(u)$ の，一つの周期平行四辺形内の極の数(位数 r の極は r 個と数える)を $f(u)$ の **位数** と呼び，$\mathrm{ord}\, f$ で表す．

この用語を使うと，系13.11は，「一位の楕円関数は存在しない」と言い換えられる．

練習 13.13　$f(u)$ を位数 n の楕円関数，$P(X)$ を N 次多項式とすると，$P(f(u))$ は位数 Nn の楕円関数であることを示せ．特に $P(f(u))$ は恒等的に0にはならない．(ヒント：$P(f(u))$ の極の位置は $f(u)$ の極の位置と同じ．$f(u)$

の極でのローラン展開を $P(X)$ に代入すれば $P(f(u))$ の極の位数が分かる.）

定理 13.14（リューヴィルの(第三)定理）　任意の $\alpha \in \mathbb{C}$ と周期平行四辺形 Π について，方程式 $f(u)=\alpha$ の根で Π の中にあるものの数は $\mathrm{ord}\, f$ に等しい．ただし，根の数は重複度を込めて数え(二重根は二つ，三重根は三つ，等)，Π の境界 $\partial\Pi$ 上では $f(u) \neq \alpha$ とする.

証明　楕円関数の位数は極の数で定義されるから，$f(u)$ から定数を引いた $f(u)-\alpha$ も $f(u)$ と同じ位数を持つ．したがって，$f(u)$ を $f(u)-\alpha$ に置き換えることで，$\alpha=0$ と仮定しても一般性を失わない．つまり，Π 内部の f の零点の数が $\mathrm{ord}\, f$ に等しいことを言えば良い．(この形だと，補題 11.7 になる.）

関数論の偏角の原理5)によれば,

$$(f(u) \text{ の } \Pi \text{ 内の零点の数}) - (f(u) \text{ の } \Pi \text{ 内の極の数}) = \frac{1}{2\pi i}\int_{\partial\Pi} \frac{f'(u)}{f(u)} du$$

である．ただし，零点の数と極の数はどちらも重複度を込めて数える．右辺は，留数定理により $\dfrac{f'(u)}{f(u)}$ の Π 内部の留数の総和になる．補題 13.8 から $\dfrac{f'(u)}{f(u)}$ も楕円関数なので，定理 13.10 によればその Π 内部の留数の総和は 0 になる．したがって，Π の内部にある $f(u)$ の零点の数と極の数は等しい．極の数は f の位数だから，これで定理が証明された. □

次の定理は,「楕円曲線上の有理型関数」という楕円関数の定義から証明するのは大変．なぜなら，零点や極の位置を「足し算する」必要があるので,「楕円曲線上の二点を加えて楕円曲線上の別の点を作る」という操作を定義しなくてはいけないから．この「楕円曲線上の点の加法」については，次章で触れる.

定理 13.15（リューヴィルの(第四)定理）　N を f の位数，α を任意の複素数とする．定理 13.14 から，方程式 $f(u)=\alpha$ には周期平行四辺形 Π 内に N 個の根があるので，それを $a_1, \cdots, a_N$ と表す．また，Π 内部にある極を $b_1, \cdots, b_N$ とする．(境界 $\partial\Pi$ 上には根も極もないとする.）

このとき,

$$a_1 + \cdots + a_N \equiv b_1 + \cdots + b_N \mod \Gamma.$$

5）第 6 章の脚注 10 (p. 102)参照.

ここで「左辺 ≡ 右辺 $\bmod \Gamma$」としているのは,「(左辺)−(右辺) が Γ に入る」という意味[6]．つまり，零点の位置の総和と極の位置の総和の差は Ω_A と Ω_B の整数係数の一次結合になるということである.

証明　定理 13.14 の証明と同じ論法で $\alpha=0$ として構わない($f(u)$ の極と $f(u)-\alpha$ の極は同じ).

これから述べる証明には一般化された偏角の原理を使う．リーマン面の話をしたときにも使っているのだが(6.3 節，(6.5))，そこで挙げたのは正則関数について特別な場合のみだったので，あらためて一般の場合を述べておく(証明は略すが，上で述べた偏角の原理の場合と同様にローラン展開と留数定理を使う).

D を領域として，境界 ∂D は区分的に滑らかな曲線とする．D の閉包の近傍，つまり，$D\cup\partial D$ を含む開集合上の有理型関数 f と正則関数 φ に対して,

$$\frac{1}{2\pi i}\int_{\partial D}\varphi(u)\frac{f'(u)}{f(u)}du=\sum_{a\in D\,:\,f\text{の零点}}\varphi(a)-\sum_{b\in D\,:\,f\text{の極}}\varphi(b).$$

ただし，f は ∂D 上には零点も極も持たないとする．これを $D=\Pi$, $\varphi(u)=u$ に対して適用すると,

$$\frac{1}{2\pi i}\int_{\partial\Pi}u\frac{f'(u)}{f(u)}du=\sum_{j=1}^{N}a_j-\sum_{j=1}^{N}b_j \tag{13.2}$$

となる．左辺が周期格子 Γ に含まれることを言えばよいので，左辺の積分を計算しよう．老婆心ながら注意しておくと，定理 13.14 の証明とは違って，(13.2)の被積分関数は楕円関数ではない！ $\dfrac{f'(u)}{f(u)}$ はたしかに楕円関数だが，これに u が掛かっている.

さて，とにかくこの積分を計算するために，例によって辺ごとの積分に分割する.

$$\int_{\partial\Pi}u\frac{f'(u)}{f(u)}du=\left(\int_a^{a+\Omega_A}+\int_{a+\Omega_A}^{a+\Omega_A+\Omega_B}+\int_{a+\Omega_A+\Omega_B}^{a+\Omega_B}+\int_{a+\Omega_B}^{a}\right)u\frac{f'(u)}{f(u)}du. \tag{13.3}$$

右辺第二項は，積分変数を Ω_A だけずらすと,

$$\begin{aligned}\int_{a+\Omega_A}^{a+\Omega_A+\Omega_B}u\frac{f'(u)}{f(u)}du&=\int_a^{a+\Omega_B}(u+\Omega_A)\frac{f'(u+\Omega_A)}{f(u+\Omega_A)}du\\&=-\int_{a+\Omega_B}^{a}u\frac{f'(u)}{f(u)}du-\Omega_A\int_{a+\Omega_B}^{a}\frac{f'(u)}{f(u)}du\end{aligned} \tag{13.4}$$

6) 今まで「∼」と書いていた同値関係と同じ．「∼」は他の意味に使うことがあるので，以下では混同しないようにこちらの記号を使う.

となる．最後の変形は $\dfrac{f'(u)}{f(u)}$ が Ω_A を周期としていることを使っている．

この最後の項，Ω_A の後にある積分に注目する．この被積分関数は，「対数微分」の形をしているので，次のように $\log f$ の値で具体的に書ける．

$$
\begin{aligned}
(13.5)\qquad \int_{a+\Omega_B}^{a} \frac{f'(u)}{f(u)}du &= \int_{a+\Omega_B}^{a} d\log f(u) \\
&= \log f(a) - \log f(a+\Omega_B).
\end{aligned}
$$

「Ω_B は f の周期だから $f(a+\Omega_B) = f(a)$．したがって，この積分の値は0」としてはいけない，という話はこの本の中に既に何回か出てきている[7]のですでにお分かりの方も多いと思うが，対数関数の多価性を考慮すると次のことが言える：ある整数 n があって

$$
\log f(a+\Omega_B) - \log f(a) = 2\pi in
$$

が成り立つ．これを(13.5)に代入すれば，

$$
\int_{a+\Omega_B}^{a} \frac{f'(u)}{f(u)}du = -2\pi in
$$

が分かる．したがって，(13.4)より，

$$
(13.6)\qquad \int_{a+\Omega_A}^{a+\Omega_A+\Omega_B} u\frac{f'(u)}{f(u)}du = -\int_{a+\Omega_B}^{a} u\frac{f'(u)}{f(u)}du + 2\pi in\Omega_A.
$$

同様に，ある整数 m が存在して，

$$
(13.7)\qquad \int_{a+\Omega_A+\Omega_B}^{a+\Omega_B} u\frac{f'(u)}{f(u)}du = -\int_{a}^{a+\Omega_A} u\frac{f'(u)}{f(u)}du + 2\pi im\Omega_B.
$$

(13.6)と(13.7)を(13.3)に代入して，(13.2)の左辺を計算すれば，

$$
\sum_{j=1}^{N} a_j - \sum_{j=1}^{N} b_j = \frac{1}{2\pi i}\int_{\partial\Pi} u\frac{f'(u)}{f(u)}du = n\Omega_A + m\Omega_B
$$

となり，定理が証明された．□

次章では，これらの性質を念頭に置きつつワイエルシュトラスの $\wp$ 関数を具体的に構成する．また，注13.3で述べたように，楕円関数の二つの定義が同等であることをこの関数の性質を使って証明する．

7) 例えば，第12.1節での $\omega_f = d(\log f)$ の積分の計算(p. 181).

第14章

ワイエルシュトラスの $\wp$ 関数

楕円関数の国の名士

前章では，楕円曲線上の有理型関数 = 二重周期を持つ $\mathbb{C}$ 上の有理型関数として楕円関数を定義し，その性質を調べた．また，定義から直ちに得られる楕円関数の例もいくつか挙げた．この章ではそのうちの一つ，ワイエルシュトラスの $\wp$（ペー，あるいはピー）関数[1]を，前章とは別の方法で構成し性質を調べる．

14.1 $\wp$ 関数の構成

前章で，楕円関数の性質として

（1） $\mathbb{C}$ 上で正則な楕円関数は定数関数（定理 13.9，リューヴィルの第一定理）．

（2） 一位（周期平行四辺形内の特異点が単純極一つだけ）の楕円関数は存在しない（系 13.11）．

ということを述べた．このことから，定数ではない「一番簡単な」楕円関数は，周期平行四辺形内に

- 二位の極を一つ持つ，
- 一位の極を二つ持つ，

のどちらか，ということになる．$\wp$ 関数は前者，第 20 章で説明する（複素関数の）ヤコビの sn 関数は後者である．

1） ワイエルシュトラス全集第 II 巻，第 14 論文（pp. 245-255）．初出はベルリン科学アカデミー紀要（1882 年）．原論文では以下の作り方とは違うやり方を取っている．

前章では楕円積分 $u(z)=\int_\infty^z \frac{dx}{\sqrt{4x^3-g_2x-g_3}}$ の逆関数として $\wp(u)$ を定義した．これは原点 $u=0$ に二位の極を持ち，二重周期性から $m\Omega_A+n\Omega_B$ という形の点でも二位の極を持つ($m,n\in\mathbb{Z}$ で，Ω_A と Ω_B は楕円曲線上の第一種アーベル微分 $\frac{dz}{\sqrt{4z^3-g_2z-g_3}}$ の A 周期と B 周期)．

ここでは「二重周期関数」であることを意識的に使って $\wp(u)$ を級数として構成する．つまり，「$\sqrt{\varphi(z)}$ のリーマン面をコンパクト化して楕円曲線を作って…」という話をいったん忘れ，勝手な二つの複素数 Ω_1,Ω_2 ($\mathbb{R}$ 上一次独立で，潰れていない平行四辺形を張るとする)を持ってきて，それらを周期とする楕円関数を作ることにする．周期格子を $\Gamma:=\mathbb{Z}\Omega_1+\mathbb{Z}\Omega_2$ と表すのはこれまでと同じである．目標は，

Γ の上だけに極を持つ二位の楕円関数の例を作ろう！

ということ．

まず，一般的に楕円関数が Γ の各点で位数 n の極を持っているとしよう．Γ の点は $m_1\Omega_1+m_2\Omega_2\in\Gamma$ ($m_1,m_2\in\mathbb{Z}$) の形をしているが，その点でのローラン展開は

$$f(u)=\frac{c}{(u-m_1\Omega_1-m_2\Omega_2)^n}+\cdots$$

のようになっているはずである(… の部分は，$(u-m_1\Omega_1-m_2\Omega_2)$ の次数が $-n$ よりも大きい項)．ここで c は定数で，周期性 $f(u+\Omega_1)=f(u+\Omega_2)=f(u)$ から，m_1 と m_2 にはよらない．そこで位数 n で一番簡単な楕円関数の候補として，

$$f_n(u):=\sum_{m_1,m_2\in\mathbb{Z}}\frac{1}{(u-m_1\Omega_1-m_2\Omega_2)^n}=\sum_{\Omega\in\Gamma}\frac{1}{(u-\Omega)^n} \tag{14.1}$$

の形の関数を考えてみよう．確かめなくてはいけないのは，これが収束して本当に関数を定義しているか，そして二重周期的か，という点．

定理 14.1　$n\geqq 3$ とする．

(1)　級数 $f_n(u)$ は Γ を含まない任意のコンパクト集合 K ($=\mathbb{C}$ の有界閉部分集合で Γ の点を含まないもの)上で一様に絶対収束する．

（2） $f_n(u)$ は Γ に n 位の極を持つ楕円関数である．

（3） $f_n(u)$ は n が偶数ならば偶関数，奇数ならば奇関数である．

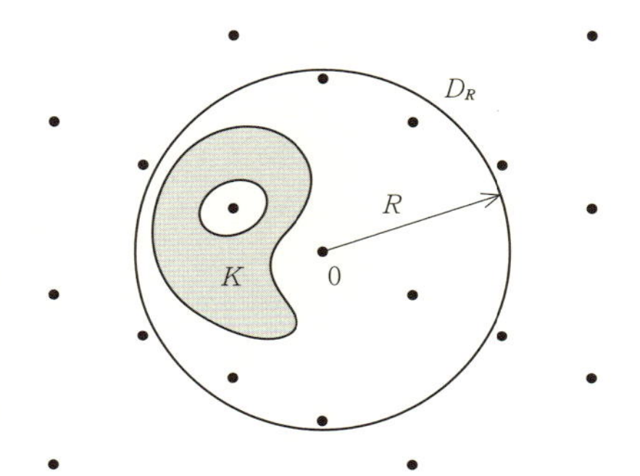

図 14.1 コンパクト集合 $K \subset \mathbb{C} \setminus \Gamma$．黒い点は Γ の元を表す

証明 K $(\subset \mathbb{C} \setminus \Gamma)$ をコンパクト集合とする．K は有界だから，十分大きな R を取れば，閉円板 $D_R := \{z \in \mathbb{C} \,|\, |z| \leqq R\}$ の中にすっぽり収まる：$K \subset D_R$．（図 14.1）

K 上で関数項級数(14.1)が一様絶対収束することを示したいのだが，「収束するかしないか」は有限個の項を除外して証明しても同じこと．そこで，$|\Omega| < 2R$ となる項を外して，

$$f_{n,R}(u) := \sum_{\Omega \in \Gamma, |\Omega| \geqq 2R} \frac{1}{(u-\Omega)^n} \tag{14.2}$$

の収束を証明することにする．この級数の各項は D_R 全体で($u \in \Gamma$ であっても)定義されている．そこで，(14.2)で定義された級数が，D_R 全体で一様絶対収束することを示そう．(14.1)の級数が D_R の部分集合 K 上で一様絶対収束することは，このことから自動的にしたがう．

まず，級数の各項を次の形に変形する．

$$\frac{1}{(u-\Omega)^n} = \frac{1}{\Omega^n} \frac{1}{\left(\dfrac{u}{\Omega}-1\right)^n}.$$

$|u| \leqq R$, $|\Omega| \geqq 2R$ なので，右辺分母内の $\dfrac{u}{\Omega}-1$ の絶対値 $\left|\dfrac{u}{\Omega}-1\right|$ は

$$\left|\frac{u}{\Omega}-1\right| \geqq \left|\frac{|u|}{|\Omega|}-1\right| \geqq \frac{1}{2}$$

を満たす．したがって，

$$\frac{1}{\left|\left(\dfrac{u}{\Omega}-1\right)^n\right|} \leqq \left(\frac{1}{2}\right)^{-n}.$$

よって，(14.2)右辺の級数の各項の絶対値は $\dfrac{2^n}{|\Omega|^n}$ 以下：

$$(14.3)\qquad \sum_{\Omega\in\Gamma,|\Omega|\geqq 2R}\left|\frac{1}{(u-\Omega)^n}\right| \leqq \sum_{\Omega\in\Gamma,|\Omega|\geqq 2R}\frac{2^n}{|\Omega|^n}.$$

2^n は定数だから,

$$(14.4)\qquad \sum_{\Omega\in\Gamma,\Omega\neq 0}\frac{1}{|\Omega|^n}$$

が収束することを示せば(14.3)の右辺が収束し，級数(14.2)が D_R 上で一様絶対収束することが示される．(「一様収束」の部分はワイエルシュトラスの M テスト[2)]である．(14.3)の右辺は u によらないことに注意.)

(14.4)の和を取るときに“$|\Omega| \geqq 2R$”という条件を“$\Omega \neq 0$”に置き換えているが，余計な項(どうせ有限個)を付け加えても収束するならもとの級数も収束するから問題ない．この形にしておいた方が証明が見やすくなる．

(14.4)で和を取っているのは，Γ から原点を除いたところだが，これを「玉ねぎ」状に分けて，図14.2のように考えよう．

k を正の整数として，この「玉ねぎの皮」の一枚，$\pm k\Omega_1 \pm k\Omega_2$ を頂点とする平行四辺形の上に乗っている Γ の元全体を P_k とすると，

$$\Gamma \setminus \{0\} = \bigcup_{k=1}^{\infty} P_k$$

である．一番小さい平行四辺形，つまり P_1 の乗っている平行四辺形の内側に，その平行四辺形に接触しないように円を描き(図14.2の原点付近にある円)，その半径を r とする．P_1 上の点と原点との距離は r より大きい：$\Omega \in P_1$ ならば $|\Omega| > r$．P_k の乗っている平行四辺形は一番小さい平行四辺形を k 倍に拡大したものだから，$\Omega \in P_k$ ならば $|\Omega| > kr$ である．

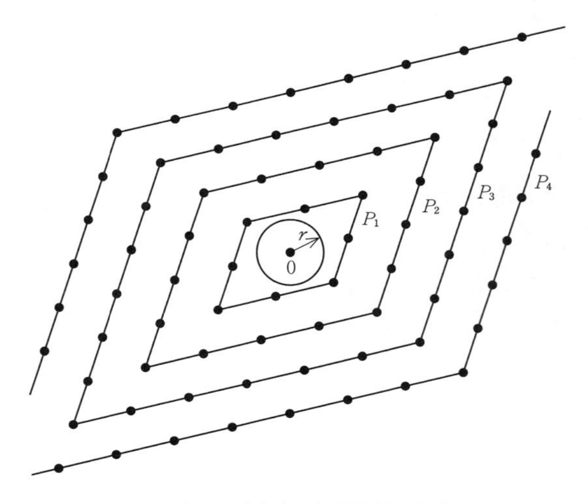

図 14.2　$\Gamma \setminus \{0\}$ を平行四辺形に分ける

各 P_k には $8k$ 個の格子点が含まれていることを考慮すると，(14.4)は

2) 例えば，杉浦光夫『解析入門 I』(東京大学出版会)第Ⅳ章，定理13.5.

$$\sum_{\Omega\in\Gamma,\Omega\neq 0}\frac{1}{|\Omega|^n}=\sum_{k=1}^{\infty}\sum_{\Omega\in P_k}\frac{1}{|\Omega|^n}<\sum_{k=1}^{\infty}8k\frac{1}{k^n r^n}=\frac{8}{r^n}\sum_{k=1}^{\infty}\frac{1}{k^{n-1}}$$

と評価されるが，大学の微積分の最初の方で習う通り，$\sum_{k=1}^{\infty}\frac{1}{k^{n-1}}$ は $n\geqq 3$ ならば収束する．したがって，$n\geqq 3$ のときに(14.4)は収束する．これで級数(14.2)が D_R 上で一様絶対収束することが示された．

(14.2)の後に述べたように，これで(14.1)の級数が u の関数を項とする級数として任意のコンパクト集合 ($\subset\mathbb{C}\setminus\Gamma$) 上で一様絶対収束することが分かった．これが定理 14.1 の最初の主張である．

級数(14.1)の各項は $\mathbb{C}\setminus\Gamma$ で正則関数だから，ワイエルシュトラスの定理[3]によって $\mathbb{C}\setminus\Gamma$ 上で正則関数になる．また，各 $\Omega_0\in\Gamma$ では，(14.1)の中の $\frac{1}{(u-\Omega_0)^n}$ という項を除いた部分は上と同じ議論によって(今度は $u=\Omega_0$ の近傍でも)正則関数になる．$\frac{1}{(u-\Omega_0)^n}$ は $u=\Omega_0$ で n 位の極を持つから，$f_n(u)$ は $\mathbb{C}$ 上で定義された有理型関数で，各 $\Omega\in\Gamma$ で n 位の極を持つことが示された．

さらに，定義(14.1)の形から，各 $\Omega_0\in\Gamma$ に対して $f_n(u+\Omega_0)=f_n(u)$ となることは容易に分かる(和の中の Ω を $\Omega+\Omega_0$ にずらすだけ)．これで $f_n(u)$ が Ω_1,Ω_2 を周期とする楕円関数であることが証明できた．

最後に定理 14.1 の三番目の主張，$f_n(u)$ の偶奇性を示す．これは定義に沿って計算し，途中で和の中の Ω を $-\Omega$ に変更すれば良い：

$$\begin{aligned}f_n(-u)&=\sum_{\Omega\in\Gamma}\frac{1}{(-u-\Omega)^n}\\&=\sum_{\Omega'(=-\Omega)\in\Gamma}\frac{(-1)^n}{(u-\Omega')^n}=(-1)^n f_n(u).\end{aligned}$$

□(定理の証明終わり)

これで，n 位 ($n\geqq 3$) の楕円関数ができた．「あれ？　なんで $n=2$ を除外しているの？　目標としている二位の楕円関数は『$n=2$ の場合』とすればすぐできるじゃないか！」 残念ながら，そうはいかない．証明の途中で出てきた $\sum_{\Omega\in\Gamma,\ \Omega\neq 0}\frac{1}{|\Omega|^n}$ という級数が $n=2$ では発散してしまい，$n=2$ の場合は定理の主張は成り立たないのだ．

---

3) 「正則関数の列が，定義域に含まれる任意のコンパクト集合上で一様収束すれば，極限は正則関数である．」 例えばアールフォルス『複素解析』(現代数学社)第 5 章 §1.1，高橋礼司『複素解析』(東京大学出版会)第 5 章 §1 a 参照.

そこで，(14.1)に「修正」を施して二位の楕円関数を作ることを考えよう．

定理 14.2　級数

$$\wp(u) := \frac{1}{u^2} + \sum_{\Omega\in\Gamma,\ \Omega\neq 0}\left(\frac{1}{(u-\Omega)^2} - \frac{1}{\Omega^2}\right) \tag{14.5}$$

は，$\mathbb{C}\setminus\Gamma$ 内の任意のコンパクト集合上で一様に絶対収束し，Γ に極を持つ二位の楕円関数を与える．これは偶関数である．

級数(14.5)で定義された $\wp(u)$ を**ワイエルシュトラス**(Weierstrass)**の $\wp$ 関数**と呼ぶ．これが例 13.6 で「楕円積分の逆関数」として定義したものと一致することは，後で説明する．

証明　三位の楕円関数 $f_3(u) = \sum_{\Omega\in\Gamma}\frac{1}{(u-\Omega)^3}$ を積分して $\wp$ を作ろう，というのがアイディア．

まず，f_3 から $\Omega=0$ に当たる項 $\frac{1}{u^3}$ を除いて，それを 0 から u まで積分する．

$$\begin{aligned}
&\int_0^u \left(f_3(v) - \frac{1}{v^3}\right)dv \\
&\quad = \int_0^u \left(\sum_{\Omega\in\Gamma\setminus\{0\}} \frac{1}{(v-\Omega)^3}\right)dv \\
&\quad = \sum_{\Omega\in\Gamma\setminus\{0\}} \int_0^u \frac{1}{(v-\Omega)^3}dv = -\frac{1}{2}\sum_{\Omega\in\Gamma\setminus\{0\}}\left(\frac{1}{(u-\Omega)^2} - \frac{1}{\Omega^2}\right).
\end{aligned}$$

この変形では二つ注意が必要である．一つ目は，二行目から三行目へ移るところで，積分と無限和の順序交換．これは無限和が一様絶対収束しているお陰で問題ない(積分路がコンパクトであることに注意)．もう一つ気を付けなくてはいけないのは，積分を単に「0 から u まで」として積分路を指定していない点．被積分関数 $f_3(v) - v^{-3}$ の特異点は $\Omega\in\Gamma\setminus\{0\}$ にある三位の極．その主要部は $(v-\Omega)^{-3}$ だけで留数を持たないから，コーシーの積分定理を使って経路は自由に変更できるため，経路を指定する必要はないのである(もちろん，経路が Γ を通っては困る)．

さて，上の計算の結果出てきた級数は「ほぼ」(14.5)で定義された $\wp$ 関数である．留数を持たない有理型関数を積分したのであるから有理型で，三位の極は積分されて二位の極を持つ．したがって，

$$\wp(u) = \frac{1}{u^2} - 2\int_0^u \left(f_3(v) - \frac{1}{v^3}\right)dv$$

も有理型関数で，Γ に二位の極を持つ．さらに，上の式を u で微分すれば $\wp'(u) = -2f_3(u)$ となることも容易に分かる．

$\wp(u)$ が楕円関数であることを示す前に，偶関数であることを示してしまおう．これは，定理 14.1 の偶奇性の証明と同様で計算だけである．

$$\begin{aligned}\wp(-u) &= \frac{1}{(-u)^2} + \sum_{\Omega\in\Gamma\setminus\{0\}} \left(\frac{1}{(-u-\Omega)^2} - \frac{1}{\Omega^2}\right) \\ &= \frac{1}{u^2} + \sum_{\Omega\in\Gamma\setminus\{0\}} \left(\frac{1}{(u+\Omega)^2} - \frac{1}{\Omega^2}\right) \\ &= \frac{1}{u^2} + \sum_{\Omega'(=-\Omega)\in\Gamma\setminus\{0\}} \left(\frac{1}{(u-\Omega')^2} - \frac{1}{\Omega'^2}\right) = \wp(u).\end{aligned}$$

最後に，いよいよ「楕円関数であること」，Ω_1 と Ω_2 を周期とすることを示す．まず，既に $\wp'(u) = -2f_3(u)$ が楕円関数であることは分かっていることに注意しよう：$\wp'(u+\Omega_1) = \wp'(u+\Omega_2) = \wp'(u)$.

これから $\wp(u+\Omega_i) - \wp(u)$ $(i = 1, 2)$ の微分が 0 になり，この関数は u によらない定数になる．この定数を $\wp(u+\Omega_i) - \wp(u) = C_i$ と表す．C_1, C_2 が 0 であることを言えば，$\wp(u)$ が周期的であることが示される．

ここで $\wp(u)$ が偶関数であることを使う．$u = -\dfrac{\Omega_i}{2}$ $(i = 1, 2)$ と置いてみると，

$$C_i = \wp\left(\frac{\Omega_i}{2}\right) - \wp\left(-\frac{\Omega_i}{2}\right).$$

$\wp(u)$ は偶関数だからこれは 0 である． □

練習 14.3 $\wp'\left(\dfrac{\Omega_i}{2}\right) = 0$ $(i = 1, 2, 3)$ を示せ．ただし，$\Omega_3 = \Omega_1 + \Omega_2$.

14.2 ℘関数の性質

ここでは，前節で構成した ℘ 関数の性質を調べる．楕円積分の逆関数として導入した ℘ 関数と同じものであることも，その性質を比べることで証明できる．

有理型関数があればまず最初にやる作業は，極でのローラン展開．$\wp(u)$ は各 $\Omega\in\Gamma$ に二位の極を持っているが，周期性から $u = 0$ での展開を調べれば他の極

での展開は平行移動により求められる．級数(14.5)による定義を

$$\wp(u) = \frac{1}{u^2} + \sum_{\Omega\in\Gamma\setminus\{0\}} \left(\frac{1}{(u-\Omega)^2} - \frac{1}{\Omega^2} \right)$$
$$= \frac{1}{u^2} + c_0 + c_2 u^2 + \cdots + c_{2n} u^{2n} + \cdots$$

のように展開する．$\wp(u)$ は偶関数だから，偶数べきの項しか出てこない．正則関数の部分 $c_0+c_2u^2+\cdots$ は，一行目の $\dfrac{1}{u^2}$ を除いた残りの級数をテイラー展開したものだから，$\Gamma\setminus\{0\}$ を Γ' と略記すると，項別微分によって

$$c_{2n} = \frac{1}{(2n)!} \frac{d^{2n}}{du^{2n}}\bigg|_{u=0} \sum_{\Omega\in\Gamma'} \left(\frac{1}{(u-\Omega)^2} - \frac{1}{\Omega^2} \right)$$
$$= \begin{cases} 0 & (n=0), \\ (2n+1) \displaystyle\sum_{\Omega\in\Gamma'} \frac{1}{\Omega^{2n+2}} & (n\neq 0). \end{cases}$$

(項別微分してよいのは，各コンパクト集合上で一様収束しているから.)　後の都合から，c_{2n} のうちの零でない最初の二つに係数を掛けたものを次の記号で表す．

$$g_2 := 20c_2 = 60 \sum_{\Omega\in\Gamma'} \frac{1}{\Omega^4},$$
(14.6)
$$g_3 := 28c_4 = 140 \sum_{\Omega\in\Gamma'} \frac{1}{\Omega^6}.$$

この記号を使うと，$\wp(u)$ とその微分 $\wp'(u)$ の u^4 の次数までのローラン展開は次のようになる．

$$\wp(u) = \frac{1}{u^2} + \frac{g_2}{20}u^2 + \frac{g_3}{28}u^4 + O(u^6),$$

$$\wp'(u) = -\frac{2}{u^3} + \frac{g_2}{10}u + \frac{g_3}{7}u^3 + O(u^5).$$

これから，

$$\wp'(u)^2 = \frac{4}{u^6} - \frac{2g_2}{5}\frac{1}{u^2} - \frac{4g_3}{7} + O(u^2),$$

$$-4\wp(u)^3 = -\frac{4}{u^6} - \frac{3g_2}{5}\frac{1}{u^2} - \frac{3g_3}{7} + O(u^2),$$

$$g_2\wp(u) = g_2\frac{1}{u^2} + O(u^2).$$

この三つを足し合わせると，

$$\wp'(u)^2 - 4\wp(u)^3 + g_2\wp(u) = -g_3 + O(u^2)$$

となる(この式がきれいになるように(14.6)の係数を決めた)．$\wp(u)$ と $\wp'(u)$ は Γ を周期とし，Γ に極を持つ楕円関数だから，上の式の左辺も Γ を周期とする楕円関数で，極は Γ に含まれる．

一方，右辺の $-g_3+O(u)$ は原点に特異点を持っていない．したがって，$\wp'(u)^2-4\wp(u)^3+g_2\wp(u)$ という組合せは楕円関数でありながら，極を持っていないことが分かる．ところが，リューヴィルの(第一)定理(定理 13.9)により，そのような楕円関数は定数に限る．その定数は，右辺で $u=0$ と置いた値 $=g_3$ であるから，$\wp'(u)^2-4\wp(u)^3+g_2\wp(u)=-g_3$ である．言い換えると，

(14.7)　$\wp'(u)^2=4\wp(u)^3-g_2\wp(u)-g_3$

という ℘ 関数の満たす微分方程式が得られた．

練習 14.4　(i)　$e_i:=\wp\left(\frac{\Omega_i}{2}\right)$ $(i=1,2,3\,;\,\Omega_3=\Omega_1+\Omega_2)$ が次の関係式を満たすことを示せ．

$$e_1+e_2+e_3=0,\qquad e_1e_2+e_2e_3+e_3e_1=-\frac{g_2}{4},\qquad e_1e_2e_3=\frac{g_3}{4}.$$

(ヒント：練習 14.3 と微分方程式(14.7)を使う．)

(ii)　e_i は互いに相異なることを示せ．(ヒント：℘ 関数は二位なので，$\wp(u)=e_i$ となる u は周期平行四辺形内に重複度を含めて二つ．練習 14.3 から根 $u=\frac{\Omega_i}{2}$ の重複度が分かる．)

微分方程式(14.7)を使うと，℘ 関数の楕円積分の逆関数としての定義と級数(14.5)による定義との同値性が示せる．まず，(14.7)を次のように書き直そう．

$$\frac{d\wp}{du}=\sqrt{4\wp^3-g_2\wp-g_3},$$

$$\text{つまり，}\qquad 1=\frac{1}{\sqrt{4\wp^3-g_2\wp-g_3}}\frac{d\wp}{du}.$$

これを $u=0$ $(\leftrightarrow \wp(0)=\infty)$ から u $(\leftrightarrow \wp(u))$ まで積分すると，右辺の積分では $z=\wp(u)$ という変数変換をすることで，

(14.8)　$$u=\int_\infty^{\wp(u)}\frac{dz}{\sqrt{4z^3-g_2z-g_3}}$$

となる．右辺は第一種楕円積分であるから，この式は $\wp(u)$ が第一種楕円積分の逆関数であることを示している．

また，

(14.9)　$W : \mathbb{C}/\Gamma \ni u \mapsto (\wp(u), \wp'(u)) \in \overline{\mathcal{R}}$

によってアーベル-ヤコビ写像 AJ の逆写像が与えられる．ここで，W の値域となっている $\overline{\mathcal{R}}$ は $\{(z, w) \mid w^2 = 4z^3 - g_2 z - g_3\}$ のコンパクト化として得られる楕円曲線である．(多項式 $4z^3 - g_2 z - g_3$ が重根を持たないことは練習14.4が保証する．) $(z, w) = (\wp(u), \wp'(u))$ が $\overline{\mathcal{R}}$ に乗っていることは，微分方程式(14.7)が保証する．式(14.8)は W と第一種楕円積分の合成写像が恒等写像であることを示している．次の二つの事実は練習問題として確認してもらおう．

練習 14.5　(i)　W は $\overline{\mathcal{R}}$ への写像として**正則**であること($W(u)$ の $\overline{\mathcal{R}}$ での座標が u の正則関数であること)を示せ．(ヒント：$\overline{\mathcal{R}}$ の分岐点と無限遠点の近傍では局所座標をそれぞれ $w, \eta = wz^{-2}$ とすることを忘れずに．)

(ii)　W が全単射であることを示せ．(ヒント：$\wp(u)$ は位数2なので $\mathbb{C}/\Gamma$ 上で $\mathbb{P}^1$ の任意の値を重複度を込めて二回ずつ取る(リューヴィルの(第三)定理(定理13.14))．相異なる u_1, u_2 で $\wp(u_1) = \wp(u_2)$ となるならば，$\wp'(u)$ の方で区別されることを言う．$\wp(u)$ は偶関数であることと練習14.3に注意．)

これらから，注13.3で言及したように「$\mathbb{R}$ 上一次独立な任意の二つの複素数 Ω_1, Ω_2 を与えたとき，それらを A 周期，B 周期とするような楕円曲線が存在する」ということも分かる．この Ω_1, Ω_2 を使って g_2, g_3 を(14.6)で定義して楕円曲線 $\overline{\mathcal{R}}$ を上のように作れば良い．

第13.1節の最初に述べたように，楕円関数は楕円曲線上の有理型関数だから，$\overline{\mathcal{R}}$ の座標 z や w の有理型関数として表されるが，実は z と w の**有理関数**(多項式の商)で書けてしまう．次の練習問題で二重周期関数としての楕円関数が $\wp(u)$ と $\wp'(u)$ の有理式で表されることを示し，(14.9)の写像 W で $\overline{\mathcal{R}}$ の言葉に直せば良い．

練習 14.6　周期 Γ を持つ任意の楕円関数 $f(u)$ は $\wp(u)$ と $\wp'(u)$ を使って次のように表される：

(14.10)　$f(u) = R_1(\wp(u)) + R_2(\wp(u))\,\wp'(u).$

ここで，R_1 と R_2 は f から決まる有理関数である．これを次の手順で示せ．

（i） $f(u)$ は偶関数とする．このとき，$\Omega\in\Gamma$ に対して $f\left(u+\dfrac{\Omega}{2}\right)$ も u の偶関数になることを示せ．さらに，このことを使って $f\left(\dfrac{\Omega}{2}\right)=0$ ならば $\dfrac{\Omega}{2}$ は偶数位の零点であることを示せ．同様に，$\dfrac{\Omega}{2}$ が極ならば偶数位の極であることを示せ．

（ii） f を偶関数とし，$\{a_1,\cdots,a_N\}$ を平行四辺形 $\Pi:=\{x\Omega_1+y\Omega_2\,|\,0\leqq x\leqq 1,\ 0\leqq y\leqq 1\}$ に含まれる 0 ではない相異なるすべての零点とする．f は偶関数なので，$-a_i\ (i=1,\cdots,N)$ も零点になる．したがって，各 $i\ (i=1,\cdots,N)$ に対して $a_{i'}\equiv -a_i \bmod \Gamma$ となる $i'\ (i'=1,\cdots,N)$ がある．この $a_{i'}$ は $2a_i\in\Gamma$ のときに限り a_i と一致するから，$\{a_1,\cdots,a_N\}$ を適宜並べ替えて，

$$
\begin{aligned}
&i=N'+1,\cdots,N-N':\qquad && 2a_i\in\Gamma,\\
&i=N-N'+1,\cdots,N:\qquad && a_i\equiv -a_{N-i+1} \bmod \Gamma,
\end{aligned}
$$

とできる．つまり，$\{a_1,\cdots,a_N\}$ は $(a_1,a_N),\cdots,(a_{N'},a_{N-N'+1})$ という N' 個のペア（$a_i+a_{N-i+1}\equiv 0$ を満たすもの達）と残りの $a_{N'+1},\cdots,a_{N-N'}$（$2a_i\in\Gamma$ となるもの達）に分割できる．

$\{b_1,\cdots,b_M\}$ を平行四辺形 Π に含まれる 0 ではない相異なるすべての極とすると，同様にして

$$
\begin{aligned}
&j=M'+1,\cdots,M-M':\qquad && 2b_j\in\Gamma,\\
&j=M-M'+1,\cdots,M:\qquad && b_j\equiv -b_{M-j+1} \bmod \Gamma,
\end{aligned}
$$

と仮定してよい．

零点 a_i の位数を n_i とし，極 b_j の位数を k_j とする．自然数 m_i と l_j を次のように決める．

$$
m_i:=\begin{cases} n_i & (2a_i\notin\Gamma),\\ \dfrac{n_i}{2} & (2a_i\in\Gamma),\end{cases}\qquad
l_j:=\begin{cases} k_j & (2b_j\notin\Gamma),\\ \dfrac{k_j}{2} & (2b_j\in\Gamma).\end{cases}
$$

このとき，$f(u)$ は適当な複素数 c を取ると

$$
f(u)=c\frac{\prod_{i=1}^{N-N'}(\wp(u)-\wp(a_i))^{m_i}}{\prod_{j=1}^{M-M'}(\wp(u)-\wp(b_j))^{l_j}}
$$

と表されることを示せ．（ヒント：右辺の分数は，f と同じ零点と極を持つことを示し，左辺と右辺の比が定数になることをリューヴィルの第一定理を使って示す．0 が f の零点や極である場合に注意すること．）

（iii） 楕円関数 $f(u)$ が奇関数ならば $\wp(u)$ の有理関数と $\wp'(u)$ の積であることを示せ．(ii)の結果と合わせて，任意の楕円関数が(14.10)の形に表されること

を示せ(ヒント：$f(u)$ は偶関数 $\dfrac{f(u)+f(-u)}{2}$ と奇関数 $\dfrac{f(u)-f(-u)}{2}$ の和になる.).

注 14.7　これは「リーマン球面 $\mathbb{P}^1(\mathbb{C})$ 上の有理型関数は有理関数になる[4)]」という事実の楕円関数版．実は，任意のコンパクトなリーマン面に対して同様のことが成り立つ.

14.3　$\wp$ 関数の加法定理

第 4.2.3 節で，ヤコビの楕円関数が加法定理を持つことを示した(そこでは実数についてしか考えていなかったが，第 19.2.1 節で複素数版を証明する)．一般の楕円関数も加法定理を持つことが証明できるが(第 15 章)，これは $\mathbb{C}/\Gamma$ に自然な加法

$$[u_1 \bmod \Gamma]+[u_2 \bmod \Gamma] = [u_1+u_2 \bmod \Gamma]$$

が定義されることの反映である．ここでは，$\wp$ 関数の加法定理を証明しよう.

定理 14.8 ($\wp$ 関数の加法定理)　$u_1+u_2+u_3=0$ ならば(あるいは，$u_1+u_2+u_3 \equiv 0 \bmod \Gamma$ ならば)，

$$\begin{vmatrix} \wp'(u_1) & \wp(u_1) & 1 \\ \wp'(u_2) & \wp(u_2) & 1 \\ \wp'(u_3) & \wp(u_3) & 1 \end{vmatrix} = 0. \tag{14.11}$$

$\wp'(u)$ は奇関数だから $\wp'(u_3) = -\wp'(u_1+u_2)$，$\wp(u)$ は偶関数だから $\wp(u_3) = \wp(u_1+u_2)$ なので，(14.11) は u_1+u_2 における $\wp$ 関数とその微分の値を u_1, u_2 での値に代数的に結びつけている，という意味で「加法定理」である.

証明　$\wp(u_1) \neq \wp(u_2)$ と仮定する．関数論の「一致の定理」[5)]によって，この場合に(14.11)が証明できれば，任意の u_1, u_2 について(14.11)が成り立つ.

複素数のペア (a, b) を連立一次方程式

4) 「$\mathbb{C}$ 上で正則で有界な関数は定数」というリューヴィルの定理の帰結である．例えばアールフォルス『複素解析』(現代数学社)第 4 章 §3.2 練習問題 4，高橋礼司『複素解析』(東京大学出版会)第 5 章 §4 定理 5.14 系 2 参照.

5) いろいろなバージョンがあるが，ここでは「連結開集合の上で定義された二つの正則関数が空でない開部分集合上で一致すれば，定義域全体で一致する」.

$$(14.12)\quad a\wp(u_1)+b=\wp'(u_1),\qquad a\wp(u_2)+b=\wp'(u_2)$$

の解とする．簡単な方程式だから，解の具体的な形も分かるので書いておこう．

$$(14.13)\quad \begin{aligned} a &= \frac{\wp'(u_1)-\wp'(u_2)}{\wp(u_1)-\wp(u_2)}, \\ b &= \frac{\wp(u_1)\,\wp'(u_2)-\wp'(u_1)\,\wp(u_2)}{\wp(u_1)-\wp(u_2)}. \end{aligned}$$

この具体形は後の練習問題で必要になる．

$f(u):=\wp'(u)-a\wp(u)-b$ とすると，

- 楕円関数の線形結合だから f は楕円関数．
- $u=0$ では $\wp'(u)$ が三位の極，$\wp(u)$ は二位の極を持つから，f は三位の極を持つ．一つの周期平行四辺形内に他に極はない．

したがって $f(u)$ は三位の楕円関数で，リューヴィルの第三定理(定理 13.13)によれば，$f(u)=0$ となる u が周期平行四辺形の中に三つある．(14.12)から $f(u_1)=f(u_2)=0$ なので，残りは一つ(周期で適宜ずらして u_1 と u_2 は同じ周期平行四辺形の中にあるとしておく)．それを u_0 とする．

リューヴィルの第四定理(定理 13.15)により，

$$u_0+u_1+u_2\equiv(f\text{ の極の位置の和})=0\mod\Gamma$$

だから $u_0\equiv u_3 \mod \Gamma$ なので $f(u_3)=0$ である．これで $f(u)=0$ の三つの解が見つかったことになる：$f(u_1)=f(u_2)=f(u_3)=0$.

$f(u)=\wp'(u)-a\wp(u)-b$ であるから，次の式の左辺の各成分が $f(u_1), f(u_2), f(u_3)$ で，結果は零ベクトルになる．

$$(14.14)\quad \begin{pmatrix} \wp'(u_1) & \wp(u_1) & 1 \\ \wp'(u_2) & \wp(u_2) & 1 \\ \wp'(u_3) & \wp(u_3) & 1 \end{pmatrix}\begin{pmatrix} 1 \\ -a \\ -b \end{pmatrix}=0.$$

この式は行列をベクトルに掛けたら0という式だが，ここに出てきているベクトル $\begin{pmatrix} 1 \\ -a \\ -b \end{pmatrix}$ は第一成分が1だから，当然零ベクトルではない．0ではないベクトルに行列を掛けて0になってしまうのだから，この行列は逆行列を持たない．線形代数によれば，このような行列の行列式は0になるが，これは(14.11)に他ならない． □

系 14.9

$$\wp(u_1+u_2) = -\wp(u_1)-\wp(u_2)+\frac{1}{4}\left(\frac{\wp'(u_1)-\wp'(u_2)}{\wp(u_1)-\wp(u_2)}\right)^2. \tag{14.15}$$

こちらの方が「加法定理」という呼び名には相応しいかもしれない．

練習 14.10　系 14.9 を証明せよ．
（ヒント：u_1, u_2, u_3 はどれも $\wp'(u) = a\wp(u)+b$ と(14.7)を満たす．したがって，$\wp(u_1), \wp(u_2), \wp(u_3) = \wp(u_1+u_2)$ の三つはある三次方程式を満たしている．その三次方程式に根と係数の関係を適用する．）

加法定理は幾何学的な記述もできる．本質的には，「$\mathbb{C}/\Gamma$ が加法群の構造を持つこと」の言い換えなのだが，一次方程式(14.14)の意味付けにもなっている．

練習 14.11　上の定理 14.8 の証明を楕円曲線

$$\overline{\mathcal{R}} := \overline{\{(z, w) \mid w^2 = 4z^3-g_2z-g_3\}} \subset \mathbb{P}^2$$

の $(z, w) = (\wp(u), \wp'(u))$ という座標で読み替えると，次のような幾何学的な加法が定義されることを確認せよ．

（i）　単位元 $\mathbf{O}$ は無限遠点 ∞ $(= [0:0:1] \in \mathbb{P}^2)$.

（ii）　$\overline{\mathcal{R}}$ の三点 $\mathrm{P}_1, \mathrm{P}_2, \mathrm{P}_3$ が $\mathrm{P}_1+\mathrm{P}_2+\mathrm{P}_3 = \mathbf{O}$ を満たすことと $\mathrm{P}_1, \mathrm{P}_2, \mathrm{P}_3$ を通る $\mathbb{C}^2$ 内(あるいは $\mathbb{P}^2$ 内)の直線[6)]が存在することは同値.

これで「一番簡単な楕円関数」の一つ $\wp(u)$ については分かったことにしよう．もう一つの「一番簡単な楕円関数」，ヤコビの楕円関数の複素数版を具体的に構成するためには「楕円関数もどき」のテータ関数というものを使うのが便利なので，第 17 章から第 19 章でテータ関数を紹介し，第 20 章でヤコビの楕円関数を複素関数として再定義する．

その前に，この章で述べたワイエルシュトラスの $\wp$ 関数の性質(特に楕円関数が $\wp$ 関数で表されることと加法定理)を使うと，一般の楕円関数の加法定理を証明できるので，次章ではそのことを説明しよう．

6) $\mathbb{C}^2$ 内の直線とは，$az+bw+c = 0$ の形の方程式を満たす (z, w) のなす集合．$\mathbb{P}^2$ 内の直線とは，$ax_0+bx_1+cx_2 = 0$ の形の方程式を満たす $[x_0 : x_1 : x_2]$ のなす集合.

第15章

加法定理

楕円関数の民族性

前章では楕円関数の一例としてワイエルシュトラスの $\wp$ 関数を構成し，その性質を調べ，特に加法定理を導いた．さらに $\wp$ 関数は実は単なる「楕円関数の例」ではなく，任意の楕円関数が $\wp(u)$ と $\wp'(u)$ の有理関数として書けてしまうことを，練習問題としてだが証明した．この章では，この事実を使って $\wp$ 関数の加法定理から任意の楕円関数の加法公式が導かれることを見よう．

前章と同じく，$\mathbb{R}$ 上一次独立な二つの複素数 Ω_1, Ω_2 を持って来て，それらで張られる周期格子を $\Gamma := \mathbb{Z}\Omega_1 + \mathbb{Z}\Omega_2$ と表す．この章に出てくる楕円関数は，すべてこの周期格子に関して二重周期的だとする．

15.1　$\wp$ 関数の加法定理・再訪

まず，ワイエルシュトラスの $\wp$ 関数の加法定理を復習しよう．

一つの表現は，

$$(15.1)\quad \begin{vmatrix} \wp'(u) & \wp(u) & 1 \\ \wp'(v) & \wp(v) & 1 \\ -\wp'(u+v) & \wp(u+v) & 1 \end{vmatrix} = 0$$

というもの(前章の定理 14.8 を，$u_1 \mapsto u$，$u_2 \mapsto v$ と書き換えた；$u_3 \equiv -(u+v) \bmod \Gamma$ であり，$\wp(-u) = \wp(u)$，$\wp'(-u) = -\wp'(u)$ だから上の形になる)．もう一つは

$$(15.2)\quad \wp(u+v) = -\wp(u) - \wp(v) + \frac{1}{4}\left(\frac{\wp'(u)-\wp'(v)}{\wp(u)-\wp(v)}\right)^2$$

だった(こちらは系 14.9)．

前者(15.1)に比べて後者(15.2)は複雑だが，ある意味でちょっとだけ「良い形」

になっている．それは，「$\wp'(u+v)$ が入っていないこと」．「$\wp$ の加法定理が欲しい」のだから，できれば $\wp(u+v)$ を $\wp(u)$ と $\wp(v)$ だけで書きたいのだが，(14.11)では $\wp'(u)$, $\wp'(v)$ と $\wp'(u+v)$ も含んだ式になっている．二つ目の(15.2)では $\wp'(u+v)$ がいなくなって，少し「加法定理らしくなった」という訳.

それでもまだ $\wp'(u)$, $\wp'(v)$ が残っている．これらを使わないといけないのは，ちょうど sin の加法定理が sin だけでは書けずに

$$(15.3)\quad \sin(u+v) = \sin u \cos v + \sin v \cos u$$

と cos も使わないといけないことと似ている．もっとも，これを sin だけを使って書く方法もないわけではない．$\cos v = \sqrt{1-\sin^2 v}$ を使って，

$$\sin(u+v) = \sin u\sqrt{1-\sin^2 v} + \sin v\sqrt{1-\sin^2 u}$$

としてしまうのだ．しかし，ルートが出るとまたしても符号の問題が出てくる．ならばルートのない関係式にしてしまおう．この式の両辺を二乗すると，

$$\begin{aligned}\sin^2(u+v) &= \sin^2 u(1-\sin^2 v) + \sin^2 v(1-\sin^2 u)\\ &\quad + 2\sin u \sin v\sqrt{1-\sin^2 v}\sqrt{1-\sin^2 u}.\end{aligned}$$

まだルートがあるから，ルートのない項を左辺に移してから二乗すると，

$$\begin{aligned}&(\sin^2(u+v) - \sin^2 u - \sin^2 v + 2\sin^2 u \sin^2 v)^2\\ &\quad = 4\sin^2 u \sin^2 v(1-\sin^2 u)(1-\sin^2 v).\end{aligned}$$

ひどい式になったが，一応これで「$\sin(u+v)$ と $\sin u, \sin v$ の間に成り立つ多項式による関係式」が求まったことになる．このように，ある関数 $f(u)$ が三変数<u>多項式</u> $P(X, Y, Z)$ $(\neq 0)$ を使った

$$(15.4)\quad P(f(u), f(v), f(u+v)) = 0$$

という式を満たすときに，**代数的加法公式を持つ**と言うことにする．つまり，sin は代数的加法公式を持つというわけである(P として，$(Z^2-X^2-Y^2+2X^2Y^2)^2 - 4X^2Y^2(1-X^2)(1-Y^2) = X^4+Y^4+Z^4-2(X^2Y^2+Y^2Z^2+Z^2X^2)+4X^2Y^2Z^2$ を取ればよい).

「なぜ多項式にこだわるのか」は説明しておこう．もし「何でもよいから $f(u)$, $f(v)$, $f(u+v)$ の間の関係式があればよい」と言われたら，例えば逆関数 f^{-1} を使って

$$f(u+v) = f(f^{-1}(f(u)) + f^{-1}(f(v)))$$

という当たり前の式を「加法定理だ」と強弁することだってできてしまう．三角関数の加法定理に価値があるのは，$f(u+v)$ が $f(u)$ と $f(v)$ に「簡単な」関係で

結びついているからで，そこに $\sin^{-1}$ が現れては意味がない．だからこそ代数的加法公式という括りで考える訳である．

ただし，(15.4)の「多項式 $P(X,Y,Z)$」は「有理式 $R(X,Y,Z)$」で置き換えても本質的な違いはない．これは，有理式 $R(X,Y,Z)$ を $\dfrac{P(X,Y,Z)}{Q(X,Y,Z)}$ と二つの多項式 P,Q の比の形に書き，Q を掛けて分母を払えば多項式 $P(X,Y,Z)$ について $P(f(u),f(v),f(u+v))=0$ が成り立つからである．

さて，楕円関数の話に戻ろう．$\wp$ 関数は代数的加法公式を持つだろうか？ これは，(15.2)から $\wp'(u)$ と $\wp'(v)$ を消せば得られるはずである．sin の加法定理(15.3)の場合は $\cos^2 u=1-\sin^2 u$ という関係式を使って cos を消した．$\wp$ 関数の場合，これに相当する関係式，つまり $\wp'(u)$ と $\wp(u)$ の間の関係式は？ そう，前章で導いた「$\wp$ 関数の満たす微分方程式」(14.7)．再掲しておくと

$$\wp'(u)^2=4\wp(u)^3-g_2\wp(u)-g_3 \tag{15.5}$$

である．

加法定理(15.2)から(15.5)を使って $\wp'(u)$ と $\wp'(v)$ を消してみよう[1]．まず，(15.2)の左辺に $\wp(u)$ と $\wp(v)$ を移項してから $4(\wp(u)-\wp(v))^2$ を掛けて分母を払う：

$$4(\wp(u+v)+\wp(u)+\wp(v))(\wp(u)-\wp(v))^2=(\wp'(u)-\wp'(v))^2. \tag{15.6}$$

この両辺を $2\wp'(u)^2+2\wp'(v)^2$ から引くと，

$$\begin{aligned}&2\wp'(u)^2+2\wp'(v)^2-4(\wp(u+v)+\wp(u)+\wp(v))(\wp(u)-\wp(v))^2\\&\quad=(\wp'(u)+\wp'(v))^2.\end{aligned} \tag{15.7}$$

一方，微分方程式(15.5)から同じ方程式で変数を $u\mapsto v$ と変更したものを引けば，

$$\wp'(u)^2-\wp'(v)^2=(\wp(u)-\wp(v))(4\wp(u)^2+4\wp(u)\wp(v)+4\wp(v)^2-g_2). \tag{15.8}$$

式(15.6)と(15.7)を掛けたものの右辺は(15.8)の左辺の二乗に等しいから，

$$\begin{aligned}&4(\wp(u+v)+\wp(u)+\wp(v))(\wp(u)-\wp(v))^2\\&\qquad\times(2\wp'(u)^2+2\wp'(v)^2-4(\wp(u+v)+\wp(u)+\wp(v))(\wp(u)-\wp(v))^2)\\&\quad=(\wp(u)-\wp(v))^2(4\wp(u)^2+4\wp(u)\wp(v)+4\wp(v)^2-g_2)^2.\end{aligned}$$

両辺を $(\wp(u)-\wp(v))^2$ で割れば，

$$\begin{aligned}&4(\wp(u+v)+\wp(u)+\wp(v))\\&\qquad\times(2\wp'(u)^2+2\wp'(v)^2-4(\wp(u+v)+\wp(u)+\wp(v))(\wp(u)-\wp(v))^2)\end{aligned}$$

1) 以下の巧妙な式変形は落合啓之氏にご教示いただいた．感謝します．

$$= (4\wp(u)^2+4\wp(u)\wp(v)+4\wp(v)^2-g_2)^2.$$

この左辺の $\wp'(u)^2$ と $\wp'(v)^2$ を微分方程式(15.5)で書き直せば，$\wp$ 関数についての(15.4)の形の代数的加法公式

(15.9)　$P_0(\wp(u), \wp(v), \wp(u+v)) = 0$

という形の式が得られるはずだ．だから $\wp$ 関数は代数的加法公式を持つ！ …，ちょっと待った，慌ててはいけない．もしもこの P_0 が恒等的に 0 になってしまっては意味がない．具体的に多項式 $P_0(a,b,c)$ ($a=\wp(u)$, $b=\wp(v)$, $c=\wp(u+v)$) を求めて 0 でないことをチェックしよう．式(15.9)の前で述べた作業を最後まできちんとやり切れば，

(15.10)　$P_0(a,b,c) = (g_2+4(ab+ac+bc))^2+16(a+b+c)(g_3-4abc)$

となるので，多項式 $P_0(a,b,c)$ は 0 ではない．したがって，(15.9)でたしかに $\wp$ 関数の代数的加法公式が得られたことになる．

15.2　一般の楕円関数の加法定理

ワイエルシュトラスの $\wp$ 関数が代数的加法公式を持つならば，他の楕円関数はどうだろうか？ ヤコビの楕円関数 sn, cn, dn が加法定理を持つことは第 4.2.3 節で述べた(実数で定義された場合だが，本書の最終章(第 20 章)で，これらの関数を複素数で定義して同じ加法定理を証明する)．この加法定理は sn, cn, dn が入り混じった形だったが，上記の sin の場合と同様にして sn, cn, dn それぞれの関数についての代数的加法公式を作ることができる．

ワイエルシュトラスの $\wp$ 関数の場合とヤコビの楕円関数の場合では加法定理の証明方法がまったく異なり，どちらもそれぞれの関数の特性をフルに使っている．そのため，その証明を見て「他の楕円関数に一般化できないか」と考えるのは少々無理がある．しかし，幸い我々は「一般の楕円関数は $\wp$ 関数とその微分の有理関数で表される」ことは知っている(前章の練習 14.6)．これと $\wp$ 関数の代数的加法公式を組み合わせて，次の定理を証明しよう．

定理 15.1　$f(u)$ を楕円関数とすると，三変数多項式 $P(X,Y,Z)$ が存在して，代数的加法公式

(15.11)　$P(f(u), f(v), f(u+v)) = 0$

が成立する．($P(X,Y,Z)$ は X,Y,Z を必ず含む．特に 0 ではない．)

証明　前章の練習 14.6 によれば，ある有理式 R_1, R_2 があって，f は

(15.12)　$f(u) = R_1(\wp(u)) + R_2(\wp(u))\wp'(u)$

と表示される．もし $R_2 = 0$ ならば，R_1 の分母を払って（$\wp(u)$ の多項式）$\times f(u)$ $=$（$\wp(u)$ の多項式）となる．$R_2 \neq 0$ で $\wp$ と $\wp'$ の両方が現れているときには式(15.12)を

$$\frac{f(u) - R_1(\wp(u))}{R_2(\wp(u))} = \wp'(u)$$

と変形してから両辺を二乗し，右辺の $\wp'(u)^2$ を(15.5)で $\wp(u)$ の多項式に直せば，式の中に出てくる関数は $f(u)$ と $\wp(u)$ だけになる．R_1 や R_2 は有理式だから，適宜分母を払ってやれば上の式は

$$((\wp(u) \text{ の多項式}) \times f(u) - (\wp(u) \text{ の多項式}))^2 = (\wp(u) \text{ の多項式})$$

と書ける．つまり，二変数 X と a の多項式

$$\widetilde{Q}(X\,;a) = \widetilde{\alpha}_0(X)a^N + \widetilde{\alpha}_1(X)a^{N-1} + \cdots + \widetilde{\alpha}_N(X)$$

（$\widetilde{\alpha}_i(X)$ は X の複素数係数多項式）が存在して，$\widetilde{Q}(f(u), \wp(u)) = 0$ が成り立つ．「二変数(以上)の多項式」は理論上少々面倒な話が出てくるので，この多項式の a についての最高次の係数が 1 になるように $\widetilde{\alpha}_0(X)$ で全体を割って

(15.13)　$Q(X\,;a) = a^N + \alpha_1(X)a^{N-1} + \cdots + \alpha_N(X)$

と書き直し，$Q(X\,;a)$ を「一変数 a の多項式(ただし，係数 $\alpha_i(X)$ は X の複素係数有理式)」と見なす．とにかく，楕円関数 $X = f(u)$ と $a = \wp(u)$ は

(15.14)　$Q(X\,;a) = 0$

で表される関係式を満たす．このような関係式が一つはあることを示したが，実際は一つと限らず，それどころか無限個あるのは簡単に分かる．勝手な $p(X\,;a)$（X の有理式を係数とする a の多項式）を $Q(X\,;a)$ に掛けて $Q_1(X\,;a) := p(X\,;a)Q(X\,;a)$ としても $Q_1(f(u)\,;\wp(u)) = 0$ となるから．そこで，X の有理式を係数とする a の多項式（$\neq 0$）のうちで $X = f(u)$，$a = \wp(u)$ という代入をして恒等的に 0 となり，a についての次数が一番小さく，最高次の係数が 1 となっているもの(上の(15.13)の形に書けるもの)を一つ選んでそれをあらためて $Q(X\,;a)$ と書くことにしよう[2]．

このの $Q(X\,;a)$ について，次の二つのことが言える．

2) 代数が好きな方は，ここでイデアルとその生成元の話をしていることに気が付かれただろう．以下を読む上でそうした予備知識は不要だが，知っていると何をやろうとしているかよく分かると思う．

補題 15.2 （i） $Q(X\,;a)$ には必ず X が含まれる．つまり(15.13)のように表示したときの係数 $\alpha_1(X)$ $(i=1,\cdots,N)$ の中には定数でないものがある．

（ii） $Q(X\,;a)$ は a の多項式として**既約**．つまり，a について一次以上の多項式 $Q_1(X\,;a), Q_2(X\,;a)$ によって $Q(X\,;a)=Q_1(X\,;a)\,Q_2(X\,;a)$ と因数分解されることはない．

証明 （i） もし $Q(X\,;a)$ に X が含まれていないとすると(以下 $Q(X\,;a)$ を $Q(a)$ とも書く)，$Q(f(u)\,;\wp(u))=0$ という式は，$\wp(u)$ の多項式 $Q(\wp(u))$ が恒等的に0に等しい，という意味になる．これがあり得ないことは，練習13.13から分かる(今考えている場合には，例えば原点 $u=0$ での $Q(\wp(u))$ の極の位数を調べればよい)．

（ii） 仮に分解 $Q(X\,;a)=Q_1(X\,;a)Q_2(X\,;a)$ があるとしよう．Q_1, Q_2 の a について最高次の係数は0ではないから，必要なら割り算してどちらも最高次の係数は1であるとしてよい．また，もちろん $\deg_a Q_1 < \deg_a Q$，$\deg_a Q_2 < \deg_a Q$ である．

$Q_1(f(u)\,;\wp(u))$ と $Q_2(f(u)\,;\wp(u))$ はどちらも楕円関数 $f(u)$ と $\wp(u)$ の有理式なので，前々章で述べた「楕円関数全体の集合は体になる」(補題13.8)ことから u の楕円関数であり，極を除いて正則である．

等式(15.14)，つまり $Q(f(u)\,;\wp(u))=0$ は $\mathbb{C}$ からこれらの極を除いた集合上で「二つの正則関数を掛けたら恒等的に0になる」ということを意味している．ここで，次の事実を思い出そう[3)]．

補題 15.3 領域上で正則関数 $f(z)$ と $g(z)$ を掛けて恒等的に0になるならば，$f(z)$ か $g(z)$ のどちらかは恒等的に0である．

これは正則関数の重要な特徴の一つで，例えば無限回微分可能な関数については成り立たない ($f(x)=0$ $(x \leqq 0)$，e^{-1/x^2} $(x>0)$ とすると，$f(x)$ と $f(-x)$ は恒等的には0ではない無限回微分可能関数だが，$f(x)\,f(-x)=0$ が恒等的に成り立つ)．

3) 例えば高橋礼司『複素解析』(東京大学出版会)第2章§2b)定理2.6の系1参照．

補題 15.3 の証明　考えている領域内の一点 z_0 の周りで f と g をテイラー展開して，

$$f(z)=\sum_{n=0}^{\infty}a_n(z-z_0)^n,\qquad g(z)=\sum_{n=0}^{\infty}b_n(z-z_0)^n$$

としよう．もし f も g も恒等的には 0 でないとすると，ある M,N $(M,N\geqq 0)$ が存在して $a_M\neq 0$，$i<M$ ならば $a_i=0$，$b_N\neq 0$，$j<N$ ならば $b_j=0$ となる（ある点でのテイラー展開の係数がすべて 0 ならば，その点の近傍で恒等的に 0 であり，一致の定理によって領域全体で恒等的に 0 になってしまう）．したがって，積 $f(z)g(z)$ のテイラー展開は $M+N$ 次の項から始まる

$$f(z)g(z)=a_Mb_Nz^{M+N}+(M+N+1\text{ 次以上の項})$$

となるはずで，z^{M+N} 次の項が残っているから $f(z)g(z)$ は恒等的に 0 にはならない．これは仮定に反する．よって $f(z)$ か $g(z)$ のどちらかは恒等的に 0 である．

□（補題 15.3 の証明終わり）

さて，等式(15.14)は $Q_1(f(u)\,;\,\wp(u))Q_2(f(u)\,;\,\wp(u))=0$ が u について恒等的に成り立つということだから，補題 15.3 によって $Q_1(f(u)\,;\,\wp(u))$ か $Q_2(f(u)\,;\,\wp(u))$ のどちらかは恒等的に 0 になる．

これは $Q(X\,;\,a)$ よりも次数が低いのに条件(15.14)を満たすものがあることになり，仮定に反する．したがって $Q(X\,;\,a)$ は既約である．　□

少し面倒な説明になったが，とりあえず大事なのは(15.14)という関係式．既約性は少し後で問題になる．

関係式 $Q(f(u)\,;\,\wp(u))=0$ は任意の u について成り立つから，もちろん変数を取り換えて $Q(f(v)\,;\,\wp(v))=0$，$Q(f(u+v)\,;\,\wp(u+v))=0$ も成り立つ．$Y=f(v)$，$Z=f(u+v)$，$b=\wp(v)$，$c=\wp(u+v)$ と書くと，

(15.15)　$Q(Y\,;\,b)=0,\qquad Q(Z\,;\,c)=0.$

ここからは「代数」の話になる．要は，「二つの式から一つの変数を消去する」という**消去法**．具体的には，次の手順になる．

（I）　$Q(X\,;\,a)=0$ と $\wp$ 関数の加法公式(15.9)，$P_0(a,b,c)=0$，から a を消去して $P_1(X\,;\,b,c)=0$ にする．

（Ⅱ）　$Q(Y\,;b)=0$ と $P_1(X\,;b,c)=0$ から b を消去して $P_2(X,Y\,;c)=0$ にする．

（Ⅲ）　$Q(Z\,;c)=0$ と $P_2(X,Y\,;c)=0$ から c を消去して $P(X,Y,Z)=0$ にする．

これで，$P(f(u),f(v),f(u+v))=0$ という代数的加法公式(15.11)が得られたことになる．

このような「変数の消去」ができることは，大雑把には次のように説明できる．例えば(I)では，

- $Q(X\,;a)=0$ という方程式を a について解けば a を X の関数として $a=a(X)$ と表すことができる．
- これを $P_0(a,b,c)=0$ の a に代入すれば $P_0(c,a(X),b)=0$ という c,X,b の関係式になる．

しかしこの「説明」には問題がある．「$Q(X\,;a)=0$ を a について解いた結果」の関数 $a(X)$ は，例えば $Q(X\,;a)$ が a の二次式でも「二次方程式の解の公式」程度の複雑さがある．一般には $Q(X\,;a)$ は高次の多項式にもなり，$a(X)$ は具体的に書けないシロモノである．したがって，上の「説明」では「多項式の関係式があるか」という肝心な点が説明できていない．

ここでは終結式というものを使った変数の消去の仕方を説明しよう．$p(a)$ と $q(a)$ を a の多項式とし，どちらも a を含む(つまり，a について一次以上)と仮定する：$l,m\geqq 1$ で，

(15.16)　$p(a)=\alpha_0a^l+\alpha_1a^{l-1}+\cdots+\alpha_l,\qquad \alpha_0\neq 0,$

(15.17)　$q(a)=\beta_0a^m+\beta_1a^{m-1}+\cdots+\beta_m,\qquad \beta_0\neq 0.$

ただし，多項式の係数 $\alpha_j\ (j=0,\cdots,l)$，$\beta_k\ (k=0,\cdots,m)$ は単なる数とは限らず，別の変数の有理式(これから使うのは X,Y,Z の有理式，b,c の多項式)になっているものも考える．簡単のため，しばらくは「係数は X の有理式」とするが，他の変数が入っていても議論は変わらない．

定義 15.4　次の $(l+m)\times(l+m)$ 行列を $p(a)$ と $q(a)$ の**シルベスター行列**

(Sylvester matrix)と呼ぶ：

$$
(15.18)\quad S(p,q\,;a) := \begin{pmatrix}
\alpha_0 & & & & \beta_0 & & & \\
\alpha_1 & \alpha_0 & & & \beta_1 & \beta_0 & & \\
 & \alpha_1 & \ddots & & & \beta_1 & \ddots & \\
\vdots & & \ddots & \alpha_0 & \vdots & & & \beta_0 \\
 & \vdots & & \alpha_1 & & \vdots & & \beta_1 \\
\alpha_l & & & & \beta_m & & \ddots & \\
 & \alpha_l & & \vdots & & \beta_m & & \vdots \\
 & & \ddots & & & & \ddots & \\
 & & & \alpha_l & & & & \beta_m
\end{pmatrix}
$$

大きすぎて構造が見えにくいかもしれないが，α_j 達は斜め下にずれながら m 列，β_k 達は l 列並んでいる．また，α_0 や β_0 の上，α_l や β_m の下の何も書いていないところの成分はすべて 0 である．この行列の行列式 $\mathrm{res}(p,q\,;a)$ を p と q の a に関する**終結式**(resultant)と呼ぶ：

$$
(15.19)\quad \mathrm{res}(p,q\,;a) = \det S(p,q\,;a).
$$

これは(記号の中には a が入っているが) a を含まず，X の有理式であることには注意しておこう．このとき，証明は後回しにするが，次のことが成り立つ．

補題 15.5　(i)　a の多項式 $A(a)$ と $B(a)$ が存在して，

$$
(15.20)\quad A(a)p(a)+B(a)q(a) = \mathrm{res}(p,q\,;a)
$$

となる($A(a)$ と $B(a)$ の係数は X の有理式)．

(ii)　$\mathrm{res}(p,q\,;a)=0$ であるための必要かつ十分な条件は，$p(a)$ と $q(a)$ のどちらも割り切る a の多項式 $r(a)$ (係数は X の有理式)で，a を含むものが存在することである．

多項式の係数の中の X を思い出して $p(a)=p(X\,;a)$ 等と書いてみると，この補題の(i)から「(X,a) が $p(X\,;a)=q(X\,;a)=0$ を満たすならば，X は $\mathrm{res}(p,q\,;a)(X)=0$ を満たす」ということが分かる．つまり大雑把に言って，「終結式 $\mathrm{res}(p,q\,;a)(X)$ は $p(X\,;a)$ と $q(X\,;a)$ から変数 a を消去したものを与える」ということになる．したがって，定理 15.1 の証明は上の(I)から(III)で述べた方針で「a(あるいは，b,c)を消去して」という部分を「終結式を作る」と書

き換えればよい．具体的には，

（Ⅰ）$P_1(X\,;\,b,c) := \mathrm{res}(Q(X\,;\,a), P_0(a,b,c)\,;\,a)$ とすれば，$Q(X\,;\,a)=0$ と $P_0(a,b,c)=0$ から a が消去されて $P_1(X\,;\,b,c)=0$ となる．

（Ⅱ）同様に，$P_2(X,Y\,;\,c) := \mathrm{res}(Q(Y\,;\,b), P_1(X\,;\,b,c)\,;\,b)$ とすれば，$Q(Y\,;\,b)=0$ と $P_1(X\,;\,b,c)=0$ から $P_2(X,Y\,;\,c)=0$ が得られる．

（Ⅲ）最後に $P(X,Y,Z) := \mathrm{res}(Q(Z\,;\,c), P_2(X,Y\,;\,c)\,;\,c)$ とすれば，$Q(Z\,;\,c)=0$ と $P_2(X,Y\,;\,c)=0$ から $P(X,Y,Z)=0$ となり，$X=f(u)$，$Y=f(v)$，$Z=f(u+v)$ の間の代数的関係式が得られた．

終結式は「多項式の係数の行列式」で，行列式は割り算を使わず $\pm$ と $\times$ だけで定義される．$P_0(a,b,c)$ は a,b,c の多項式であるから，a の多項式と考えたときの係数は b と c の多項式．したがってステップ(Ⅰ)で終結式として定義された $P_1(X\,;\,b,c)$ は X の有理式を係数とする b と c の多項式である．これを「b の多項式」と考えて終結式を作っているのがステップ(Ⅱ)．同様に $P_2(X,Y\,;\,c)$ は X と Y の有理式を係数とする c の多項式となり，これをステップ(Ⅲ)で使っている．

一つ気をつける必要があるのは，「終結式を作ったら0になる，つまり自明な関係式 $0=0$ しか得られない」ということは起きないか，ということ．ここで補題15.2(ii)で述べた $Q(X\,;\,a)$ の既約性が効いてくる．

例えば，(Ⅰ)の段階で

$$P_1(X\,;\,b,c) = \mathrm{res}(Q(X\,;\,a), P_0(a,b,c)\,;\,a) = 0$$

となってしまったとしよう．すると，補題15.5(ii)から，a の多項式 $R(a)$（必ず a を含む！ つまり $\deg_a R(a) \geqq 1$．a について最高次の係数は1としてよい）で，$Q(X\,;\,a)$ も $P_0(a,b,c)$ も割り切るものが存在する．しかし $Q(X\,;\,a)$ は既約だから，最高次の係数を比べて $Q(X\,;\,a)=R(a)$ とならざるを得ない．と言うことは，$Q(X\,;\,a)$ が $P_0(a,b,c)$ を割り切ることになるが，補題15.2(i)で述べたように $Q(X\,;\,a)$ は必ず X を含んでいるから，X を含まない $P_0(a,b,c)$ を割り切るわけがない．したがって，$P_1(X\,;\,b,c) \neq 0$ である．

同様にして，(Ⅱ)，(Ⅲ)のステップの終結式も0でないことが証明される．

□（定理15.1の証明終わり）

補題 15.5 の証明 次の簡単な対応が基礎になる．式(15.16)の多項式 $p(a)$ と，多項式

$$r(a) = \gamma_0 a^k + \gamma_1 a^{k-1} + \cdots + \gamma_k, \qquad \gamma_0 \neq 0 \tag{15.21}$$

の積

$$\begin{aligned} p(a)\,r(a) = \ & \alpha_0\gamma_0 a^{l+k} \\ & + (\alpha_1\gamma_0 + \alpha_0\gamma_1) a^{l+k-1} \\ & + (\alpha_2\gamma_0 + \alpha_1\gamma_1 + \alpha_0\gamma_2) a^{l+k-2} \\ & + \cdots \\ & + \alpha_l\gamma_k \end{aligned} \tag{15.22}$$

の係数は，ベクトル

$$\begin{pmatrix} \alpha_0 & & & \\ \alpha_1 & \alpha_0 & & \\ & \alpha_1 & \ddots & \\ \vdots & & \ddots & \alpha_0 \\ & \vdots & & \alpha_1 \\ \alpha_l & & & \\ & \alpha_l & & \vdots \\ & & \ddots & \\ & & & \alpha_l \end{pmatrix} \begin{pmatrix} \gamma_0 \\ \gamma_1 \\ \vdots \\ \gamma_k \end{pmatrix} = \begin{pmatrix} \alpha_0\gamma_0 \\ \alpha_1\gamma_0 + \alpha_1\gamma_0 \\ \alpha_2\gamma_0 + \alpha_1\gamma_1 + \alpha_0\gamma_2 \\ \vdots \\ \alpha_l\gamma_k \end{pmatrix} \tag{15.23}$$

の成分になっている．もちろん，(15.23)の左辺にある行列は(15.18)で定義したシルベスター行列 $S(p,q\,;a)$ の左半分．

したがって，(15.20)の二つの多項式が

$$\begin{aligned} A(a) &= \gamma_0 a^{m-1} + \gamma_1 a^{m-2} + \cdots + \gamma_{m-1}, \\ B(a) &= \gamma_m a^{l-1} + \gamma_{m+1} a^{l-2} + \cdots + \gamma_{l+m-1} \end{aligned} \tag{15.24}$$

という形をしていると，(15.20)は，

$$S(p,q\,;a) \begin{pmatrix} \gamma_0 \\ \gamma_1 \\ \vdots \\ \gamma_{m-1} \\ \gamma_m \\ \vdots \\ \gamma_{l+m-1} \end{pmatrix} = \begin{pmatrix} 0 \\ 0 \\ \vdots \\ \vdots \\ 0 \\ \mathrm{res}(p,q\,;a) \end{pmatrix} \tag{15.25}$$

と同値である．つまり，この式を満たす $\gamma_0, \cdots, \gamma_{l+m-1}$ を探せばよい．

ここで，線形代数を思い出そう[4]：$N\times N$ 行列 $T=(t_{ij})_{i,j=1,\cdots,N}$ の**余因子行列**は次で定義される：

$$\widetilde{T} := (\tilde{t}_{ij}),\qquad \tilde{t}_{ij}=(-1)^{i+j}\det T_{\hat{j}\hat{i}}. \tag{15.26}$$

ただし，$T_{\hat{j}\hat{i}}$ は，T の第 j 行と第 i 列を除いた小行列を表す．この余因子行列の基本的な性質は

$$T\widetilde{T}=\widetilde{T}T=(\det T)I_{N\times N} \tag{15.27}$$

となることだった($I_{N\times N}$ は N 次単位行列)．証明は行列式の余因子展開を使えば一発.

この式(15.27)から，もし $\det T$ が 0 でなければ $(\det T)^{-1}\widetilde{T}$ が T の逆行列を与えることが分かるが，とりあえずここでは(15.27)の $T\widetilde{T}=(\det T)I_{N\times N}$ の部分だけあれば十分．この等式の両辺の行列の一番右側の列を見ると，左辺は T に $\widetilde{T}$ の一番右側の列ベクトルを掛けたものになる．一方，右辺は

$$\begin{pmatrix} 0 \\ \vdots \\ 0 \\ \det T \end{pmatrix}$$

である．これを(15.25)と比べると，(15.25)の左辺のベクトル $\begin{pmatrix} \gamma_0 \\ \vdots \\ \gamma_{l+m-1} \end{pmatrix}$ として，行列 $S(p,q\,;a)$ の余因子行列の右端の列ベクトルを使えばよいことが分かる.

これで補題 15.5(i)の証明が終わった.

(ii)の証明も多項式の積(15.22)とベクトル(15.23)の対応が基礎になる．多項式 $p(a)$ と $q(a)$ が共通因子

$$r(a)=\gamma_0 a^k+\gamma_1 a^{k-1}+\cdots+\gamma_k \tag{15.28}$$

$(k\geqq 1)$ を持つ，ということは,

$$\tilde{p}(a)=\tilde{\alpha}_0 a^{l-k}+\tilde{\alpha}_1 a^{l-k-1}+\cdots+\tilde{\alpha}_{l-k},\qquad \tilde{\alpha}_0\neq 0,$$

$$\tilde{q}(a)=\tilde{\beta}_0 a^{m-k}+\tilde{\beta}_1 a^{m-k-1}+\cdots+\tilde{\beta}_{m-k},\qquad \tilde{\beta}_0\neq 0$$

という多項式 $\tilde{p}(a),\tilde{q}(a)$ があり,

$$p(a)=r(a)\,\tilde{p}(a),\qquad q(a)=r(a)\tilde{q}(a) \tag{15.29}$$

となることである．これを(15.23)のようなベクトルの言葉で表すと,

4) 佐武一郎『線型代数学』(裳華房)第 II 章 §3，齋藤正彦『線型代数入門』(東京大学出版会)第 3 章 §3，長谷川浩司『線型代数』改訂版(日本評論社)第 11 章 §§ 11.3–11.4 等を参照.

$$
(15.30)\quad \begin{pmatrix} \alpha_0 \\ \alpha_1 \\ \alpha_2 \\ \vdots \\ \alpha_l \end{pmatrix} = \begin{pmatrix} \gamma_0 & & & \\ \gamma_1 & \gamma_0 & & \\ & \gamma_1 & \ddots & \\ \vdots & & \ddots & \gamma_0 \\ & \vdots & & \gamma_1 \\ \gamma_k & & & \\ & \gamma_k & & \vdots \\ & & \ddots & \\ & & & \gamma_k \end{pmatrix} \begin{pmatrix} \tilde{\alpha}_0 \\ \tilde{\alpha}_1 \\ \vdots \\ \tilde{\alpha}_{l-k} \end{pmatrix}
$$

(右辺の行列は $(l+1)\times(l-k+1)$ 行列)と，同様な $\beta_0, \cdots, \beta_m, \tilde{\beta}_0, \cdots, \tilde{\beta}_{m-k}$ に関する式になる．シルベスター行列の各列は，(15.30)の左辺のベクトルを下にずらしながら並べたものになるので，

$$
S(p,q\,;a) = \begin{pmatrix} \gamma_0 & & & \\ \gamma_1 & \gamma_0 & & \\ & \gamma_1 & \ddots & \\ \vdots & & \ddots & \gamma_0 \\ & \vdots & & \gamma_1 \\ \gamma_k & & & \\ & \gamma_k & & \vdots \\ & & \ddots & \\ & & & \gamma_k \end{pmatrix} \begin{pmatrix} \tilde{\alpha}_0 & & & & \tilde{\beta}_0 & & & \\ \tilde{\alpha}_1 & \tilde{\alpha}_0 & & & \tilde{\beta}_1 & \tilde{\beta}_0 & & \\ & \tilde{\alpha}_1 & \ddots & & & \tilde{\beta}_1 & \ddots & \\ \vdots & & \ddots & \tilde{\alpha}_0 & \vdots & & & \tilde{\beta}_0 \\ & \vdots & & \tilde{\alpha}_1 & & \vdots & & \tilde{\beta}_1 \\ \tilde{\alpha}_{l-k} & & & & \tilde{\beta}_{m-k} & & \ddots & \\ & \tilde{\alpha}_{l-k} & & \vdots & & \tilde{\beta}_{m-k} & & \vdots \\ & & \ddots & & & & \ddots & \\ & & & \tilde{\alpha}_{l-k} & & & & \tilde{\beta}_{m-k} \end{pmatrix}.
$$

添字が長くなった分，行列のサイズが「大きくなった」ように錯覚するかもしれないが，右辺に出てくる行列のサイズはそれぞれ $(l+m)\times(l+m-k)$ と $(l+m-k)\times(l+m)$ である．したがって，これらの積で表されるシルベスター行列の階数は $l+m-k$ 以下になる[5]．

$k \geqq 1$ ならば，$S(p,q\,;a)$ の階数がそのサイズ $l+m$ よりも小さくなるから $\det S(p,q\,;a)=0$ である．

5) 線形代数の練習問題としてよく使われる次の事実による：行列 T と T' の階数がそれぞれ $\operatorname{rank} T, \operatorname{rank} T'$ ならば，積 TT' の階数は $\operatorname{rank} T$ と $\operatorname{rank} T'$ のうちの小さい方を越えない：$\operatorname{rank} TT' \leqq \min(\operatorname{rank} T, \operatorname{rank} T')$．これは，「行列の階数は，一次独立な行(または列)ベクトルの数」という定義と，TT' の行ベクトルは T' の行ベクトルの一次結合である(あるいは TT' の列ベクトルは T の列ベクトルの一次結合である)，ということの帰結．

今度は逆に $\det S(p,q\,;a)=0$ としよう．この仮定の下で，$p(a)$ と $q(a)$ に(15.29)のような共通因子 $r(a)$ ($\deg_a r(a) \geqq 1$) があることを示したい．まず線形代数で必ず出てくる定理,「行列 T の行列式が0ならば，0ではないベクトル v で $Tv=0$ を満たすものが存在する」を使おう．$\det S(p,q\,;a)=0$ なので0ではないベクトル v で $S(p,q\,;a)v=0$ となるものが存在する．今考えている係数体は X の有理式のなす体だから，v の成分は X の有理式である．したがって，X の有理式 $\gamma_0,\cdots,\gamma_{l+m-1}$ があって(このうちの少なくとも一つは0ではない),

$$(15.31)\qquad S(p,q\,;a)\begin{pmatrix}\gamma_0\\ \gamma_1\\ \vdots\\ \gamma_{m-1}\\ \gamma_m\\ \vdots\\ \gamma_{l+m-1}\end{pmatrix}=0$$

となることが分かる．この γ_i 達を使って(15.24)で a の多項式 $A(a)$ と $B(a)$ を定義すれば，(15.25)と(15.20)の対応と同様に,

$$(15.32)\qquad A(a)p(a)+B(a)q(a)=0$$

となる．重要なのは，$A(a)$ の $B(a)$ のどちらも0ではなく(どちらか一方でも0だと，(15.32)から他方も0になり，すべての γ_i が0になってしまう)，しかも

$$(15.33)\qquad \deg_a A(a) \leqq m-1, \qquad \deg_a B(a) \leqq l-1$$

という条件が付いていることである．

さて，仮に $p(a)$ と $q(a)$ が(X の有理式を係数として，a については一次以上の)共通因子を持たないとする．このとき，適当な a の多項式 $\widetilde{A}(a)$ と $\widetilde{B}(a)$ を選べば,

$$(15.34)\qquad \widetilde{A}(a)p(a)+\widetilde{B}(a)q(a)=1$$

となる．これは**ユークリッドの互除法**の応用：仮に $l=\deg_a p(a) \geqq m=\deg_a q(a)$ として，$p_0(a):=p(a)$，$p_1(a):=q(a)$ と置く．多項式を多項式で割れば，余りは割った多項式より次数の低い多項式になるから，$p_0(a)$ を $p_1(a)$ で割ると,

$$(15.35)\qquad p_0(a)=q_1(a)p_1(a)+p_2(a), \qquad \deg_a p_2(a) < \deg_a p_1(a)$$

となる．「$p_0(a)$ と $p_1(a)$ には a について一次以上の共通因子はない」としているから，$p_1(a)$ と $p_2(a)$ にも a について一次以上の共通因子はない．もしあったら,

(15.35)の両辺はその因子で割り切れるので，p_0 と p_1 の共通因子となってしまうからである．

そこで，今度は $p_1(a)$ を $p_2(a)$ で割ると，

(15.36)　$p_1(a) = q_2(a)p_2(a) + p_3(a), \qquad \deg_a p_3(a) < \deg_a p_2(a)$

となる．p_2 と p_3 に共通因子がないのも同様．以下この操作を繰り返し，

(15.37)　$p_k(a) = q_{k+1}(a)p_{k+1}(a) + p_{k+2}(a), \qquad \deg_a p_{k+2}(a) < \deg_a p_{k+1}(a)$

で多項式の列 $p_0(a), p_1(a), p_2(a), \cdots$ を定義する．$p_k(a)$ の次数はどんどん下がっていくから，最後の $p_k(a)$（例えば $k = N$ としよう）は次数 0 となる：$\deg_a p_N(a) = 0$．しかも，$p_k(a)$ は $p_{k+1}(a)$ と共通因子を持たないのだから，$p_N(a) = c \neq 0$（c は a について定数，今の場合は X のみの有理式）．

(15.38)
$$p_{N-2}(a) = q_{N-1}(a)p_{N-1}(a) + c,$$
つまり，
$$p_{N-2}(a) - q_{N-1}(a)p_{N-1}(a) = c.$$

この二番目の式の p_{N-1} を，定義式(15.37)を逆に使って $p_{N-1}(a) = p_{N-3}(a) - q_{N-2}(a)p_{N-2}(a)$ と書き換えると，左辺は p_{N-2} と p_{N-3} の一次結合になる．逆に戻っていけば，最後には

$$\tilde{\tilde{\tilde{A}}}(a)\, p_0(a) + \tilde{\tilde{\tilde{B}}}(a)p_1(a) = c$$

という形の式になる．両辺を c で割れば(15.34)が得られる．

今作った関係式(15.34)の両辺に(15.32)の $B(a)$ を掛けると，

$$B(a) = B(a)(\tilde{A}(a)p(a) + \tilde{B}(a)q(a)) = \tilde{A}(a)B(a)p(a) + \tilde{B}(a)(B(a)q(a))$$

となるが，(15.32)から $B(a)q(a) = -A(a)p(a)$ なので，まとめると，

$$B(a) = (\tilde{A}(a)B(a) - \tilde{B}(a)A(a))p(a).$$

つまり，$B(a)$ は $p(a)$ で割り切れる．ところが，条件(15.33)から $\deg_a B(a) \leqq l-1 = \deg_a p(a) - 1$ なので，こんなことはありえない．したがって「$p(a)$ と $q(a)$ には共通因子がない」という仮定が間違っていたことが示された．

これで「$p(a)$ と $q(a)$ は X の有理式を係数とする a の一次以上の多項式 $\tilde{r}(a)$ を共通因子として持つ」ことが分かった：

$$p(a) = \tilde{r}(a)\tilde{p}(a), \qquad q(a) = \tilde{r}(a)\tilde{q}(a). \qquad \square$$

楕円関数と直接の関係はないが，せっかく（現在の大学の標準的なカリキュラムでは触れられることが多くない）終結式の話をしたので，一番簡単な応用であ

る判別式の導出を練習問題にしておく．

練習 15.6　(i)　複素数係数[6] 多項式 $P(z)$ が重根 α を持つ(つまり，$(z-\alpha)^2$ で割り切れる)ための必要十分条件は，$P(z)$ とその微分 $P'(z)$ が共通根 α を持つ(ある $\alpha \in \mathbb{C}$ があって，$P(z)$ も $P'(z)$ も $(z-\alpha)$ で割り切れる)ことと同値であることを示せ．(これは終結式とも楕円関数とも関係ない．次の問題の準備．)

(ii)　(i)の結果から，P が重根を持つための必要十分条件は $\mathrm{res}(P, P'; z) = 0$ ということになる．$P(z) = az^2+bz+c$ の場合にこの終結式を書き下し，(中学校や高校以来お馴染みの)「二次方程式の判別式」が現れることを確認せよ．P が三次式 az^3+bz^2+cz+d の場合はどうなるか？

一般の場合も $\mathrm{res}(P, P'; z)$ は多項式 P の**判別式**(discriminant)と呼ばれる．

注 15.7　補題 15.5 から，原理的には終結式を計算すれば複数の多項式から変数を消去した関係式が得られるが，かなり大きな行列式を計算することになり大変．現在では変数の消去にはグレブナー基底と呼ばれるものを使うのが効率的であることが知られていて，多くのコンピューター・ソフトウェアにもそのためのアルゴリズムが組み込まれている．詳しくは参考書[7] をご覧いただこう．

ところで，代数的加法公式を持つ関数は三角関数と楕円関数だけだろうか．もう一つ，当たり前だが一次関数 $l(u) = u$ も OK．$l(u+v) = l(u)+l(v)$ である．これと上で示した消去法を使えば，有理関数も代数的加法公式を持つことが分かる．例えば，$f(u) = \dfrac{p(u)}{q(u)}$ という u の有理式は，$Q(X; a) = q(a)X-p(a)$ という多項式を用いれば，

$$Q(f(u); l(u)) = 0$$

という関係式を満たす(分母を払っただけ！)．これが楕円関数の場合の(15.14)に相当する．後は楕円関数でやったのと同じ議論を繰り返せばよい．

また，指数関数 $\boldsymbol{e}(u) = e^{\alpha u}$ $(\alpha \in \mathbb{C})$ も当然ながら $\boldsymbol{e}(u+v) = \boldsymbol{e}(u)\boldsymbol{e}(v)$ という加法定理を満たす．これと消去定理から，指数関数の有理関数も代数的加法公式を持つことが示される．最初に述べた sin の加法定理も実はこの一種である

6)　係数は複素数でなくてもよいが，余計な心配をしないでもよいようにこう仮定しておく．

7)　D. コックス，J. リトル，D. オシー著『グレブナ基底と代数多様体入門(上)』(丸善出版)第 2, 3 章，JST CREST 日比チーム(編)『グレブナー道場』(共立出版)第 1 章等を参照．

($\sin u = \dfrac{e^{iu} - e^{-iu}}{2i}$ だから.)

まとめると,

(1) 有理関数,
(2) $e^{\alpha u}$ の有理関数,
(3) 楕円関数

はすべて代数的加法公式を持つことが分かった.「他には?」という疑問が次章の主題.

第16章

加法定理による特徴付け

楕円関数の国の旗印

前章では「有理関数か指数関数の有理関数，および楕円関数は加法定理(正確には代数的加法公式)を持つ」ことを示した．代数的加法公式を持つ関数は他にないだろうか？ この問に答えるのが次のワイエルシュトラス-フラグメン(Weierstrass–Phragmén)の定理[1]で，この章の目標である．

定理 16.1 もし $\mathbb{C}$ 上の有理型関数 $f(u)$ が代数的加法公式 $P(f(u), f(v), f(u+v))=0$ ($P(x,y,z)$ は多項式)を持つならば，$f(u)$ は u の有理関数か，指数関数 $e^{\alpha u}$ ($\alpha\in\mathbb{C}$) の有理関数か，楕円関数である．

以下では定理 16.1 の証明を行う．方針は，

- 最初は「$\mathbb{C}$ 全体で有理型な関数」が持つ性質を調べ，有理関数でなければ無限遠点が真性特異点になることを示し，
- 次に，真性特異点の近傍での関数の性質を述べ，
- この真性特異点の性質と代数的加法公式とを合わせると，f が有理関数でなければ少なくとも 1 つは周期を持つことを示し，
- さらに「もう一つ周期を持つ = 楕円関数になる」か「指数関数の有理関数になるか」のいずれかであることを示す．

1) E. Phragmén, Sur un théorème concernant les fonctions elliptiques, *Acta Math.* **7**(1885)が出版された最初の証明．その冒頭に「ワイエルシュトラスのベルリン大学における楕円関数論の講義は美しさにおいても方法の簡明さにおいても素晴らしいもので，この定理を出発点としたが，この理論は出版されていない」とある．なお，この論文では代数関数(多価関数も許す)について証明されているが，ここでは有理型関数(一価関数)のみ考える．

16.1　$\mathbb{C}$ 上の有理型関数の無限遠点での様子

まず,「有理型関数」という言葉の定義を再確認しておこう．これは「特異点は極だけ」という意味で，今の場合 $f(u)$ は $\mathbb{C}$ 全体で有理型だから，任意の $u_0 \in \mathbb{C}$ の周りで主要部が有限であるようなローラン展開ができる．つまり，ある整数 N_0 と正の実数 ρ_0 と複素数列 $\{a_n\}_{n \geqq -N_0}$ があって，

$$(16.1)\quad f(u) = \sum_{n=-N_0}^{\infty} a_n (u-u_0)^n \qquad (a_{-N_0} \neq 0)$$

が中心に穴を開けた円板 $\{u|0 < |u-u_0| < \rho_0\}$ 上で成り立つ．$N_0 > 0$ の場合は u_0 は f の N_0 位の極だが，大事なのは $\rho_0 > 0$ ということで，特に「極全体の集合は離散的」つまり「集積点を持たない」ことがしたがう[2)]．また，これから極の数は高々可算になることもすぐに分かる[3)]．

この $f(u)$ を $u = \infty$ の近傍で見てみよう．つまり，座標変換 $w = u^{-1}$ によって $\tilde{f}(w) := f(w^{-1})$ という $\mathbb{C} \setminus \{w = 0\}$ 上の関数と見る．もちろん $\tilde{f}(w)$ は $\mathbb{C} \setminus \{w = 0\}$ では有理型だが，$w = 0$（つまり $u = \infty$）ではどうなるか？

補題 16.2　$f(u)$ が有理関数でなければ，$u = \infty$ は $f(u)$ の真性特異点．つまり，$w = 0$ は $\tilde{f}(w)$ の真性特異点．ただし，この場合の「真性特異点」とは，孤立特異点でローラン展開(16.1)の N_0 が ∞ となる場合と，極の集積点となって「孤立していない特異点」の場合の両方を含む．

証明　示さなくてはいけないのは「$\mathbb{C}$ 上の有理型関数 $f(u)$ が無限遠点に真性特異点を持たなければ有理関数」ということだから，無限遠点 $u = \infty$ は $f(u)$ の真性特異点ではないとしよう．無限遠点近傍の座標 $w = u^{-1}$ の言葉で言えば，$\tilde{f}(w)$ が $w = 0$ の近傍で

$$\tilde{f}(w) = \frac{b_{-N_0}}{w^{N_0}} + \cdots + \frac{b_{-1}}{w} + (w = 0 \text{ で正則})$$

2)　例えば，吉田洋一『函数論』(岩波書店) §41 も参照．

3)　各極の周りに，その上で f のローラン展開が収束するような穴開き円板 $\{u|0 < |u-u_0| < \rho_0\}$ を互いに重ならないように取れる．この穴開き円板にはかならず実部・虚部とも有理数になる点が含まれるが，有理数全体は可算集合だから，実部・虚部ともに有理数となる複素数全体は可算集合．極の集合は，この集合よりも小さいから可算集合．

という形を持つ，ということ．$f(u)$ の方で言い直せば，

(16.2)　$f(u) = b_{-N_0}u^{N_0} + \cdots + b_{-1}u + (u = \infty$ で正則$)$.

仮に $f(u)$ が $\mathbb{C}$ 上に無限個の極を持つとする．$\mathbb{C}$ 全体で無限個の極があっても，有界な範囲(ある正の半径 $R > 0$ の円板 $\{u \mid |u| \leqq R\}$ に含まれる範囲)には有限個の極しかない．もし有界な範囲に無限個の極があればボルツァノ-ワイエルシュトラス(Bolzano-Weierstrass)の定理[4]により，かならずその範囲に極の集積点が存在してしまい，これは上で述べた「極の集合は集積点を持たない」ことに反するからである．「有界な範囲には有限個，全体では無限個の極がある」ということは，どんな自然数 N を取っても，$|u| > N$ の範囲に必ず極がある(そのような極の座標を例えば $u = u_N$ $(|u_N| > N)$ とする)．w 座標で見ると，この極は $w_N = u_N^{-1}$ という座標を持ち，$N \to \infty$ で $w = 0$ に収束する．したがって，無限遠点 $u = \infty$ $(w = 0)$ は極の集積点であり，f の真性特異点になって仮定に反する．

よって $f(u)$ の $\mathbb{C}$ 上の極の数は有限個．それらを $u_1, \cdots, u_M$ として，u_i $(i = 1, \cdots, M)$ でのローラン展開を

$$(16.3)\quad f(u) = \sum_{n=-N_i}^{\infty} a_{i,n}(u-u_i)^n \qquad (a_{i,-N_i} \neq 0)$$

とする．ここで，両辺から主要部，つまり $(u-u_i)$ の負ベキの和

$$P_i(u) := \sum_{n=-N_i}^{-1} a_{i,n}(u-u_i)^n$$

を引けば，右辺は非負べきの級数 = テイラー級数になるから，$u = u_i$ の近傍での正則関数になる．そこで，すべての極から主要部を引いて

$$g(u) := f(u) - \sum_{i=1}^{M} P_i(u) - (b_{-N_0}u^{N_0} + \cdots + b_{-1}u)$$

としよう．最後の括弧の中の多項式は無限遠点での主要部，(16.2)の展開で $u \to \infty$ で発散する部分である．$P_i(u)$ は $u = u_i$ 以外では($u = \infty$ も含めて)どこでも正則であることを考慮すると，$g(u)$ はリーマン球面 $\mathbb{P}^1(\mathbb{C})$ 全体で正則な関数になる．したがってリューヴィルの定理(楕円関数のではなく，普通の関数論で習う方)によって $g(u)$ はある定数 c に等しい．ということは，

$$f(u) = c + \sum_{i=1}^{M} P_i(u) + (b_{-N_0}u^{N_0} + \cdots + b_{-1}u)$$

で，これは u の有理関数になっている．□

4) 例えば，杉浦光夫『解析入門 I』(東京大学出版会)第 I 章 §3 定理 3.4(一変数)，あるいは第 I 章 §7 定理 7.2(多変数)参照．

16.2　真性特異点の性質

補題 16.2 から，定理 16.1 の証明には真性特異点の性質が重要になることが分かる．真性特異点については非常に深い理論，難しい定理もあるが，ここでは証明を省略しないで済む必要最小限のことを説明する．

まず古典的な定理として次を挙げよう．使うのは真性特異点が無限遠点の場合だが，記号を簡単にするために原点 $z=0$ が真性特異点の場合に述べる．もちろん，$u=z^{-1}$ という座標変換で無限遠点 $u=\infty$ が真性特異点である場合になる．

命題 16.3　（カゾラチ–ソホツキー–ワイエルシュトラス（Casorati–Sokhotskii–Weierstrass）の定理）　領域 $\{z \mid 0<|z|<R\}$ で有理型な関数 $f(z)$ が $z=0$ に真性特異点を持つとすると，任意の $\varepsilon>0$, $\delta>0$（ただし $\delta<R$），$c\in\mathbb{C}$ に対して

$$0<|z_{\varepsilon,\delta}|<\delta, \qquad |f(z_{\varepsilon,\delta})-c|<\varepsilon \tag{16.4}$$

を満たす $z_{\varepsilon,\delta}$ が存在する．

この定理は単に「ワイエルシュトラスの定理」とも，（ロシアでは）「ソホツキーの定理」とも呼ばれる[5]．定理の意味は次の系の形にしたほうが見やすいだろう．

系 16.4　命題 16.3 の条件の下で，任意の $c\in\mathbb{C}$ に対して，複素数列 $\{z_n\}_{n=1,2,\cdots}$ で，$\lim_{n\to\infty} z_n=0$ かつ $\lim_{n\to\infty} f(z_n)=c$ となるものが存在する．

証明は，命題 16.3 で $\varepsilon=\delta=\dfrac{1}{n}$ に対する $z_{\varepsilon,\delta}$ を z_n とすれば終わり．

命題 16.3 の証明　$f(z)$ が恒等的に c に等しかったら 0 は真性特異点にならな

---

5) C. Briot と C. Bouquet が楕円関数に関する本 Théorie des fonctions doublement périodiques et, en particulier, des fonctions elliptiques（Paris）の 1859 年出版の第一版で証明している（第一部第Ⅳ章の定理Ⅳ系Ⅱ；文言は若干正しくないが証明を見るとこの定理）．なお，彼らは同書の第二版（1875 年出版）ではこの定理を削除している．

E. F. Collingwood, A. J. Lohwater, The theory of cluster sets, *Cambridge University Press,* (1966)の pp. 4–5 にある情報によると，次のように多くの人が独立にこの定理を発表している：ワイエルシュトラスは 1876 年の論文 Zur Theorie der eindeutigen analytischen Functionen, *Abh. Königl. Akad. Wiss.* で述べた．F. Casorati は 1868 年出版の複素関数論の本 Teorica delle funzioni di variabile complesse（Pavia）で証明を著している．ロシア人 J. W. Sokhotskii も学位論文（サンクトペテルブルク，1873 年）で同じ定理を証明しているので，ロシアでは単に「ソホツキーの定理」と呼ばれている．

いから，$f(z) \not\equiv c$．そこで，$\varphi(z) := \dfrac{1}{f(z)-c}$ とする．$f(z)$ が $\{z \mid 0 < |z| < R\}$ で有理型だから，$\varphi(z)$ も同じところで有理型になる．

もし，ある ε と δ に対して(16.4)が成り立つ $z_{\varepsilon,\delta}$ が存在しないとすると，

$$0 < |z| < \delta \Longrightarrow |\varphi(z)| \leqq \varepsilon^{-1}$$

である．つまり，$\varphi(z)$ は有界だから，この範囲に極を持たない．したがって $z=0$ は $\varphi(z)$ の孤立特異点になる．しかも $\varphi(z)$ は $z=0$ の近傍で有界なのだから，リーマンの除去可能性定理[6]により，$z=0$ は $\varphi(z)$ の除去可能特異点で，$\varphi(z)$ は $z=0$ まで正則に拡張できる．これは $f(z)$ が $z=0$ に真性特異点を持つことと矛盾する．□

命題 16.3 を使うと，もう少し精密な次の定理を示すことができる．この定理 16.5 を後で使うことになる．定理のステートメントが精密な分，証明はややこしい．

定理 16.5　$f(z)$ が $0 < |z| < R$ 上の有理型関数で $z=0$ は真性特異点であるとする．任意の複素数 $c \in \mathbb{C}$ と任意の正の実数 $\varepsilon > 0$ に対して $|c'-c| < \varepsilon$ となるある c' を取ると，$0 < |z_n| < R$，$\lim_{n\to\infty} z_n = 0$ かつ $f(z_n) = c'$ となる複素数列 $\{z_n\}_{n=1,2,\cdots}$ が存在する．

系 16.4 と比べると，数列 $f(z_n)$ は「極限で c に等しくなる：$\lim_{n\to\infty} f(z_n) = c$」の代わりに「いつでも c' に等しい：$f(z_n) = c'$」と言っていることが違う．

証明　まず $\varepsilon_0 = \varepsilon$ として次を満たす $\mathbb{C}$ 内の点列 $\{\zeta_n\}_{n=1,2,\cdots}$ と正の実数列 $\{\varepsilon_n\}_{n=1,2,\cdots}$ を帰納的に作ろう：D_n を領域 $\left\{z \,\middle|\, 0 < |z| < \dfrac{R}{2^n}\right\}$，$\Delta_n$ を閉円版 $\{w \mid |w-f(\zeta_n)| \leqq \varepsilon_n\}$，その内部の開円板 $\{w \mid |w-f(\zeta_n)| < \varepsilon_n\}$ を Δ_n°（ただし，$\Delta_0^\circ := \{w \mid |w-c| < \varepsilon\}$）とすると，

（1）　$\zeta_n \in D_{n-1}$，$f(\zeta_n) \in \Delta_{n-1}^\circ$，

（2）　$\Delta_n \subset f(D_{n-1}) \cap \Delta_{n-1}^\circ$ で半径 $\varepsilon_n \leqq 2^{-n}$．特に $\Delta_n \subset \Delta_{n-1}$ である．

6) 例えば，アールフォルス『複素解析』(現代数学社)第 4 章§3.1，高橋礼司『複素解析』(東京大学出版会)第 4 章§5 定理 4.7，吉田洋一『函数論』(岩波書店)§39 等を参照．

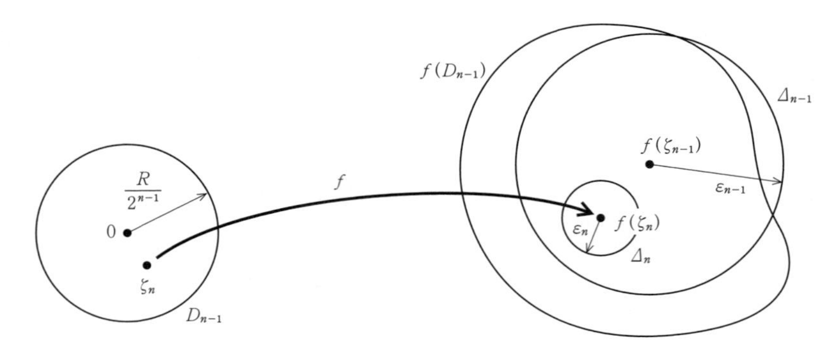

図 16.1　ζ_{n-1} と ε_{n-1} から ζ_n と ε_n を決める

ただし，f が D_{n-1} で極を持つ場合は，$f(D_{n-1})$ は $f(D_{n-1} \setminus (f$ の極全体$))$ の意味である．

分かりにくいと思うが，図 16.1 を参照してイメージをつかんでほしい．

以下，ζ_{n-1} と ε_{n-1} が与えられたとして，ζ_n と ε_n を決めるプロセスを説明する．

条件(1)は「ζ_n は原点(＝真性特異点)の近くにあり，$f(\zeta_n)$ は指定された点($n > 1$ ならば $f(\zeta_{n-1})$，$n = 1$ のときは c)の近くにある」という条件．したがって，ζ_{n-1} と ε_{n-1} が定まっていれば，ζ_n の存在は命題 16.3 の直接の帰結．

条件(2)を満たす ε_n の存在は，今決めた ζ_n を使って次のようにして示す：領域 D_{n-1} は開集合だから，その像 $f(D_{n-1})$ も開集合[7]．したがって，それと開円板 Δ°_{n-1} の共通部分も開集合である．条件(1)から，$f(\zeta_n) \in f(D_{n-1}) \cap \Delta^\circ_{n-1}$ であるから，$f(\zeta_n)$ の十分小さな近傍は開集合 $f(D_{n-1}) \cap \Delta^\circ_{n-1}$ に含まれる．そこで，閉円板 Δ_n がそのような近傍に含まれるように，そして 2^{-n} よりも小さいように ε_n を取ればよい．

ここで作った円板 Δ_n の中心 $f(\zeta_n)$ は $n \geqq N$ ならば Δ°_N に含まれる．したがって，$m, n \geqq N$ ならば $|f(\zeta_m) - f(\zeta_n)| < 2^{-N+1}$．これは，点列 $\{f(\zeta_n)\}_{n=1,2,\ldots}$ がコーシー列であることを意味する．コーシー列は収束するから，$c' := \lim_{n\to\infty} f(\zeta_n)$ が存在する．

この極限 c' はすべての Δ_n に含まれる(Δ_n は閉集合であるから，その中の点列

7) 第 12.1.2 節でも述べたように正則関数は開写像である(第 12 章の脚注 7(p. 185)の文献参照)．$D_{n-1} \setminus (f$ の極全体$)$ (f が D_{n-1} 上で正則ならば単に D_{n-1})は開集合(極の集積点はあるとしても 0 のみであることに注意)．したがって "$f(D_{n-1})$" $= f(D_{n-1} \setminus (f$ の極全体$))$ は開集合である．

の極限は Δ_n に属する)．特に $c' \in \Delta_1 \subset \Delta_0^\circ$ だから，$|c'-c| < \varepsilon$.

また任意の n に対して $c' \in \Delta_{n+1} \subset f(D_n)$ であるから，$z_n \in D_n$, $f(z_n) = c'$ となる z_n が存在する．これが求める c' と点列 $\{z_n\}_{n=1,2,\cdots}$ である． □

注 16.6　実は，もっと強い次の定理が成り立つ．

定理 16.7（ピカールの大定理）　$f(z)$ が $0 < |z| < R$ で有理型で $z=0$ を真性特異点とするとき，f は領域 $0 < |z| < R$ で高々二つの値(**除外値**と呼ばれる)を除いて任意の値を取る[8]．つまり，ある有限集合 E (E の元の数は 0 または 1 または 2)があって，$f(\{z|0 < |z| < R\}) = (\mathbb{C} \cup \{\infty\}) \setminus E$ となる．

言い換えると，ほとんどの c については定理 16.5 のように「近似値 c'」ではなく，ぴったり $f(z_n) = c$ になるものがとれる．これについては，吉田洋一『函数論』(岩波書店) §59 を参照されたい．証明はかなり難しいが，現代数学の深い理論へとつながる重要な定理である[9]．

図 16.1 では $f(D_{n-1})$ が有界領域のような図を描いておいたが，ピカールの大定理によれば，実は $f(D_{n-1})$ は平面全体に“ほぼ”一致する．もちろん上の証明でこの事実を使うわけにはいかないので，とりあえず「一般的な開集合」の図を描いておいた．

16.3　ワイエルシュトラス-フラグメンの定理の証明

さて，いよいよ代数的加法公式

(16.5)　$P(f(u), f(v), f(u+v)) = 0$

の出番．定理 16.1 を示すためには，$\mathbb{C}$ 上の有理関数ではない有理型関数で(16.5)を満たすものは $e^{\alpha u}$ の有理関数か楕円関数であることを示せばよい．$e^{\alpha u}$ (の有理関数)は $\dfrac{2\pi i}{\alpha}$ という周期を持つし，楕円関数も当然周期関数だから，まず「(16.5)を満たし有理関数ではない有理型関数は周期関数である」ことを証明しよう．

多項式 $P(x, y, z)$ は z について N 次式だとする．補題 16.2 によれば $u = \infty$

8)「値」と書いてあるものは ∞ の可能性もある．例えば，f が $0 < |z| < R$ で正則な場合は ∞ は除外値になり，「f は $0 < |z| < R$ で高々一つの複素数を除いて任意の複素数値を取る」と言い換えられる．

9) 例えば，高橋礼司『複素解析』(東京大学出版会)第 4 章§5 末尾や，日本数学会編集『岩波数学辞典』(岩波書店)の「値分布理論」の項 B や「正則写像」の項 B 参照．

は f の真性特異点だから，定理 16.5 が適用でき($z = u^{-1}$ と座標変換する)，「複素数 c とその任意の正の数 ε を指定すると，複素数 $c' \in U_\varepsilon := \{z \mid |z-c| < \varepsilon\}$ と ∞ に収束する複素数列 $\{u_n\}_{n=1,2,\cdots}$ で，$f(u_n) = c'$ となるものが存在する」．さらに言うと，以下で重要なのはこのステートメントから分かる「相異なる $N+1$ 個(以上)の点で f は同じ値 c' を取る」ということ．そこで，記号を改めて，$c' = C$ とし，$\{u_n\}_{n=1,2,\cdots}$ の中から互いに相異なる $N+1$ 個の点を取って，それを $a_0, \cdots, a_N$ と表すことにする：

(16.6)　$f(a_n) = C \quad (n = 0, \cdots, N), \qquad a_m \neq a_n \quad (m \neq n).$

補題 16.8　多項式 $P(x, y, z)$ から決まるある有限集合 E があり，$C \notin E$ ならば次が成り立つ：$\mathbb{C}$ 上の有理型関数 $f(u)$ が(16.5)と(16.6)を満たせば，ある m_0 と m_1 $(m_0 \neq m_1)$ があって，$a_{m_0} - a_{m_1}$ は $f(u)$ の周期になる．

今考えている状況では，定理 16.5 を適用するときにその条件で指定する c と $\varepsilon > 0$ を，c の ε 近傍 U_ε が有限集合 E の元を含まないように取れるから補題 16.8 によって $f(u)$ が周期関数であることが言える．

補題 16.8 の証明　この補題の主張は定数関数については自動的に成立するので，以下では $f(u)$ は定数関数ではないとする．定数関数は有理関数だから本筋の議論では既に除外されているが，この補題では「有理関数であるかどうか」は重要ではない．ただし，証明の途中で「定数かどうか」で場合分けが生じるので，簡単にするため定数関数だけは議論から外しておく．

第 16.1 節の最初に述べたように，f の極は可算個で離散的に分布しているから，v_0 とその近傍 U_0 をうまく取れば，f は $v_0, v_0+a_0, \cdots, v_0+a_N$ という $N+2$ 個の点の近傍 $U_0, U_0+a_0, \cdots, U_0+a_N$ で正則になるようにできる．

このように決めた v_0 の近傍 U_0 の任意の点 v を固定し，加法公式(16.5) に $u = a_n$ を代入すると，

(16.7)　$P(C, f(v), f(v+a_n)) = 0$

が成り立つ．つまり，すべての $f(v+a_n)$ $(n = 0, \cdots, N)$ は z についての方程式

(16.8)　$P(C, f(v), z) = 0$

を満たす．

「z についての N 次方程式 $P(C,f(v),z)=0$ の解は重複度を含めて N 個だから，$N+1$ 個の $f(v+a_n)$ $(n=0,\cdots,N)$ の中には同じものがあるはず」という議論をしたいのだが，ここで注意すべきは「(16.8)は本当に方程式か？」ということ．「$f(v+a_n)$ $(n=0,\cdots,N)$ の中には同じものがある」と言うためにはこの式が「N 次」である必要はないが，少なくとも z を含む(z について一次以上の)方程式でなくてはならない．つまり，

$$(16.9)\quad P(x,y,z)=p_0(x,y)+p_1(x,y)z+\cdots+p_N(x,y)z^N$$

と展開したときに，係数 $p_n(x,y)$ (x と y の多項式)に $x=C$，$y=f(v)$ を代入したら，$p_1(C,f(v)),\cdots,p_N(C,f(v))$ のいずれかは 0 ではない，ということを示しておかないといけない．

ここで，$x=C$，$y=f(v)$ と代入する前の $P(x,y,z)$ という多項式の形を調べておく．もし $P(x,y,z)$ が z の多項式としての定数項 $p_0(x,y)$ を持たなかったら，

$$P(x,y,z)=z\widetilde{P}(x,y,z),$$
$$\widetilde{P}(x,y,z)=p_1(x,y)+p_2(x,y)z+\cdots+p_N(x,y)z^{N-1}$$

と分解される．したがって，f の加法公式は，$f(u+v)\widetilde{P}(f(u),f(v),f(u+v))=0$ という形になる．ここで $w=u+v$，$v=w-u$ と書き換えると，

$$f(w)\widetilde{P}(f(u),f(w-u),f(w))=0$$

という等式が w の関数として恒等的に成立する，ということである．$f(w)$ は定数関数ではなく，したがって恒等的に 0 ということはない．ということは補題 15.3 より $\widetilde{P}(f(u),f(w-u),f(w))=0$，言い換えると

$$\widetilde{P}(f(u),f(v),f(u+v))=0$$

という代数的加法公式が成り立つ，ということになる．もしも，さらに $p_1(x,y)=0$ ならば再び z をくくりだして $\widetilde{\widetilde{P}}(x,y,z)=p_2(x,y)+p_3(x,y)z+\cdots+p_N(x,y)z^{N-2}$ として，$\widetilde{\widetilde{P}}(f(u),f(v),f(u+v))=0$ という代数的加法公式が導かれる．

この操作を z についての定数項が 0 でなくなるまで繰り返すことができるから，最初から展開(16.9)の $p_0(x,y)$ は x と y の<u>0 ではない</u>多項式であると仮定してよい．

この準備の上で，$p_1(C,f(v))=\cdots=p_N(C,f(v))=0$ と仮定してみる．すると(16.7)は簡単になって，

$$p_0(C,f(v))=0$$

である．ここで，もし $p_0(x,y)=p_{00}(x)+p_{01}(x)y+\cdots+p_{0k}(x)y^k$ という x と y の

多項式が変数 y を含んでいれば，$p_0(C, f(v)) = 0$ という式は「$y = f(v)$ は方程式 $p_0(C, y) = 0$ の根」ということで，$f(v)$ が取りうる値は有限個になってしまう．f は定数関数ではないからこういうことは起きない．つまり，$p_0(x, y)$ は y を含まず $p_0(x, y) = p_{00}(x)$ であり，$x = C$ は方程式 $p_{00}(x) = 0$ の根である．

$p_0(x, y) = p_{00}(x) \neq 0$ としているから，$p_{00}(x) = 0$ の根は有限個．補題の条件にある E は，この有限個の根を元とする集合である．$C \notin E$ という条件は，$p_{00}(C) \neq 0$ ということになるので矛盾．以上で，$P(C, f(v), z)$ は z を含む N 次以下の多項式であり，(16.8)を満たす z は高々 N 個であることが証明できた．

先に述べておいたように，これで「どの $v \in U_0$ に対しても，$N+1$ 個の $f(v+a_n)$ $(n = 0, \cdots, N)$ の中には必ず同じものがある」ことが言えた．そこで，

$$F(v) := \prod_{0 \leq m < n \leq N} (f(v+a_m) - f(v+a_n))$$

と置くと，各 $v \in U_0$ に対してこの積の中のどれかの因子は0になるから，正則関数 $F(v)$ は U_0 の上で恒等的に0になる．したがって補題15.3を使うと，うまい m_0 と m_1 を取れば，$v \in U_0$ に対して恒等的に

$$f(v+a_{m_0}) = f(v+a_{m_1})$$

が成り立つ．“$v \in U_0$”とは言ったが，一致の定理のお陰でこれは任意の v に対して成り立つ．v を $u-a_{m_1}$ に置き換えれば，

$$f(u+a_{m_0}-a_{m_1}) = f(u)$$

が恒等的に成り立つことになり，$a_{m_0}-a_{m_1}$ $(\neq 0)$ は f の周期となる！

□（補題16.8の証明終わり）

これでひとまず $f(u)$ が周期関数であることは証明できた．周期を Ω とすると，$\tilde{f}(u) := f(\Omega u)$ は周期1を持つ有理型関数で，f と同じ代数的加法公式(16.5)を持つ．この関数 $\tilde{f}(u)$ が $e^{2\pi i u}$ の有理関数であれば，f は $e^{2\pi i \Omega^{-1} u}$ の有理関数であり，$\tilde{f}(u)$ が u の楕円関数ならば，当然 $f(u)$ も u の楕円関数である．したがって，以下では $\tilde{f}$ を f と置き直して，f は最初から周期1を持つとする．目標は，この f が $e^{2\pi i u}$ の有理関数であるか，楕円関数であることを示すことである．

ここで，$f(u)$ の持つ周期性を利用して，$v = e^{2\pi i u}$，あるいは $u = \dfrac{\log v}{2\pi i}$ という変数変換で関数

(16.10)　$g(v) := f\left(\dfrac{\log v}{2\pi i}\right)$

を導入する．これは $\mathbb{C}$ 上 0 以外で有理型な一価関数になる．もちろん対数関数 $\log v$ は多価関数なのだが，多価性は $\log v \mapsto \log v + 2\pi i \times$(整数) という形なので，$g(v)$ の定義に突っ込むと $f\left(\dfrac{\log v}{2\pi i} + (\text{整数})\right)$ となり，f の周期性のお陰でこれは $f\left(\dfrac{\log v}{2\pi i}\right)$ に等しい．したがって $g(v)$ の値は一つに決まる．

ここで，$v=0$ も $v=\infty$ も $g(v)$ の極または除去可能特異点であるとすると，補題 16.2 から，$g(v)$ は有理関数でなくてはならない．つまり，$f(u)$ は $v=e^{2\pi iu}$ の有理関数になる．これで示したいことの半分が言えたことになる．後は $v=0$ か $v=\infty$ のうちの一つでも真性特異点であれば，$f(u)$ には二つ目の周期があることを言えばよい．

そこで，$v=0$ が $g(v)$ の真性特異点であるとしよう($v=\infty$ が真性特異点としても以下の議論は同様)．すると(16.6)のときと同様に，再び定理 16.5 によって

$$g(\beta_n) = C' \quad (n=0,\cdots,N), \qquad \beta_m \neq \beta_n \quad (m \neq n)$$

となる β_n $(n=0,\cdots,N)$ が取れる(定理 16.5 の c' を C' とした)．しかも，定理 16.5 は「真性特異点に収束するような点列 z_n で $f(z_n)=c'$ となるようなもの」の存在を保証しているから，$\beta_0,\cdots,\beta_N$ は 0 に収束するような点列から選ばれている．したがって，特に $|\beta_0|>|\beta_1|>\cdots>|\beta_N|$ となるものを取れる．これを $f(u)$ の方で見れば，$b_n := \dfrac{\log \beta_n}{2\pi i}$ として，

(16.11)　$f(b_n) = C' \quad (n=0,\cdots,N), \qquad b_m \neq b_n \quad (m \neq n)$

である．さらに，$b_n = \dfrac{\log \beta_n}{2\pi i} = \dfrac{\arg \beta_n}{2\pi} - i\dfrac{\log|\beta_n|}{2\pi}$ なので，β_n の取り方から，

(16.12)　$\operatorname{Im} b_0 < \operatorname{Im} b_1 < \cdots < \operatorname{Im} b_N$

も成り立つ．

条件(16.11)は(16.6)と本質的には同じものだから，補題 16.8 を使って前と同様の議論をすれば，(16.5)と(16.11)を満たす $f(u)$ は周期関数である．今度の周期は $b_m - b_n$ の形をしているわけだが，(16.12)という条件から，これは必ず 0 ではない虚部を持つ．(16.6)から導いた周期は(上で $u \mapsto \Omega u$ という規格化をしたので) 1 であるから，新しい周期はこれと $\mathbb{R}$ 上一次独立である．したがって，$f(u)$ は楕円関数であることが証明できた．

これで定理 16.1 の証明終わり．お疲れ様でした．　□

注 16.8　この定理は「一価有理型関数」についてのものだが，「多価解析関数」についても定理 16.1 の「有理関数」の代わりに「代数関数」，「指数関数の有理関数」の代わりに「指数関数の代数関数」，「楕円関数」の代わりに「楕円関数の代数関数」と置き換えた定理が成り立つ．詳しくは，例えば竹内端三『楕圓函數論』（岩波書店）§50 を参照されたい．

第17章

テータ関数(I)

ねじれた平原

第13.2節で楕円関数の性質を調べたとき，基本的な四つの定理を紹介した．その中の最初の定理(定理13.9)は，「正則な楕円関数は定数関数」というものだった．つまり，「二重周期的」と「正則」という条件を両方とも課すのはいささかキツイ条件だ，ということでもある．「正則」を外して「有理型」とすると豊かな楕円関数の理論が展開されるわけだが，今度は「二重周期」という条件の方を緩めてみる．

17.1 テータ関数の定義

今までは楕円関数の周期として一般の $\mathbb{R}$ 上独立な二つの複素数 $(\Omega_1, \Omega_2) \in \mathbb{C}^2$ を使ってきたが，ここでフーリエ級数を使ったりするので片方の周期を1に固定する方が便利である．周期が一般の (Ω_1, Ω_2) の場合も，変数のスケールを $u \mapsto \Omega_1 u$ のように変えれば周期が $\left(1, \dfrac{\Omega_2}{\Omega_1}\right)$ となる．さらに，必要ならば $\dfrac{\Omega_2}{\Omega_1}$ を $-\dfrac{\Omega_2}{\Omega_1}$ に取り替えることで，二つ目の周期の虚部は正 $\left(\operatorname{Im}\dfrac{\Omega_2}{\Omega_1} > 0\right)$ であると仮定しても一般性を失わない．そこで，以下では周期は1と τ $(\operatorname{Im}\tau > 0)$ の二つで，周期格子は $\Gamma = \mathbb{Z}+\mathbb{Z}\tau$ であるとする．

リューヴィルの定理「正則な二重周期的な関数は定数」のくびきから逃れるために，「二重周期性」を弱めた次の(乗法的)**擬周期性**を仮定してみよう[1]：a, b を複素数として，任意の u に対して

$$(17.1)\quad f(u+1) = f(u), \qquad f(u+\tau) = e^{au+b} f(u).$$

1) 加法的擬周期性 $f(u+1) = f(u)$, $f(u+\tau) = f(u)+au+b$ というのもある．

つまり，$u \mapsto u+1$ の方向には周期性を持ち，$u \mapsto u+\tau$ の方向では，ちょっとねじれて e^{au+b} 倍されるがもとの関数の性質を大体受け継いでいる，ということである．「なぜ e^{au+b} 倍という形でないといけないか」は，これから後の議論で納得してほしい．あまり勝手な変更を許しては調べる意味がないし，あまり厳しい条件を置くと定数しか残らなかったり，条件を満たす関数が存在しなくなってしまう．「良い関数が定義される」ために条件(17.1)を選んでいる．

この条件を満たす関数がどれくらいあるか調べたいのだが，まず $u \mapsto u+1$ に対する周期性に着目しよう．周期関数は**フーリエ展開**

$$(17.2)\quad f(u) = \sum_{n \in \mathbb{Z}} a_n e^{2\pi i n u}$$

するのが基本中の基本．$e^{2\pi i n u}$ $(n \in \mathbb{Z})$ は u の関数として周期1を持つから，もし(17.2)の右辺の級数が収束して関数が定義されるならば周期関数が得られるのは簡単に分かる．

しかし，逆に周期的な関数はこのような展開を持つか，ということを証明するのは，実数の関数の範囲だと結構大変．それは然るべき教科書を見ていただくことにしよう[2)]．幸い，今我々が相手にしたいのは $\mathbb{C}$ 全体で正則な関数である．その場合には，関数論のローラン展開の定理からフーリエ展開の存在を一瞬で証明する方法がある．

これは前章でも使ったテクニックだが((16.10)参照)，$f(u)$ から $g(v) := f\left(\dfrac{\log v}{2\pi i}\right)$ という関数を作ろう．これが f の周期性 $(f(u+1) = f(u))$ のお陰で $\mathbb{C}$ 上0以外で正則な一価関数になることは(16.10)の後で説明した．$g(v)$ は0のみを孤立特異点とするので（$v = 0$ では $\log v$ が定義されない），

$$g(v) = \sum_{n \in \mathbb{Z}} a_n v^n$$

とローラン展開される．$v = e^{2\pi i u}$ と置いてやれば $f(u)$ の(17.2)の形の展開が得られる．

次に $u \mapsto u+\tau$ の方向の擬周期性を考える．ここまでは擬周期性(17.1)を決める定数 a と b に何の制限も置かなかったが，実は a を勝手に選ぶと条件を満たす関数が自明な関数だけになってしまうことがある．それを見るために，$f(u+1$

2)「フーリエ変換」，「フーリエ解析」という言葉の入った題名の本ならば必ず説明がある．

$+\tau)$ を二通りのやり方で計算してみる．まず，$u+1+\tau=(u+\tau)+1$ と考えると，

$$f(u+1+\tau)=f(u+\tau)=e^{au+b}f(u)$$

と計算できる．また，$u+1+\tau=(u+1)+\tau$ のように考えると，

$$f(u+1+\tau)=e^{a(u+1)+b}f(u+1)=e^{au+a+b}f(u).$$

二つの計算を比べると，

$$e^{au+b}f(u)=e^{au+a+b}f(u)$$

だから，$f(u)$ が 0 でないならば $e^a=1$，つまり $a=2\pi ik\ (k\in\mathbb{Z})$ でなくてはならない．

次に，フーリエ展開(17.2)の係数 a_n を，擬周期性 $f(u+\tau)=e^{2\pi iku+b}f(u)$ を使って求めよう．擬周期性の式の両辺にフーリエ展開の式を放り込めば，

$$\begin{aligned}f(u+\tau)&=\sum_{n\in\mathbb{Z}}a_ne^{2\pi in\tau}e^{2\pi inu},\\ e^{2\pi iku+b}f(u)&=\sum_{n\in\mathbb{Z}}a_ne^{2\pi iku+b}e^{2\pi inu}\\ &=\sum_{n\in\mathbb{Z}}e^ba_ne^{2\pi i(n+k)u}.\end{aligned}$$

$e^{2\pi inu}$ の係数を比べれば $a_ne^{2\pi in\tau}=e^ba_{n-k}$．これで，

$$a_n=e^{-2\pi in\tau+b}a_{n-k} \tag{17.3}$$

という漸化式が得られた．$k=0$ の場合は簡単なので練習問題に回して，$k\neq 0$ の場合を解説する．

練習 17.1　$k=0$ ならば，ある $\alpha\in\mathbb{C}$ と $n\in\mathbb{Z}$ が存在して，$f(u)=\alpha e^{2\pi inu}$ となることを示せ．

<u>$k>0$ の場合</u>：

整数 n を $n=km+n_0\ (0\leqq n_0<k)$ と表す．とりあえず $n\geqq 0\ (m\geqq 0)$ としておこう．漸化式(17.3)を繰り返し使うことで

$$\begin{aligned}a_n&=e^{-2\pi in\tau+b}a_{n-k}\\ &=e^{-2\pi in\tau+b}e^{-2\pi i(n-k)\tau+b}a_{n-2k}=\cdots\\ &=e^{-2\pi i(n+(n-k)+\cdots+(k+n_0))\tau+mb}a_{n_0}\\ &=e^{-\pi im(m+1)k\tau-2\pi imn_0\tau+mb}a_{n_0}\end{aligned} \tag{17.4}$$

となる(最後で，等差級数の公式を使っている)．この式が $n<0$ のときも成り立つことは(17.3)から得られる $a_n=e^{2\pi in\tau+2\pi ik\tau-b}a_{n+k}$ を使って同じように計算すれ

ばすぐに確かめられる．式(17.4)は，「a_{n_0}，つまり $a_0, \cdots, a_{k-1}$ という k 個の係数を決めれば，他の a_n は決まってしまう」ということを表していて，これで正則関数 $f(u)$ が k 個のパラメーター $a_0, \cdots, a_{k-1}$ から決まることが分かった．…，と言いたいところだが，ちょっと待った．相手は無限級数．収束していなければ話にならない．(17.4)で表される a_n を係数に持つフーリエ級数は正則関数を表すだろうか？

ここで，先ほど「周期的な正則関数はフーリエ級数で表される」ことを示すときに使った関数 $g(v) = \sum_{n \in \mathbb{Z}} a_n v^n$ に再登場願おう．これは平面から原点を除いた $\mathbb{C} \setminus \{0\}$ で正則だった．ローラン展開の係数を表す公式(コーシーの積分公式の応用)を使って a_n を表すと，

$$a_n = \frac{1}{2\pi i} \int_{|v|=R} \frac{g(v)}{v^{n+1}} dv$$

となる．$g(v)$ は $\mathbb{C}$ 上 $v = 0$ 以外のどこでも正則なので，R は任意の正の数でよい．以下では $R > 1$ とする．M_R を半径 R の円周上での $|g(v)|$ の最大値とする：$M_R \coloneqq \max_{|v|=R} |g(v)|$．関数論でよくやる積分の絶対値の上からの評価を上の a_n の積分表示式に適用すると，

$$(17.5)\qquad \begin{aligned} |a_n| &\leqq \frac{1}{2\pi} \int_{|v|=R} \frac{|g(v)|}{|v|^{n+1}} |dv| \\ &\leqq \frac{1}{2\pi} \int_{|v|=R} \frac{M_R}{R^{n+1}} |dv| = \frac{M_R}{R^n} \xrightarrow{n \to +\infty} 0 \end{aligned}$$

となる．つまり，a_n は n が $+\infty$ に発散すると 0 に収束する．一方，(17.4)という表示から，

$$\begin{aligned} |a_{km+n_0}| &= |e^{-\pi i m(m+1)k\tau - 2\pi i m n_0 \tau + mb} a_{n_0}| \\ &= e^{m(\mathrm{Re}\, b + \pi(k+2n_0)\mathrm{Im}\,\tau) + m^2 \pi k \mathrm{Im}\,\tau} |a_{n_0}| \end{aligned}$$

ここで，$m \to +\infty$ としたときに一番効いてくるのは $e^{m^2 \pi k \mathrm{Im}\,\tau}$ の部分である．$e^{\pi k \mathrm{Im}\,\tau} > 1$ だから，$e^{m^2 \pi k \mathrm{Im}\,\tau}$ は非常に速く発散する．結果として a_{km+n_0} は $a_{n_0} \neq 0$ ならば $m \to +\infty$ のときに発散してしまい，$a_n \to 0$ と矛盾する．

したがって，$k > 0$ の場合は条件を満たす $f(u)$ は定数 0 以外に存在しない．

$k = -1$ の場合：

漸化式(17.3)を使って $k > 0$ の場合と同様に計算すると，任意の n に対して

$$a_n = a_0 e^{\pi i n(n-1)\tau - nb},$$

つまり，

$$f(u)=a_0\sum_{n\in\mathbb{Z}}e^{\pi in^2\tau+2\pi in(u-b/2\pi i-\tau/2)}$$

である．右辺の $2\pi in$ の後の括弧の中は u をシフトしているだけだから，括弧内全体を u に置き換え，a_0 もただの定数倍なので 1 と置いてしまっても，一般性を損なわない．

定義 17.2

$$\theta(u,\tau):=\sum_{n\in\mathbb{Z}}e^{\pi in^2\tau+2\pi inu} \tag{17.6}$$

を**ヤコビの(楕円)テータ関数**[3]（Jacobi's elliptic theta function）と呼ぶ．

この記号を使えば，考えていた関数 $f(u)$ は $f(u)=a_0\theta\left(u-\dfrac{b}{2\pi i}-\dfrac{\tau}{2},\tau\right)$ と表される．…，はずである．もしこの級数が本当に正則関数を表していれば．心配なのは収束しているかどうか．$k>0$ の場合のように発散してしまわないか？幸い，今度は大丈夫．以下の補題によって級数(17.6)が正則関数を定義することが保証される．

補題 17.3　級数(17.6)は，任意の正の数 C,ε に対して

$$U_{C,\varepsilon}:=\{(u,\tau)\,|\,|\mathrm{Im}\,u|\leqq C,\ \mathrm{Im}\,\tau\geqq\varepsilon\}$$

の上で一様に絶対収束する．

したがって，関数論のワイエルシュトラスの定理により，$\theta(u,\tau)$ は，

- τ を固定すると，u については $\mathbb{C}$ 上で正則，
- u を固定すると，τ については上半平面 $\mathbb{H}:=\{\tau\,|\,\mathrm{Im}\,\tau>0\}$ 上で正則，

である[4]．

---

3) ギリシャ文字 "θ" は日本語では「シータ」と読むのが普通だが，この関数は「テータ関数」と呼ばれるのが一般的．

4) ワイエルシュトラスの定理は第 14 章の脚注 3 (p. 207) 参照．これを使うと，u についての正則性の証明は次のようになる：コンパクト集合 $K\subset\mathbb{C}$ と固定した τ に対して十分大きな $C>0$ と十分小さな $\varepsilon>0$ を取れば，$K\times\{\tau\}\subset U_{C,\varepsilon}$ となるので，補題 17.3 により，ワイエルシュトラスの定理の条件が満たされている．τ についての正則性も同様に証明できる．

補題 17.3 の証明　級数(17.6)の各項は，$U_{C,\varepsilon}$ 上で次のように評価される．

$$
\begin{aligned}
|e^{\pi i n^2\tau+2\pi i n u}| &= e^{-\pi n^2 \operatorname{Im}\tau-2\pi n \operatorname{Im} u} \\
&\leqq e^{-\pi n^2\varepsilon+2\pi|n|C}.
\end{aligned}
$$

この評価式の最後の指数関数の肩に乗っている $-\pi n^2\varepsilon+2\pi|n|C = -\pi|n|^2\varepsilon+2\pi|n|C$ は，$|n|$ の二次関数で，二次の係数 $-\pi\varepsilon$ が負なので，$|n|$ が十分大きくなれば一次関数 $-|n|$ よりも小さくなる：$-\pi|n|^2\varepsilon+2\pi|n|C < -|n|$．よって，有限個の n を除き $e^{-\pi n^2\varepsilon+2\pi|n|C} < e^{-|n|}$．この不等号の右辺を項とする級数

$$
(17.7)\qquad \sum_{n\in\mathbb{Z}} e^{-|n|} = 1+2\sum_{n=1}^{\infty} e^{-n}
$$

は収束する等比級数に 1 を加えたもので，変数 u にも τ にもよらない．(有限個の例外を除いて)項の絶対値が級数(17.7)よりも小さい(17.6)はワイエルシュトラスの M テストにより $U_{C,\varepsilon}$ 上で一様に絶対収束する．　□

以上でヤコビのテータ関数が定義できた．ただし，後で述べるが，この名前で呼ばれる関数はいくつかあるので，文献を読むときは注意が必要である．

テータ関数 $\theta(u,\tau)$ が u についての擬周期性

$$
(17.8)\qquad
\begin{aligned}
\theta(u+1,\tau) &= \theta(u,\tau), \\
\theta(u+\tau,\tau) &= e^{-\pi i\tau-2\pi i u}\theta(u,\tau)
\end{aligned}
$$

を持つことは，作り方から明らかだろう．一般の周期格子の元 $m+n\tau\in\Gamma$ ($m, n\in\mathbb{Z}$) に対して

$$
\theta(u+m+n\tau,\tau) = e^{-\pi i n^2\tau-2\pi i n u}\theta(u,\tau)
$$

のように変換することは(17.8)を繰り返し使えば分かる．

以上で，$k=-1$，つまり(17.1)の a が $-2\pi i$ の場合の $f(u)$ が求まった．残るは $a=2\pi i k$, $k<-1$ の場合だが，この場合に(17.1)を満たす $f(u)$ は $\theta(u,\tau)$ を使って表せる．これは読者に調べていただこう．

練習 17.4　正の整数 k を固定する．擬周期性

$$
f(u+1) = f(u), \qquad f(u+\tau) = e^{-2\pi i k u+b} f(u)
$$

を持つ整関数($\mathbb{C}$ 全体で正則な関数)の全体は k 次元の線形空間になることを示し，この空間の基底をテータ関数を使って作れ．(ヒント：漸化式を使った議論をも

う一度使う.）

ヤコビの楕円関数の構成などでは定義 17.2 で定義したテータ関数の変種，**指標付きテータ関数**(theta functions with characteristics)が必要になる．これは，**指標**(characteristics)と呼ばれる実数 $a, b \in \mathbb{R}$（普通は有理数；以下で使うのは a, b が 0 または $\frac{1}{2}$ となるもの)で決まっていて，

$$\theta_{a,b}(u,\tau) := \sum_{n\in\mathbb{Z}} e^{\pi i(n+a)^2\tau + 2\pi i(n+a)(u+b)} \tag{17.9}$$

で定義される(級数の n を a だけずらし，変数 u を b ずらしただけ).

指標なしのテータ関数 $\theta(u,\tau)$ について示したのと同様にして，指標付きテータ関数が u については $\mathbb{C}$ 全体で正則，τ については上半平面 $\mathbb{H}$ で正則なことが分かる.

また，次の性質は定義(17.9)から直ちに導かれる：

- $\theta_{0,0}(u,\tau) = \theta(u,\tau)$.
- $\theta_{a,b+b'}(u,\tau) = \theta_{a,b}(u+b',\tau)$.
- $\theta_{a+a',b}(u,\tau) = e^{\pi i a'^2\tau + 2\pi i a'(u+b)}\theta_{a,b}(u+a'\tau,\tau)$.
- 整数 p, q について，$\theta_{a+p,b+q}(u,\tau) = e^{2\pi i a q}\theta_{a,b}(u,\tau)$.

以後は $a, b \in \left\{0, \frac{1}{2}\right\}$ となる $\theta_{a,b}(u,\tau)$ のみ使うので，簡略化した記法

$$\begin{aligned}\theta_{\varepsilon_1\varepsilon_2}(u,\tau) &:= \theta_{\varepsilon_1/2,\varepsilon_2/2}(u,\tau)\\ &= \sum_{n\in\mathbb{Z}} e^{\pi i\left(n+\frac{\varepsilon_1}{2}\right)^2\tau + 2\pi i\left(n+\frac{\varepsilon_1}{2}\right)\left(u+\frac{\varepsilon_2}{2}\right)}\end{aligned} \tag{17.10}$$

($\varepsilon_1, \varepsilon_2 \in \{0, 1\}$) を使うことにする．上に述べた性質により(17.6)の $\theta(u,\tau)$ との関係は，

$$\begin{aligned}\theta_{00}(u,\tau) &= \theta(u,\tau),\\ \theta_{01}(u,\tau) &= \theta\left(u+\frac{1}{2},\tau\right),\\ \theta_{10}(u,\tau) &= e^{\pi i\tau/4+\pi i u}\theta\left(u+\frac{\tau}{2},\tau\right),\\ \theta_{11}(u,\tau) &= ie^{\pi i\tau/4+\pi i u}\theta\left(u+\frac{1+\tau}{2},\tau\right).\end{aligned} \tag{17.11}$$

注 17.5　これはマンフォード(D. Mumford)による記法である[5]．ヤコビの記法と呼ばれる $\theta_1(u,\tau), \theta_2(u,\tau), \theta_3(u,\tau), \theta_4(u,\tau)$ という記号[6]の方が使われることが多いかもしれない(それぞれ，上の $-\theta_{11}\left(\dfrac{u}{\pi},\tau\right), \theta_{10}\left(\dfrac{u}{\pi},\tau\right), \theta_{00}\left(\dfrac{u}{\pi},\tau\right), \theta_{01}\left(\dfrac{u}{\pi},\tau\right)$ に対応する)．本書では筆者の好みでマンフォード流を使わせていただく．

17.2　テータ関数の性質(1)

テータ関数は数多くの良い性質を持つ．ここでは，後でヤコビの楕円関数を調べるのに必要になる性質に絞って述べる．

この節では，特に断らない限り $\tau \in \mathbb{H}$ は一つに固定して動かさないので，$\theta(u,\tau)$ を $\theta(u)$ と略記する．

17.2.1 ◉ 擬周期性

$\theta(u)$ の擬周期性(17.8)と，指標付きテータ関数と $\theta(u)$ の関係(17.11)から，次の $\theta_{kl}(u)$ の(擬)周期性は簡単に分かる．

$u \mapsto u+1$ についての擬周期性：

$$\begin{aligned} \theta_{00}(u+1) &= \theta_{00}(u), & \theta_{01}(u+1) &= \theta_{01}(u), \\ \theta_{10}(u+1) &= -\theta_{10}(u), & \theta_{11}(u+1) &= -\theta_{11}(u). \end{aligned} \tag{17.12}$$

$u \mapsto u+\tau$ についての擬周期性：

$$\begin{aligned} \theta_{00}(u+\tau) &= e^{-\pi i\tau-2\pi iu}\theta_{00}(u), & \theta_{01}(u+\tau) &= -e^{-\pi i\tau-2\pi iu}\theta_{01}(u), \\ \theta_{10}(u+\tau) &= e^{-\pi i\tau-2\pi iu}\theta_{10}(u), & \theta_{11}(u+\tau) &= -e^{-\pi i\tau-2\pi iu}\theta_{11}(u). \end{aligned} \tag{17.13}$$

指標の変換則：

u を半周期 $\dfrac{1}{2}, \dfrac{\tau}{2}$ だけ動かすと別の指標を持つテータ関数になる．このときは，テータ関数の指標の 0 と 1 は $\{0,1\} = \mathbb{Z}/2\mathbb{Z}$ の元と考えて，“$1+1=0$” とすると便利．この約束の下で，

---

5) D. Mumford, *Tata Lectures on Theta* I, Progress in Mathematics **28**, Birkhäuser(1983).

6) ヤコビは，全集第一巻第19論文(講義録，C. W. Borchardt 記)でこれらを導入しているが，$\theta_j(u,q)$ ($j=1,2,3,\ q=e^{\pi i\tau}$) と書き，“$\theta_4$” の代わりに単に θ としている．

$$\text{(17.14)}\quad \begin{aligned} \theta_{kl}\left(u+\frac{1}{2}\right) &= (-1)^{kl}\theta_{k,l+1}(u), \\ \theta_{kl}\left(u+\frac{\tau}{2}\right) &= (-i)^{l}e^{-\pi i\tau/4-\pi iu}\theta_{k+1,l}(u). \end{aligned}$$

17.2.2 ◉ 偶奇性

$\theta(u)$ の定義の u に $-u$ を代入して，$n'=-n$ とすると，

$$\begin{aligned} \theta(-u) &= \sum_{n\in\mathbb{Z}} e^{\pi in^2\tau-2\pi inu} \\ &= \sum_{n'\in\mathbb{Z}} e^{\pi in'^2\tau+2\pi in'u} = \theta(u). \end{aligned}$$

したがって，$\theta(u)$ は偶関数である．このことを使えば，(17.14)，(17.12)，(17.13)から，

$$\text{(17.15)}\quad \theta_{kl}(u)\ \text{は} \begin{cases} (k,l)\neq(1,1)\ \text{のときは偶関数} \\ (k,l)=(1,1)\ \text{のときは奇関数} \end{cases}$$

が示される．

17.2.3 ◉ 零点

テータ関数の零点がどこにあるか調べよう．擬周期性(17.12)や(17.13)は，「u を 1 または τ ずらすと $\theta_{kl}(u)$ には零でない定数が掛かる」という形であるから，頂点 $a, a+1, a+1+\tau, a+\tau$ を持つ周期平行四辺形[7]のどれか一つの中での零点が分かれば，それを平行移動することで $\mathbb{C}$ 上のすべての零点が求まる．

まず，次の補題を示す．

補題 17.6 $\theta_{kl}(u)$ は一つの周期平行四辺形の中に零点を一つだけ持つ．ただし，辺上には零点がないような平行四辺形を考える．

証明 指標付きテータ関数 $\theta_{kl}(u)$ は (零にならない関数)$\times\theta(u+$シフト$)$ という形だから，指標付きテータ関数の零点は $\theta(u)$ の零点を平行移動したものになっている．そこで，$\theta(u)$ について補題を示そう．

考える周期平行四辺形を Π とし(図 17.1)，辺上では $\theta(u)\neq 0$ と仮定する．このとき，関数論の「偏角の原理」(第 6 章の脚注 10 (p. 102)参照)により，Π の中の

7) $\theta_{kl}(u)$ は「擬」周期的であって周期的ではないが，硬いこと言わずにこの語を流用しよう．

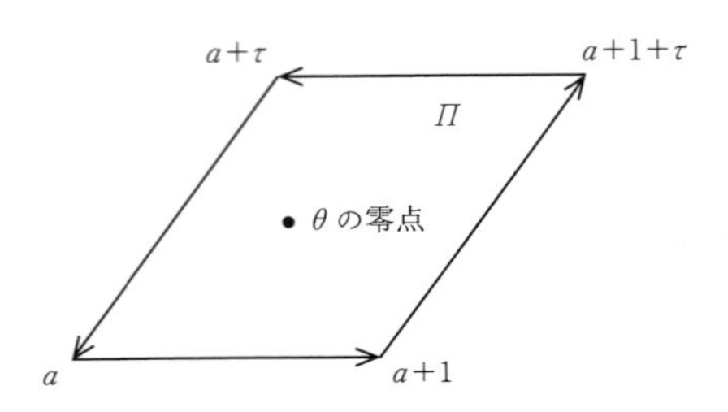

図 17.1　テータ関数の周期平行四辺形 Π

$\theta(u)$ の零点の数は

$$\frac{1}{2\pi i}\int_{\partial\Pi}\frac{\theta'(u)}{\theta(u)}du = \frac{1}{2\pi i}\int_{\partial\Pi}\frac{d}{du}\log\theta(u)du \tag{17.16}$$

という積分に等しい(境界 $\partial\Pi$ には図 17.1 のような向きを付ける).

ここで，積分を

$$\int_{\partial\Pi} = \int_a^{a+1} + \int_{a+1}^{a+1+\tau} + \int_{a+1+\tau}^{a+\tau} + \int_{a+\tau}^{a} \tag{17.17}$$

と辺ごとに分けて，楕円関数のリューヴィルの定理を証明したときのように，対辺ごとにうまくキャンセルしないか調べてみよう．そのために，被積分関数 $\dfrac{d}{du}\log\theta(u)$ が変数のシフト $u\mapsto u+1$, $u\mapsto u+\tau$ でどのように変わるかを見る．擬周期性(17.8)の対数を取れば

$$\log\theta(u+1) = \log\theta(u),$$
$$\log\theta(u+\tau) = \log\theta(u)-\pi i\tau-2\pi iu$$

なので，これを微分すれば

$$\begin{aligned} \frac{d}{du}\log\theta(u+1) &= \frac{d}{du}\log\theta(u), \\ \frac{d}{du}\log\theta(u+\tau) &= \frac{d}{du}\log\theta(u)-2\pi i. \end{aligned} \tag{17.18}$$

したがって，

$$\begin{aligned} &\int_{\partial\Pi}\frac{d}{du}\log\theta(u)du \\ &= \int_a^{a+1}\left(\frac{d}{du}\log\theta(u)-\frac{d}{du}\log\theta(u+\tau)\right)du \\ &\quad + \int_{a+\tau}^{a}\left(\frac{d}{du}\log\theta(u)-\frac{d}{du}\log\theta(u+1)\right)du \end{aligned}$$

$$= \int_a^{a+1} (2\pi i)\,du = 2\pi i.$$

偏角の原理(17.16)によれば，これは Π 内には $\theta(u)$ の零点がただ一つ存在することを意味する． □

これで $\theta_{kl}(u)$ の零点の数は分かったが，具体的にはどこにあるのだろう．これも簡単に分かる．まず，$\theta_{11}(u)$ は奇関数であるから $\theta_{11}(0)=0$ である．補題 17.6 と合わせると，($\theta_{11}(u)$ の零点の集合) $= \Gamma = \mathbb{Z}+\mathbb{Z}\tau$ ということになる．

残りの $\theta_{kl}(u)$ は $\theta_{11}(u)$ によって

$$\theta_{10}(u) = -\theta_{11}\left(u+\frac{1}{2}\right),$$

$$\theta_{01}(u) = (\text{零にならない関数})\times\theta_{11}\left(u+\frac{\tau}{2}\right),$$

$$\theta_{00}(u) = (\text{零にならない関数})\times\theta_{11}\left(u+\frac{1+\tau}{2}\right)$$

と表されることが(17.14)から分かるから，零点の位置は

$$\begin{aligned}
&\theta_{00}(u) = 0 \Longleftrightarrow u \in \Gamma + \frac{1+\tau}{2},\\
&\theta_{01}(u) = 0 \Longleftrightarrow u \in \Gamma + \frac{\tau}{2},\\
&\theta_{10}(u) = 0 \Longleftrightarrow u \in \Gamma + \frac{1}{2},\\
&\theta_{11}(u) = 0 \Longleftrightarrow u \in \Gamma
\end{aligned} \tag{17.19}$$

となる(図 17.2)．補題 17.6 から，これらは全部一位の零点である．

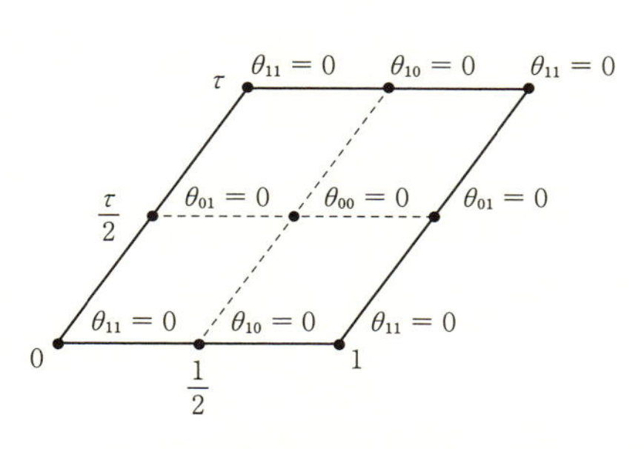

図 17.2 指標付きテータ関数の零点

第 17.1 節ではテータ関数を「正則な関数で二重周期を持つものは定数になるから，仕方ないので『擬』周期なものを考える」という導入をした．しかし,「妥協の産物」のような見方をされたのでは，テータ関数にとって不本意だろう．実はテータ関数達は楕円関数論においては非常に基本的な「楕円関数を組み立てている部品」である．イントロ(第 0 章)で述

べたが，有理関数が多項式の比で $R(x) = \dfrac{P(x)}{Q(x)}$ と書けるように，楕円関数はテータ関数の積の比で書けるのである．正確に言うと，次のようになる．

定理 17.7　a_i と b_i $(i = 1, \cdots, N)$ を $\sum_{i=1}^{N} a_i = \sum_{i=1}^{N} b_i$ を満たす複素数の組とする．次の形の関数は，周期 1 と τ を持つ楕円関数である：

$$(17.20)\quad f(u) = c\frac{\theta_{11}(u-a_1)\cdots\theta_{11}(u-a_N)}{\theta_{11}(u-b_1)\cdots\theta_{11}(u-b_N)}.$$

($c \in \mathbb{C}$ は定数.)

逆に，周期 1 と τ を持つ楕円関数は適当な a_i と b_i $(i = 1, \cdots, N)$ を取ればこの形に書ける．

一般の周期 (Ω_1, Ω_2) の楕円関数の場合は，θ_{11} の中の u を $\dfrac{u}{\Omega_1}$ のようにスケールして考えればよい．

テータ関数の性質と，第 13.2 節に述べたリューヴィルの定理を使えば，定理 17.7 は簡単に証明できる．練習問題とするが，ヒントに証明の筋を大まかに書いておく．(θ_{11} ではなく，他の指標付きテータ関数を使っても似た表示ができることも，まったく同じようにして証明できる.)

練習 17.8　定理 17.7 を証明せよ．

(ヒント：前半は，θ_{11} の性質(擬周期性と零点の位置)を使って素直に計算すれば分かる．後半はリューヴィルの定理を活用する：楕円関数は周期平行四辺形の中に同じ数の零点と極を持つから(リューヴィルの第三定理(定理 13.14))，それらをそれぞれ a_i, b_i $(i = 1, \cdots, N)$ とする．これらを周期 $m + n\tau$ で修正して，$\sum_{i=1}^{N} a_i = \sum_{i=1}^{N} b_i$ とできることを言う(リューヴィルの第四定理(定理 13.15))．この a_i, b_i を使って，上のようにテータ関数の積の商を作る．これともとの楕円関数との比が定数であることを言う(リューヴィルの第一定理(定理 13.9)を使う).)

テータ関数に関する等式は，大抵このように「擬周期性，零点の位置，極の位置を比べる」という手法で証明できる．例として，τ を二倍にした θ 関数をもとの θ 関数で表す公式を示してもらおう．

練習 17.9　次の公式(**ランデン変換** Landen's transformation)を示せ．

$$\theta_{01}(2u, 2\tau) = \frac{\theta_{01}(0, 2\tau)}{\theta_{01}(0, \tau)\theta_{00}(0, \tau)}\theta_{00}(u, \tau)\theta_{01}(u, \tau), \tag{17.21}$$

$$\theta_{11}(2u, 2\tau) = \frac{\theta_{01}(0, 2\tau)}{\theta_{01}(0, \tau)\theta_{00}(0, \tau)}\theta_{10}(u, \tau)\theta_{11}(u, \tau). \tag{17.22}$$

（ヒント：両辺の零点と擬周期性が一致することを示して，リューヴィルの定理を使うと，両辺の比が定数であることが分かる．第一式(17.21)の方の比例定数は $u=0$ と置けば求まる．第二式(17.22)はこの式の u を $u+\frac{\tau}{2}$ にシフトしたものになっている．）

次章では，楕円関数の加法定理に相当する公式など，テータ関数のもう少し複雑な性質を述べる．

第18章

テータ関数(II)

四人で行進

前章では「楕円関数もどき」= 周期性を少し弱めた擬周期性を持つ $\mathbb{C}$ 全体で正則な関数，テータ関数を導入してその基本的性質を調べた．この章では，もう少し複雑な性質を述べる．

前章と同様に，$\tau \in \mathbb{H}$ を一つに固定して動かさないときには $\theta_{kl}(u, \tau)$ を $\theta_{kl}(u)$ と略記するが，この章では後半でテータ関数を τ の関数と考える話が出てくる．

18.1 テータ関数の性質(2)

18.1.1 ◉ ヤコビのテータ関係式と加法定理

テータ関数について，楕円関数の加法定理に相当するものが**ヤコビのテータ関係式**[1]である．

まず，次のような行列を導入する．

$$A = \frac{1}{2}\begin{pmatrix} 1 & 1 & 1 & 1 \\ 1 & 1 & -1 & -1 \\ 1 & -1 & 1 & -1 \\ 1 & -1 & -1 & 1 \end{pmatrix}. \tag{18.1}$$

この行列は，見ての通り対称行列 ${}^tA = A$ だが，二乗して単位行列になることも簡単な計算で分かる：$A^2 = \mathrm{Id}_4$．したがって，A は直交行列，つまり

$$ {}^tAA = (\text{単位行列}) \tag{18.2}$$

1) D. Mumford の *Tata lectures on Theta* I やそれを引用した文献では「リーマンの関係式」と呼ばれているが，ヤコビが全集第一巻第19論文(講義録，C. W. Borchardt 記)の第二章で述べている．ヤコビの証明は以下で紹介するものとほぼ同じだが，E. T. Whittaker and G. N. Watson, *A course of modern analysis*, the fourth edition, Cambridge University Press(1927)の§21.22には擬周期性を活用した証明がある．

を満たす行列でもある．

変数 $\vec{x} := \begin{pmatrix} x_1 \\ x_2 \\ x_3 \\ x_4 \end{pmatrix}$ に対して，$\vec{y} := \begin{pmatrix} y_1 \\ y_2 \\ y_3 \\ y_4 \end{pmatrix}$ を

$$(18.3)\quad \vec{y} := A\vec{x} = \frac{1}{2}\begin{pmatrix} x_1+x_2+x_3+x_4 \\ x_1+x_2-x_3-x_4 \\ x_1-x_2+x_3-x_4 \\ x_1-x_2-x_3+x_4 \end{pmatrix}$$

で定義する．

定理 18.1（テータ関係式）

$$(\mathrm{J0})\quad \prod_{j=1}^{4}\theta_{00}(x_j)+\prod_{j=1}^{4}\theta_{01}(x_j)+\prod_{j=1}^{4}\theta_{10}(x_j)+\prod_{j=1}^{4}\theta_{11}(x_j) = 2\prod_{j=1}^{4}\theta_{00}(y_j).$$

証明　$(\vec{a},\vec{b}) = a_1b_1+\cdots+a_4b_4$ で四次元ベクトル $\vec{a},\vec{b} \in \mathbb{C}^4$ の普通の内積[2)]を表す．また，「$j=1$ から $j=4$ までの積」と「整数の四つ組 $\vec{m} \in \mathbb{Z}^4$ についての和」がたくさん出てくるので，スペースを節約するため，それぞれ $\prod = \prod_{j=1}^{4}$，$\sum = \sum_{\vec{m}\in\mathbb{Z}^4}$ と略記する．

指標付きテータ関数の定義(17.10)を使えば，

$$\begin{aligned}
\prod\theta_{00}(x_j) &= \sum\exp(\pi i\tau(\vec{m},\vec{m})+2\pi i(\vec{m},\vec{x})),\\
\prod\theta_{01}(x_j) &= \sum\exp(\pi i\tau(\vec{m},\vec{m})+2\pi i(\vec{m},\vec{x})+\pi i(m_1+\cdots+m_4)),\\
\prod\theta_{10}(x_j) &= \sum\exp(\pi i\tau(\vec{m}',\vec{m}')+2\pi i(\vec{m}',\vec{x})),\\
\prod\theta_{11}(x_j) &= \sum\exp(\pi i\tau(\vec{m}',\vec{m}')+2\pi i(\vec{m}',\vec{x})+\pi i(m_1'+\cdots+m_4'))
\end{aligned}$$

となる．ただし，$m_i' = m_i+\frac{1}{2}$，$\vec{m}' = (m_i')_{i=1,\cdots,4}$ という記号を使った．

これらを(J0)の左辺のように足し合わせると

- $m_1+\cdots+m_4$ や $m_1'+\cdots+m_4'$ が奇数の項は $\exp(\pi i\times(\text{奇数})) = -1$ なので，キャンセルする．
- $m_1+\cdots+m_4$ や $m_1'+\cdots+m_4'$ が偶数の項は $\exp(\pi i\times(\text{偶数})) = 1$ なので二倍になる．

2)　複素共役を取っていないので「双線形形式」と言うべきかもしれないが，ここでは用語は重要ではないので気にしない！

したがって,

(18.4) (J0)の左辺 $= 2\sum{}' \exp(\pi i\tau(\vec{m},\vec{m})+2\pi i(\vec{m},\vec{x}))$

である．ただし，$\sum{}'$ という和は，次の(i)または(ii)を満たす整数または半整数を成分とするベクトル $\vec{m}\in\frac{1}{2}\mathbb{Z}$ 全体にわたって取る：

(i) すべての j について $m_j\in\mathbb{Z}$ で，$m_1+\cdots+m_4$ は偶数(これは θ_{00} と θ_{01} の部分から出てくる)．

(ii) すべての j について $m_j\in\mathbb{Z}+\frac{1}{2}$ で，$m_1+\cdots+m_4$ は偶数(これは θ_{10} と θ_{11} の部分から出てくる)．

ここで $\vec{n}:=A\vec{m}$ とすると，

- $(\vec{m},\vec{m})=(\vec{n},\vec{n})$, $(\vec{m},\vec{x})=(\vec{n},\vec{y})$.
- $\vec{m}$ が(i)または(ii)を満たすことは，$\vec{n}\in\mathbb{Z}^4$ と同値.

であることが分かる(前者は A の直交性(18.2)の結果，後者は A の形(18.1)から直接計算で示す)．そこで，(18.4)の右辺を $\vec{n}\in\mathbb{Z}^4$ についての和に書き直すと，

$$\begin{aligned}\sum{}'\exp(\pi i\tau(\vec{m},\vec{m})+2\pi i(\vec{m},\vec{x})) &= \sum_{\vec{n}\in\mathbb{Z}^4}\exp(\pi i\tau(\vec{n},\vec{n})+2\pi i(\vec{n},\vec{y}))\\ &= \prod_{j=1}^{4}\theta_{00}(y_j).\end{aligned}$$

これを(18.4)と合わせて(J0)が導かれる． □

テータ関係式には数十の変種があるが，後で必要になる次の三つだけ示そう．

系 18.2 定理 18.1 と同様に，変数 y_j ($j=1,\cdots,4$) は(18.3)によって定義する．このとき，次が成り立つ．

(J1) $\prod\theta_{00}(x_j)-\prod\theta_{01}(x_j)-\prod\theta_{10}(x_j)+\prod\theta_{11}(x_j) = 2\prod\theta_{11}(y_j)$.

(J2) $\prod\theta_{00}(x_j)+\prod\theta_{01}(x_j)-\prod\theta_{10}(x_j)-\prod\theta_{11}(x_j) = 2\prod\theta_{01}(y_j)$.

(J3)
$$\begin{aligned}&\theta_{00}(x_1)\theta_{01}(x_2)\theta_{10}(x_3)\theta_{11}(x_4)+\theta_{01}(x_1)\theta_{00}(x_2)\theta_{11}(x_3)\theta_{10}(x_4)\\ &\quad+\theta_{10}(x_1)\theta_{11}(x_2)\theta_{00}(x_3)\theta_{01}(x_4)+\theta_{11}(x_1)\theta_{10}(x_2)\theta_{01}(x_3)\theta_{00}(x_4)\\ &= 2\theta_{11}(y_1)\theta_{10}(y_2)\theta_{01}(y_3)\theta_{00}(y_4).\end{aligned}$$

ここで，積 $\prod$ は $j=1,2,3,4$ についての積である．

証明　テータ関係式(J0)の中の x_1 を $x_1+1+\tau$ とシフトすると，左辺の各テータ関数は擬周期性(17.12)と(17.13)により $\theta_{kl}(x_1+1+\tau)=(-1)^{k+l}e^{-\pi i\tau-2\pi ix_1}\theta_{kl}(x_1)$ となる．右辺は y_j が $y_j+\dfrac{1+\tau}{2}$ にシフトされるため，指標の変換則(17.14)によって $\theta_{11}(y_j)$ の積に指数関数の因子がついた形になり，整理すると(J1)が得られる．

まったく同じように，(J0)の中の x_1 を x_1+1 に変えると(J2)が得られる．

(J3)を示すには，次のように変数をシフトする必要があるが，大筋は同じである．

$$x_1\mapsto x_1,\qquad x_2\mapsto x_2+\frac{1}{2},\qquad x_3\mapsto x_3+\frac{\tau}{2},\qquad x_4\mapsto x_4+\frac{1+\tau}{2}.$$

□

テータ関係式自身も，「変数を加えたものに対する関数の値と，もとの変数に対する関数の値の間の代数関係式」という意味では加法定理の一種だが，変数を特殊化することによってもっと「加法定理っぽい形」にすることもできる．加法定理も多くの種類があるが，これも後で必要になるものだけ挙げておく．

以下では，簡単のため，$\theta_{kl}:=\theta_{kl}(0)$ のように“(変数)”を書かないときには0での値だとする．(この記号では $\theta_{11}=0$ であることに注意.)

系 18.3（テータ関数の加法定理）

(A1)
$$\begin{aligned}\theta_{00}(x+u)\theta_{00}(x-u)\theta_{00}^2&=\theta_{00}(x)^2\theta_{00}(u)^2+\theta_{11}(x)^2\theta_{11}(u)^2\\&=\theta_{01}(x)^2\theta_{01}(u)^2+\theta_{10}(x)^2\theta_{10}(u)^2.\end{aligned}$$

(A2)
$$\theta_{01}(x+u)\theta_{01}(x-u)\theta_{01}^2=\theta_{01}(x)^2\theta_{01}(u)^2-\theta_{11}(x)^2\theta_{11}(u)^2.$$

(A3)
$$\begin{aligned}\theta_{11}(x+u)\theta_{01}(x-u)\theta_{10}\theta_{00}&=\theta_{00}(x)\theta_{10}(x)\theta_{01}(u)\theta_{11}(u)\\&\quad+\theta_{01}(x)\theta_{11}(x)\theta_{00}(u)\theta_{10}(u).\end{aligned}$$

証明　テータ関係式(J1)の変数 x_j を $x_1=x_2=x,\ x_3=x_4=u$ と特殊化すると，y_j の定義(18.3)より $y_1=x+u,\ y_2=x-u,\ y_3=y_4=0$ である．したがって，(J1)より，

$$\begin{aligned}&\theta_{00}(x)^2\theta_{00}(u)^2-\theta_{01}(x)^2\theta_{01}(u)^2-\theta_{10}(x)^2\theta_{10}(u)^2+\theta_{11}(x)^2\theta_{11}(u)^2\\&\quad=2\theta_{11}(x+u)\theta_{11}(x-u)\theta_{11}^2\end{aligned}$$

だが，上で注意した通り $\theta_{11}=0$ なので，右辺 $=0$．これで，(A1)の中の二番目の等号が示された．

次に，同じ特殊化を(J0)に施すと，

$$
(18.5)\quad
\begin{aligned}
&\theta_{00}(x)^2\theta_{00}(u)^2+\theta_{01}(x)^2\theta_{01}(u)^2+\theta_{10}(x)^2\theta_{10}(u)^2+\theta_{11}(x)^2\theta_{11}(u)^2\\
&\quad=2\theta_{00}(x+u)\theta_{00}(x-u)\theta_{00}^2.
\end{aligned}
$$

ここで，左辺は既に示した(A1)の二番目の等号により，$2(\theta_{00}(x)^2\theta_{00}(u)^2+\theta_{11}(x)^2\theta_{11}(u)^2)$ となる．一方，(18.5)の右辺は(A1)の最左辺の二倍になっているから，これで(A1)の最初の等号が示された．

他の加法定理(A2)と(A3)は，それぞれ(J2)と(J3)を同様に特殊化して得られる． □

練習 18.4 上で証明を省略した(A2)と(A3)を確認せよ．(ヒント：(A2)は(A1)の証明と同じ特殊化を(J2)に適用した上で，(A1)の後半を使う．(A3)は，$x_1=x_3=x$，$x_2=x_4=u$ および $x_1=-x_3=x$，$x_2=-x_4=u$ という特殊化を(J3)に適用して組み合わせる．)

18.1.2 ◉ 熱方程式とヤコビの微分公式

テータ関数を定義する正則関数を項とする級数(17.10)は任意のコンパクト集合上で一様収束している(補題 17.3 で $\theta(u,\tau)=\theta_{00}(u,\tau)$ について証明した．他の指標付きの場合も同様)．ワイエルシュトラスの定理は，このような級数を項別に微分してよいことを保証している[3]．(17.10)の各項を u で二回微分したものと，τ で一回微分したものはそれぞれ

$$
\frac{\partial^2}{\partial u^2}e^{\pi i\left(n+\frac{k}{2}\right)^2\tau+2\pi i\left(n+\frac{k}{2}\right)\left(u+\frac{l}{2}\right)}=-4\pi^2\left(n+\frac{k}{2}\right)^2e^{\pi i\left(n+\frac{k}{2}\right)^2\tau+2\pi i\left(n+\frac{k}{2}\right)\left(u+\frac{l}{2}\right)},
$$

$$
\frac{\partial}{\partial \tau}e^{\pi i\left(n+\frac{k}{2}\right)^2\tau+2\pi i\left(n+\frac{k}{2}\right)\left(u+\frac{l}{2}\right)}=\pi i\left(n+\frac{k}{2}\right)^2e^{\pi i\left(n+\frac{k}{2}\right)^2\tau+2\pi i\left(n+\frac{k}{2}\right)\left(u+\frac{l}{2}\right)}
$$

という形をしているので，$\theta_{kl}(u,\tau)$ は

$$
(18.6)\quad \frac{\partial}{\partial\tau}\theta_{kl}(u,\tau)=\frac{1}{4\pi i}\frac{\partial^2}{\partial u^2}\theta_{kl}(u,\tau)
$$

という二階の偏微分方程式を満たす．

二つの変数 (u,τ) の動く範囲を u は実数，τ は純虚数に制限し，$u=x\in\mathbb{R}$，$\tau=it$ $(t>0)$ とする．変数 (x,t) について方程式(18.6)を書き直すと係数から虚

3) 例えばアールフォルス『複素解析』(現代数学社)第5章§1.1，高橋礼司『複素解析』(東京大学出版会)第5章§1a 参照．

数単位 i が消えて，

$$\frac{\partial}{\partial t}\theta_{kl}(x,it) = \frac{1}{4\pi}\frac{\partial^2}{\partial x^2}\theta_{kl}(x,it)$$

となる．これは物理で出てくる**熱方程式**[4]である．

テータ関数は熱方程式の理論でも重要な役割を持つが(周期的境界条件の下での基本解となる)，ここではこれ以上は踏み込まない．

この熱方程式を使って，**ヤコビの微分公式**(Jacobi's derivative formula)[5]と呼ばれる重要な公式を導くことができる．

テータ関数の $u=0$ での値 $\theta_{kl}=\theta_{kl}(0,\tau)$ (**テータ定数**，または**テータ零値**)は $(k,l)\neq(1,1)$ の場合には0ではない((17.19)参照)．$(k,l)=(1,1)$ の場合には0になるが，その代わり微係数 $\theta'_{11} := \left.\frac{\partial}{\partial u}\right|_{u=0}\theta_{11}(u,\tau)$ が0にはならない($u=0$ は $\theta_{11}(u)$ の一位の零点だから)．これらの定数(u に関しての定数であって，τ の関数ではある)の間には次の重要な関係式が成立する．

定理 18.5 (ヤコビの微分公式)

(18.7)　$\theta'_{11} = -\pi\theta_{00}\theta_{01}\theta_{10}.$

証明　まず(J3)に $x_1=x$，$x_2=x_3=x_4=0$ という代入をすると，$\theta_{11}(x_2)$，$\theta_{11}(x_3), \theta_{11}(x_4)$ が入っている項は $\theta_{11}(0)=0$ より0になり，左辺には一項しか残らない：

(18.8)　$\theta_{11}(x)\,\theta_{10}\,\theta_{01}\,\theta_{00} = 2\theta_{11}\left(\frac{x}{2}\right)\theta_{10}\left(\frac{x}{2}\right)\theta_{01}\left(\frac{x}{2}\right)\theta_{00}\left(\frac{x}{2}\right).$

この式を $\theta_{kl}(x)$ と $\theta_{11}(x)$ のテイラー展開

$$\theta_{kl}(x) = \theta_{kl} + \frac{\theta''_{kl}}{2}x^2 + O(x^4) \qquad ((k,l)\neq(1,1)),$$

$$\theta_{11}(x) = \theta'_{11}x + \frac{\theta'''_{11}}{6}x^3 + O(x^5)$$

で書き直す($\theta_{kl}, \theta'_{11}$ と同様に $\theta''_{kl} = \left.\frac{\partial^2}{\partial u^2}\right|_{u=0}\theta_{kl}(u,\tau)$，$\theta'''_{11} = \left.\frac{\partial^3}{\partial u^3}\right|_{u=0}\theta_{11}(u,\tau)$ と略記している)．これらのテイラー展開で $\theta_{kl}(x)$ $((k,l)\neq(1,1))$ には x の偶数乗，$\theta_{11}(x)$ には奇数乗しか現れないのは，テータ関数の偶奇性(17.15)による．

4) ただし，空間が一次元の場合で，熱伝導率は特別な値に固定されている．
5) ヤコビ全集第一巻第19論文第4節．

こうして得られる(18.8)の両辺の展開の x^3 の係数を比べると,

$$\frac{1}{6}\theta'''_{11}\theta_{10}\theta_{01}\theta_{00} = \frac{1}{24}\theta'''_{11}\theta_{10}\theta_{01}\theta_{00} + \frac{1}{8}\theta'_{11}(\theta''_{10}\theta_{01}\theta_{00} + \theta_{10}\theta''_{01}\theta_{00} + \theta_{10}\theta_{01}\theta''_{00})$$

という関係式が得られる．少しゴチャゴチャしているが，$\theta_{00}\theta_{01}\theta_{10}\theta'_{11}$ $(\neq 0)$ で割って整理すると

$$\frac{\theta'''_{11}}{\theta'_{11}} - \frac{\theta''_{00}}{\theta_{00}} - \frac{\theta''_{01}}{\theta_{01}} - \frac{\theta''_{10}}{\theta_{10}} = 0$$

ときれいになる．熱方程式(の複素版)(18.6)のテイラー展開の係数から，$\theta''_{kl} = 4\pi i\frac{\partial}{\partial\tau}\theta_{kl}$ $((k,l) \neq (1,1))$ および $\theta'''_{11} = 4\pi i\frac{\partial}{\partial\tau}\theta'_{11}$ となるので,

$$\begin{aligned} 0 &= \frac{\frac{\partial}{\partial\tau}\theta'_{11}}{\theta'_{11}} - \frac{\frac{\partial}{\partial\tau}\theta_{00}}{\theta_{00}} - \frac{\frac{\partial}{\partial\tau}\theta_{01}}{\theta_{01}} - \frac{\frac{\partial}{\partial\tau}\theta_{10}}{\theta_{10}} \\ &= \frac{\partial}{\partial\tau}\log\frac{\theta'_{11}}{\theta_{00}\theta_{01}\theta_{10}}. \end{aligned}$$

これは，$\dfrac{\theta'_{11}}{\theta_{00}\theta_{01}\theta_{10}}$ (の対数)が τ によらない定数であることを示している．

定数ならば τ をどのように動かしても変わらないから，τ を純虚数 it $(t \in \mathbb{R})$ に制限して $t \to \infty$ とした極限で計算できる．あるいは，変数を $q = e^{\pi i\tau}$ に置き換えて $q \to 0$ の極限と言ってもよい．

この極限を求めるため，θ_{kl} と θ'_{11} の q に関する展開を調べよう．フーリエ級数(17.10)(およびその微分)に $u=0$ を代入して q について冪の小さい方から何項か計算すれば,

$$\begin{aligned} \theta_{00} &= \sum e^{\pi i n^2\tau} = 1 + O(q), \\ \theta_{01} &= \sum e^{\pi i n^2\tau + \pi i n} = 1 + O(q), \\ \theta_{10} &= \sum e^{\pi i\left(n+\frac{1}{2}\right)^2\tau} = 2q^{\frac{1}{4}} + O(q^{\frac{9}{4}}), \\ \theta'_{11} &= \sum \pi i(2n+1)e^{\pi i\left(n+\frac{1}{2}\right)^2\tau + \pi i\left(n+\frac{1}{2}\right)} = -2\pi q^{\frac{1}{4}} + O(q^{\frac{9}{4}}) \end{aligned}$$

という形が決まる．したがって，求める定数は

$$\frac{\theta'_{11}}{\theta_{00}\theta_{01}\theta_{10}} = \lim_{q\to 0}\frac{-2\pi q^{\frac{1}{4}} + O(q^{\frac{9}{4}})}{2q^{\frac{1}{4}} + O(q^{\frac{9}{4}})} = -\pi$$

であり，ヤコビの微分公式(18.7)が証明された．　□

18.2　テータ関数のモジュラー変換の入り口

第 17.1 節の最初で，主に便宜的な理由で「一般の周期 (Ω_1, Ω_2) の代わりに，関数の変数のスケールを $u \mapsto \Omega_1 u$ と変えて周期を $\left(1, \dfrac{\Omega_2}{\Omega_1}\right)$ とする．さらに，必要ならば $\dfrac{\Omega_2}{\Omega_1}$ を $-\dfrac{\Omega_2}{\Omega_1}$ に取り替えて，周期は $(1, \tau)$ の形で，τ は $\mathrm{Im}\,\tau > 0$ を満たすように取る」とした．では，一般の周期 (Ω_1, Ω_2) のままで考えると対応する「テータ関数」はどうなるだろうか？

例えば，今述べたスケール変換の逆で $\theta(u, \tau)$ から定義される

$$\theta\left(u \middle| \begin{matrix}\Omega_2 \\ \Omega_1\end{matrix}\right) := \theta\left(\frac{u}{\Omega_1}, \frac{\Omega_2}{\Omega_1}\right) \tag{18.9}$$

を考えてみよう(しばらくは指標のないテータ関数 $\theta(u, \tau) = \theta_{00}(u, \tau)$ を考える)．ただし，右辺でテータ関数に代入する関係上，Ω_1 と Ω_2 は $\mathrm{Im}\,\dfrac{\Omega_2}{\Omega_1} > 0$ を満たすとする．$\dfrac{\Omega_2}{\Omega_1}$ の偏角は (Ω_2 の偏角)$-$(Ω_1 の偏角) であるから，これは Ω_2 の表すベクトルが Ω_1 の表すベクトルの左側にある，ということでもある(図 18.1)．

式(18.9)で定義した関数がテータ関数と同様の擬周期性を持つことはテータ関数の擬周期性(17.12)，(17.13)からすぐに分かる：

$$\theta\left(u+\Omega_1 \middle| \begin{matrix}\Omega_2 \\ \Omega_1\end{matrix}\right) = \theta\left(u \middle| \begin{matrix}\Omega_2 \\ \Omega_1\end{matrix}\right),$$

$$\theta\left(u+\Omega_2 \middle| \begin{matrix}\Omega_2 \\ \Omega_1\end{matrix}\right) = e^{-\pi i \frac{\Omega_2}{\Omega_1} - 2\pi i \frac{u}{\Omega_1}}\, \theta\left(u \middle| \begin{matrix}\Omega_2 \\ \Omega_1\end{matrix}\right).$$

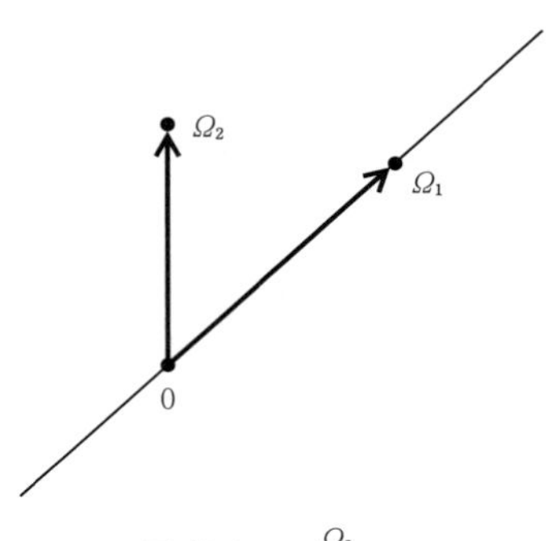

図 18.1　$\mathrm{Im}\,\dfrac{\Omega_2}{\Omega_1} > 0$

これなら一般の場合も簡単簡単！と思ってしまうかもしれないが，実は重要な問題が潜んでいる．楕円曲線は平面 $\mathbb{C}$ を格子 $\Gamma = \mathbb{Z}\Omega_1+\mathbb{Z}\Omega_2$ で割って作っていると考えよう(つまり，アーベル-ヤコビ写像で行った先で考える)：$E_{\Omega_1,\Omega_2} := \mathbb{C}/\Gamma$. この作り方では Γ という格子が大事で，別の周期 (Ω_1', Ω_2') が同じ格子 Γ を定めるならば，できる楕円曲線は同じものになる：

$$\Gamma = \mathbb{Z}\Omega_1+\mathbb{Z}\Omega_2 = \mathbb{Z}\Omega_1'+\mathbb{Z}\Omega_2' \Longrightarrow E_{\Omega_1,\Omega_2} = E_{\Omega_1',\Omega_2'}.$$

とすると，一つの楕円曲線上に二つの“テータ関数” $\theta\left(u\,\middle|\,\begin{matrix}\Omega_2\\ \Omega_1\end{matrix}\right)$ と $\theta\left(u\,\middle|\,\begin{matrix}\Omega_2'\\ \Omega_1'\end{matrix}\right)$ があることになる．これらの間の関係はどうなっているのだろうか？

一番簡単な，そして最も大事な例として，

$$\Omega_1' = \Omega_2, \qquad \Omega_2' = -\Omega_1$$

という場合(図 18.2 参照)を考えてみよう(第二式にマイナスが入っているのは，$\mathrm{Im}\,\dfrac{\Omega_2'}{\Omega_1'} > 0$ という条件のため)．

この (Ω_1', Ω_2') が $\mathbb{Z}\Omega_1+\mathbb{Z}\Omega_2 = \mathbb{Z}\Omega_1'+\mathbb{Z}\Omega_2'$ を満たすのは明らかだろう．また，$\dfrac{\Omega_2'}{\Omega_1'} = -\dfrac{\Omega_1}{\Omega_2}$, $\dfrac{u}{\Omega_1'} = \dfrac{u}{\Omega_1} \times \dfrac{\Omega_1}{\Omega_2}$ だから，$\tau = \dfrac{\Omega_2}{\Omega_1}$ とすれば，

$$\theta\left(u\,\middle|\,\begin{matrix}\Omega_2'\\ \Omega_1'\end{matrix}\right) = \theta\left(\frac{u/\Omega_1}{\tau}, -\frac{1}{\tau}\right).$$

したがって，$\theta\left(u\,\middle|\,\begin{matrix}\Omega_2\\ \Omega_1\end{matrix}\right)$ と $\theta\left(u\,\middle|\,\begin{matrix}\Omega_2'\\ \Omega_1'\end{matrix}\right)$ を比較するには，$\theta(u,\tau)$ と $\tilde{\theta}(u,\tau) :=$

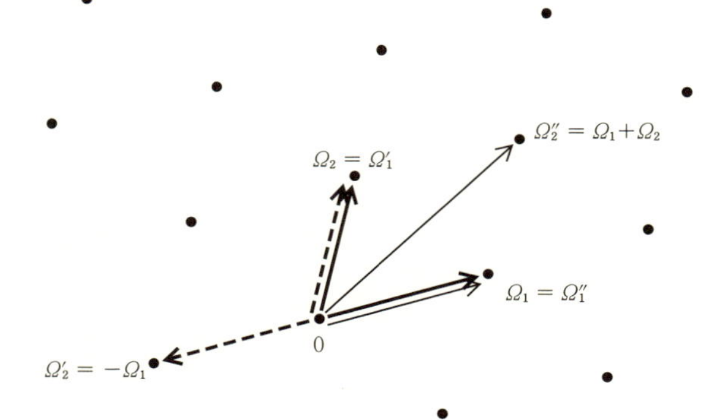

図 18.2 Γ **の別の基底** $(\Omega_1', \Omega_2') = (\Omega_2, -\Omega_1)$, $(\Omega_1'', \Omega_2'') = (\Omega_1, \Omega_1+\Omega_2)$.

$\theta\left(\frac{u}{\tau},-\frac{1}{\tau}\right)$ を比較すればよい．第17.2節の最後に述べたように，テータ関数の類は擬周期性と零点を調べれば素性が分かる．$\tilde{\theta}(u,\tau)$ の擬周期性が

$$\begin{aligned}\tilde{\theta}(u+1,\tau) &= e^{\frac{\pi i}{\tau}+\frac{2\pi iu}{\tau}}\tilde{\theta}(u,\tau),\\ \tilde{\theta}(u+\tau,\tau) &= \tilde{\theta}(u,\tau)\end{aligned} \tag{18.10}$$

となることは，(17.13)と(17.12)の結果である．

練習 18.6　擬周期性(18.10)を確かめよ．(第一式は(17.13)の結果だが，まず $\theta(u-\tau,\tau)$ を $\theta(u,\tau)$ で表す公式を作ってから τ を $-\frac{1}{\tau}$ に置き換える.)

擬周期性(18.10)は一見 $\theta(u,\tau)$（および指標付きテータ関数）の擬周期性(17.12)や(17.13)とはだいぶ異なるように見えるが，実はちょっと修正するとまったく同じものになる．そのために $Q(u)=\frac{\pi iu^2}{\tau}$ という二次式を考える．これは次を満たす：

$$\begin{aligned}Q(u+1)-Q(u) &= \frac{2\pi iu}{\tau}+\frac{\pi i}{\tau},\\ Q(u+\tau)-Q(u) &= 2\pi iu+\pi i\tau.\end{aligned} \tag{18.11}$$

そこで，

$$\tilde{\tilde{\theta}}(u,\tau) := e^{-Q(u)}\tilde{\theta}(u,\tau) \tag{18.12}$$

とすると，この関数の擬周期性は(18.10)と(18.11)より，

$$\begin{aligned}\tilde{\tilde{\theta}}(u+1,\tau) &= \tilde{\tilde{\theta}}(u,\tau),\\ \tilde{\tilde{\theta}}(u+\tau,\tau) &= e^{-\pi i\tau-2\pi iu}\tilde{\tilde{\theta}}(u,\tau)\end{aligned} \tag{18.13}$$

で，$\theta(u,\tau)$ の擬周期性(17.12), (17.13)にぴったり一致する．また，指数関数は0にならないので，$\tilde{\tilde{\theta}}(u,\tau)$ の零点は $\tilde{\theta}(u,\tau)=\theta\left(\frac{u}{\tau},-\frac{1}{\tau}\right)$ の零点と同じ．(17.19)から，

$$\begin{aligned}\theta\left(\frac{u}{\tau},-\frac{1}{\tau}\right)=0 &\iff \frac{u}{\tau}\in\frac{1+(-\tau^{-1})}{2}+\mathbb{Z}+\mathbb{Z}\left(-\frac{1}{\tau}\right)\\ &\iff u\in\frac{1+\tau}{2}+\mathbb{Z}+\mathbb{Z}\tau.\end{aligned}$$

よって $\tilde{\tilde{\theta}}(u,\tau)$ の零点と $\theta(u,\tau)$ の零点は一致することが分かる．したがって，二つの関数の比 $\frac{\tilde{\tilde{\theta}}(u,\tau)}{\theta(u,\tau)}$ は極を持たない二重周期関数で，リューヴィルの第一

定理(定理 13.9)からuによらない定数になる(τには依存する)：$\tilde{\tilde{\theta}}(u,\tau)=A(\tau)\,\theta(u,\tau)$. もとの記号に戻すと,

$$(18.14)\quad \theta\left(\frac{u}{\tau},-\frac{1}{\tau}\right)=A(\tau)e^{\frac{\pi iu^2}{\tau}}\theta(u,\tau).$$

この定数$A=A(\tau)$を陽に決めるために, 指標付きテータ関数について同様の変換公式を計算しよう. 今求めた(18.14)を(17.14)で変形すれば,

$$\theta_{00}\left(\frac{u}{\tau},-\frac{1}{\tau}\right)=Ae^{\frac{\pi iu^2}{\tau}}\theta_{00}(u,\tau),$$

$$\theta_{01}\left(\frac{u}{\tau},-\frac{1}{\tau}\right)=Ae^{\frac{\pi iu^2}{\tau}}\theta_{10}(u,\tau),$$

$$\theta_{10}\left(\frac{u}{\tau},-\frac{1}{\tau}\right)=Ae^{\frac{\pi iu^2}{\tau}}\theta_{01}(u,\tau),$$

$$\theta_{11}\left(\frac{u}{\tau},-\frac{1}{\tau}\right)=-iAe^{\frac{\pi iu^2}{\tau}}\theta_{11}(u,\tau)$$

となる(指標 01 と 10 がひっくり返ることに注意). 最初の三つに$u=0$を代入すると右辺の指数関数が消えて,

$$(18.15)\quad \tilde{\theta}_{00}=A\theta_{00},\qquad \tilde{\theta}_{01}=A\theta_{10},\qquad \tilde{\theta}_{10}=A\theta_{01},$$

が得られる. ただし, $\theta_{kl}=\theta_{kl}(0,\tau)$, $\tilde{\theta}_{kl}=\theta_{kl}\left(0,-\frac{1}{\tau}\right)$. 四つ目の式は単純に$u=0$とすると$0=0$になってしまうので, uで微分してから$u=0$を代入しよう. 上と同様の略記を使うと, 結果は

$$(18.16)\quad \frac{1}{\tau}\tilde{\theta}'_{11}=-iA\theta'_{11}.$$

式(18.16)の両辺をヤコビの微分公式(18.7)と(18.15)で書き直して整理すれば$A^2=-i\tau$, つまり

$$A(\tau)=\sqrt{-i\tau}\quad \text{または}\quad -\sqrt{-i\tau}.$$

この符号を決めるため, まず$\tau=it$, $t>0$, という虚軸上のτでの値を決めよう. テータ関数の定義(17.10)に$u=0$, $\tau=it$あるいは$\tau=-\frac{1}{it}$を代入してθ_{00}と$\tilde{\theta}_{00}$を計算すると,

$$\theta_{00}=\sum_{n\in\mathbb{Z}}e^{-\pi n^2t},\qquad \tilde{\theta}_{00}=\sum_{n\in\mathbb{Z}}e^{-\pi n^2t^{-1}},$$

という正項級数になる. つまり, θ_{00}も$\tilde{\theta}_{00}$も正の実数. したがって, その比$A(\tau)=A(it)$は正の実数だから, $A(it)=\sqrt{t}$となる.

一方 θ_{00} と $\tilde{\theta}_{00}$ は上半平面上の τ の正則関数だから，(18.15)により $A(\tau)$ は上半平面上の正則関数．そこで，$A(it)=\sqrt{t}$ を上半平面全体に解析接続すれば $\tau=te^{i\varphi}$ ($t=|\tau|$, $\varphi=\arg\tau$, $0<\varphi<\pi$) に対して

$$A(\tau)=\sqrt{t}\,e^{i\left(\frac{\varphi}{2}-\frac{\pi}{4}\right)}$$

と決まる(以下ではこの式で定義される $A(\tau)$ を単に $\sqrt{-i\tau}$ と書いておく).

これで**ヤコビの虚数変換公式**(Jacobi's imaginary transformation)

$$(18.17)\quad \begin{aligned}
\theta_{00}\left(\frac{u}{\tau},-\frac{1}{\tau}\right)&=\sqrt{-i\tau}\,e^{\frac{\pi iu^2}{\tau}}\theta_{00}(u,\tau),\\
\theta_{01}\left(\frac{u}{\tau},-\frac{1}{\tau}\right)&=\sqrt{-i\tau}\,e^{\frac{\pi iu^2}{\tau}}\theta_{10}(u,\tau),\\
\theta_{10}\left(\frac{u}{\tau},-\frac{1}{\tau}\right)&=\sqrt{-i\tau}\,e^{\frac{\pi iu^2}{\tau}}\theta_{01}(u,\tau),\\
\theta_{11}\left(\frac{u}{\tau},-\frac{1}{\tau}\right)&=-i\sqrt{-i\tau}\,e^{\frac{\pi iu^2}{\tau}}\theta_{11}(u,\tau)
\end{aligned}$$

が証明できた．話を戻せば，この式は $\theta\left(u\,\middle|\,\begin{matrix}\Omega_2\\ \Omega_1\end{matrix}\right)$ と $\theta\left(u\,\middle|\,\begin{matrix}-\Omega_1\\ \Omega_2\end{matrix}\right)$ を結びつけていることになる：

$$\theta\left(u\,\middle|\,\begin{matrix}-\Omega_1\\ \Omega_2\end{matrix}\right)=\sqrt{-i\frac{\Omega_2}{\Omega_1}}\,e^{\frac{\pi iu^2}{\Omega_1\Omega_2}}\theta\left(u\,\middle|\,\begin{matrix}\Omega_2\\ \Omega_1\end{matrix}\right).$$

Γ の基底を $(\Omega_1,\Omega_2)\to(\Omega_2,-\Omega_1)$ と取り替えても，テータ関数は指数関数で補正されるだけで，大きくは変わらないわけである．

実は同じ格子 Γ を生成する (Ω_1,Ω_2) の組は無限個ある：$\mathbb{Z}\Omega_1+\mathbb{Z}\Omega_2=\mathbb{Z}\Omega_1'+\mathbb{Z}\Omega_2'$ ($\operatorname{Im}\dfrac{\Omega_2}{\Omega_1}$ と $\operatorname{Im}\dfrac{\Omega_2'}{\Omega_1'}$ は正)は，

$$\begin{pmatrix}\Omega_2'\\ \Omega_1'\end{pmatrix}=\begin{pmatrix}a&b\\ c&d\end{pmatrix}\begin{pmatrix}\Omega_2\\ \Omega_1\end{pmatrix}$$

となる整数行列 $\begin{pmatrix}a&b\\ c&d\end{pmatrix}$ $(a,b,c,d\in\mathbb{Z})$ で，行列式 $=1$ となるものが存在することと同値．このような任意の $\begin{pmatrix}a&b\\ c&d\end{pmatrix}$ に対して(18.17)と同じような変換公式(**モジュラー変換公式**)を書くことができる．ヤコビの虚数変換公式は $\begin{pmatrix}a&b\\ c&d\end{pmatrix}=\begin{pmatrix}0&-1\\ 1&0\end{pmatrix}$ の場合である．すべての場合を示すのは大変なので，ここでは次の $\begin{pmatrix}a&b\\ c&d\end{pmatrix}=\begin{pmatrix}1&1\\ 0&1\end{pmatrix}$ の場合(図18.2の $(\Omega_1'',\Omega_2'')=(\Omega_1,\Omega_1+\Omega_2)$ に当たる)を紹介す

るに留める.

練習 18.7　次の公式を証明せよ.

$$
\begin{aligned}
&\theta_{00}(u,\tau+1)=\theta_{01}(u,\tau), && \theta_{01}(u,\tau+1)=\theta_{00}(u,\tau),\\
&\theta_{10}(u,\tau+1)=e^{\frac{\pi i}{4}}\theta_{10}(u,\tau), && \theta_{11}(u,\tau+1)=e^{\frac{\pi i}{4}}\theta_{11}(u,\tau).
\end{aligned}
\tag{18.18}
$$

（ヒント：定義(17.10)の τ に $\tau+1$ を代入して計算する.）

注 18.8　この(18.18)とヤコビの虚数変換(18.17)を組み合わせて任意の整数行列 $\begin{pmatrix} a & b \\ c & d \end{pmatrix}$ $(a,b,c,d\in\mathbb{Z}$，行列式 $=1)$ に対するモジュラー変換を作ることができる.

次章では，テータ関数の応用で重要になる無限積展開の公式を示す.

第19章

テータ関数の無限積展開

隣の国へつづく橋

楕円積分や楕円関数の話をしたときは，直後に「どのように応用されるか」を紹介した．テータ関数も数学や物理のいろいろな分野で使われるが，具体的な応用例はかなりの予備知識を必要とするものが多く，本書で詳細を説明するのは難しい．代わりにこの章では，そうした応用の場面でよく使われるテータ関数の重要な性質，「無限積展開」を証明する．

19.1 関数の無限積

まず簡単な話から．多項式は

$$P(z) = a_0 + a_1 z + \cdots + a_n z^n$$

という和で定義されるが，一次以上の多項式であれば複素数の範囲で考えると必ず一次式の積に展開される（**代数学の基本定理**[1]の帰結）：

$$P(z) = a_n(z-\alpha_1)\cdots(z-\alpha_n). \tag{19.1}$$

当たり前だが，$z-\alpha_i$ $(i=1,\cdots,n)$ という因子が関数 $P(z)$ の零点 $z=\alpha_i$ と対応する．

零点が無限個ある関数についてはどうだろうか？　例えば $\sin z$ は

$$\sin z = z\prod_{n=1}^{\infty}\left(1-\frac{z^2}{n^2\pi^2}\right) \tag{19.2}$$

と書けることがオイラーによって証明されている[2]．多項式の展開(19.1)と同様

1)「$n \geqq 1$ ならば，$P(z)=0$ となる複素数 z が必ず存在する」という定理．代数の言葉を使うならば「複素数体は代数的閉体である」ということ．この定理は「代数学の」とはいうが，実は証明は解析的．

2) 杉浦光夫『解析入門 I』（東京大学出版会）第Ⅳ章，定理 15.6，あるいは，野海正俊『オイラーに学ぶ』（日本評論社）第3章参照．

に，右辺の因子一つ一つが $\sin z$ の零点 $z=0$，$z=\pm n\pi$ $(n=1,2,\cdots)$ と対応していることに注意してほしい．

しかし，多項式の場合と $\sin z$ の場合で少し書き方が違うことが気がつかれた方もいるだろう．多項式の場合は零点 α_i に対応する因子は $z-\alpha_i$ と分かりやすい形だが，$\sin z$ の場合は，わざわざ二つの零点 $n\pi$ と $-n\pi$ を組みにして，さらに $(z-n\pi)(z+n\pi)$ とすればよいものを，$n\pi$ の二乗で割って $1-\dfrac{z^2}{n^2\pi^2}$ という因子を作っている．単純に "(定数) $\times \prod_{n\in\mathbb{Z}} (z-n\pi)$" のような形にはできないのか？

ここに，零点の数が有限個か無限個か，の違いが現れている．$\prod_{n\in\mathbb{Z}} (z-n\pi)$ という積では，n の絶対値が大きくなるとそれに伴って各因子 $z-n\pi$ の絶対値がどんどん大きくなり発散してしまう．無限個の数 a_n を掛けて収束するようにしたいならば，a_n は 1 に近づいていかなくては困る．これが(19.2)で "$1-$(何か)" という形のものを掛け合わせている理由である(「何か」の部分は $|n|$ を大きくすると 0 に収束していく)．

無限和，つまり無限級数については大学初年級までで必ず詳しく学ぶはずだが，無限積についてはそれほど多くの時間を割かないのが普通だと思うので，簡単に説明しておく．

定義 19.1　$\{a_n\}_{n=1,2,\dots}$ が 0 ではない複素数列のとき，**部分積** $p_n=\prod_{k=1}^{n} a_k$ の作る複素数列 $\{p_n\}_{n=1,2,\dots}$ が <u>0 ではない</u>複素数 P に収束するときに，無限積 $\prod_{n=1}^{\infty} a_n$ は P に**収束する**と言う：$P=\prod_{n=1}^{\infty} a_n$.

$\{a_n\}_{n=1,2,\dots}$ のうちに 0 となるものが有限個あるときには，0 に等しい a_n を除いた残りの無限積が上で述べた意味で収束するときに $\prod_{n=1}^{\infty} a_n$ は収束すると言い，$\prod_{n=1}^{\infty} a_n=0$ とする．

級数のときに大事だった絶対収束，一様収束という概念は無限積でも重要だが，絶対収束の定義は単純に「和」を「積」に変えたものではない．

補題 19.2　(i)　無限積 $\prod_{n=1}^{\infty} (1+u_n)$ $(\lim_{n\to\infty} u_n=0)$ は，$\prod_{n=1}^{\infty} (1+|u_n|)$ が収束するときに**絶対収束**する，と言う．これは，級数 $\sum_{n=1}^{\infty} |u_n|$ が収束することと同値．無限積 $\prod_{n=1}^{\infty} (1+u_n)$ が絶対収束すれば収束し，その値は積の順序によらない．

（ii）　各 $u_n(z)$ がある集合 D 上で定義された関数であるとする．関数列 $\left\{p_n(z) := \prod_{k=1}^{n}(1+u_k(z))\right\}_{n=1,2,\cdots}$ が D 上で一様収束するときに，無限積 $\prod_{n=1}^{\infty}(1+u_n(z))$ は D 上で**一様収束**する，と言う．さらに $u_n(z)$ が領域 D 上の正則関数ならば，この無限積は D 上の正則関数になる．

（iii）　次の二つを満たす正の実数列 M_n が存在すれば，$\prod_{n=1}^{\infty}(1+u_n(z))$ は D 上で一様収束する．

（1）　任意の n について，$|u_n(z)| \leqq M_n$ がすべての $z \in D$ に対して成り立つ．

（2）　$\sum_{n=1}^{\infty} M_n < \infty$.

証明は文献[3)]を参照されたい．

この定理を使うと展開(19.2)での右辺が実際に正則関数を与えていることが分かる．

練習 19.3　上記の定理を使って，無限積(19.2)が任意のコンパクト集合上で絶対一様収束していることを示せ．また，これを z の一次式の無限積 $z\prod_{n=1}^{\infty}\left(1-\dfrac{z}{n\pi}\right)\prod_{n=1}^{\infty}\left(1+\dfrac{z}{n\pi}\right)$ とするのを避けるのはなぜか．

注 19.4　一般に $\mathbb{C}$ 全体で正則な関数の零点がすべて分かれば，その関数を上のような積(指数関数による若干の補正が必要なこともある[4)])に展開できる[5)]．

19.2　テータ関数の無限積展開

一般論はさておき，我々はテータ関数の零点をすべて知っているのだから，テータ関数をこのような無限積に展開してみよう．ただし，結果から言うと $\theta_{kl}(u,\tau)$ を u について展開するよりは，$z=e^{\pi iu}$ について展開する方がきれいな形になる[6)]．

---

3)　杉浦光夫『解析入門 I』(東京大学出版会)第V章§6 や神保道夫『複素関数入門』(岩波書店)第5章§5.3 など．

4)　実は，練習 19.3 でも，$\left(1\mp\dfrac{z}{n\pi}\right)$ に $e^{\pm\frac{z}{n\pi}}$ を掛けて補正すれば OK．詳しくは次の脚注の文献を参照．

5)　吉田洋一『函数論』(岩波書店)§76 参照．

6)　$\theta_{00}(u,\tau)$ と $\theta_{01}(u,\tau)$ を扱うだけなら $\tilde{z}=e^{2\pi iu}$ を使う方が簡単になる．以下の $\theta_{00}(u,\tau)$ に関する議論がゴチャゴチャしていると感じられた方は $\tilde{z}$ を使って書き直してみるのも良い練習になるだろう．

テータ関数の零点は全部一位で，位置は(17.19)で決まっていた．これを$z=e^{\pi iu}$，$q=e^{\pi i\tau}$を使って書き換えると，

$$
\begin{aligned}
&\theta_{00}(u)=0 \Longleftrightarrow z=\pm iq^{n+\frac{1}{2}},\\
(19.3)\quad &\theta_{01}(u)=0 \Longleftrightarrow z=\pm q^{n+\frac{1}{2}},\\
&\theta_{10}(u)=0 \Longleftrightarrow z=\pm iq^{n},\\
&\theta_{11}(u)=0 \Longleftrightarrow z=\pm q^{n}
\end{aligned}
$$

となる．ただし，nは任意の整数である．

まず，$\theta(u,\tau)=\theta_{00}(u,\tau)$について考えよう．$\theta_{00}(u)$の$z$についての零点は(19.3)にあるように$\pm iq^{n+\frac{1}{2}}$なので，$\sin z$の場合と同様に考えると，

$$
\prod_{n\in\mathbb{Z}}\left(1-\frac{z}{iq^{n+\frac{1}{2}}}\right)\left(1+\frac{z}{iq^{n+\frac{1}{2}}}\right)=\prod_{n\in\mathbb{Z}}\left(1+\frac{z^2}{q^{2n+1}}\right)
$$

の定数倍になりそうな気もする．しかし，この積は$n\to+\infty$のときに$\dfrac{z^2}{q^{2n+1}}$という部分が大きくなって発散してしまう($\mathrm{Im}\,\tau>0$だから，$|q|<1$であることに注意!)．

この積を，発散が起きないように，しかも零点ごとにうまく因数分解されているように変更するのはちょっとしたパズル．(先の都合上，答を書いてしまうが，ここで本を閉じて自分で考えてみるのも一興．)

分かってしまえば簡単だが$n\geqq 0$のときには

$$
\left(1-\frac{z^{-1}}{\left(iq^{n+\frac{1}{2}}\right)^{-1}}\right)\left(1+\frac{z^{-1}}{\left(iq^{n+\frac{1}{2}}\right)^{-1}}\right)=1+\frac{z^{-2}}{q^{-2n-1}}
$$

を使えばよい．つまり，$\theta_{00}(u)$は，

$$
(19.4)\quad \prod_{n\geqq 0}(1+q^{2n+1}z^{-2})\prod_{n\leqq -1}(1+q^{-2n-1}z^{2})=\prod_{n=1}^{\infty}(1+q^{2n-1}z^{-2})\prod_{n=1}^{\infty}(1+q^{2n-1}z^{2})
$$

の定数倍になるだろうと予想される．これを証明しよう．

まず，この無限積が正則関数を定義していることは確かめる必要がある．上の補題19.2(iii)を適用すればすぐだが，この補題の証明を省略してしまったので，それを補う意味で少し詳しく説明する．

補題 19.5 (i) 無限積 $\prod_{n=1}^{\infty}(1+q^{2n-1}z^2)$ は z について $\mathbb{C}$ の任意のコンパクト集合(= 有界閉集合) K 上で一様収束する．

(ii) 無限積 $\prod_{n=1}^{\infty}(1+q^{2n-1}z^{-2})$ は z について $\mathbb{C}\setminus\{0\}$ に含まれる任意のコンパクト集合(= $\mathbb{C}$ の有界閉集合で $\mathbb{C}\setminus\{0\}$ の部分集合) K 上で一様収束する．

(iii) 無限積 $\prod_{n=1}^{\infty}(1+q^{2n-1}z^2)(1+q^{2n-1}z^{-2})$ は z について $\mathbb{C}\setminus\{0\}$ に含まれる任意の有界閉集合 K 上で一様収束し，値は(i)と(ii)の無限積の積になる．

証明 (iii)は(i), (ii)と一様収束極限の簡単な性質(後の練習 19.6(ii))の帰結．(ii)は $z=w^{-1}$ と変数変換すれば(i)に帰着される．

(i)の証明：正の実数 $R>0$ を取り，$\prod_{n=1}^{\infty}(1+q^{2n-1}z^2)$ が $D_R:=\{z\,|\,|z|\leqq R\}$ で一様収束することを示そう(任意の有界閉集合はある D_R に含まれることに注意)．もちろん，この無限積の最初の有限個の因子を除いた残りの無限積が一様収束することを示せば十分なので，十分大きな n_0 で

(19.5) $|q^{2n_0-1}|<\dfrac{1}{2R^2}$

となるものを取り($|q|<1$ に注意)，$n\geqq n_0$ で定義された関数列

(19.6) $p_n(z):=\prod_{k=n_0}^{n}(1+q^{2k-1}z^2)$

を考える．$k\geqq n_0$ ならば(19.5)より $|q^{2k-1}|<\dfrac{|q|^{2(k-n_0)}}{2R^2}$ だから，$z\in D_R$ ならば

(19.7) $|q^{2k-1}z^2|<\dfrac{|q|^{2(k-n_0)}}{2}\leqq\dfrac{1}{2}.$

$|w|<1$ のときに成り立つテイラー展開[7] $\log(1+w)=\sum_{n=1}^{\infty}(-1)^{n-1}\dfrac{w^n}{n}$ と三角不等式を使うと，

$$\begin{aligned}|\log(1+q^{2k-1}z^2)|&\leqq\sum_{n=1}^{\infty}\left|\frac{(q^{2k-1}z^2)^n}{n}\right|\\&\leqq\sum_{n=1}^{\infty}|q^{2k-1}z^2|^n=\frac{|q^{2k-1}z^2|}{1-|q^{2k-1}z^2|}.\end{aligned}$$

ここで，(19.7)の (最左辺) < (最右辺) という評価から，$\dfrac{1}{1-|q^{2k-1}z^2|}<2$. これを上の不等式の最右辺に適用し，さらに(19.7)の (最左辺) < (中辺) を使うと，

(19.8) $|\log(1+q^{2k-1}z^2)|<2|q|^{2(k-n_0)}$

という評価が得られる．一方，

7) より正確に言うと，このテイラー展開で多価関数 $\log(1+w)$ の値を一つに決めている．

$$\sum_{k=n_0}^{\infty} 2|q|^{2(k-n_0)} = \frac{2}{1-|q|^2} < +\infty$$

なので，(19.8)からワイエルシュトラスの M テストによって無限級数

$$(19.9)\quad \sum_{k=n_0}^{\infty} \log(1+q^{2k-1}z^2)$$

は z について D_R 上で一様(絶対)収束することが示された．つまり，関数列

$$\log p_n(z) = \sum_{k=n_0}^{n} \log(1+q^{2k-1}z^2)$$

は D_R 上で(19.9)の関数に一様収束する．後はこれを指数関数の肩に乗せるだけ．「一様収束する関数列の指数関数も一様収束する」ということは初年級の微積分の良い練習問題なので自分でチェックしていただこう(練習 19.6(iii))．　□

練習 19.6　(i)　$\{f_n(z)\}_{n=1,2,\cdots}$ をコンパクト集合 K 上の連続関数の列で $f(z)$ に K 上で一様収束しているとする．十分大きな N を取れば，ある正の実数 M が存在して，任意の $n \geqq N$ と任意の $z \in K$ に対して $|f_n(z)| < M$ かつ $|f(z)| < M$ となることを示せ．(ヒント：連続関数列の一様収束極限は連続．連続関数はコンパクト集合上で有界．n が十分大きければ，$|f(z)|$ と $|f_n(z)|$ は「それほど違わない」．)

(ii)　$\{f_n(z)\}_{n=1,2,\cdots}$ と $\{g_n(z)\}_{n=1,2,\cdots}$ を，コンパクト集合 K 上の連続関数の列で，それぞれ $f(z)$ と $g(z)$ に K 上で一様収束しているとする．このとき，$\{f_n(z)g_n(z)\}_{n=1,2,\cdots}$ は $f(z)g(z)$ に一様収束することを示せ．(ヒント：$|f(z)g(z)-f_n(z)g_n(z)|$ を評価する．数列の積の極限が極限の積に等しいことの証明を参考にする．途中で(i)を使う．)

(iii)　$\{f_n(z)\}_{n=1,2,\cdots}$ をコンパクト集合 K 上の複素数値連続関数の列で $f(z)$ に K 上で一様収束しているとする．また，$F(w)$ を $\mathbb{C}$ 上の連続関数とする．このとき，$\{F(f_n(z))\}_{n=1,2,\cdots}$ は K 上で $F(f(z))$ に一様収束することを示せ．(ヒント：(i)から，f_n の値域はすべて同じ閉円板 $D_M = \{w \mid |w| \leqq M\}$ に入っていると仮定できる．F をこの上で考えると一様連続．)

補題 19.5 によって無限積(19.4)が $\mathbb{C}\setminus\{0\}$ 内の任意のコンパクト集合上で一様収束することが示されたから，ワイエルシュトラスの定理(第14章の脚注3(p.207))によってこの無限積は $\mathbb{C}\setminus\{0\}$ 上の z の正則関数になる．これが実際に

$\theta_{00}(u)$ の定数倍になることを示し，その定数を決めよう．いろいろなやり方があるが，まず無限積の定義に沿って部分積

$$f_N(z) = \prod_{n=1}^{N}(1+q^{2n-1}z^{-2})(1+q^{2n-1}z^2) \tag{19.10}$$

の極限を考える方法を使ってみる．

$f_N(z)$ の定義(19.10)を展開すると

$$\begin{aligned} f_N(z) &= \sum_{k=0}^{2N} a_{k-N}^{(N)} z^{2k-2N} \\ &= a_{-N}^{(N)} z^{-2N} + \cdots + a_{-1}^{(N)} z^{-2} + a_0^{(N)} + a_1^{(N)} z^2 + \cdots + a_N^{(N)} z^{2N} \end{aligned} \tag{19.11}$$

という形をしていることはすぐに分かる(z の偶数ベキしか出てこない)．また定義(19.10)は z と z^{-1} の入れ換えに対して対称だから $a_{-k}^{(N)} = a_k^{(N)}$ でもある．この中の $a_N^{(N)} z^{2N}$ という項は，$(1+q^{2n-1}z^2)$ という N 個の因子のそれぞれから $q^{2n-1}z^2$ を取り出して掛け合わせたものだから，

$$a_N^{(N)} = \prod_{n=1}^{N} q^{2n-1} = q^{1+3+\cdots+(2N-1)} = q^{N^2}. \tag{19.12}$$

他の係数は直接求めるのは難しいが，「母関数[8]」$f_N(z)$ の性質を調べることで具体的に求めることができる．

$f_N(z)$ の z に qz を代入してみると，

$$\begin{aligned} f_N(qz) &= \prod_{n=1}^{N}(1+q^{2n-1}q^{-2}z^{-2})(1+q^{2n-1}q^2z^2) \\ &= \frac{(1+q^{-1}z^{-2})(1+q^{2Nd+1}z^2)}{(1+q^{2N-1}z^{-2})(1+qz^2)} f_N(z) \end{aligned} \tag{19.13}$$

となる．このようにある関数 $f(z)$ と $f(qz)$ との関係式(一般には $f(z), f(qz), f(q^2z), f(q^3z), \cdots$ の間の関係式)を f の満たす q **差分方程式**と呼ぶ[9]．$1+qz^2 = qz^2(1+q^{-1}z^{-2})$ だから，この q 差分方程式は

$$(qz^2+q^{2N})f_N(qz) = (1+q^{2N+1}z^2)f_N(z)$$

と書き直される．これに展開(19.11)を代入して z^{2k-2N} $(1 \leqq k \leqq 2N)$ の係数を比べると，

$$a_{k-N-1}^{(N)} q^{2k-2N-1} + a_{k-N}^{(N)} q^{2k} = a_{k-N}^{(N)} + a_{k-N-1}^{(N)} q^{2N+1}$$

---

8) 数列 $\{a_n\}$ に対して，それを係数とするような級数 $f(z) = \sum a_n z^n$ を「数列 $\{a_n\}$ の**母関数**(generating function)と呼ぶ．母関数に対する種々の操作(加減乗除の他に微積分や，すぐ後に述べる q 差分，差分など)を使って数列の性質を調べることができる．指数型母関数 $f(z) = \sum \frac{a_n}{n!} z^n$ やディリクレ型母関数 $f(s) = \sum \frac{a_n}{n^s}$ などのバージョンもある．

9) これに対して，ある定数 h について，$f(x), f(x+h), f(x+2h), \cdots$ の間の関係式は**差分方程式**と呼ばれる．

という，係数 $a_k^{(N)}$ の間の関係式が得られる(z^{-2N} と z^{2N+2} の係数は自動的に一致する)．この式から，$-N+1 \leqq k \leqq N$ となる k に対して

$$(19.14)\quad a_{k-1}^{(N)} = \frac{1-q^{2k+2N}}{q^{2k-1}(1-q^{2N-2k+2})} a_k^{(N)}$$

という漸化式が成り立つ．$a_N^{(N)}$ は(19.12)で分かっているから，この漸化式で k を一つずつ下げていって，

$$(19.15)\quad \begin{aligned} a_k^{(N)} &= a_N^{(N)} \prod_{l=k+1}^{N} \frac{1-q^{2l+2N}}{q^{2l-1}(1-q^{2N-2l+2})} \\ &= q^{k^2} \frac{\prod_{l=k+1}^{N}(1-q^{2(l+N)})}{\prod_{l=1}^{N-k}(1-q^{2l})} = q^{k^2} \frac{\prod_{l=1}^{2N}(1-q^{2l})}{\prod_{l=1}^{k+N}(1-q^{2l}) \prod_{l=1}^{N-k}(1-q^{2l})} \end{aligned}$$

という $a_k^{(N)}$ の具体形が得られる．

さて，(19.10)で定義した部分積 $f_N(z)$ の $N \to \infty$ の極限である無限積

$$(19.16)\quad f_\infty(z) := \prod_{n=1}^{\infty}(1+q^{2n-1}z^{-2}) \prod_{n=1}^{\infty}(1+q^{2n-1}z^2)$$

は $\mathbb{C} \setminus \{0\}$ 上の正則関数を定義することは補題19.5で確認した．この関数の $z=0$ の周りでのローラン展開

$$(19.17)\quad f_\infty(z) = \sum_{k\in\mathbb{Z}} a_k z^{2k}$$

の係数は部分積 $f_N(z)$ の展開(19.11)の係数 $a_k^{(N)}$ の極限であるから，(19.15)を使えば，

$$(19.18)\quad \begin{aligned} a_k &= \lim_{N\to\infty} a_k^{(N)} \\ &= q^{k^2} \frac{\prod_{l=1}^{\infty}(1-q^{2l})}{\prod_{l=1}^{\infty}(1-q^{2l}) \prod_{l=1}^{\infty}(1-q^{2l})} = \frac{q^{k^2}}{\prod_{l=1}^{\infty}(1-q^{2l})}. \end{aligned}$$

したがって，

$$(19.19)\quad f_\infty(z) = \frac{\sum_{k\in\mathbb{Z}} q^{k^2} z^{2k}}{\prod_{l=1}^{\infty}(1-q^{2l})}.$$

ところで，この右辺の分子に $z=e^{\pi iu}$，$q=e^{\pi i\tau}$ を代入して u と τ の関数に戻してやると

$$\sum_{k\in\mathbb{Z}} q^{k^2} z^{2k} = \sum_{k\in\mathbb{Z}} e^{\pi ik^2\tau+2\pi iku}$$

となる．これは $\theta(u,\tau)$ の第 17.1 節での定義(17.6)そのもの！ したがって，(19.19)と(19.16)から，

$$\theta(u,\tau) = \prod_{n=1}^{\infty}(1-q^{2n})\prod_{n=1}^{\infty}(1+q^{2n-1}z^2)\prod_{n=1}^{\infty}(1+q^{2n-1}z^{-2})$$

(19.20)

$$= \prod_{n=1}^{\infty}(1-e^{2n\pi i\tau})\prod_{n=1}^{\infty}(1+e^{(2n-1)\pi i\tau+2\pi iu})\prod_{n=1}^{\infty}(1+q^{(2n-1)\pi i\tau-2\pi iu}).$$

q 差分方程式等を研究する“q 解析”と呼ばれる分野では，この種の無限積が頻繁に現れるので，次のような記号がよく使われる．

記号：$(a\,;\,p)_\infty := \prod_{n=0}^{\infty}(1-ap^n).$

これを使うと，θ 関数の無限積展開は

(19.21)　$\theta(u,\tau) = (q^2\,;\,q^2)_\infty(-qz^2\,;\,q^2)_\infty(-qz^{-2}\,;\,q^2)_\infty$

と表示される．

指標付きテータ関数 $\theta_{kl}(u,\tau)$ の無限積展開は，第 17.1 節の式(17.11)に(19.20)を代入すれば分かる．

(19.22)

$$\theta_{00}(u,\tau) = \prod_{n=1}^{\infty}(1-q^{2n})\prod_{n=1}^{\infty}(1+q^{2n-1}z^2)\prod_{n=1}^{\infty}(1+q^{2n-1}z^{-2})$$
$$= \prod_{n=1}^{\infty}(1-q^{2n})\prod_{n=1}^{\infty}(1+2q^{2n-1}\cos(2\pi u)+q^{4n-2}),$$
$$\theta_{01}(u,\tau) = \prod_{n=1}^{\infty}(1-q^{2n})\prod_{n=1}^{\infty}(1-q^{2n-1}z^2)\prod_{n=1}^{\infty}(1-q^{2n-1}z^{-2})$$
$$= \prod_{n=1}^{\infty}(1-q^{2n})\prod_{n=1}^{\infty}(1-2q^{2n-1}\cos(2\pi u)+q^{4n-2}),$$
$$\theta_{10}(u,\tau) = q^{1/4}(z+z^{-1})\prod_{n=1}^{\infty}(1-q^{2n})\prod_{n=1}^{\infty}(1+q^{2n}z^2)\prod_{n=1}^{\infty}(1+q^{2n}z^{-2})$$
$$= 2q^{1/4}\cos(\pi u)\prod_{n=1}^{\infty}(1-q^{2n})\prod_{n=1}^{\infty}(1+2q^{2n}\cos(2\pi u)+q^{4n}),$$
$$\theta_{11}(u,\tau) = iq^{1/4}(z-z^{-1})\prod_{n=1}^{\infty}(1-q^{2n})\prod_{n=1}^{\infty}(1-q^{2n}z^2)\prod_{n=1}^{\infty}(1-q^{2n}z^{-2})$$
$$= -2q^{1/4}\sin(\pi u)\prod_{n=1}^{\infty}(1-q^{2n})\prod_{n=1}^{\infty}(1-2q^{2n}\cos(2\pi u)+q^{4n}).$$

練習 19.7　無限積展開(19.22)を確かめよ．$(a\,;\,q^2)_\infty$ という記号を用いるとどのように書けるか？

第17.2節の最後で書いた「テータ関数についての定理は擬周期性と零点の位置が分かれば証明できる」というドグマ(?)に従えば，上の無限積展開も同様に示されるはず．この手法による証明は読者の練習問題としよう[10]．無限積の形が，テータ関数の擬周期性にちょうど対応していることが体感できるだろう．

練習 19.8　(19.16)と同様に，関数 $\varphi(u,\tau)$ を

(19.23)　$$\varphi(u,\tau) := \prod_{n=1}^{\infty}(1+q^{2n-1}e^{-2\pi iu})\prod_{n=1}^{\infty}(1+q^{2n-1}e^{2\pi iu})$$

で定義する ($q=e^{\pi i\tau}$)．補題19.5により，この関数は $\mathbb{C}$ 全体で正則になる ($z=e^{\pi iu}$)．

(i)　$\varphi(u,\tau)$ の $u\mapsto u+1$, $u\mapsto u+\tau$ に対する擬周期性が $\theta_{00}(u,\tau)$ の擬周期性と一致することを示せ．(ヒント：$u\mapsto u+1$ は簡単．$u\mapsto u+\tau$ の場合は，無限積の添字 n が一つずれることに注意．)

(ii)　τ に依存する定数 $c(\tau)$ が存在して，$\theta_{00}(u,\tau)=c(\tau)\varphi(u,\tau)$ となることを示せ．

(iii)　(ii)を使って $\theta_{01}(u,\tau),\theta_{10}(u,\tau),\theta_{11}(u,\tau)$ の無限積展開を求めよ．この段階ではまだ $c(\tau)$ を含んだ形になる．

(iv)　(iii)で求めた形を使って $\theta_{00}(0,\tau),\theta_{01}(0,\tau),\theta_{10}(0,\tau)$ と $\theta_{11}'(0,\tau)=\left.\dfrac{d}{du}\right|_{u=0}\theta_{11}(u,\tau)$ を求めよ．(ヒント：$\theta_{11}(u,\tau)=(e^{\pi iu}-e^{-\pi iu})\psi(u,\tau)$ の形に書いておけば $\theta_{11}'(0,\tau)=2\pi i\,\psi(0)$ になる．これを使えば $\theta_{11}'(0,\tau)$ が計算できる．)

(v)　(iv)の結果をヤコビの微分公式に代入して，$c(\tau)^2=\left(\prod_{n=1}^{\infty}(1-q^{2n})\right)^2$ を示せ．

(vi)　(v)の結果ではまだ $c(\tau)$ の符号が決められない．これは，$\mathrm{Im}\,\tau\to\infty$，つまり $q\to 0$ の極限を見て決める．(iv)の結果と，定理18.5(ヤコビの微分公式)の証明中の $\theta_{00}=\theta_{00}(0,\tau)$ の q に関する展開(の概形)を比べて $c(\tau)=\prod_{n=1}^{\infty}(1-q^{2n})$ を示せ．

例えば，(19.20)の中のテータ関数の定義をあらわに書き下し，$q=e^{\pi i\tau}$ と $z=e^{\pi iu}$ で表示すると，

10) 練習19.8の方針は D. Mumford, *Tata Lectures on Theta* I, Birkhäuser (1983), Chapter I, §14 にしたがった．神保道夫『複素関数入門』(岩波書店)第5章§5.4にも別の方針による証明がある．

$$\sum_{n\in\mathbb{Z}} q^{n^2} z^{2n} = \prod_{n=1}^{\infty}(1-q^{2n}) \prod_{n=1}^{\infty}(1+q^{2n-1}z^2) \prod_{n=1}^{\infty}(1+q^{2n-1}z^{-2})$$

という「無限和 = 無限積」タイプの等式になる．さらに $z=1$ を代入すると

$$\sum_{n\in\mathbb{Z}} q^{n^2} = \prod_{n=1}^{\infty}(1-q^{2n}) \left(\prod_{n=1}^{\infty}(1+q^{2n-1})\right)^2$$

という見かけは簡単だが，これだけ見せられたのでは「ホントなの？ いったいどうやって証明するの??」と思うような不思議な等式が得られる[11]．

この種の等式で有名なのは次の五角数定理：

(19.24)　$$\sum_{n\in\mathbb{Z}} (-1)^n q^{3n^2+n} = \prod_{n=1}^{\infty}(1-q^{2n}).$$

これはオイラーが初めて証明した由緒正しいもので[12]，組合せ論的証明もあるが[13]，テータ関数の無限積展開を使っても証明できる．方針さえ分かれば難しくはないので，練習問題としよう．

まず，$\theta_{11}(u,\tau)$ の無限積展開を使う方法[14]．

練習 19.9　(i)　$\theta_{11}(u,\tau)$ の無限積展開(19.22)を使って，次の**ヤコビの三重積公式**(Jacobi's triple product identity)を示せ．

(19.25)　$$\sum_{n\in\mathbb{Z}} (-1)^n q^{n(n-1)} z^{2n} = \prod_{n=1}^{\infty}(1-q^{2n}) \prod_{n=1}^{\infty}(1-q^{2n-2}z^2) \prod_{n=1}^{\infty}(1-q^{2n}z^{-2}).$$

(ii)　(i)で $z=q^{2/3}$ とした式を使って五角数定理(19.24)を証明せよ．（ヒント：(19.24)とぴったり一致させるには，q を取り換える必要がある．）

次に，有理数を指標とするテータ関数を使う方法[15]．

練習 19.10　(i)　$\theta_{1/6,1/2}(0,3\tau)$ を指標の変換則(ただし，指標が一般の有理数の場合；第 17.1 節参照)によって，$\theta_{00}(u,3\tau)$ の特殊値 $\left(u=\dfrac{1+\tau}{2}\right)$ を使って書き，(19.20)を使って無限積で表わせ．

(ii)　$\theta_{1/6,1/2}(0,3\tau)$ をテータ関数の級数による定義にしたがって展開し，$q=$

11) 不思議さを体感するためには，右辺の無限積の部分積を少し計算して，係数がうまく打ち消し合う様子を見ることをお勧めする．

12) 野海正俊『オイラーに学ぶ』(日本評論社)，第 7 章参照．

13) G. E. アンドリュース，K. エリクソン『整数の分割』(数学書房)第 3 章 §3.5 と第 5 章 §5.4 参照．

14) 神保道夫『複素関数入門』(岩波書店)第 5 章 §5.4 系 5.21.

15) D. Mumford, *Tata Lectures on Theta* I, Birkhäuser(1983), Chapter I, §14 参照．

$e^{\pi i\tau}$ のベキ級数で表わせ．

（iii）　(i)と(ii)の結果を比べて五角数定理(19.24)を証明せよ．

注 19.11　ここで証明したテータ関数の無限積展開は，数学や物理学のさまざまな場所に現れる．例えば，

- 整数論(特にテータ零値 $\theta_{ab}(0)$)，
- 無限次元リー代数の表現論(無限次元表現の指標として)，
- 数理物理(超弦理論や可解格子模型の分配関数として)

など多くの例をあげることができる．これらの例ではテータ関数は，重要な意味を持つ量(整数の方程式の解の数，「表現のウェイト空間」という線形空間の次元，ある種の物理量など)の母関数(この章の脚注8(p. 281)参照)になっている．母関数はもともと「(無限)和」で定義されるが，それが「無限積」で表示されるため，母関数の性質がよく分かることになる．

次章では，テータ関数からヤコビの楕円関数(sn, cn, dn)を構成し，「楕円積分の逆関数」という定義との関係を述べる．

第20章

ヤコビの楕円関数（複素数版）

ガイドブックの終わりは旅の始まり

前の三章では「二重周期」という楕円関数の条件を「擬周期性」に緩めれば，それを満たして全平面で正則なテータ関数が存在し，いろいろな良い性質を持つことを見た．ここでは，これを使ってヤコビの楕円関数を定義し直し，複素数の範囲に拡張する．

20.1 ヤコビの楕円関数のテータ関数による定義

第 4.1 節と第 13.1 節では，ヤコビの楕円関数 $\mathrm{sn}(u,k)$ を第一種不完全楕円積分

$$u=\int_0^{\mathrm{sn}(u,k)}\frac{dz}{\sqrt{(1-z^2)(1-k^2z^2)}}$$

の逆関数として定義した．一方，定理 17.7（練習 17.8）で，どんな楕円関数もテータ関数の積の比で表されることを述べた．

ならば，自然な流れとして

問　ヤコビの楕円関数はテータ関数でどのように定義されるのか？

という疑問が湧いてくる．

sn, cn, dn の性質を調べて θ による表示にたどり着くのも面白いが，ここでは先に答を述べ，それが楕円積分の逆関数として定義した関数と一致していることを証明する，という順で話を進めることにする．

前章までのテータ関数の記号を使うと，上に挙げた問に対する答は次のようになる：$v := \dfrac{u}{\pi\theta_{00}^2}$ として，

(20.1)　$\mathrm{sn}(u) = -\dfrac{\theta_{00}}{\theta_{10}}\dfrac{\theta_{11}(v)}{\theta_{01}(v)},$

(20.2)　$\mathrm{cn}(u) = \dfrac{\theta_{01}}{\theta_{10}}\dfrac{\theta_{10}(v)}{\theta_{01}(v)},$

(20.3)　$\mathrm{dn}(u) = \dfrac{\theta_{01}}{\theta_{00}}\dfrac{\theta_{00}(v)}{\theta_{01}(v)}.$

ここでは第 18 章と同様に，$\theta_{kl} = \theta_{kl}(0)$ という略記を用いる．

これらが以前定義したものと同じかどうかを調べていくわけだが，まずは肝心の「楕円関数であること」を示そう：

- $\mathrm{sn}(u), \mathrm{cn}(u), \mathrm{dn}(u)$ は有理型関数である．
- (20.1)の $\mathrm{sn}(u)$ は周期 $2\pi\theta_{00}^2$ と $\pi\tau\theta_{00}^2$ を持つ．
- (20.2)の $\mathrm{cn}(u)$ は周期 $2\pi\theta_{00}^2$ と $\pi(1+\tau)\theta_{00}^2$ を持つ．
- (20.3)の $\mathrm{dn}(u)$ は周期 $\pi\theta_{00}^2$ と $2\pi\tau\theta_{00}^2$ を持つ．

有理型関数であることは，テータ関数が $\mathbb{C}$ 全体で正則な関数であることから直ちに従う．周期については，テータ関数の擬周期性，(17.12)と(17.13)を使って示せば良い．簡単なので以下の練習 20.1 で読者に示してもらおう．

練習 20.1　(20.1), (20.2), (20.3)で定義された関数が上記の周期を持つことを確かめよ．(ヒント：$v = \dfrac{u}{\pi\theta_{00}^2}$ であることを忘れずに！)

これで $\mathrm{sn}(u), \mathrm{cn}(u), \mathrm{dn}(u)$ が楕円関数であることが示された．

テータ関数の零点の位置(17.19)と定義(20.1), (20.2), (20.3)から

(20.4)　$\mathrm{sn}(0) = 0, \qquad \mathrm{cn}(0) = \mathrm{dn}(0) = 1$

であることと，$\widetilde{\Gamma} := \mathbb{Z}\pi\theta_{00}^2 + \mathbb{Z}\tau\pi\theta_{00}^2$ として[1)]，

1) この $\widetilde{\Gamma}$ は sn, cn, dn の周期格子では**ない**ことに注意！

$$\mathrm{sn}(u)=0 \Longleftrightarrow u\in\tilde{\Gamma},$$

$$\mathrm{cn}(u)=0 \Longleftrightarrow u\in\frac{\pi\theta_{00}^2}{2}+\tilde{\Gamma}, \tag{20.5}$$

$$\mathrm{dn}(u)=0 \Longleftrightarrow u\in\frac{(1+\tau)\pi\theta_{00}^2}{2}+\tilde{\Gamma}$$

はすぐに分かる．極の位置は sn, cn, dn に共通で，

$$\frac{\tau\pi\theta_{00}^2}{2}+\tilde{\Gamma} \tag{20.6}$$

であり，すべて単純極である．上で求めた周期と比べれば，各周期平行四辺形の中に二つの単純極があることが分かるので，ヤコビの楕円関数はどれも二位の楕円関数である．

また，

$$\mathrm{sn}(u)：奇関数，\qquad \mathrm{cn}(u), \mathrm{dn}(u)：偶関数 \tag{20.7}$$

ということもテータ関数の偶奇性(17.5)と定義の直接の帰結である．

次の性質は，実数の範囲で考えていたときは $\mathrm{cn}(u), \mathrm{dn}(u)$ の定義であったが，テータ関数を使って定義した場合は，テータ関数の加法定理に帰着される．

補題 20.2　$\mathrm{sn}^2u+\mathrm{cn}^2u=1$, $k^2\mathrm{sn}^2u+\mathrm{dn}^2u=1$．ただし，

$$k=k(\tau):=\frac{\theta_{10}^2}{\theta_{00}^2}. \tag{20.8}$$

証明　第一式の左辺は，定義を直接当てはめると

$$\mathrm{sn}^2u+\mathrm{cn}^2u=\frac{\theta_{00}^2\theta_{11}(v)^2+\theta_{01}^2\theta_{10}(v)^2}{\theta_{10}^2\theta_{01}(v)^2} \tag{20.9}$$

である．ここで，加法定理(系 18.3)(A1)の後半

$$\theta_{00}(x+u)\theta_{00}(x-u)\theta_{00}^2=\theta_{01}(x)^2\theta_{01}(u)^2+\theta_{10}(x)^2\theta_{10}(u)^2$$

に $x\mapsto v$, $u\mapsto\dfrac{1+\tau}{2}$ と代入する．テータ関数の指標の変換則(17.14)を使って書き換え，両辺に共通な指数関数の因子を除くと

$$\theta_{11}(v)^2\theta_{00}^2=\theta_{01}(v)^2\theta_{10}^2-\theta_{10}(v)^2\theta_{01}^2$$

となる．これと(20.9)から $\mathrm{sn}^2u+\mathrm{cn}^2u=1$ が得られる．

次に，加法定理(A1)の前半

$$\theta_{00}(x+u)\theta_{00}(x-u)\theta_{00}^2=\theta_{00}(x)^2\theta_{00}(u)^2+\theta_{11}(x)^2\theta_{11}(u)^2$$

に $x \mapsto v,\ u \mapsto \dfrac{1}{2}$ と代入すると，

$$\theta_{01}(v)^2\theta_{00}^2 = \theta_{00}(v)^2\theta_{01}^2 + \theta_{11}(v)^2\theta_{10}^2.$$

両辺を $\theta_{01}(v)^2\theta_{00}^2$ で割ると，

$$1 = \frac{\theta_{10}^4}{\theta_{00}^4}\frac{\theta_{00}^2\theta_{11}(v)^2}{\theta_{10}^2\theta_{01}(v)^2} + \frac{\theta_{01}^2\theta_{00}(v)^2}{\theta_{00}^2\theta_{01}(v)^2}.$$

つまり，$k^2\mathrm{sn}^2(u)+\mathrm{dn}^2(u)=1$ が示された． □

楕円積分との関係を見る上で鍵となるのは，次の微分の公式である．

補題 20.3

$$\frac{d}{du}\mathrm{sn}(u) = \mathrm{cn}(u)\mathrm{dn}(u). \tag{20.10}$$

証明　まず定義(20.1)を u で微分する．$v=\dfrac{u}{\pi\theta_{00}^2}$ であることに注意すると，

$$\begin{aligned}\frac{d}{du}\mathrm{sn}(u) &= \frac{dv}{du}\frac{d}{dv}\left(-\frac{\theta_{00}}{\theta_{10}}\frac{\theta_{11}(v)}{\theta_{01}(v)}\right)\\ &= -\frac{1}{\pi\theta_{00}\theta_{10}}\frac{\theta_{11}'(v)\theta_{01}(v)-\theta_{11}(v)\theta_{01}'(v)}{\theta_{01}(v)^2}.\end{aligned} \tag{20.11}$$

この分子を書き直すために，加法定理(系 18.3)(A3)の両辺を $u=0$ の周りでテイラー展開する．(A3)の右辺第二項は偶関数だから u^1 のオーダーの項はない．また $\theta_{11}(0)=0$ にも注意すると，両辺の u^1 の係数は

$$(\theta_{11}'(x)\theta_{01}(x)-\theta_{11}(x)\theta_{01}'(x))\theta_{10}\theta_{00} = \theta_{00}(x)\theta_{10}(x)\theta_{01}\theta_{11}'$$

であることが分かる．これに $x\mapsto v$ と代入した上で(20.11)に適用すると，

$$\begin{aligned}\frac{d}{du}\mathrm{sn}(u) &= -\frac{1}{\pi\theta_{00}\theta_{10}}\frac{\theta_{00}(v)\theta_{10}(v)\theta_{01}\theta_{11}'}{\theta_{00}\theta_{10}\theta_{01}(v)^2}\\ &= \frac{\theta_{01}^2}{\theta_{00}\theta_{10}}\frac{\theta_{00}(v)\theta_{10}(v)}{\theta_{01}(v)^2} = \mathrm{cn}(u)\mathrm{dn}(u)\end{aligned}$$

となる．ここで最後の行に移るところではヤコビの微分公式(18.7)を使った． □

さて，実数の範囲で考えていたときは，微分の公式(20.10)は，「$\mathrm{sn}(u)$ は第一種楕円積分の逆関数」という定義と逆関数の微分法の帰結だった．その逆をたどれば，テータ関数の比として(20.1)で定義した $\mathrm{sn}(u)$ が第一種楕円積分の「逆関数」であることが分かる．以下少し雑な議論で話の筋を見てみよう．(20.10)の

式は補題 20.2 を使えば $\mathrm{sn}(u)$ だけで

$$\frac{d}{du}\mathrm{sn}(u) = \sqrt{(1-\mathrm{sn}^2(u))(1-k^2\mathrm{sn}^2(u))}$$

と書き直せる．つまり，$\mathrm{sn}(u)$ は微分方程式

$$\frac{dz}{du} = \sqrt{(1-z^2)(1-k^2z^2)} \tag{20.12}$$

の解である．そこで $z=\mathrm{sn}(u)$ の逆関数を $u=u(z)$ と表すと，逆関数の微分法から，

$$\frac{du}{dz} = \left(\frac{dz}{du}\right)^{-1} = \frac{1}{\sqrt{(1-\mathrm{sn}^2(u))(1-k^2\mathrm{sn}^2(u))}} = \frac{1}{\sqrt{(1-z^2)(1-k^2z^2)}}$$

なので，z で 0 から $\mathrm{sn}(u)$ まで積分すると，

$$u = \int_0^{\mathrm{sn}(u)} \frac{dz}{\sqrt{(1-z^2)(1-k^2z^2)}}. \tag{20.13}$$

($\mathrm{sn}(0)=0$ だから，$u(0)=0$ であることを使っている.) これで，実数の場合の $\mathrm{sn}(u)$ の定義と(20.1)が結びついた.

これを「雑な議論」と言ったのは二つ理由がある．一つは微分方程式(20.12)で，ルートの符号を決めていないこと．本書を読んできてくださった読者は，「ルートの符号の問題」と言えば「リーマン面！」と即答されたのではないかと思う．実際，方程式(20.12)の z は，ルートを考える以上はリーマン面 $\mathcal{R}=\{(z,w)\,|\,w^2=(1-z^2)(1-k^2z^2)\}$ の上の点 (z,w) の座標だと考えなくてはいけない．w に当たるのは，方程式(20.12)から $\dfrac{dz}{du}=\mathrm{sn}'(u)$ である．一方，$\mathrm{sn}'(0)=1$ であることは，(20.11)に $u=0$ ($v=0$) を代入してヤコビの微分公式(18.7)を使えば分かるので，微分方程式(20.12)は，$\mathcal{R}$ 上の $(z,w)=(0,1)$ の近傍で考えているとすれば良い．

「え，近傍だけで考えるの？」 とりあえずはそうせざるを得ない．それが「雑な議論」と言った理由の二つ目．積分(20.13)の積分路をリーマン面上の任意の経路だとすると，第一種微分の周期が 0 ではないために端点(0 と $\mathrm{sn}(u)$)だけでは値が決まらない，ということはリーマン面上で複素楕円積分を議論した第 9 章で述べた通り．そもそも周期関数 $\mathrm{sn}(u)$ を $\mathbb{C}$ 全体で考えたら「逆関数」は存在しない．(20.13)という逆関数の関係は，u の動く定義域も $z=\mathrm{sn}(u)$ の動く値域

も小さな領域に制限したときに(正確には，$\mathbb{C}$ 内の $u=0$ の近傍とリーマン面 $\mathcal{R}$ 上の $(z,w)=(0,1)$ の近傍へ制限したときに)成り立つ．いったんこの事情を押さえた上で，解析接続して u の範囲を $\mathbb{C}$ 全体に延ばし，それに応じて右辺の積分路を楕円曲線上で伸ばして(20.13)を正当化する．

さて，ここまで関数 sn の定義(20.1)以降，ずっと $\mathrm{sn}(u)$ と書いてきたが，実数の関数として議論していたときは $\mathrm{sn}(u,k)$ と書いていた．これが気になる方もおられたかもしれない．「？　単に省略するかしないかの問題では？」本当にそうだろうか．定義(20.1)を見ると，定義の中に τ は出てくるが，k は出てこない．k は別に(20.8)で定義されている．ということは，(20.1)で定義された関数は，本来"$\mathrm{sn}(u,\tau)$"と書かれるべきものである．

「じゃあ $\mathrm{sn}(u,k)$ と書いていたのは嘘?!」というのは結論を急ぎすぎ．u と"$z=\mathrm{sn}(u,\tau)$"の間には(20.13)という関係がある．この関係式には k は入っているが τ は陽には含まれていない．したがって，例えば τ_1 と τ_2 が $k(\tau_1)=k(\tau_2)$ を満たせば，この関係式から"$\mathrm{sn}(u,\tau_1)=\mathrm{sn}(u,\tau_2)$"となる(この両辺が同じ楕円積分の逆関数だから，と言っても良い)[2]．

結局，τ が異なっても $k=k(\tau)$ が等しければ sn の値は同じなので，$\mathrm{sn}(u,k)$ という書き方で正しい．

注 4　τ が与えられれば(20.8)で k が決まるが，逆に k が与えられたときに τ は決まるだろうか．複素楕円積分を議論したときには $k\neq 0,1$ であれば k は任意の複素数で良かった．実は，そのような k に対して必ず対応する τ が存在することが証明できる．ただし，この τ は，テータ関数のモジュラー変換性(第18.2節を参照)のため，一意には決まらない．詳しい議論は文献[3]を参照されたい．

20.2　ヤコビの楕円関数の性質

第4.2節では，実数関数として定義したヤコビの楕円関数 $\mathrm{sn}(u,k)$ の性質として，

2) 微分方程式の理論に通じているならば，k をパラメーターとする微分方程式(20.12)の初期値 $z(0)=0$ に対する解が一意だから，という言い方もできる．

3) E. T. Whittaker and G. N. Watson, *A course of modern analysis*, the fourth edition, Cambridge University Press(1927)の§21.7節．

- 周期 $4K(k)$ を持つ周期関数であること，
- $k\to 0$，$k\to 1$ の極限でそれぞれ $\mathrm{sn}\to\sin$，$\mathrm{sn}\to\tanh$ となること，
- 加法定理

を述べた．そのときは，楕円積分の $k\to 0,1$ の極限から sn の極限を導き，微分の公式(20.10)を使って加法定理を示し，加法定理を使って $\mathrm{sn}(u+4K)=\mathrm{sn}(u)$ を示した．これらはもちろんテータ関数を使った定義(20.1)を用いても証明できる．

20.2.1 ◉ snの加法定理

テータ関数の加法定理(系 18.3)(A3)，(A2)の中の変数を $x\mapsto\dfrac{u}{\pi\theta_{00}^2}$，$u\mapsto\dfrac{v}{\pi\theta_{00}^2}$ としてから左辺同士の比を取り，$-\dfrac{\theta_{01}^2}{\theta_{10}^2}$ を掛けると，

$$-\frac{\theta_{01}^2}{\theta_{10}^2}\times(\text{左辺の比})=\mathrm{sn}(u+v).$$

一方，右辺同士の比に $-\dfrac{\theta_{01}^2}{\theta_{10}^2}$ を掛けると，

$$-\frac{\theta_{01}^2}{\theta_{10}^2}\times(\text{右辺の比})=\frac{\mathrm{sn}(u)\mathrm{cn}(v)\mathrm{dn}(v)+\mathrm{sn}(v)\mathrm{cn}(u)\mathrm{dn}(u)}{1-k^2\mathrm{sn}(u)^2\mathrm{sn}(v)^2}.$$

これらをまとめると，$\mathrm{sn}(u)$ の加法定理

$$\mathrm{sn}(u+v)=\frac{\mathrm{sn}(u)\mathrm{cn}(v)\mathrm{dn}(v)+\mathrm{sn}(v)\mathrm{cn}(u)\mathrm{dn}(u)}{1-k^2\mathrm{sn}(u)^2\mathrm{sn}(v)^2}$$

が証明される． □

20.2.2 ◉ $k\to 0$の極限

まず $k\to 0$ という極限をテータ関数を使って考えよう．それには，これが τ についてのどのような極限と対応するかを見る必要がある．k は(20.8)で τ の関数として $k(\tau)=\dfrac{\theta_{10}^2}{\theta_{00}^2}$ と定義した．この分母と分子は，ヤコビの微分公式(定理 18.5)の証明中で述べたように，$q=e^{\pi i\tau}$ とおくと $q=0$ の近くで

$$\text{(20.14)}\quad \begin{aligned}\theta_{00}&=\sum_{n\in\mathbb{Z}}e^{\pi in^2\tau}=1+O(q),\\ \theta_{10}&=\sum e^{\pi i\left(n+\frac{1}{2}\right)^2\tau}=2q^{\frac{1}{4}}+O(q^{\frac{9}{4}})\end{aligned}$$

のように振る舞う．したがって，$q\to 0$ となれば $k(\tau)$ の分子 $\theta_{10}^2=4q^{\frac{1}{2}}+O(q^{\frac{5}{2}})$ は 0 に，分母の $\theta_{00}^2=1+O(q)$ は 1 に収束するので k は 0 に収束する．$|q|=e^{-\pi\mathrm{Im}\,\tau}$ なので，$\mathrm{Im}\,\tau\to+\infty$ となるように τ を動かせば $k(\tau)\to 0$ と収束するということでもある．

つまり(20.1)で定義された sn の $k\to 0$ での極限を求めるには，$\mathrm{Im}\,\tau\to+\infty$ あるいは $q\to 0$ という極限でのテータ関数の振る舞いを調べることに帰着された．そこで，sn の定義の分子と分母のテータ関数を q のべき級数に展開してみよう．テータ関数の定義(17.10)で $e^{\pi i\tau}$ を q に書き換えてやれば，

$$
\begin{aligned}
\theta_{11}(v) &= q^{\frac{1}{4}}(ie^{\pi iv}-ie^{-\pi iv})+q^{\frac{9}{4}}(-ie^{3\pi iv}+ie^{-3\pi iv})+\cdots \\
&= -2q^{\frac{1}{4}}\sin(\pi v)+O(q^{\frac{9}{4}}), \\
\theta_{01}(v) &= 1-q(e^{2\pi iv}+e^{-2\pi iv})+\cdots \\
&= 1+O(q).
\end{aligned}
\tag{20.15}
$$

以上の q 展開の式(20.14)と(20.15)を(20.1)に放り込んで

$$
\mathrm{sn}(u)=\sin(\pi v)+O(q)\xrightarrow[(q\to 0)]{k\to 0}\sin(u)
\tag{20.16}
$$

を得る[4]($v=\dfrac{u}{\pi\theta_{00}^2}\to\dfrac{u}{\pi}$ にも注意)．

同じ方法で，

$$
\mathrm{cn}(u)\xrightarrow{k\to 0}\cos(u),\qquad \mathrm{dn}(u)\xrightarrow{k\to 0}1
\tag{20.17}
$$

も証明できる(補題 20.2 の関係を使えば，(20.16)の帰結として証明できるが)．

練習 20.5　極限(20.17)をテータ関数の極限で証明せよ．

20.2.3 ◉ ヤコビの虚数変換と $k\to 1$ の極限

$k\to 1$ の極限は補モジュラス $k':=\sqrt{1-k^2}$ についての $k'\to 0$ という極限と考える方が良い．補モジュラスは第 18.2 節で述べたモジュラー変換(虚数変換)に対応している：ヤコビの虚数変換(18.17)を使うと，

$$
k\left(-\frac{1}{\tau}\right)=\frac{\theta_{10}(0,-1/\tau)^2}{\theta_{00}(0,-1/\tau)^2}=\frac{\theta_{01}(0,\tau)^2}{\theta_{00}(0,\tau)^2}.
$$

一方，加法定理(系 18.3)(A1)の後半に $x=u=0$ を代入すると，

$$
\theta_{00}^4=\theta_{01}^4+\theta_{10}^4.
\tag{20.18}
$$

したがって，

---

4) ここで，無限級数の和と $q\to 0$ という極限を入れ換え "$\lim\limits_{q\to 0}\sum\limits_{n\in\mathbb{Z}}=\sum\limits_{n\in\mathbb{Z}}\lim\limits_{q\to 0}$" という計算をしているのを不安に感じた人もいるかもしれない．この順序交換は，第 17.1 節でテータ関数を定義したときに示した「この級数は定義域内の任意のコンパクト集合上で一様に絶対収束している」ということから正当化される．実際，そのときの議論はテータ関数の定義を q の冪級数と見たときの収束半径が 1 以上であることも示している ($\mathrm{Im}\,\tau>0\Longleftrightarrow|q|<1$)．収束半径がちょうど 1 になることも容易に分かる．

$$k\left(-\frac{1}{\tau}\right)^2+k(\tau)^2=\frac{\theta_{01}^4+\theta_{10}^4}{\theta_{00}^4}=1$$

となるので，$k\left(-\dfrac{1}{\tau}\right)=\sqrt{1-k^2}$ である．と言うよりはむしろ，複素数の範囲では補モジュラス k' を

$$(20.19)\quad k'=k'(\tau):=\frac{\theta_{01}^2}{\theta_{00}^2}$$

と定義する方が良い．実数の k $(0<k<1)$ に対しては $k'=\sqrt{1-k^2}$ の符号を正と決められるが，複素数で考えているときはルートの符号を決められないから．

さて，ヤコビの楕円関数の話に戻ろう．今述べたことから，定義(20.1)，(20.2)，(20.3)の中の τ（略してあるが，すべてのテータ関数に含まれている）を $-\dfrac{1}{\tau}$ に取り替えれば，$\mathrm{sn}(u,k'),\mathrm{cn}(u,k'),\mathrm{dn}(u,k')$ のテータ関数 $\theta_{kl}\left(v,-\dfrac{1}{\tau}\right)$ による表示になる．さらに(18.17)を適用して $\theta_{kl}(v,\tau)$ で表示してみる．例えば，sn なら，

$$\begin{aligned}\mathrm{sn}(u,k')&=-\frac{\sqrt{-i\tau}\,\theta_{00}}{\sqrt{-i\tau}\,\theta_{01}}\frac{-i\sqrt{-i\tau}\,e^{\frac{\pi i(\tau v')^2}{\tau}}\theta_{11}(\tau v')}{\sqrt{-i\tau}\,e^{\frac{\pi i(\tau v')^2}{\tau}}\theta_{10}(\tau v')}\\&=i\frac{\theta_{00}}{\theta_{01}}\frac{\theta_{11}(\tau v')}{\theta_{10}(\tau v')}\end{aligned}$$

となる．ただし，$v'=\dfrac{u}{\pi\theta_{00}^2(0,-1/\tau)}$．もちろん，この中の $-\dfrac{1}{\tau}$ も τ にしなくてはいけない：

$$\tau v'=\frac{\tau u}{\pi\theta_{00}(0,-1/\tau)^2}=\frac{iu}{\pi\theta_{00}^2}=iv.$$

まとめると

$$\mathrm{sn}(u,k')=i\frac{\theta_{00}}{\theta_{01}}\frac{\theta_{11}(iv)}{\theta_{10}(iv)}$$

だが，これと(20.1)，(20.2)を見比べれば，

$$(20.20)\quad \mathrm{sn}(u,k')=-i\frac{\mathrm{sn}(iu,k)}{\mathrm{cn}(iu,k)}.$$

この式はテータ関数の場合と同じく，sn に対する**ヤコビの虚数変換**と呼ばれる．

練習 20.6　次の $\mathrm{cn}(u,k)$ と $\mathrm{dn}(u,k)$ に対するヤコビの虚数変換を示せ．

$$\mathrm{cn}(u,k')=\frac{1}{\mathrm{cn}(iu,k)},\qquad \mathrm{dn}(u,k')=\frac{\mathrm{dn}(iu,k)}{\mathrm{cn}(iu,k)}.$$

再び，第 18.1.2 節のヤコビの微分公式の証明で用いた次の式を思い出そう．

$$\theta_{01}=\sum e^{\pi in^2\tau+\pi in}=1+O(q).$$

これとθ_{00}の展開式(20.14)を$k'(\tau)$の定義(20.19)に代入して$q\to 0$ ($\mathrm{Im}\,\tau\to +\infty$) の極限を取れば，$k'(\tau)\to 1$となることが分かる．この極限では$k\to 0$だから，(20.20), (20.16), (20.17)から，

$$\mathrm{sn}(u,k')\xrightarrow{k'\to 1}\lim_{k\to 0}-i\frac{\mathrm{sn}(iu,k)}{\mathrm{cn}(iu,k)}$$
$$=-i\frac{\sin(iu)}{\cos(iu)}=\frac{-e^{-u}+e^{u}}{e^{-u}+e^{u}}=\tanh u$$

となり，練習4.4で述べた事実が証明できた．

練習 20.7　$\mathrm{cn}(u,k),\mathrm{dn}(u,k)\xrightarrow{k\to 1}\dfrac{1}{\cosh u}$ を上と同じ方法で証明せよ．

20.2.4 ◉ sn の周期が $4K(k)$ と $2iK'(k)$ であること

しばらくτは純虚数$\tau=it$ $(t>0)$とする．このとき$q=e^{\pi i\tau}=e^{-\pi t}$は$0<q<1$を満たし，$\theta_{00},\theta_{10}$は(20.14)のように$q$の冪級数になる．同様に$\theta_{01}$も

$$\theta_{01}=\sum_{n\in\mathbb{Z}}(-1)^n q^{n^2}$$

と書ける．特にこの三つはすべて実数で，さらに(20.18)という関係式から，$0<\theta_{10}^2<\theta_{00}^2$, $0<\theta_{01}^2<\theta_{00}^2$という不等式が成り立つ．定義(20.8), (20.19)から，これは

$$0<k<1,\qquad 0<k'<1$$

ということだから，第5章までで扱った状況である．

先に(20.13)で示したように，$\mathrm{sn}(u)$は第一種楕円積分

$$u(x)=\int_0^x\frac{dz}{\sqrt{(1-z^2)(1-k^2z^2)}}$$

の逆関数である．$0<k<1$の場合は，右辺の楕円積分のA周期とB周期は命題9.3で計算した通り，第一種完全楕円積分

$$K(k)=\int_0^1\frac{dz}{\sqrt{(1-z^2)(1-k^2z^2)}}\tag{20.21}$$

を使って$\Omega_A=4K(k)$, $\Omega_B=2iK'(k)$という形に表され ($K'(k):=K(k')$)，したがって逆関数はこれらを周期とする．一方，(20.1)で定義した$\mathrm{sn}(u)$が$2\pi\theta_{00}^2$, $\pi\tau\theta_{00}^2$を周期とすることは練習20.1で示してもらった．ということは，$\mathrm{sn}(u)$の周期格子は$(4K(k),2iK'(k))$，あるいは$(2\pi\theta_{00}^2,\pi\tau\theta_{00}^2)$を用いた二通りの表示を

持つ：

$$4\mathbb{Z}K(k)+2\mathbb{Z}iK'(k)=2\mathbb{Z}\pi\theta_{00}^2+\mathbb{Z}\pi\tau\theta_{00}^2.$$

よって，整数 m_1, m_2, n_1, n_2 があって，

$$(20.22)\quad \begin{aligned} 4K(k) &= 2m_1\pi\,\theta_{00}^2+n_1\pi\tau\,\theta_{00}^2, \\ 2iK'(k) &= 2m_2\pi\,\theta_{00}^2+n_2\pi\tau\,\theta_{00}^2 \end{aligned}$$

と書ける[5]．実は，もっと直截に次の定理が成り立つ．

定理 20.8

$$(20.23)\quad K(k)=\frac{\pi}{2}\theta_{00}^2, \qquad K'(k)=\frac{\pi\tau}{2i}\theta_{00}^2.$$

これから，テータ関数で定義した sn の周期 $(2\pi\theta_{00}^2, \pi\tau\theta_{00}^2)$ は $(4K(k), 2iK'(k))$ と一致することが分かる．

証明　$0<k<1$ に対して(20.21)で定義された $K(k)$ と $K'(k)$ は正の実数．一方，(20.22)の右辺で $\pi\theta_{00}^2$ は正の実数，$\tau=it$ は純虚数で虚部は正だから，整数 n_1 と m_2 は 0，m_1 と n_2 は正でなくてはならない．つまり，(20.22)は

$$(20.24)\quad K(k)=\frac{m_1\pi}{2}\theta_{00}^2, \qquad K'(k)=\frac{n_2\pi\tau}{2i}\theta_{00}^2$$

のように簡単になる．

ここで不完全楕円積分

$$u(x):=\int_0^x \frac{dz}{\sqrt{(1-z^2)(1-k^2z^2)}}$$

を x の関数として $0\leqq x\leqq 1$ の範囲で考える．定義から明らかに $u(0)=0$, $u(1)=K(k)$ であり，被積分関数が連続で正だから $u(x)$ は x の狭義単調増加な連続関数である(第 4.1 節の復習)．

仮に(20.24)で $m_1>1$ であるとしよう．すると，

5) ここの議論は「周期関数の逆関数」のような怪しげな話なので，気持ち悪い人もいるだろう．これを厳密に言い直すこともできるが，次のようにしても(20.22)が示される．第一種完全楕円積分の定義(20.21)と(20.13)を見比べれば，$\mathrm{sn}(K(k))=1$ となる．補題 20.2 から，$\mathrm{cn}(K(k))=0$ だが，cn の零点の位置は(20.5)で分かっているので，(20.22)の第一式が得られる(m_1 が奇数で n_1 が 4 の倍数になることも分かる)．第二式は τ を $-\dfrac{1}{\tau}$ に取り替えてヤコビの虚数変換を使って示す．

$$u(0)=0<\frac{\pi}{2}\theta_{00}^2=\frac{K(k)}{m_1}<K(k)=u(1)$$

だから，中間値の定理と単調性によってある $c\in(0,1)$ が一意的に存在して，

$$\frac{\pi}{2}\theta_{00}^2=u(c)=\int_0^c\frac{dz}{\sqrt{(1-z^2)(1-k^2z^2)}}$$

となる．これは(20.13)から

$$\mathrm{sn}\left(\frac{\pi}{2}\theta_{00}^2\right)=c<1$$

ということである．ところが，sn の定義(20.1)に $u=\dfrac{\pi}{2}\theta_{00}^2$ を代入すると，

$$\mathrm{sn}\left(\frac{\pi}{2}\theta_{00}^2\right)=-\frac{\theta_{00}}{\theta_{10}}\frac{\theta_{11}\left(\frac{1}{2}\right)}{\theta_{01}\left(\frac{1}{2}\right)}=-\frac{\theta_{00}}{\theta_{10}}\frac{(-\theta_{10})}{\theta_{00}}=1$$

となり(途中で指標の変換則(17.14)を使っている)，矛盾する．したがって $m_1=1$ でなくてはならない．これで(20.23)の前半が示された．$K'(k)=K(k')$ だから，ヤコビの虚数変換を使えば(20.23)の前半から後半が従う．□

楕円積分をテータ零値で表す(20.23)は両辺とも τ の正則関数なので(左辺については(20.8)の $k(\tau)$ が正則なことからしたがう)，正則関数の一致の定理により虚軸上の $\tau=it\ (t>0)$ についてだけではなく上半平面上の任意の τ について成立することにも注意しておこう．

最後はやや駆け足で滑り込んだ感じだが，とにかくこれで前半の実関数としての楕円積分，楕円関数の話と後半の複素関数としての議論の辻褄が合った．

以上でまえがきに述べた「数学者達が魅惑されてやまない『おとぎの国』」の重要な名所は案内したつもりであるが，残念ながら訪れなかった名所も多い．そして「おとぎの国」の先には現代数学の世界が広がっている．このガイドブックが読者の皆さんをこの先の旅へといざなうこととなれば幸いである．

参考文献

楕円関数に関する書籍は多く，どの本も著者の楕円関数に対する思い入れを反映してそれぞれに特徴がある．現代ではインターネット上のデータベースを使うことで[1]，例えば題名に「楕円関数」(または「楕円函数」)や「elliptic functions」と含まれている本を探すことは容易であるから，ここでわざわざ書名を列挙することはしない．以下では，本書を書くために参考にした本のみを挙げる．そのため，有名な本でも挙げられていないものがあるのはご承知おきいただきたい．

楕円関数に関する成書

並び順は，和書(著者名の五十音順)，洋書(著者名のアルファベット順)．

●**梅村浩『楕円関数論——楕円曲線の解析学』**(東京大学出版会，2000 年)

必要となる代数幾何を付録で詳しく解説しつつ，関数論の観点から楕円関数論を詳細に述べた本．本書の算術幾何平均の話と楕円曲線の構成はこの本を参考にした．

●**竹内端三『楕圓函數論』**(岩波書店，1936 年)

古典的な解析学(関数論)を基礎にして楕円積分と楕円関数を論じている．本書では，楕円積分の分類，一般の楕円関数の加法定理，テータ関数の無限積展開についてこの本を参考にしている．

●**戸田盛和『楕円関数入門』**(日本評論社，1980 年，2001 年)

物理への応用を念頭に置いて，主に実数関数としての楕円関数を扱った異色の楕円関数論．本書第 1 章での曲線の弧長の話と，楕円積分や楕円関数の物理への応用(振り子，縄跳び)については，この本を参照した．

●**David Mumford, *Tata Lectures on Theta* I**, Birkhäuser(1983 年).

代数幾何学の泰斗の手によるテータ関数についての名著．本書のテータ関数の扱いは主にこの本に沿ったものである．なお，著者によってインターネット上のhttp://www.dam.brown.edu/people/mumford/alg_geom/papers/Tata1.pdf で公開されている．

---

1) 普通の検索サイトだと絶版図書は見つからないかもしれないが，例えば国立情報学研究所の CiNii books https://ci.nii.ac.jp/books/ を使えば大学図書館の蔵書を検索できる．

●**Viktor Prasolov, Yuri Solovyev, *Elliptic functions and elliptic integrals***, Translations of Mathematical Monographs **170**, American Math. Soc.(1997 年)

原著はロシア語．五次方程式の楕円関数による解の公式やワイエルシュトラス-フラグメンの定理といった話題が詳しく書かれている．本書では，ワイエルシュトラス-フラグメンの定理の証明は主にこの本の流れに沿って書いた．

楕円関数に別立ての章を割いている本

並び順は，和書(著者名の五十音順)，洋書．

●**アールフォルス『複素解析』**(現代数学社，1982 年)

世界的に標準とされる関数論の教科書(原著初版 1953 年；翻訳は 1979 年の第 3 版のもの)．第 7 章で楕円関数が扱われている．

●**高橋礼司『新版 複素解析』**(東京大学出版会，1990 年)

日本の関数論の教科書として現在標準的で，かつ手に入れやすいものの一つだろう．第 6 章が「楕円関数」.

●**竹内端三『函数論 下巻(新版)』**(裳華房，オリジナル版：1967 年；POD 版：2015 年)

同じ著者による上記の『楕圓函數論』は手に入りにくいが,『函数論』の方は 2015 年に復刊されたので 2019 年現在では書店で買うことができる．第 10, 11 章で楕円関数を論じていて，内容的には『楕圓函數論』に重なる．

●**吉田洋一『函数論』**(岩波書店，初版：1938 年；第二版：1965 年)

非常に詳しい関数論の教科書．有理型関数の例として § 75 で楕円関数を取り上げている．本書の関数論の話題(シュバルツ-クリストッフェルの公式，パンルベの定理など)は，この本を参考にしたものが多い．

●**E. T. Whittaker, G. N. Watson, *A course of modern analysis***, Cambridge University Press.

著者名からよく「ホイタッカー・ワトソン」と呼ばれるこの本は，初版が 1902 年，現在普通に手に入るのが 1927 年の第四版と古い本だが，その内容は現在でも色褪せておらず，最近になっても繰り返しリプリント版が出版されている．第 XX 章から第 XXII 章までの百ページほどで楕円関数を論じていて，上で挙げた楕円関数専門の成書に劣らぬ内容が含まれる．本書では楕円関数の公式の例はあまり挙げなかったが，このホイタッカー・ワトソンには山ほど練習問題があるので，公式の好きな人はご覧になることをお勧めする．

楕円関数論の歴史

まえがきに「歴史的発展にかなり近い順番で論を進める」と書きながら，本書では歴史そのものには深入りしなかった．楕円関数をめぐる数学者達のドラマに興味がある方には，ガウス，アーベル，ヤコビによる楕円関数論の構築を詳しく語っている

●**高木貞治『近世数学史談』**（初版：共立出版，1933年；文庫版：岩波書店，1995年）

が面白いだろう．この中のガウスの仕事の数学的部分を詳しく解説したものが

●**河田敬義『ガウスの楕円関数論』**（上智大学数学講究録 No. 24，1986年）

で，付録のガウス全集（日記）からの引用は本書で算術幾何平均の部分を書くときに参考にした．

アーベルの仕事については，

●**高瀬正仁『アーベル（後編）楕円関数論への道』**（現代数学社，2016年）

が詳しい．この著者によって，アーベルと双璧をなすヤコビによる楕円関数論の原典 *Fundamenta Nova*（1829年）が日本語訳されている．

●**『ヤコビ 楕円関数原論』**（講談社，2012年）

索引

記号・アルファベット

あ行

か行

さ行

た行

な 行

は 行

ま 行

や 行

ら 行

わ 行

【著者】

武部尚志（たけべ・たかし）

1964年，東京生まれ．ロシア国立研究大学経済高等学校教授．
専門は数理物理学，とくに非線形可積分系，可解格子模型，
共形場理論．
著書に『数学で物理を』（日本評論社）がある．

楕円積分と楕円関数 おとぎの国の歩き方
2019年9月25日　第1版第1刷発行
2023年4月10日　第1版第3刷発行

●著　者——武部尚志
●発行所——株式会社日本評論社
〒170-8474 東京都豊島区南大塚3-12-4
電話03-3987-8621［販売］ 03-3987-8599［編集］
●印刷所——株式会社 精興社
●製本所——牧製本印刷株式会社
●装　丁——海保 透

ISBN 978-4-535-78898-5
Printed in Japan